U0792279

“十四五”时期水利类专业重点建设教材（职业教育）

水利工程 CAD

主　编　钟菊英　刘建芬　舒　建
副主编　罗红蔚　严　珍　李志明

中国水利水电出版社
www.waterpub.com.cn
·北京·

内 容 提 要

本教材是介绍使用 AutoCAD 绘制工程图的基础教材，适用于水利、建筑及相关专业。全书以大量的实例、通俗易懂的语言，由浅入深、循序渐进地介绍了 AutoCAD 2020 绘制水利工程图和建筑工程图的方法与技巧。全书共分 9 个模块，内容主要包括 AutoCAD 2020 绘图基础、设置绘图环境、绘制平面图形、绘制轴测图与视图、图形注释、创建图块、绘制工程图、三维建模、图形输出。每个模块附有上机训练内容以及工程图综合训练。

本教材适合工程类大中专院校水利、建筑及相关专业师生作为教材使用，也适合具备工程基础知识的工程技术人员以及对工程 CAD 软件感兴趣的读者学习使用。

图书在版编目（CIP）数据

水利工程CAD / 钟菊英，刘建芬，舒建主编. -- 北京 : 中国水利水电出版社，2022.2(2024.2重印)
全国水利行业“十四五”规划教材
ISBN 978-7-5226-0307-0

Ⅰ. ①水… Ⅱ. ①钟… ②刘… ③舒… Ⅲ. ①水利工程－工程制图－AutoCAD软件－教材 Ⅳ. ①TV222.1-39

中国版本图书馆CIP数据核字(2021)第252367号

书 名	全国水利行业“十四五”规划教材 **水利工程 CAD** SHUILI GONGCHENG CAD
作 者	主编 钟菊英 刘建芬 舒建 副主编 罗红蔚 严珍 李志明
出版发行	中国水利水电出版社 （北京市海淀区玉渊潭南路 1 号 D 座 100038） 网址：www.waterpub.com.cn E - mail：sales@mwr.gov.cn 电话：(010) 68545888（营销中心）
经 售	北京科水图书销售有限公司 电话：(010) 68545874、63202643 全国各地新华书店和相关出版物销售网点
排 版	中国水利水电出版社微机排版中心
印 刷	清淞永业（天津）印刷有限公司
规 格	184mm×260mm 16 开本 16.75 印张 415 千字 3 插页
版 次	2022 年 2 月第 1 版 2024 年 2 月修订 2024 年 2 月第 3 次印刷
印 数	7001—13500 册
定 价	**55.00** 元

前言

教材事关国家和民族的前途命运，教材建设必须坚持正确的政治方向和价值导向。本书坚持党的二十大精神，全面贯彻党的教育方针，落实立德树人根本任务，为党育人，为国育才，弘扬劳动光荣、技能宝贵、创造伟大的时代风尚。

AutoCAD是由美国Autodesk公司开发的专门用于计算机绘图设计的软件，该软件具有简单易学、精确等优点，因此自20世纪80年代推出以来一直受到广大工程设计人员的青睐，已经广泛应用于机械、建筑、水利、电子、航天等工程领域。

AutoCAD是工程类学科学生的必修课，是为培养工程专业学生的AutoCAD操作能力而开设的实践技能课。该课程要求学生掌握AutoCAD实用基本技能，在今后的工作中能充分利用AutoCAD图形技术，熟练地运用AutoCAD软件，提高工程设计能力和设计效率，适应社会发展。

本教材讲授如何使用AutoCAD绘制工程图，适用于水利、建筑等工程类专业。本教材以AutoCAD 2020版为蓝本介绍了软件的基本功能，以工程图为主线讲述AutoCAD绘制工程图的技巧。本教材编者多年从事AutoCAD的教学与应用，有着极其丰富的教学和工程应用的实践经验，对AutoCAD的功能、特点及其应用有较深的理解和体会，精心编写了本书。

本教材按照“以应用为目的，以必须、够用为度”组织教学内容，始终把握理论联系实际这一方向，使读者通过大量的实例操作加深对AutoCAD的了解。教材图文并茂、深入浅出、层次清晰、通俗易懂，并附有丰富的课后训练，可使读者迅速掌握并巩固所学内容，少走弯路，能在短时间内掌握AutoCAD的基本使用方法，并能绘制、打印出符合制图标准和行业规范的工程图。

本教材的实例内容涉及水利工程图和建筑图的绘制、标注与打印输出，不同专业的读者可以选择性地阅读。

本教材由江西水利职业学院钟菊英、刘建芬、舒建担任主编，罗红蔚、严珍、李志明担任副主编。模块1由罗红蔚编写，模块2由严珍编写，模块3由钟菊英编写，模块4由李志明编写，模块5由严珍编写，模块6由刘建芬编写，模块7由钟菊英、舒建编写，模块8由刘建芬编写，模块9由舒建编写。全书由钟菊英统稿。

书中若有不足及疏漏之处，敬请读者批评指正。

编者

2021年9月

目录

模块 1

AutoCAD 2020 绘图基础

学习目标：

（1）了解 AutoCAD 的工作界面。

（2）掌握 AutoCAD 命令的基本操作方法。

（3）掌握 AutoCAD 图形文件管理。

（4）掌握精确绘图辅助工具的设置与使用方法。

（5）掌握图形缩放和平移命令的操作方法。

任务 1　CAD 技术和 AutoCAD 软件

CAD 是英语“computer aided design”的缩写，意即“计算机辅助设计”，是指利用计算机的潜能，在各类工程设计中起辅助设计作用的技术总称，而不单指某个软件。

CAD 技术一方面可以在工程设计中协助完成计算、分析、综合、优化和决策等工作；另一方面也可以协助工程技术人员绘制设计图纸，完成一些归纳和统计工作。

AutoCAD 软件是美国 Autodesk 公司开发的通用计算机辅助设计和绘图软件包，是目前国内最大众化的 CAD 软件，其应用遍及建筑、机械、电子、航天、石油、化工、地质、气象、纺织等各个设计领域。AutoCAD 的广泛使用彻底改变了传统的绘图模式，极大地提高了设计效率。自 1982 年 Autodesk 公司首次推出 AutoCAD V1.0 版本起，共历经了近 30 个版本，通过不断地进行升级、完善，现在的最新版本为 AutoCAD 2022。

AutoCAD 软件制图功能强大，具有绘制二维图形、三维图形；标注图形；协同设计；图纸管理等功能。绘制图形方便快捷、精确度高，特别在工程设计领域，它极大地提高了工程设计的质量和工作效益，已经成为工程设计人员不可缺少而且必须掌握的技术工具。本教材基于 AutoCAD 2020，介绍使用 AutoCAD 绘制工程图形的方法和技巧。

任务 2　AutoCAD 工作界面

2.1　AutoCAD 2020 的启动

启动 AutoCAD 2020 程序通常有 3 种方式：

（1）双击桌面上的快捷方式图标。安装 AutoCAD 时，将自动在桌面上生成一个 AutoCAD 2020 快捷方式图标，双击图标即可启动程序。

（2）应用“开始”菜单。在“开始”菜单上依次单击“程序”→Autodesk →AutoCAD 2020-Simplified Chinese→AutoCAD 2020 选项即可启动。

（3）双击 AutoCAD 2020 的图形文件。

2.2　AutoCAD 工作界面

从 AutoCAD 2009 开始，工作界面有了很大的变化，但从 AutoCAD 2009 到 AutoCAD 2020，各版本的界面风格大致相同，是一种称为 Ribbon（功能区）的界面。以下分别介绍 AutoCAD 全新的 Ribbon 工作界面（默认工作界面）、传统的菜单式工作界面（经典工作界面）以及三维建模界面。

2.2.1　AutoCAD 默认界面

启动 AutoCAD 2020 后，进入“草图与注释”工作空间，即 AutoCAD 2020 默认工作界面，如图 1.1 所示。默认工作界面由快速访问工具栏、功能区、绘图窗口、十字光标、坐标系图标、命令行窗口与文本窗口、状态栏等主要部分组成。下面分别介绍各组成部分。

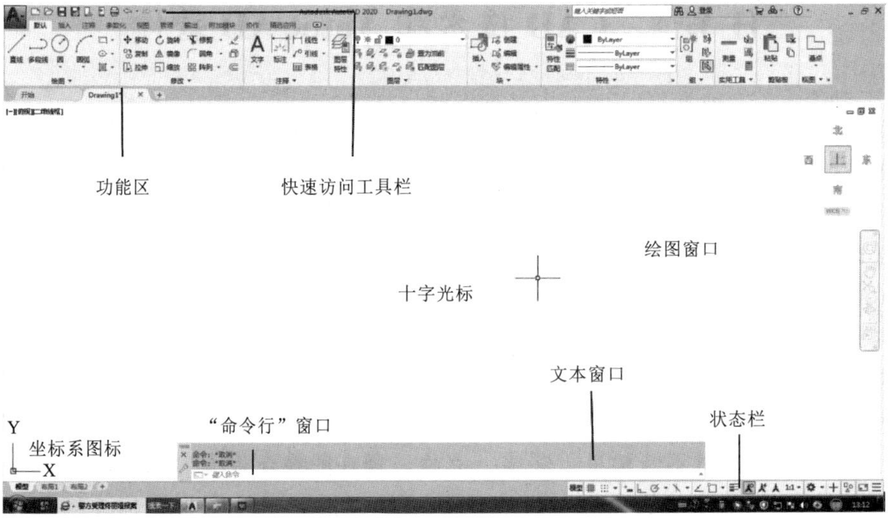

图 1.1　AutoCAD 2020 默认工作界面

1. 快速访问工具栏

快速访问工具栏显示常用工具，如“新建”“打开”“保存”等命令。单击右侧下拉按钮，选择“显示菜单栏”可以显示主菜单，如图 1.2 所示。

快速访问工具栏的右边是标题栏，用以显示当前正在运行的程序名及文件名等信息，单击标题栏右端的按钮，可以最小化、最大化或关闭应用程序窗口。

2. 功能区

功能区由许多面板组成，它包含了设计绘图的绝大多数命令，只要单击面板上的按钮就可以激活相应的命令。功能区选项卡上有“默认”“插入”“注释”“参数化”“视图”等标签，切换不同的标签，AutoCAD 就会显示不同的面板。图 1.3 所示为“默认”标签对应的功能区面板，图 1.4 所示为“注释”标签对应的功能区面板。

“默认”标签对应的几个面板介绍如下。

（1）绘图：主要由各种绘图命令组成。

（2）修改：主要由各种编辑命令组成。

（3）图层：用于设置图层并显示当前层的名称及状态，显示图层列表及用于切换当前层的操作。

（4）注释：由常用的文字注写和尺寸标注相关命令组成。

（5）块：主要由块创建和块插入等相关命令组成。

图 1.2　快速访问工具栏

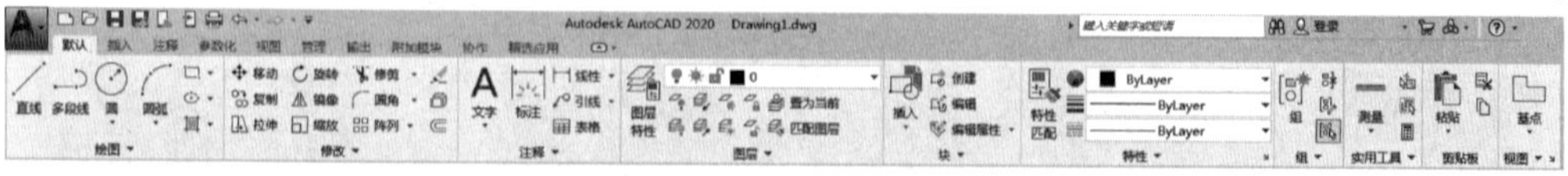

图 1.3　“默认”功能区面板

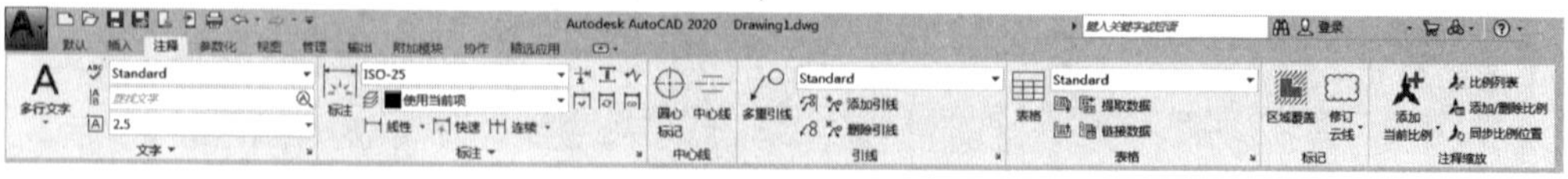

图 1.4　“注释”功能区面板

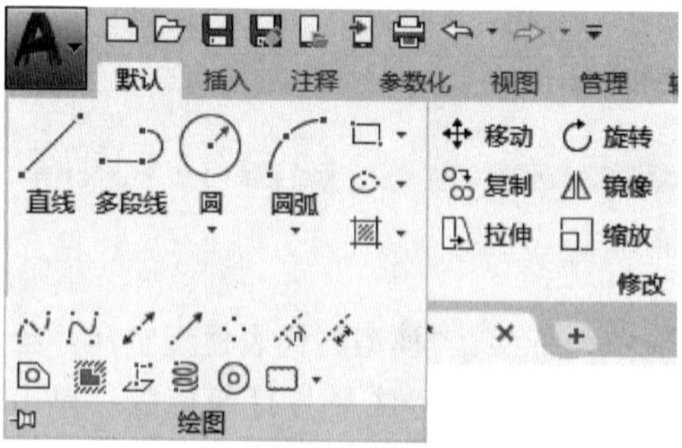

图 1.5　展开绘图面板

（6）特性：主要对图形对象的图层、颜色、线型和线宽等属性进行设置。

单击面板名称右侧的黑三角形图标，将展开对应的全部命令按钮，如图 1.5 所示。

3. 绘图窗口

绘图窗口是用户绘图的工作区域，所有的绘图结果都反映在这个窗口中。

绘图区域可以任意扩展，在窗口中可以显示图形的一部分或全部，可以通过缩放、平移命令来控制图形的显示；也可以单击窗口右边与下边滚动条上的箭头，或拖动滚动条上的滑块来移动图纸。

在绘图窗口中，移动鼠标可以显示工作的目标。当鼠标提示选择一个点时，光标变为十字形；当在屏幕上拾取编辑对象时，光标变成一个拾取框；当把光标放在工具栏时，光标变为一个箭头。

绘图窗口左下角是 AutoCAD 直角坐标系。默认情况下，坐标系为世界坐标系（WCS），它指示水平从左至右为 X 轴正向，铅垂从下向上为 Y 轴正向，左下角为坐标原点。

4. 命令行窗口与文本窗口

命令行窗口位于绘图窗口的下方，用于接收用户输入的命令，并显示 AutoCAD 提示信息。命令行窗口是用户和计算机进行对话的窗口，初学者应特别注意。通常显示的信息为“命令：”，表示 AutoCAD 正在等待用户输入命令。默认命令行保留 1 行。在 AutoCAD 中，命令行窗口可以拖放为浮动窗口，如图 1.6 所示。

图 1.6　命令行窗口

AutoCAD 文本窗口是记录 AutoCAD 命令的窗口，是放大的命令行窗口，它记录了已执行的命令，也可以用来输入新命令。按 F2 键可在命令行上方打开 AutoCAD 文本窗口，它记录了对文档进行的所有操作，如图 1.7 所示。当正在执行命令时，命令行上方会短暂显示当前执行命令的 2 行文本，一般在绘图时，经常手动拉出命令行上方 2 行文本窗口。

图 1.7　文本窗口

5. 状态栏

状态栏是界面最下边的一个条状区域，如图 1.8 所示。

图 1.8　状态栏

状态栏的最左边有“模型”“布局 1”“布局 2”三个标签。“模型”代表模型空间，绘制图形通常在模型空间进行；“布局”代表图纸空间，用于图形注释与打印排版。单击“模型”和“布局”就可以在模型空间和图纸空间进行切换。

状态栏的右边是“栅格”、“捕捉”、“动态输入”、“正交”、“极轴追踪”、“对象捕捉追踪”、“对象捕捉”等绘图辅助工具按钮，这些按钮如图 1.8 所示，是用图标显示的，单击最右边的按钮，可以勾选显示在状态栏上的辅助工具。这些按钮能帮助我们快速、精确地绘图，它们的功能将在后续任务中介绍。

2.2.2　AutoCAD 经典界面

AutoCAD 2020 系统为用户提供了“草图与注释”“三维基础”以及“三维建模”3

个工作空间。图 1.1 显示的是“草图与注释”工作空间的默认界面。对于新用户来说，可以直接从这个界面来学习，对于老用户来说，因为已经习惯以往版本的界面，可以把默认界面进行以下 4 步设置后，永久保存为经典界面。步骤如下：

（1）显示菜单栏。单击“快速访问工具栏”，在下拉选项中单击“显示菜单栏”，如图 1.9 所示。

（2）关闭功能区。打开“工具”菜单，依次单击“工具”→“选项板”→“功能区”，如图 1.10 所示。

图 1.9　显示菜单栏

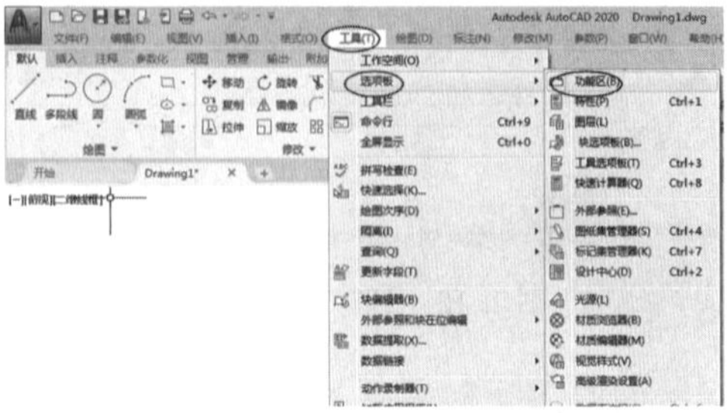

图 1.10　关闭功能区

（3）勾选工具栏。打开“工具”菜单，依次单击“工具”→“工具栏”→“AutoCAD”，把“标准”“样式”“图层”“特性”“绘图”“修改”“绘图次序”等常用工具栏都进行勾选，如图 1.11 所示。

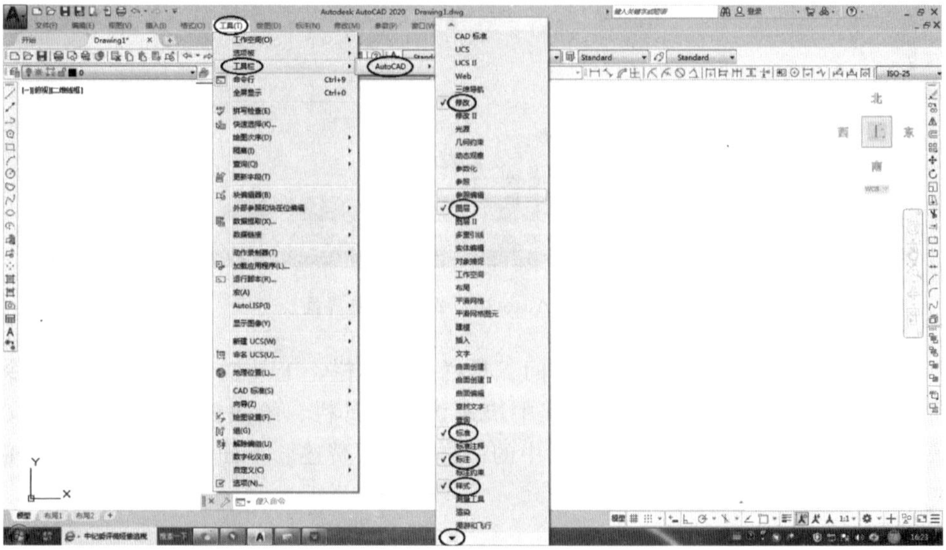

图 1.11　勾选工具栏

（4）保存工作界面。单击右下角状态栏中的“切换工作空间”按钮，将当前设置的工作空间另存为“经典界面”，如图 1.12 所示。

保存为“经典界面”的工作空间以后，可以单击右下角状态栏中的“切换工作空间”按钮，如图 1.13 所示。在弹出的快捷菜单中选择“经典界面”命令，切换到如图 1.14 所示的 AutoCAD 经典工作空间。

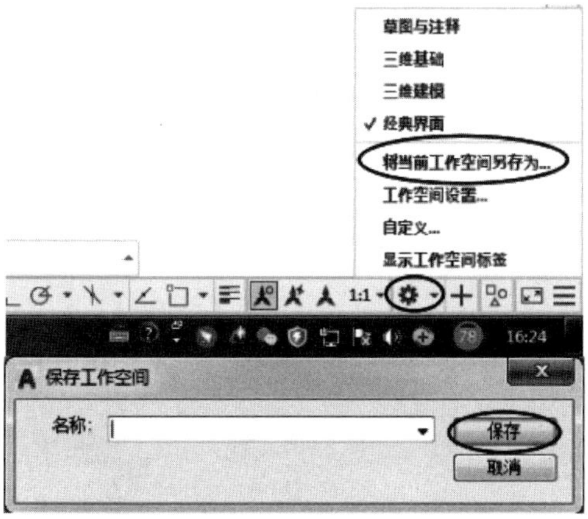

图 1.12　另存工作空间

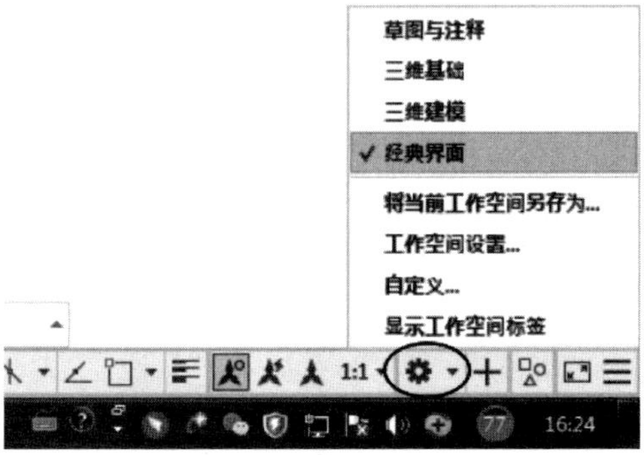

图 1.13　切换工作空间

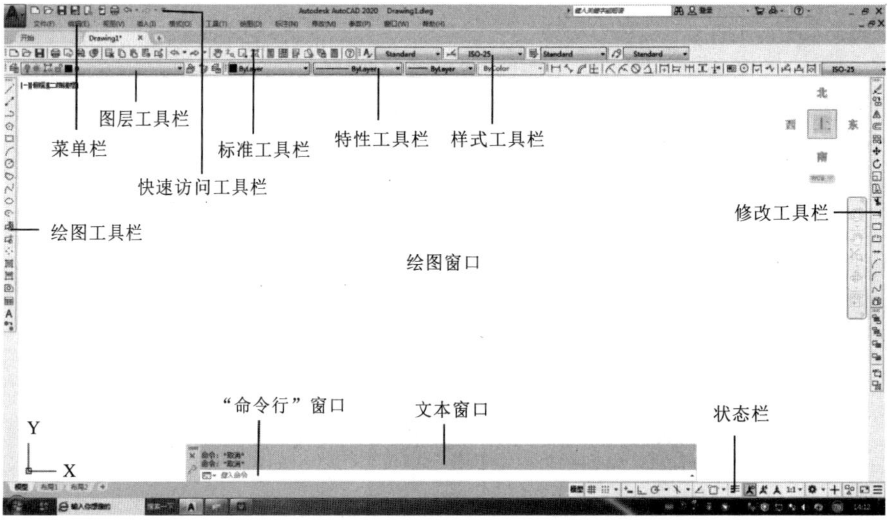

图 1.14　AutoCAD 2020 经典界面

AutoCAD 2020 经典界面由快速访问工具栏、菜单栏、工具栏、绘图窗口、命令行与文本窗口、状态栏等主要部分组成，其中快速访问工具栏、绘图窗口、命令行与文本窗口、状态栏与 AutoCAD 2020 默认界面中的一样，不再赘述。下面分别对菜单栏与工具栏进行介绍。

1. 菜单栏

菜单栏由“文件”“编辑”“视图”“插入”“格式”“工具”“绘图”“标注”“修改”

“参数”“窗口”“帮助”共 12 个主菜单组成，几乎包括了 AutoCAD 中全部的功能和命令。单击某个主菜单，系统会弹出对应的下拉菜单，选择即可进入命令。下拉菜单中有些带黑三角形按钮，单击该按钮系统会弹出对应的子菜单，如图 1.15 所示，选择即可进入命令。

在绘图区域、工具栏、状态栏以及一些对话框上单击鼠标右键，系统将弹出一个菜单，此菜单称为快捷菜单（或光标菜单），如图 1.16 所示。该菜单中的命令与 AutoCAD 当前状态相关。使用它们可以在不启动菜单栏的情况下快速、高效地完成某些操作。

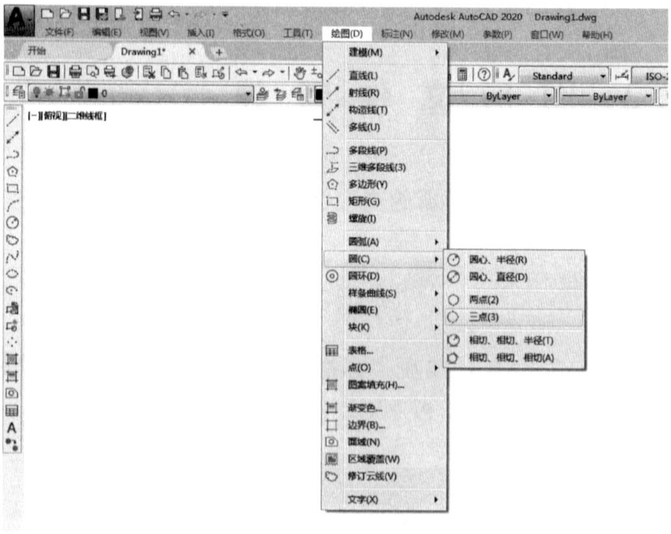

图 1.15　菜单栏

图 1.16　快捷菜单

2. 工具栏

工具栏是应用程序调用命令的另一种方式，它包含许多由图标表示的命令按钮。在 AutoCAD 中，系统共提供了 20 多个已命名的工具栏。默认情况下，“标准”“图层”“对象特性”“样式”“绘图”和“修改”等工具栏处于打开状态。如果要显示当前隐藏的工具栏，可在任意工具栏上单击鼠标右键，此时将弹出一个快捷菜单，单击相应内容以显示或关闭相应的工具栏。如在快捷菜单中单击“对象捕捉”，则显示“对象捕捉”工具栏，如图 1.17 所示。

图 1.17　“对象捕捉”工具栏

提示：“草图与注释”工作空间的界面与“AutoCAD 经典”工作空间的界面相比较：前者增加了功能区，缺少了菜单栏，可通过“快速访问工具栏”调用主菜单；后者缺少功能区，可通过“菜单栏”→“工具”→“选项板”调出功能区面板，实现新旧界面配合使用。

2.2.3　AutoCAD 三维建模界面

单击状态栏中的“切换工作空间”按钮，在弹出的快捷菜单中选择“三维建模”命令，切换到“三维建模”工作空间界面。

AutoCAD 2020“三维建模”工作界面对于用户在三维空间中绘制三维图形来说更加方便。默认情况下，“栅格”以网格的形式显示，增加了绘图的三维空间感。另外，“面板”选项板集成了“三维制作控制台”“三维导航控制台”“光源控制台”“视觉样式控制台”和“材质控制台”等选项组，从而为用户绘制三维图形、观察图形、创建动画、设置光源、为三维对象附加材质等操作提供了非常便利的环境。

任务 3　图 形 文 件 管 理

AutoCAD 2020 中，图形文件管理包括创建新的图形文件、打开已有的图形文件、关闭图形文件以及保存图形文件等操作。

3.1　新建图形文件

选择“文件”→“新建（NEW）”命令，或在“标准”工具栏中单击“新建”按钮，可以创建新图形文件，此时将打开“选择样板”对话框，如图 1.18 所示。

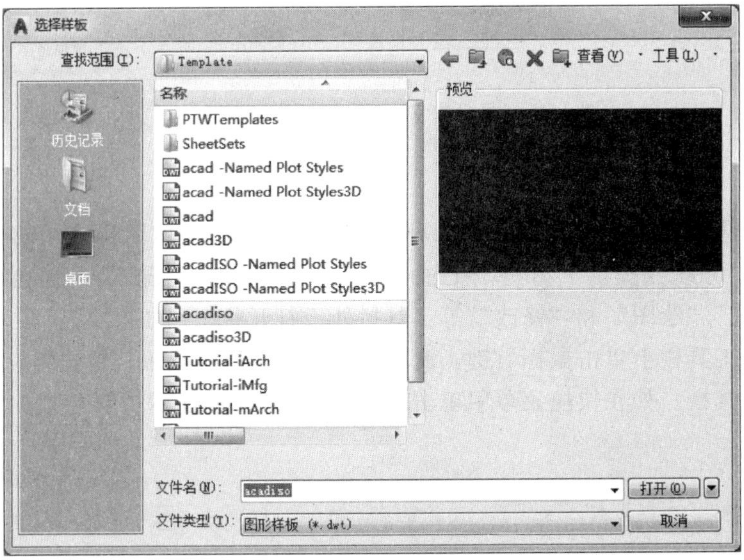

图 1.18　“选择样板”对话框

样板文件的扩展名是 dwt。AutoCAD 为不同需求的用户提供了多个样板文件，其中 acad.dwt、acadiso.dwt 分别是英制（单位：英寸）和公制（单位：毫米）样板文件，对应的图形界限分别是 12×9 和 420×297。推荐以 acadiso.dwt 开始绘制新图，或者选择自己定制的样板文件。关于样板文件的创建在后续任务中介绍。

3.2 打开图形文件

选择“文件”→“打开”命令（OPEN），或在“标准”工具栏中单击“打开”按钮，可以打开已有的图形文件，此时将打开“选择文件”对话框。选择需要打开的图形文件，在右面的“预览”框中将显示出该图形的预览图像，单击“打开”按钮。默认情况下，打开的图形文件的格式为 .dwg，如图 1.19 所示。

图 1.19　“选择文件”对话框

在 AutoCAD 中，可以通过“打开”“以只读方式打开”“局部打开”和“以只读方式局部打开”4 种方式打开图形文件。当通过“打开”“局部打开”方式打开图形时，可以对打开的图形进行编辑，如果通过“以只读方式打开”“以只读方式局部打开”方式打开图形时，则无法对打开的图形进行编辑。

如果选择通过“局部打开”“以只读方式局部打开”方式打开图形，这时将打开“局部打开”对话框。可以在“要加载几何图形的视图”选项组中选择要打开的视图，在“要加载几何图形的图层”选项组中选择要打开的图层，然后单击“打开”按钮，即可在视图中打开选中图层上的对象。

3.3 保存图形文件

在 AutoCAD 中，可以使用多种方式将所绘图形以文件形式存入磁盘。例如，可以选择“文件”→“保存”命令（QSAVE），或在“标准”工具栏中单击“保存”按钮，以当前使用的文件名保存图形；也可以选择“文件”→“另存为”命令（SAVE AS），将当前图形以新的名称保存。

每次保存创建的图形时，系统将打开“图形另存为”对话框。默认情况下，文件以“AutoCAD 2018 图形（*.dwg）”格式保存，也可以在“文件类型”下拉列表框中选择其他格式，如 AutoCAD 2004/LT2004 图形（*.dwg）、AutoCAD 图形标准（*.dws）、AutoCAD 图形样板（*.dwt）等格式，如图 1.20 所示。

图 1.20　“图形另存为”对话框

3.4 关闭图形文件

选择“文件”→“关闭（CLOSE）”命令，或在绘图窗口中单击“关闭”按钮×，可以关闭当前图形文件。如果当前图形没有存盘，系统将弹出 AutoCAD 警告对话框，询问是否保存文件，如图 1.21 所示。此时，单击“是（Y）”按钮或直接按 Enter 键，可以保存当前图形文件并将其关闭；单击“否（N）”按钮，可以关闭当前图形文件但不存盘；单击“取消”按钮，取消关闭当前图形文件操作，既不保存也不关闭。

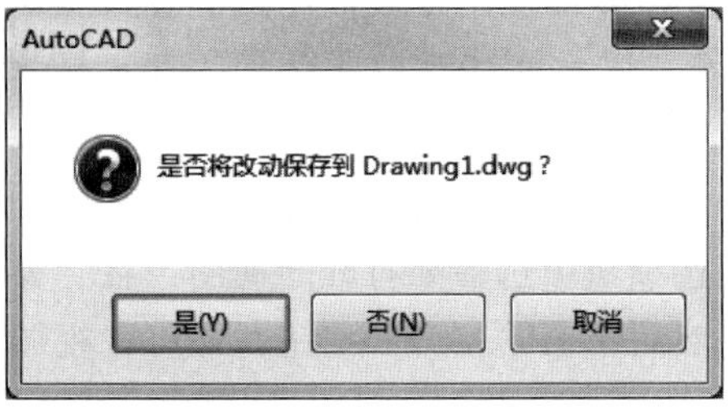

图 1.21　“保存提示”对话框

如果当前所编辑的图形文件没有命名，那么单击“是（Y）”按钮后，AutoCAD 会打开“图形另存为”对话框，要求用户确定图形文件存放的位置和名称。

3.5 使用帮助系统

在使用软件过程中，特别是在学习过程中遇到问题是非常自然的事情。AutoCAD 的绘图命令多达上百条，有一些是工程图常用的，有些则很少用到，对于从事专业工程设计的用户来说没有必要将所有的命令都记住，这也是非常困难的。遇到问题时，AutoCAD 自带的帮助文档将成为新老用户最得力的助手。特别对于初学者来说，正确地使用帮助文档可以减少翻阅大量书籍的辛劳。

联机帮助文件中包含有软件介绍、用户操作指南、全部命令的使用方法等资料。其命令调用方法如下：

（1）单击下拉菜单："帮助"→"帮助"。

（2）在命令行输入："help"或"?"。

（3）单击标准工具栏按钮：。

（4）按快捷键：F1。

进入帮助系统后，首先显示帮助主界面，如图1.22所示。在主界面的"目录"选项卡中有详细的新增功能、AutoCAD用户手册等，展开后可以查找到所需要的内容。

图1.22 访问系统帮助

系统还提供了获得所需帮助更便捷的方法：先激活需要帮助的命令，再启动帮助系统。如执行"直线"命令时按下F1键，在线帮助系统被激活，并且刚好打开了解释直线命令的位置，如图1.23所示。

图1.23 "直线"的帮助界面

任务 4　AutoCAD 命令的基本操作

4.1 命令输入方式

AutoCAD 绘图需要输入必要的命令和参数。常用的命令输入方式包括菜单输入法、工具栏（或功能区）命令按钮输入法和命令行直接输入命令法三种。下面以经典界面中“直线”命令为例介绍命令输入的几种方式：

（1）菜单输入法。用鼠标单击下拉菜单中的菜单项以执行命令。如图 1.24 所示，用鼠标单击下拉菜单中的直线，则执行直线命令。命令行提示如下：

命令：_ line 指定第一点：　　　　（指定直线第 1 点）

指定下一点或［放弃（U）］：　　　　（指定直线下一端点）

指定下一点或［放弃（U）］：　　　　（指定直线下一端点）

指定下一点或［闭合（C)/放弃（U）］：（输入 C，闭合成线框；输入 U，放弃上一步）

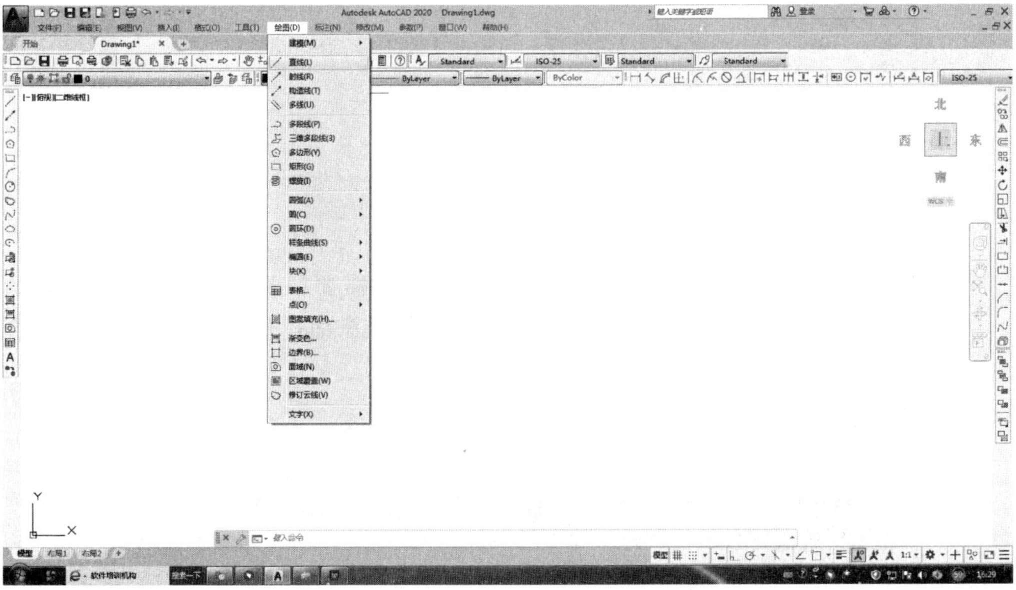

图 1.24　从下拉菜单输入命令

（2）工具栏（或功能区）命令按钮输入法。用鼠标单击工具栏（或功能区）中的命令按钮，即执行该按钮所对应的命令。如图 1.25 所示，用鼠标单击“直线”按钮，则进入“直线”命令。

图 1.25　从工具栏输入命令

（3）命令行直接输入命令法。用键盘在命令行中输入要执行的命令名称（不分大小写），然后按 Enter 键或空格键执行命令。如在命令行输入“LINE”，按 Enter 键，则进入“直线”命令。

一个命令有多种输入方法，菜单输入法不需要记住命令名称，但操作烦琐，适合输入不熟悉的命令；工具栏（或功能区）命令按钮输入法直观、迅速，但受显示屏幕限制，不能将所有的工具栏（或功能区面板）都排列到屏幕上，适于输入最常用的命令；在命令行直接输入命令法迅速、快捷，但要求熟记命令名称，适于输入常用的命令和菜单中不易选取的命令。在实际操作中，往往三种方式结合使用。

4.2 命令的重复、中断、撤销与重做

4.2.1 命令的重复

（1）按 Enter 键或空格键。

（2）在绘图区单击鼠标右键，在快捷菜单中选择“重复××命令”。

4.2.2 命令的中断

在命令执行的过程中，欲中断当前命令的运行，可以按键盘上的 Esc 键。

4.2.3 命令的撤销

AutoCAD 可以记录所有执行过的命令和所作的修改。如果要改变主意或修改错误，可以撤销上一个或前几个操作。要撤销最近执行的命令有以下几种方法：

（1）命令行：Undo（U）。

（2）菜单栏：“编辑（E）”→“放弃（U）”。

（3）工具栏：单击标准工具栏中的按钮。

（4）快捷键：Ctrl+Z。

4.2.4 命令的重做

要恢复一步撤销操作，可以使用以下任何一种方法：

（1）命令行：Redo。

（2）菜单栏：“编辑（E）”→“重做（R）”。

（3）工具栏：单击标准工具栏中的按钮。

（4）快捷键：Ctrl+Y。

4.3 删除命令

当图形画错了时，可以用删除命令从图中删除对象。用以下任一方法调用删除命令：

（1）命令行：Erase（E）。

（2）菜单栏：“修改”→“删除”。

（3）工具栏（或功能区）：单击修改工具栏图标。

调用命令以后，用拾取框选择要删除的对象（若要删除的对象较多，可用窗交方式选中要删除的所有对象），再单击鼠标右键（或按 Enter 键），便可以删除所需要删除的对象。

4.4 点坐标的输入方式

在 AutoCAD 中绘图时可使用多种坐标系统来定义空间点的位置。AutoCAD 初始默认的坐标系称为世界通用坐标系，在绘图中是不可改变的，但用户可以自己定义用户坐标系（UCS），修改坐标系原点和方向。AutoCAD 绘图系统中坐标点的输入方式有以下几种。

4.4.1 绝对直角坐标

在二维（2D）空间中，绝对直角坐标是指该点相对于坐标系原点（0，0）在 X 轴与 Y 轴方向上的位置。输入一个点的绝对直角坐标的格式为（X，Y）。

4.4.2 相对直角坐标

相对直角坐标是指该点相对于前一输入点在 *X* 轴与 *Y* 轴方向上的坐标增量。输入一个点的相对直角坐标的格式为（@X，Y）。

4.4.3 极坐标

极坐标指用该点相对于坐标系原点的连线长度以及连线与 *X* 轴正向的角度表示。输入一个点的极坐标的格式为（$\rho<\theta$），ρ 为极轴长度（即该点相对于坐标系原点的连线长度），θ 为这两点连线相对 X 轴正向的角度。

4.4.4 相对极坐标

相对极坐标指用该点相对于前一输入点的连线长度以及连线与 X 轴正向的角度表示。输入一个点的相对极坐标的格式为（@$\rho<\theta$），ρ 为相对极轴长度（即该点相对于前一输入点的连线长度），θ 为这两点连线相对 *X* 轴正向的角度。

4.4.5 直接距离输入

打开状态栏的正交模式或极轴追踪模式，移动光标，拉出一条指示方向的线，用键盘直接输入直线段的距离后按 Enter 键。

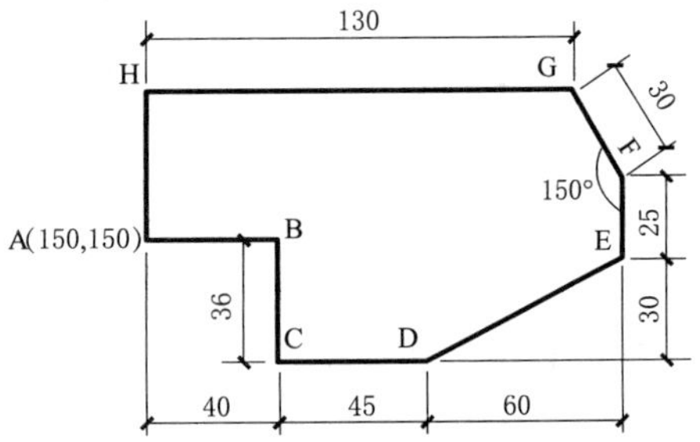

图 1.26 点的坐标输入

【例 1.1】 已知点 A 的绝对坐标及图形尺寸，用 LINE 命令绘制，如图 1.26 所示。

操作步骤如下：

命令：_ line 指定第一点：150，150↙

（输入点 A 的绝对坐标）

指定下一点或［放弃（U）］:〈正交开〉40↙

（打开正交模式，将光标向右拉出水平线，输入 AB 的长度）

指定下一点或［放弃（U）］：36↙ （向下拉出铅垂线，输入 BC 的长度）

指定下一点或［闭合（C）/放弃（U）］：45↙ （向右拉出水平线，输入 CD 的长度）

指定下一点或［闭合（C）/放弃（U）］：@60，30↙ （输入点 E 的相对直角坐标）

指定下一点或［闭合（C）/放弃（U）］：25↙ （向上拉出铅垂线，输入 EF 的长度）

指定下一点或［闭合（C）/放弃（U）］：@30<120↙ （输入点 G 的相对极坐标）

指定下一点或［闭合（C）/放弃（U）］：130↙ （向左拉出水平线，输入 GH 的长度）

指定下一点或［闭合（C）/放弃（U）］：C　　　（输入 C，按 Enter 键图形自动闭合）

4.5 选择编辑对象的方式

在 AutoCAD 绘图设计过程中，会大量地使用编辑操作，执行编辑命令时，系统会提示“选择对象：”，表示要求用户选择被编辑的图形对象。此时十字光标变成了一个小方框（称为拾取框），即可选择图形对象。当图形对象被选中时，将显示为虚线。

例如：执行“删除”命令时，操作提示如下：

命令：_ erase　　　（单击“删除”按钮）

选择对象：指定对角点：找到 3 个　　　（选择要删除的对象，已选中了 3 个对象）

选择对象：　　　（按 Enter 键结束选择，被选中的 3 个对象被删除）

选择编辑对象有多种方式，使用方式恰当，可以提高作图效率。最常用的选择方式有以下几种：

（1）单选。用拾取框单击待选择的对象，如图 1.27 所示。该方式一次只能选择一个对象，当待选对象较多时，使用不太方便。

（2）窗口。从左往右指定角点形成一个矩形框，只有完全包含在矩形框中的对象才被选中，如图 1.28 所示。

（3）窗交。从右往左拉出矩形窗口，凡是包含在方框内以及与方框相交的对象都被选中，如图 1.29 所示。

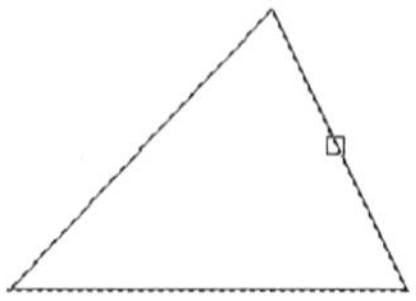

图 1.27　单选方式

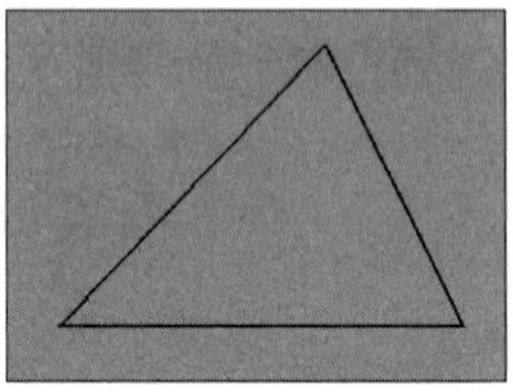

图 1.28　窗口方式

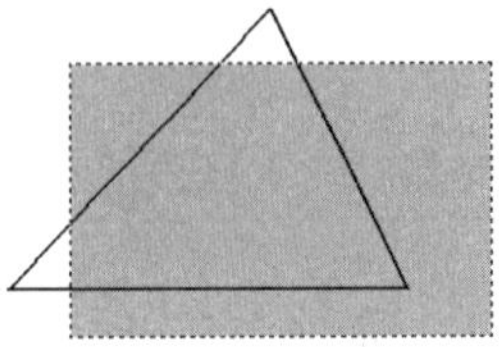

图 1.29　窗交方式

（4）其他选择方式。除了以上 3 种常用的选择方式以外，我们也可以通过在命令行中有“选择对象”的提示时，输入相应的字母来选择对象。

1）全部（ALL）：选择图形文件中的所有对象。

2）栏选（F）：绘制一条多段线的折线，所有与该折线相交的对象被选中，如图 1.30 所示。

3）围圈（WP）：构造一个任意封闭的多边形窗口，只有完全包含在窗口内的对象才被选中，如图 1.31 所示，图中小圆被选中。

4）圈交（CP）：构造一个任意封闭的多边形窗口，包含在窗口内以及与多边形边界相交的对象都被选中，如图 1.32 所示，图中小圆和五角星均被选中。

5）最后（L）：选择最后生成的几何对象。

6）前一个（P）：自动选择上一次生成的选择集。

7）取消（U）：取消选择的对象。

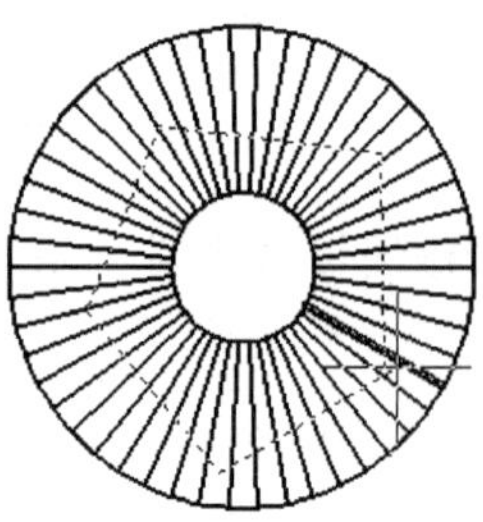

图 1.30　栏选方式

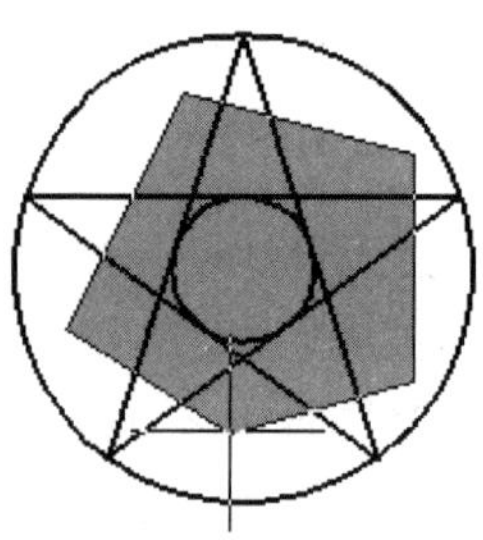

图 1.31　围圈方式

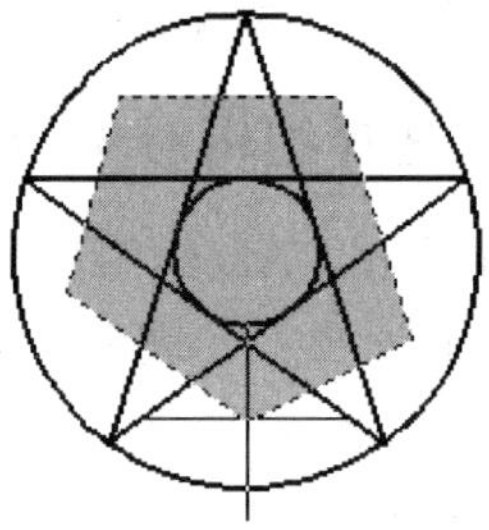

图 1.32　圈交方式

8）撤除（R）：将对象从选择集中移出。

9）添加（A）：向选择集中添加对象。

提示：编辑图形时，一般先启动命令，再选择要编辑的对象；也可以先选择对象，然后再执行某个命令。

任务 5　绘 图 辅 助 工 具

为帮助用户绘图更方便、更精确，AutoCAD 提供了多种绘图辅助工具，如状态栏中的栅格、捕捉、正交、极轴追踪、对象捕捉、对象捕捉追踪、动态输入等，如图 1.33 所示。这些辅助工具为精确绘图提供了一定的方法，能够极大地提高绘图的精度和效率。

图 1.33　绘图辅助工具

5.1 栅格与捕捉

5.1.1　栅格

栅格是分布在图形界限范围内可见的定位点阵，标出了当前工作的绘图区域，在绘图时能直观防止所绘图形超出绘图界限。这些点状栅格不是图形的组成部分，不能打印出图。

单击“栅格”按钮或按 F7 键可打开或关闭栅格模式。

5.1.2　捕捉

捕捉用于设定光标移动的距离，使光标只能在图形中设置好的捕捉间距点上移动。当打开“捕捉”模式后，光标行走迟钝，只沿“捕捉”点行走；关闭“捕捉”模式，光标可以任意移动。绘图时，一般不打开“捕捉”模式。

单击“捕捉”按钮或按 F9 键可打开或关闭捕捉模式。

5.1.3　栅格与捕捉间距的设置

栅格和捕捉默认的间距均为 10，在绘制工程图时，若采用 1∶1 的比例，绘图范围就会较大，这时会出现因栅格间距太密而无法显示栅格的情况。可以通过“草图设置”对话框改变栅格和捕捉的间距。

“草图设置”的打开方法如下：

（1）单击菜单栏“工具”→“草图设置”。

（2）光标移到状态栏，右键“栅格”按钮→“设置”。

通过上述方法，弹出图1.34所示的“草图设置”对话框。选择“捕捉和栅格”选项卡，即可设置栅格和捕捉间距，通常“栅格”和“捕捉”是配合使用的。X轴和Y轴间距可以相同，也可以不同。

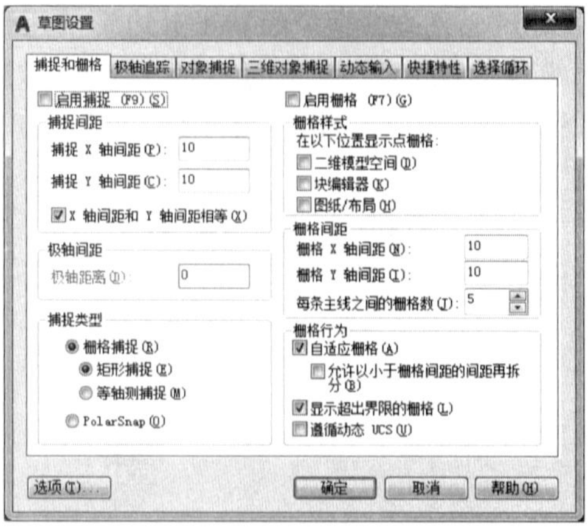

图1.34 “草图设置”（捕捉和栅格）

5.2 正交与极轴追踪

5.2.1 正交

在工程图中需要绘制大量的水平线和垂直线，“正交”模式是快速、准确绘制水平线和垂直线的有利工具，当打开“正交”模式时，无论光标怎样移动，只限制在水平或垂直方向移动，即可绘制出水平线与垂直线。

单击“正交”按钮或按F8键可打开或关闭正交模式。

5.2.2 极轴追踪

打开“极轴追踪”，在绘图时可以按设置好的极轴角追踪确定一点。可用于快速地绘制水平线、垂直线以及任意角度的倾斜线。绘制不同角度线，需设置不同极轴角，同时及时调整极轴角。

单击“极轴追踪”按钮或按F10键可打开或关闭极轴追踪模式。

极轴角设置方法：打开“草图设置”对话框，单击“极轴追踪”选项卡，在“极轴角设置”选项区有“增量角”输入框和“附加角”复选框，根据所需角度进行设置，如图1.35所示。

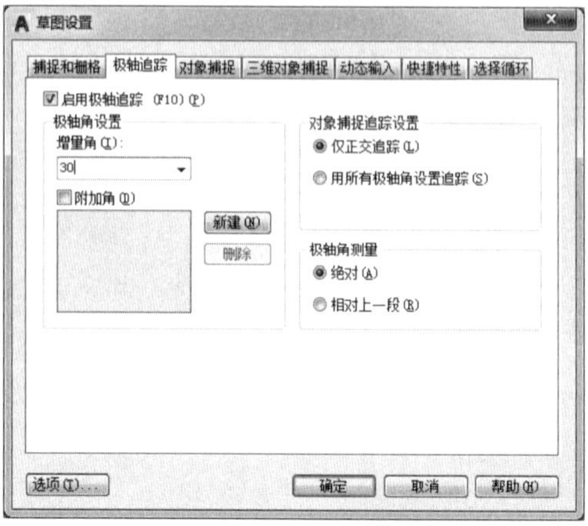

图1.35 “草图设置”（极轴追踪）

“增量角”一次只能选择一个值，在绘图时，以“增量角”的整数倍追踪；启用“附加角”时，可以按要求设置多个值，在绘图时，同时以“增量角”的整数倍和所设的“附加角”追踪。图1.36所示的“增量角”设置为30，可绘制30°、60°、90°、120°、150°等30°整数倍方向的线。图1.37所示的“附加角”设置可绘制上述30°整数倍方向的线和20°、50°方向的线。

在图1.35中，“极轴角测量”选项区有“绝对”和“相对上一段”两种选择。图1.38

所示的是用直线命令绘制正五边形的过程，极轴增量角设置为 72°。图 1.38（a）中采用“绝对”方式，绘制的每边依次增加 72°，即依次显示的极轴角是 0°、72°、144°、216°；图 1.38（b）中采用“相对上一段”方式，当前方向与上一段的方向总是增加 72°。

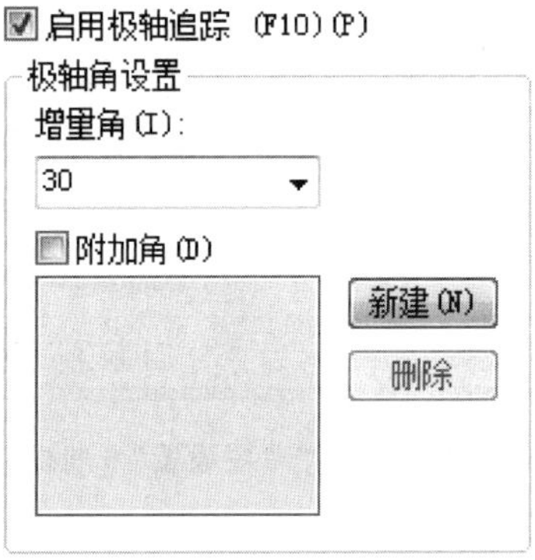

图 1.36　增量角度值

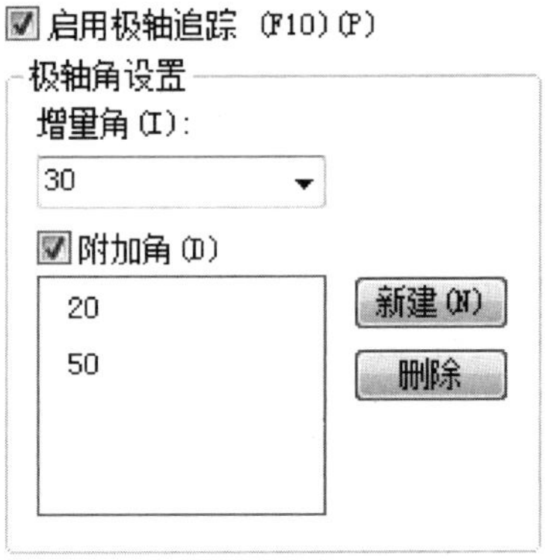

图 1.37　附加角度值

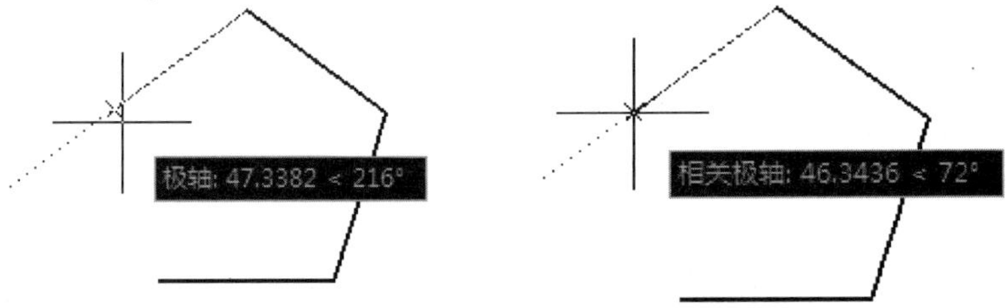

（a）绝对　　（b）相对上一段

图 1.38　绝对与相对上一段极轴追踪

技巧：绘制已知直线的垂直线，按图 1.39 所示设置极轴追踪。

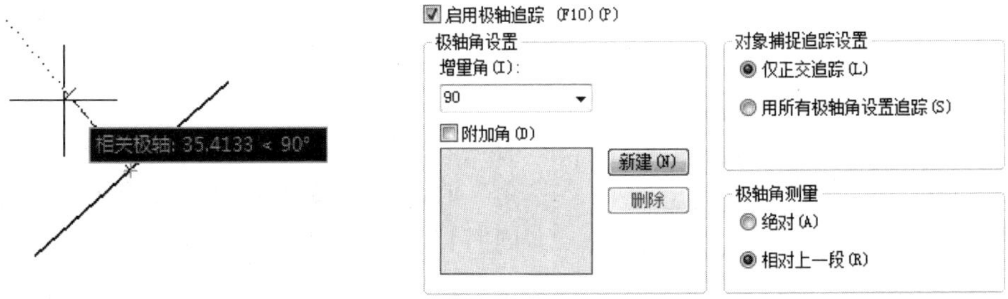

图 1.39　绘制已知直线的垂直线

5.3　对象捕捉与对象捕捉追踪

5.3.1　对象捕捉

绘图时，有时要精确地找到已经绘出图形上的特殊点，如直线的端点和中点，圆的圆心、切点等。要使光标精确地定位于这些点，就要利用“对象捕捉”的各种捕捉模式。AutoCAD 提供了“对象捕捉”功能，使用户可以准确地输入这些点，从而大大提高了作图的准确性和速度。对象捕捉的方式有单点对象捕捉和自动对象捕捉。

1. 单点对象捕捉

单点对象捕捉也称为“一次性”对象捕捉。即在某个命令要求指定一个点时，临时用一次对象捕捉模式，捕捉到一个点后，对象捕捉就自动关闭了。

可以用图 1.40 所示的“对象捕捉”工具栏单击所需的对象捕捉图标；也可以在绘图区，按住 Shift 键不放，同时单击鼠标右键，调出“对象捕捉”快捷菜单，其内容如图 1.41 所示。

“对象捕捉”工具栏上的各捕捉点意义见表 1.1。

图 1.40　“对象捕捉”工具栏

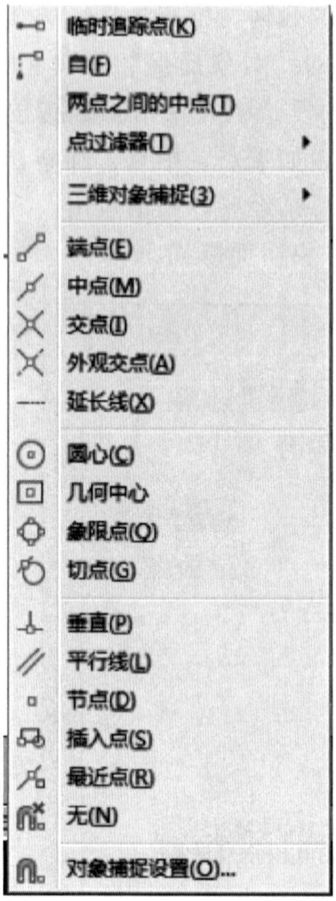

图 1.41　“对象捕捉”快捷菜单

表 1.1　“对象捕捉”工具栏各捕捉点意义

序号	捕捉点	意　义
1		临时追踪点
2		捕捉自某一点
3		捕捉到端点
4		捕捉到中点
5		捕捉到交点
6		捕捉到外观交点
7		捕捉延长线
8		捕捉到圆心
9		捕捉到象限点
10		捕捉到切点
11		捕捉到垂足点
12		捕捉到平行线
13		捕捉到插入点
14		捕捉到节点
15		捕捉到最近点
16		无捕捉
17		对象捕捉设置

【例 1.2】　绘制图 1.42 所示两圆的公切线。

(1) 先单击直线按钮“ ”，再点击捕捉切点按钮“ ”。

(2) 在小圆周上单击一下鼠标左键，找到一个切点，再单击捕捉切点按钮“ ”。

（3）在大圆周上单击一下鼠标左键，最后按一次 Enter 键结束，结果如图 1.43 所示。

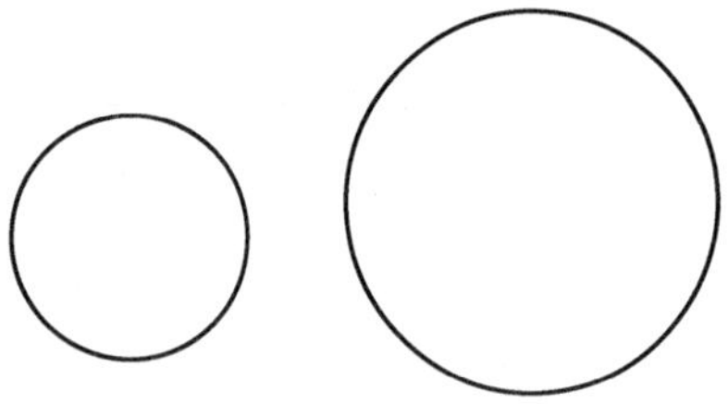

图 1.42　已知两圆

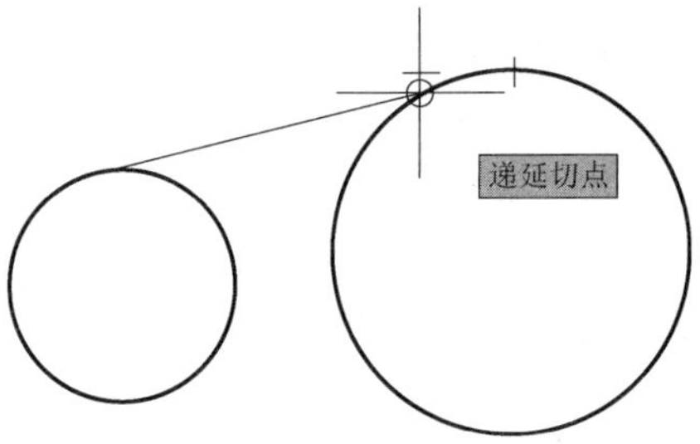

图 1.43　绘两圆切线

2. 自动对象捕捉

在 AutoCAD 绘图过程中，对象捕捉使用频率很高，如果每次都采用单点对象捕捉就显得十分烦琐。所以 AutoCAD 提供了一种自动捕捉模式，即打开“对象捕捉”功能，把光标移到一个对象上，系统自动捕捉到该对象上设置好的几何特征点。

自动对象捕捉功能的设置是在“草图设置”对话框的“对象捕捉”选项卡中进行的，如图 1.44 所示。需要哪些捕捉点，就选中该名称左边的复选框，单击按钮，即可完成设置。通常情况下，我们可以设置一些常用捕捉点，如端点、中点、圆心、节点、象限点、交点、垂足点、切点，读者可在学习过程中不断总结经验，灵活运用。

单击“对象捕捉”按钮或按 F3 键可打开或关闭对象捕捉模式。

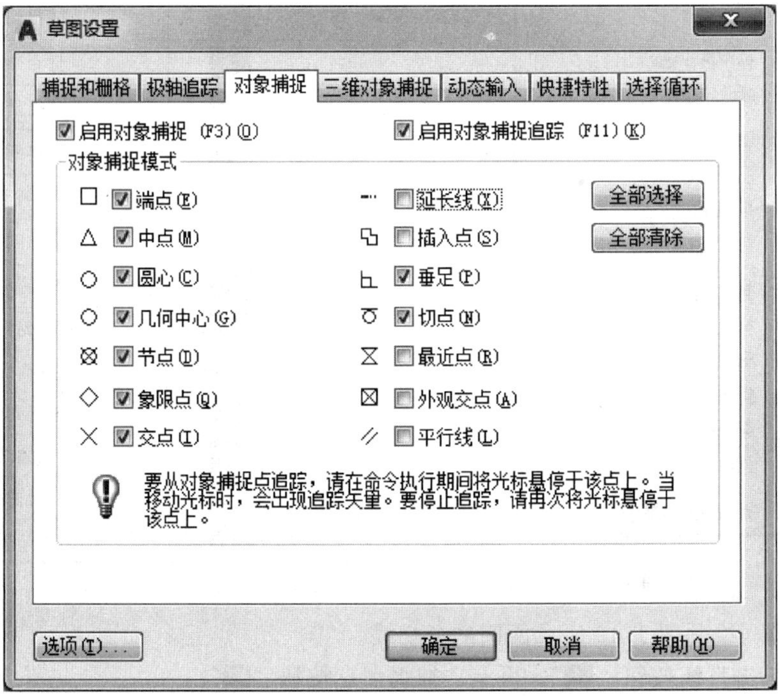

图 1.44　“草图设置”（对象捕捉）

【例 1.3】 绘制如图 1.45（a）所示的图形。

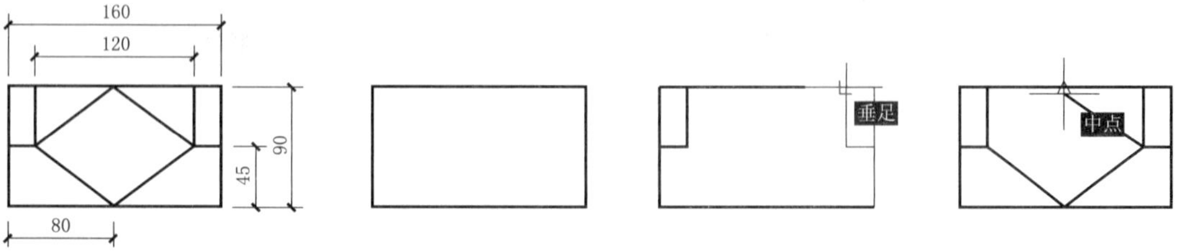

（a）　（b）　（c）　（d）

图 1.45　对象捕捉图例

（1）自动“对象捕捉”功能设置：右击状态栏“对象捕捉”按钮，单击“设置”，打开“草图设置”对话框，在“对象捕捉模式”区，勾选一些常用捕捉点，如图 1.44 所示。

（2）绘制矩形外框：按 F3 键，打开“对象捕捉”模式，按 F8 键，打开“正交”模式，用“直线”命令绘制矩形外框，如图 1.45（b）所示。

（3）绘制左右两边水平和垂直线段：用“直线”命令，光标捕捉矩形左边中点，往右移输入水平距离 20，往上移到矩形上边捕捉垂足点，即完成左边水平和垂直线段，同理可以绘制右边水平和垂直线段，如图 1.45（c）所示。

（4）绘制四边形内框：按 F8 键，关闭“正交”模式，用“直线”命令依次捕捉左边端点、下边中点、右边端点、上边中点，输入 C，按 Enter 键结束，如图 1.45（d）所示。

5.3.2　对象捕捉追踪

对象捕捉追踪是沿着对象捕捉点的方向进行追踪，并捕捉对象追踪点与追踪辅助线之间的特征点，如图 1.46 所示。使用“对象捕捉追踪”功能时，必须同时打开“对象捕捉”和“对象捕捉追踪”模式。

单击“对象捕捉追踪”按钮或按 F11 键可打开或关闭对象捕捉追踪模式。

“对象捕捉追踪”还可以与“极轴追踪”配合使用，如图 1.47 所示。

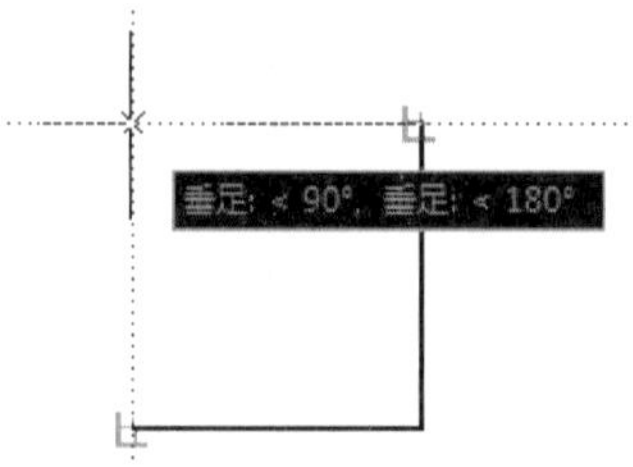

图 1.46　对象捕捉追踪

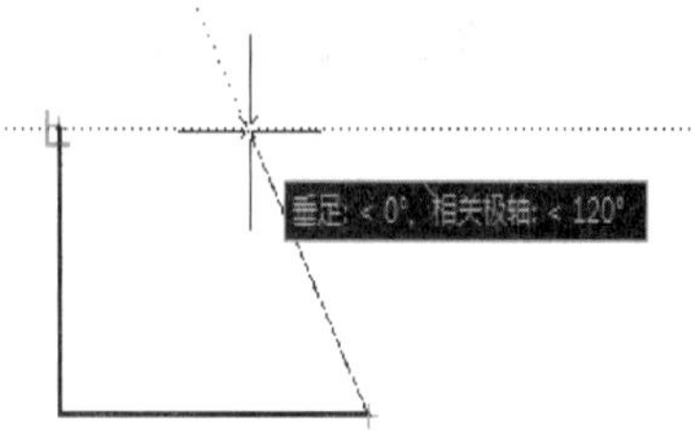

图 1.47　对象捕捉追踪与极轴追踪配合使用

操作应用：绘制三视图时用“对象捕捉追踪”功能可保证长对正、高平齐，如图 1.48 所示。

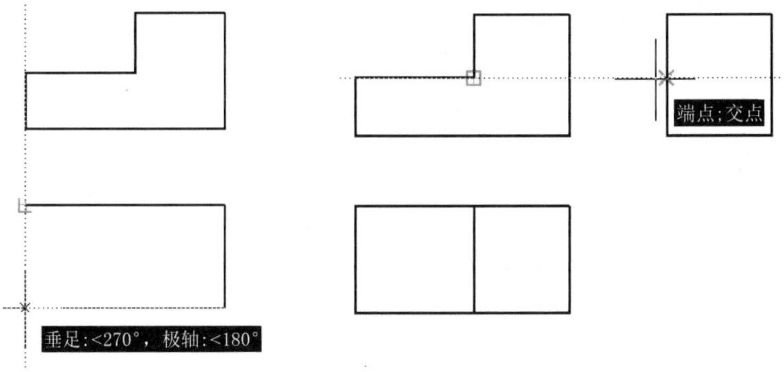

（a）正、俯视图长对正　　（b）正、左视图高平齐

图 1.48　对象捕捉追踪画三视图

5.4 动态输入

动态输入（DYN）可以代替命令行，在光标行进过程中，随时进行距离、角度和坐标等值的输入，大大简化了在命令行中来回输入数据的麻烦。

单击“动态输入”按钮或按 F12 键可打开或关闭动态输入模式。

设置“动态输入”的方法：在“动态输入”按钮上单击鼠标右键，在快捷菜单选择“动态输入设置”，弹出“草图设置”对话框，在该对话框中选择“动态输入”选项卡，如图 1.49 所示。

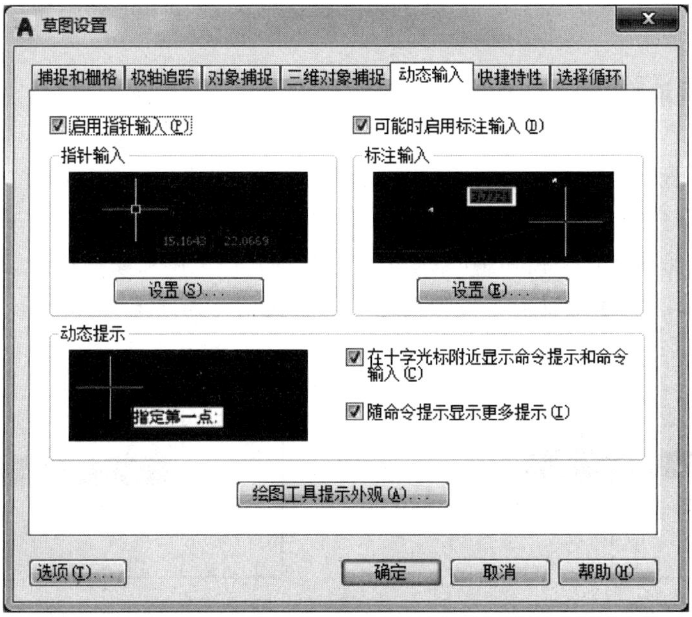

图 1.49　“草图设置”（动态输入）

在“动态输入”选项卡内有“指针输入”“标注输入”“动态提示”3 个选项区域，分别控制动态输入的 3 项功能。

5.4.1　指针输入

“指针输入”设置是对坐标“格式”和“可见性”的选择。

输入的第一点坐标为绝对坐标，第二点及后续点提示的坐标格式由“指针输入设置”（在“指针输入”区域单击“设置”按钮）设定，在“格式”选项区域有4种不同的坐标格式，分别为相对极坐标、相对直角坐标（笛卡儿格式）、绝对极坐标、绝对直角坐标。默认“格式”为极轴格式的相对坐标，如图1.50所示，使用时最好保留默认值。

坐标输入格式切换方法如下：

（1）极坐标与直角坐标的切换：极坐标格式下输入“,”可更改为笛卡儿坐标格式；笛卡儿坐标格式下输入“<”可更改为极坐标格式。

（2）相对坐标与绝对坐标的切换：相对坐标格式下输入“#”可更改为绝对坐标格式；绝对坐标格式下输入“@”可更改为相对坐标格式。

5.4.2　标注输入

“标注输入”设置是对标注输入的字段数进行选择，选择的字段数越多，操作时跟随光标的字段越多，会给操作带来麻烦，按Tab键可以对标注字段逐个进行切换。

5.4.3　动态提示

“动态提示”是对动态光标的“颜色”、“大小”和“透明”度进行设置。

【例1.4】　绘制如图1.51所示的图形。

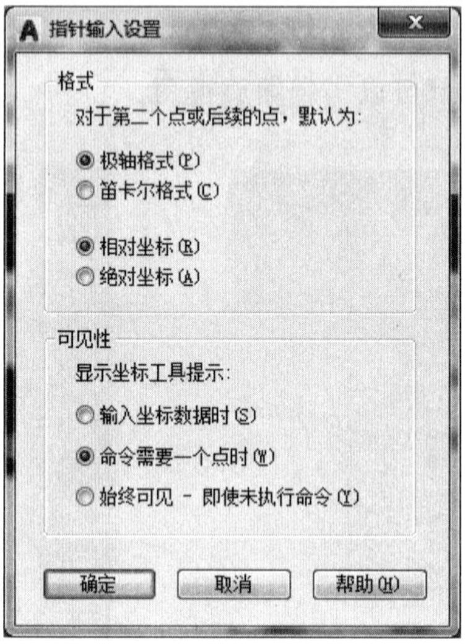

图1.50　指针输入设置

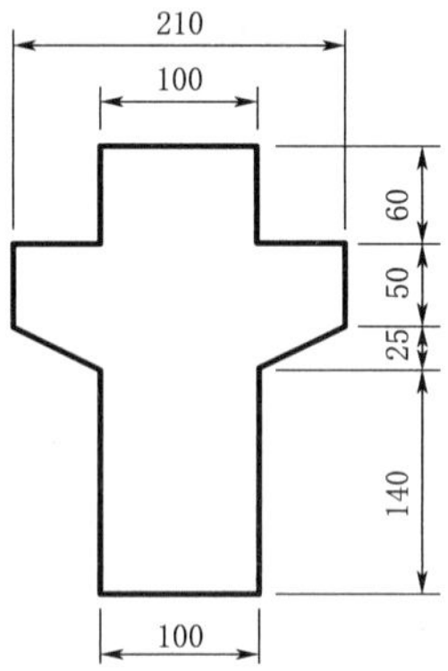

图1.51　图形绘制

命令：_line 指定第一点：　　（指定左下角点为第一点）

指定下一点或［放弃（U）］：100　　（打开正交，水平向右输入100）

指定下一点或［放弃（U）］：140　　（铅垂向上输入140）

指定下一点或［闭合（C）/放弃（U）］：@55，25　　（动态输入55，25）

指定下一点或［闭合（C）/放弃（U）］：50　　（铅垂向上输入50）

指定下一点或［闭合（C）/放弃（U）］：55　　（水平向左输入55）

指定下一点或［闭合（C）/放弃（U）］：60 （铅垂向上输入60）
指定下一点或［闭合（C）/放弃（U）］：100 （水平向左输入100）
指定下一点或［闭合（C）/放弃（U）］：60 （铅垂向下输入60）
指定下一点或［闭合（C）/放弃（U）］：55 （水平向左输入55）
指定下一点或［闭合（C）/放弃（U）］：50 （铅垂向下输入50）
指定下一点或［闭合（C）/放弃（U）］：@55，－25 （动态输入55，－25）
指定下一点或［闭合（C）/放弃（U）］：C （输入C，按Enter键结束）

任务6 图形显示控制

图形显示控制命令主要包括缩放和平移。缩放视图可以调整图形对象的大小、位置，增加或减少图形对象的屏幕显示尺寸，但对象的真实尺寸保持不变，从而更准确、更详细地观察图形；平移视图可以改变显示区域，重新定位图形，以便清楚地查看图形的其他部分或当前图形窗口中不能显示的图形部分，此时也不会改变图形中对象的位置或比例。

6.1 图形“缩放”显示

在AutoCAD 2020中，在“菜单栏”中单击“视图”→“缩放”命令，如图1.52（a）所示，在弹出的菜单中显示“缩放”命令（ZOOM）中的子命令，或使用“缩放”工具栏中的工具按钮，如图1.52（b）所示，都可以实现缩放视图。

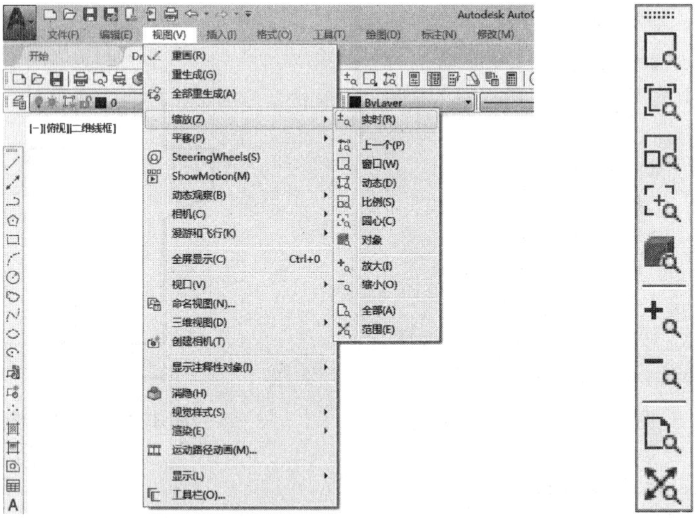

（a） （b）

图1.52 “缩放”命令

6.1.1 实时缩放视图

在“菜单栏”中单击“视图”→“缩放”→“实时”命令，如图1.52（a）所示，或在“标准”工具栏中单击“实时缩放”按钮，如图 1.53 所示，都可以进入实时缩放模式，此时鼠标指针呈形状。向上拖动光标变成可放大整个图形，向下拖动光标变成可缩小整个图形，按 Esc 键或 Enter 键停止缩放。

图 1.53 “平移”“缩放”命令

6.1.2 窗口缩放视图

在“菜单栏”中单击“视图”→“缩放”→“窗口”命令，如图 1.52（a）所示，或在“标准”工具栏中单击“窗口缩放”按钮，如图 1.53 所示，都可以在屏幕上拾取两个对角点以确定一个矩形窗口，之后系统将矩形范围内的图形放大至整个屏幕。

6.1.3 动态缩放视图

在“菜单栏”中单击“视图”→“缩放”→“动态”命令，如图 1.52（a）所示，或在“缩放”工具栏中单击“动态”按钮，如图 1.52（b）所示，都可以动态缩放视图。当进入动态缩放模式时，在屏幕中将显示一个带的矩形方框。单击鼠标左键，此时选择窗口中心的消失，显示一个位于右边框的方向箭头，拖动鼠标可改变选择窗口的大小，以确定选择区域大小，最后按下 Enter 键，即可缩放图形。

6.1.4 显示上一个视图

在图形中进行局部特写时，可能经常需要将图形缩小以观察总体布局，然后又希望重新显示前面的视图。这时就可以在“菜单栏”中单击“视图”→“缩放”→“上一个”命令，如图 1.52（a）所示，或在“标准”工具栏中单击“缩放上一个”按钮，如图 1.53 所示，使用系统提供的显示上一个视图功能，快速回到最初的视图。

如果正处于实时缩放模式，则单击鼠标右键，从弹出的快捷菜单中选择“缩放为原窗口”命令，即可回到最初的使用实时缩放过的缩放视图。

6.1.5 按比例缩放视图

在“菜单栏”中单击“视图”→“缩放”→“比例”命令，或在“缩放”工具栏中单击“比例缩放”按钮，都可以按一定的比例来缩放视图。此时命令行显示如下提示信息：

命令：′_ zoom

指定窗口的角点，输入比例因子（nX 或 nXP），或者

［全部（A）/中心（C）/动态（D）/范围（E）/上一个（P）/比例（S）/窗口（W）/对象（O）］〈实时〉：_ s

输入比例因子（nX 或 nXP）：

要指定相对的显示比例，可输入带 X 的比例因子数值。例如，输入 2X 将显示比当前视图大 2 倍的视图。如果正在使用浮动视口，则可以输入 XP 来相对于图纸空间进行比例缩放。

6.1.6 设置视图中心点

在“菜单栏”中单击“视图”→“缩放”→“圆心”命令，或在“缩放”工具栏中单击“中心缩放”按钮，在图形中指定一点，然后指定一个缩放比例因子或者指定高度值来显示一个新视图，而选择的点将作为该新视图的中心点。如果输入的数值比默认值

小，则会放大图像；如果输入的数值比默认值大，则会缩小图像。

6.1.7　其他缩放命令

在“视图”→“缩放”命令中，还包括以下几个子命令，它们的功能如下：

(1)“对象”命令。显示图形文件中的某一个部分。选择该模式后，单击图形中的某个部分，该部分将显示在整个图形窗口中。

(2)“放大”命令。选择该模式一次，系统将整个视图放大1倍，即默认比例因子为2。

(3)“缩小”命令。选择该模式一次，系统将整个图形缩小1倍，即默认比例因子为0.5。

(4)“全部”命令。显示整个图形中的所有对象。在平面视图中，它以图形界限或当前图形范围为显示边界，在具体情况下，范围最大的将作为显示边界。如果图形延伸到图形界限以外，则仍将显示图形中的所有对象，此时的显示边界是图形范围。

连续双击鼠标滚轮，可以同样实现“全部”显示图形对象。

(5)“范围”命令。在屏幕上尽可能大地显示所有图形对象。与全部缩放模式不同的是，范围缩放使用的显示边界只是图形范围而不是图形界限。

6.2　图形“平移”显示

在“菜单栏”中单击“视图”→“平移”，如图1.54所示，在弹出的菜单的“显示”命令（PAN）中的子命令，就可以平移视图。平移包括实时平移和定点平移等。

图1.54　“平移”命令

6.2.1　实时平移

在“菜单栏”中单击“视图”→“平移”→“实时”命令，或在“标准”工具栏中单击“实时平移”按钮，如图1.53所示，此时光标指针变成一只小手。按住鼠标左键拖动，窗口内的图形就可按光标移动的方向移动。释放鼠标，可返回到平移等待状态。按

Esc 键或 Enter 键退出实时平移模式。

绘图区中，无命令的状态下，按住鼠标滚轮不放，同样可以图形平移。

6.2.2 定点平移

在“菜单栏”中单击“视图”→“平移”→“点”命令，可以通过指定基点和位移值来平移视图。

6.3 图形信息查询

用 AutoCAD 绘制的图形是一个图形数据库，其中包括大量与图形有关的数据信息，使用查询命令可以方便地了解系统的运行状态、图形对象的有关信息，如两点间的距离、图形的面积、点的坐标、质心、惯性矩、惯性积等。

查询的方法：①“工具”→“查询”；②调出查询工具栏。

图 1.55 为“查询”工具栏。图 1.56 为查询内容。

图 1.55 “查询”工具栏

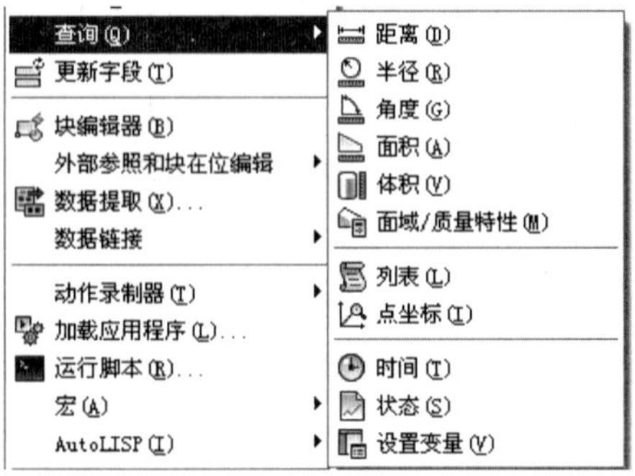

图 1.56 查询内容

6.3.1 查距离

（1）功能。查询两点之间的距离。

（2）命令的调用。

1）“查询”工具栏→“距离”，按钮。

2）命令行输入：DIST（DI）。

3）“主菜单”→“工具”→“查询”→“距离”。

4）“功能区”→“实用工具”→“距离”。

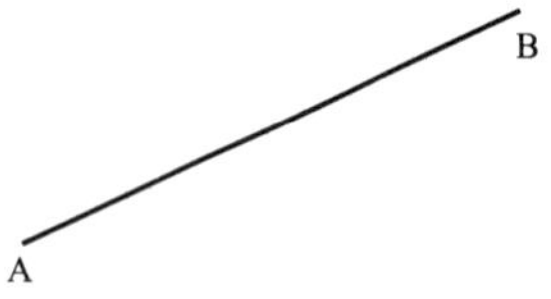

图 1.57 查询距离

（3）操作指导。如图 1.57 所示，查询直线两端点的距离，执行命令如下：

命令：dist

指定第一点：指定第二点： （捕捉 A 点、捕捉 B 点）

距离＝233.9794，XY 平面中的倾角＝24，与 XY 平面的夹角＝0

X 增量＝213.0229，Y 增量＝96.7864，Z 增量＝0.0000

6.3.2 查面积和周长

（1）功能。计算对象或指定区域的面积和周长。

（2）命令的调用。

1）“查询”工具栏→“面积”，按钮。

2）命令行输入：AREA（AA）。

3）“主菜单”→“工具”→“查询”→“面积”。

4）“功能区”→“实用工具”→“面积”。

（3）操作指导。执行查询命令后，命令行提示如下：

命令：_area

指定第一个角点或［对象（O）/加（A）/减（S）］：

如果是查询多边形的面积和周长，直接依次单击多边形的角点，如图1.58所示，选完最后一个角点后按Enter键。过程如下：

命令：_area

指定第一个角点或［对象（O）/加（A）/减（S）］：　（单击第1点）

指定下一个角点或按Enter键全选：　（单击第2点）

指定下一个角点或按Enter键全选：　（单击第3点）

指定下一个角点或按Enter键全选：　（单击第4点）

指定下一个角点或按Enter键全选：　（单击第5点）

指定下一个角点或按Enter键全选：↙

面积＝396.6735，周长＝76.1964

如果查询对象是多段线或面域，则在命令选项后选择“对象（O）”。如查询图1.59所示正方形的面积，执行如下命令：

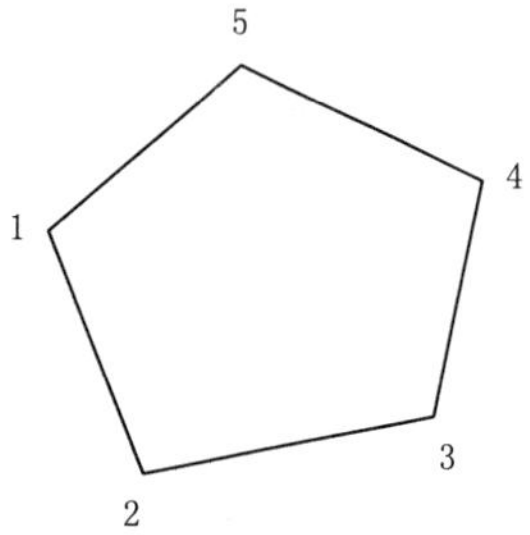

图1.58　查询内容

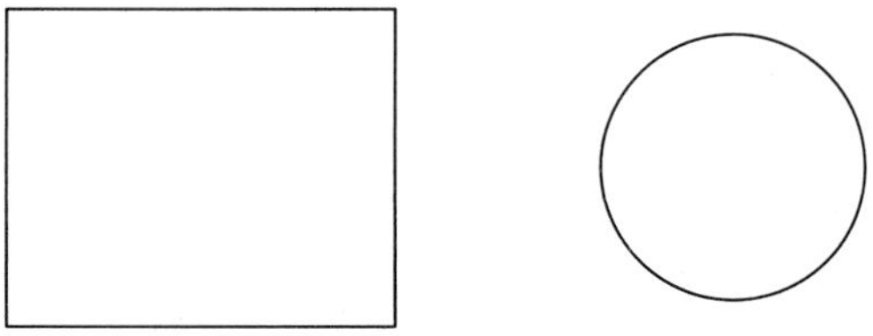

图1.59　查询内容

命令：_area

指定第一个角点或［对象（O）/加（A）/减（S）］：O↙

选择对象：　（单击正多边形）

面积＝357.5347，周长＝76.0386

如果查询的对象多于一个，利用加、减方式计算组合面积，需要选择“加（A）/减（S）”。如图1.59所示，求正方形与圆相加或相减的面积和周长，过程如下：

1）正方形与圆相加。

命令：_area

指定第一个角点或［对象（O）/加（A）/减（S）］：A↙

指定第一个角点或［对象（O）/减（S）］：O↙

(“加”模式)选择对象: (选择正方形)

面积=357.5347,周长=76.0386

总面积=357.5347

(“加”模式)选择对象: (选择圆)

面积=160.1420,圆周长=44.8598

总面积=517.6766

(“加”模式)选择对象:↙

指定第一个角点或[对象(O)/减(S)]:↙

2)正方形与圆相减。

命令:_area

指定第一个角点或[对象(O)/加(A)/减(S)]:A↙

(先选择加模式,求正方形的面积)

指定第一个角点或[对象(O)/减(S)]:O↙

(“加”模式)选择对象: (选择正方形)

面积=357.5347,周长=76.0386

总面积=357.5347

(“加”模式)选择对象:

指定第一个角点或[对象(O)/减(S)]:S↙ (转换为减模式,准备减圆)

指定第一个角点或[对象(O)/加(A)]:O↙

(“减”模式)选择对象: (选择圆)

面积=160.1420,圆周长=44.8598

总面积=197.3927

(“减”模式)选择对象:↙

指定第一个角点或[对象(O)/加(A)]:↙

如果是多个对象既相加又相减,那么就在“加(A)/减(S)”模式上转换。

(4)操作示例。如图1.60所示,查询阴影区域的面积和周长。

该阴影区域为非多段线,应先将其转化为多段线或面域,然后再进行查询。步骤如下:

1)单击“绘图”→边界(B)…,或“功能区”→“常用面板”→“边界”,出现如图1.61所示的“边界创建”对话框。

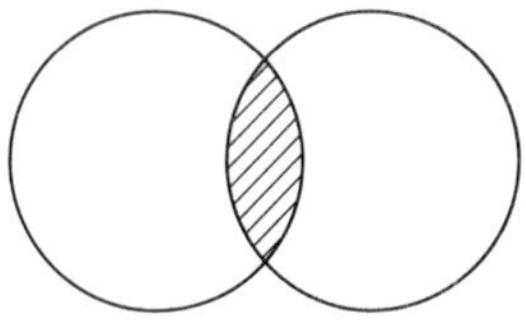

图1.60 已知图形

2)在“对象类型”选项中选择“多段线”,然后单击“拾取点”按钮。系统退出“边界创建”对话框,回到绘图屏幕。在原图阴影内单击鼠标左键,再按Enter键,创建一个边界图形。

注意:此时创建的边界图形是一个首尾相连的多段线,是一个整体对象。我们也可以在“对象类型”选项中选择“面域”。如果创建的是一个“面域”,它则是一个三维平面,也是一个整体对象。“多段线”和“面域”都可以作为一个整体对象,进行整体移动,然后对该对象进行查询。

3)用“移动”命令将创建的边界移出,如图1.62所示。

图 1.61　“边界创建”对话框

图 1.62　边界创建图形

4）用“查询”工具栏→“面积”，按钮，查询面积和周长。

命令：_ area

指定第一个角点或［对象（O)/加（A)/减（S）］：O

选择对象：（选择阴影多段线）

面积＝4099.5838，周长＝276.6997

6.3.3　查询点坐标

（1）功能。查询图形中某一已知点的坐标。

（2）命令的调用。

1）“查询”工具栏→“点坐标”，按钮。

2）命令行输入：ID。

3）“主菜单”→“工具”→“查询”→“点坐标”。

4）“功能区”→“实用工具”→“点坐标”。

（3）操作指导。如图 1.63 所示，查询圆心点坐标，执行命令如下：

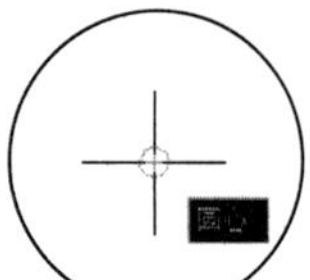

图 1.63　查询坐标

命令：'_ id 指定点：（捕捉圆心点）

X＝1702.8786　　Y＝63.4398　　Z＝0.0000

6.3.4　列表查询

（1）功能。显示所选择的对象数据库中的各种信息。

（2）命令的调用。

1）“查询”工具栏→“列表”，按钮。

2）命令行输入：LIST（LI）

3）“主菜单”→“工具”→“查询”→“列表”。

（3）操作指导。当执行 LIST 命令后，命令要求选择对象。选择完对象按 Enter 键后，系统立即弹出文本窗口，在文本窗口显示对象的类型、所在图层、坐标、面积、周长等信息。以下是直线、椭圆、文字的列表显示。

1）直线的列表显示。

命令：_ list

选择对象：找到 1 个

选择对象：

直线　　　图层：csx

空间：模型空间

句柄＝287f

自点，X＝1596.2706　Y＝－25.9528　Z＝0.0000

到点，X＝1809.2935　Y＝70.8336　Z＝0.0000

长度＝233.9794，在 XY 平面中的角度＝24

增量 X＝213.0229，增量 Y＝96.7864，增量 Z＝0.0000

2）椭圆的列表显示。

命令：_ list

选择对象：找到 1 个

选择对象：

ELLIPSE　图层：csx

空间：模型空间

句柄＝2887

面积：18849.5559

圆周：510.5400

中心点：X＝2508.7504，Y＝－10.2138，Z＝0.0000

长轴：X＝－100.0000，Y＝0.0000，Z＝0.0000

短轴：X＝0.0000，Y＝－60.0000，Z＝0.0000

半径比例：0.6000

3）文字的列表显示。

命令：_ list

选择对象：找到 1 个

选择对象：

TEXT　图层：文字

空间：模型空间

句柄＝288a

样式＝"hz"

注释性：否

字体＝仿宋

起点 点，X＝2894.4455　Y＝23.7427　Z＝0.0000

高度　20.0000

文字 水闸设计图

旋转 角度　　0

宽度 比例因子　　0.7000
倾斜 角度　　0
生成 普通

课　后　训　练

一、选择题

1. AutoCAD 使用的样板图形文件的扩展名是（　　）。

A. dwg　　B. dwt　　C. dwk　　D. tem

2. AutoCAD 默认图形文件的扩展名是什么（　　）。

A. dwg　　B. dwt　　C. dwk　　D. tem

3. 在十字光标处被调用的菜单，称为（　　）。

A. 鼠标菜单　　B. 十字交叉线菜单
C. 光标菜单　　D. 以上都不是，此处不出现菜单

4. 要取消 AutoCAD 命令，应按（　　）。

A. Ctrl+A　　B. Ctrl+X　　C. Alt+A　　D. Esc

5. UCS 意思为：（　　）。

A. 世界坐标　　B. 用户坐标　　C. 空间坐标　　D. 平面坐标

6. SAVE 命令可以（　　）。

A. 另存图形　　B. 不退出 AutoCAD
C. 定期将信息保存在磁盘上　　D. 以上都不是

7. 图形和文本屏幕之间的开关通过下述哪种方式完成？（　　）

A. 按两次 Enter 键　　B. 同时输入 Ctrl 和 Enter 键
C. 按 Esc 键　　D. 按 F2 功能键

8. 直线的起点为（50，50），如果要画出与 X 轴正方向成 45°夹角、长度为 80 的直线段，应输入（　　）。

A. @80，45　　B. @80<45　　C. 80<45　　D. 30，45

二、上机练习

1. 练习 AutoCAD 2020 的几种启动过程。

2. 熟悉 AutoCAD 2020 的工作界面及各个区域的功能。

3. 通过“选择样板”对话框，选择样板文件 Tutorial-iArch.dwt 并打开，然后另存为 E 盘根目录下以用户姓名为文件名称的文件。

4. 在工作空间中切换不同的工作空间模式。

5. 练习选择对象中的“单选”“窗口”“窗交”选项，并体会区别。

6. 练习点坐标输入，绘制图 1.64 所示图形。（注意点顺

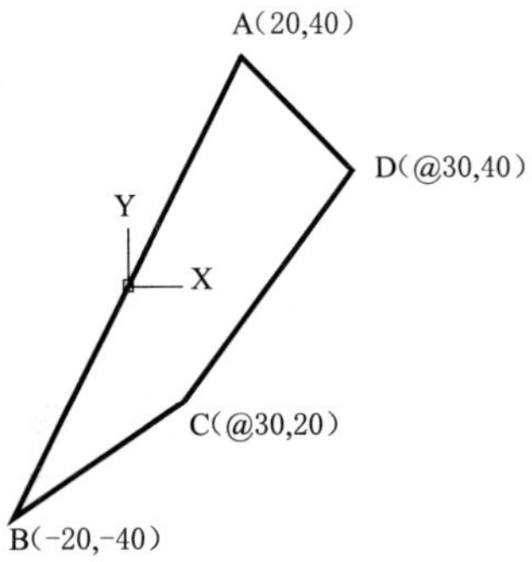

图 1.64　四边形 ABCD

序：A—B—C—D。）

7. 根据图 1.65～图 1.68 中的尺寸，用坐标输入法绘制下面的图形。

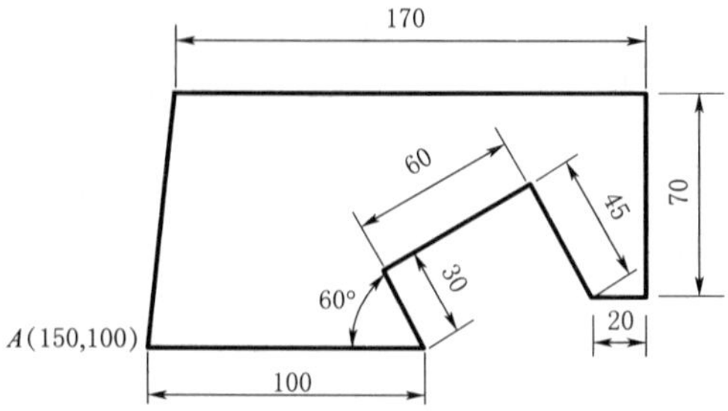

图 1.65　坐标输入法练习（1）

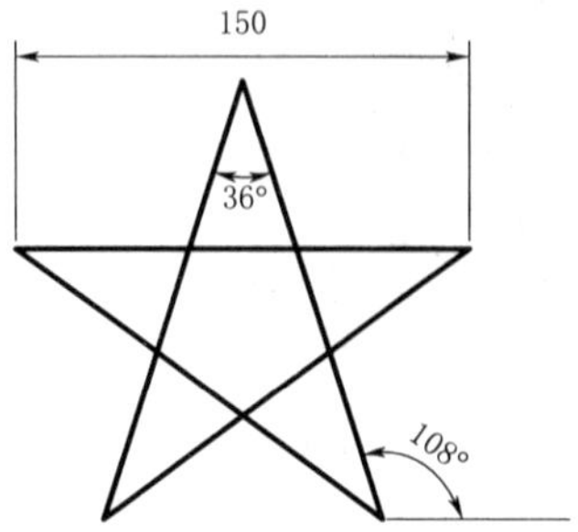

图 1.66　坐标输入法练习（2）

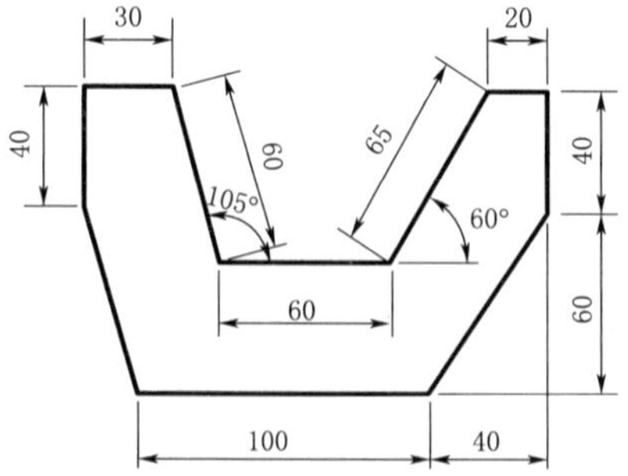

图 1.67　坐标输入法练习（3）

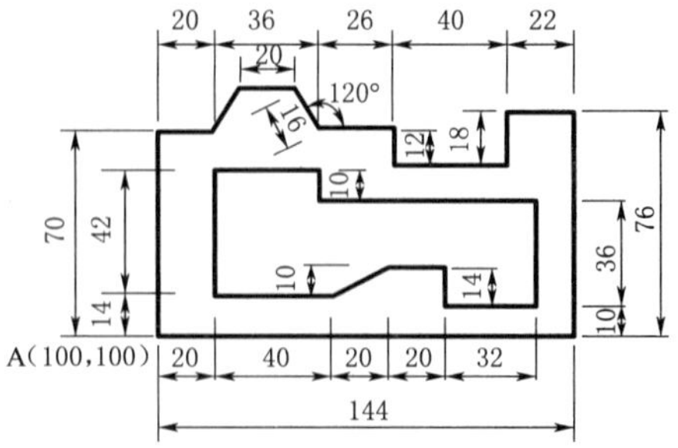

图 1.68　坐标输入法练习（4）

8. 灵活运用绘图辅助工具绘制图 1.69～图 1.74 所示图形。

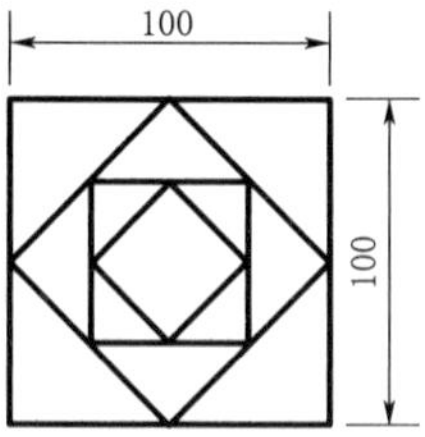

图 1.69　平面图形（1）

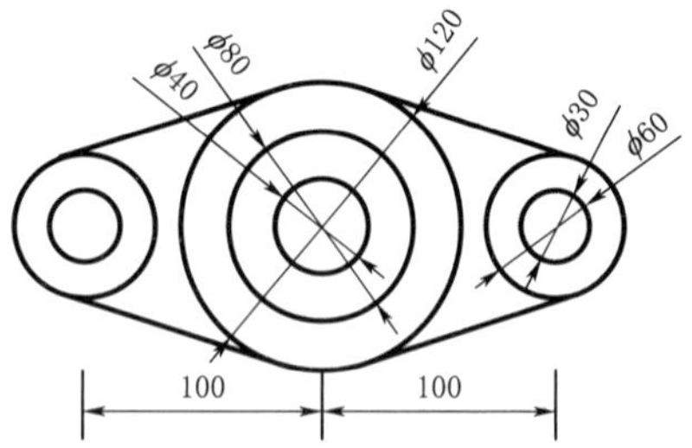

图 1.70　平面图形（2）

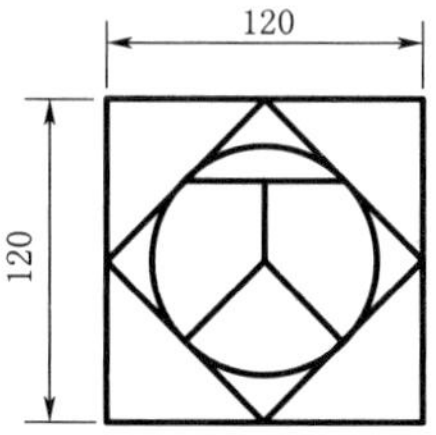

图 1.71　平面图形（3）

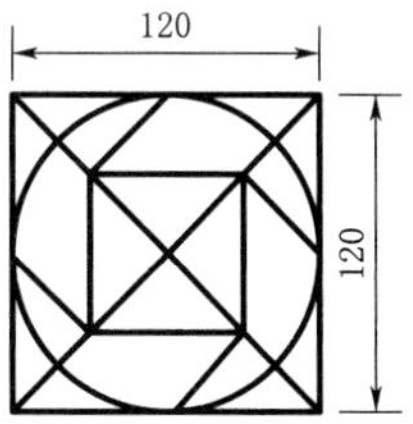

图 1.72　平面图形（4）

9. 绘制图 1.75 所示直径为 80 的相切圆，并查询阴影中的面积与周长。

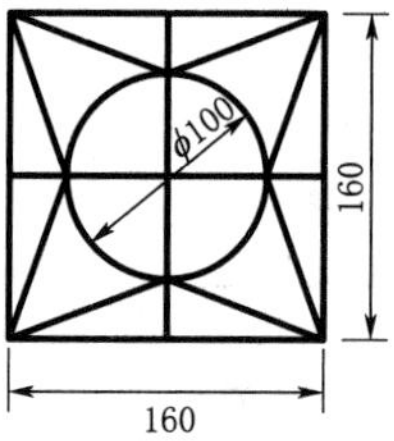

图 1.73　平面图形（5）

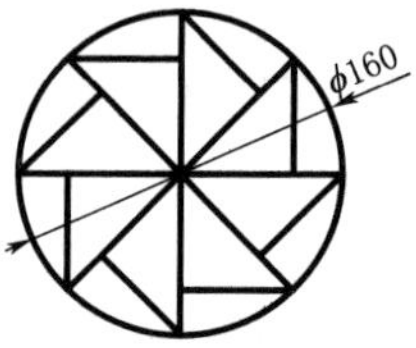

图 1.74　平面图形（6）

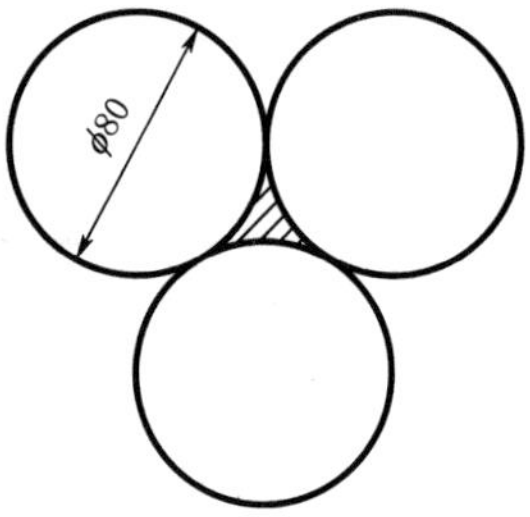

图 1.75　平面图形

模块 2

设 置 绘 图 环 境

学习目标：

(1) 掌握图形单位和图形界限的设置。

(2) 掌握图层的创建及其特性的设置。

(3) 掌握对象捕捉及常用选项的设置。

(4) 掌握文字样式、标注样式的设置。

(5) 掌握创建样板文件的操作方法。

任务 1　图形单位和图形界限

1.1 图形单位

图形单位可视为绘制图形的实际单位，按图形尺寸 1∶1 绘图时，尺寸单位就是图形单位。图形单位有 mm、cm、m 等，工程图中一般使用 mm 为单位。

图形单位的设置方法：

1.1.1 命令的调用

(1) 执行菜单：单击“格式→单位”。

(2) 命令行输入：UNITS (UN)。

1.1.2 操作指导

执行上述操作命令后，将弹出“图形单位”对话框架，如图 2.1 所示。

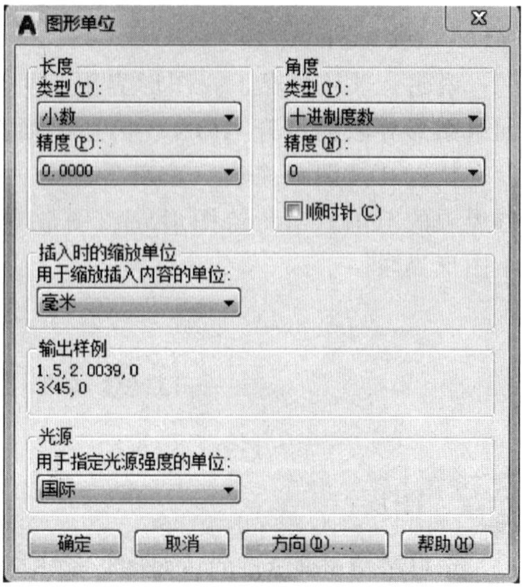

图 2.1　“图形单位”对话框

在“图形单位”对话框中，可对长度、角度、单位、光源、方向等进行设置。长度的类型为“小数、精度为默认”，角度类型为“十进制度数、精度为默认”，其他保持默认。

单击“方向”按钮，会弹出“方向控制”对话框，如图 2.2 所示。在“方向控制”对话框中，可设置基准角度，一般把“东”设置为“0”(即 0°)，角度逆时针为正。

说明：长度、角度的精度应根据绘制图形的需要确定其精度值。

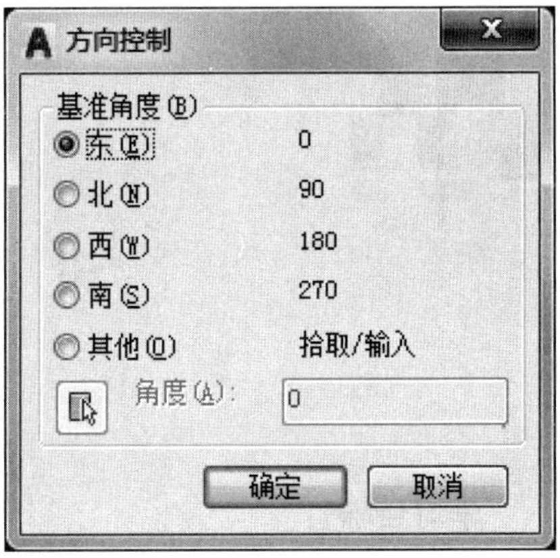

图 2.2 “方向控制”对话框

1.2 图形界限

图形界限是指在模型空间中设置一个矩形绘图区域。它的大小取决于所绘图形的尺寸范围。在绘图过程中，为了更方便地绘制图形及更好地显示图形大小，通常需要设置图形界限并使其在绘图窗口中全屏显示。

1.2.1 图形界限设置的操作方法

1. 命令的调用

(1) 执行菜单：单击“格式→图形界限”命令。

(2) 命令行输入：LIMITS 。

2. 操作指导

执行“格式→图形界限”命令后，AutoCAD 在命令行有如下提示。

命令：limits

重新设置模型空间界限：

指定左下角点或［开（ON）/关（OFF）］〈0.0000，0.0000〉：↙

指定右上角点或［开（ON）/关（OFF）］〈420.0000，297.0000〉：594，420↙（输入绘图区域大小，如绘图区域为 A2 图幅，则输入 594，420）

1.2.2 全屏显示的操作方法

执行命令“视图→缩放→全部”，或在命令行输入 ZOOM，命令行有如下提示。

命令：ZOOM

指定窗口的角点，输入比例因子（nX 或 nXP），或者

［全部（A）/中心（C）/动态（D）/范围（E）/上一个（P）/比例（S）/窗口（W）/对象（O）］〈实时〉：A↙

说明：默认情况下，图形界限为关闭（OFF）状态，此时绘图不受图形界限限制。如果图形界限为打开（ON）状态，则在图形界限外不能绘制图形。设置了图形界限后，执行“视图→缩放→全部”命令时，当所绘图形在图形界限范围内时，只显示图形界限的范围；当所绘图形超出图形界限时，则显示所绘图形大小的范围，不再局限于图形界限。

任务2 图 层 与 特 性

2.1 图层

图层是 AutoCAD 的重要图形组织和管理工具。正确、合理地运用图层，会极大地提高绘图质量，也使得对各种图形信息处理变得非常简单、方便和快捷。

2.1.1 图层简介

AutoCAD是用图层来管理和控制复杂的图形。我们通过图层，可以把多个相关的图形信息进行合成，形成一张完整的图形。

在AutoCAD中，图层就像一张没有厚度的透明纸，将组成图形各个部分的信息（如粗实线、细实线、虚线、点划线、标注等）分别指定绘制在不同的图层中，然后将这些不同的图层叠加起来，就得到最终的图形，如图2.3所示。

图2.3 图层的概念

2.1.2 图层的特性

AutoCAD中的图层具有以下特性：

（1）图层名称。为便于查找图层，每个图层都有自己的名称。在同一张图形中，不能有两个相同名称的图层。图层名称最多可包含255字符，即字母、数字、空格和几种特殊字符，但不能包含＜＞/\ “:;? * | = ‘ 等字符。

（2）图层的颜色、线型、线宽。每个图层只能设置一种颜色、一种线型、一种线宽，不同的图层可以具有相同的颜色、线型、线宽。

（3）图层的状态。系统提供了对各图层进行打开和关闭、冻结和解冻、锁定和解锁的操作控制，以决定各图层的可见性和可操作性。

在系统的多个图层中，当前图层只有一个，用户只能在当前图层中进行绘图操作。各个图层具有相同的坐标系统、绘图界限、显示时的缩放倍数。

2.1.3 图层的创建

1. 命令的调用

（1）执行菜单：单击“格式→图层”命令。

（2）工具栏图标：单击工具栏图层图标。

（3）在功能区面板：单击“默认→图层→图层特性”。

（4）命令行输入：Layer 。

2. 操作指导

执行上述操作命令后，将弹出“图层特性管理器”对话框，如图2.4所示。

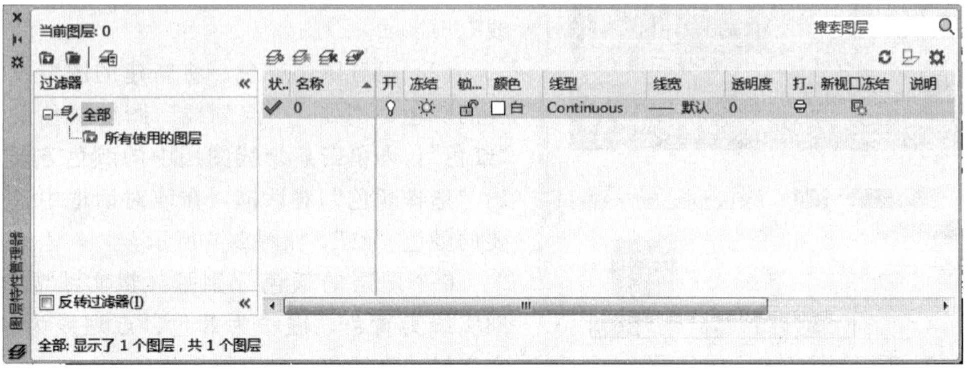

图2.4 “图层特性管理器”对话框

在“图层特性管理器”对话框中，可进行新建图层、删除图层、置为当前图层等操作。

（1）新建图层。单击对话框中的新建图层图标，就创建了一个名为“图层1”的新图层，随后名称便递增为“图层2”“图层3”……，分别单击各图层的层名、颜色名、线型名、线宽值便可修改图层的名称、颜色、线型、线宽。

教学中，一般创建粗实线、细实线、虚线、点划线、文字尺寸、剖面线6个图层，如图2.5所示。工程实际绘图时，应根据实际情况设置相应的图层。

（2）删除图层。单击对话框中的删除图层图标，可以删除选中的图层，但不能删除当前层、包含图形对象的图层以及系统自带的图层，即0图层和Defpoints图层。

（3）置为当前图层。单击对话框中的置为当前图层图标，如将选中的“粗实线”图层置为当前图层，在对话框中的第一行会显示“当前图层：粗实线”，如图2.5所示。

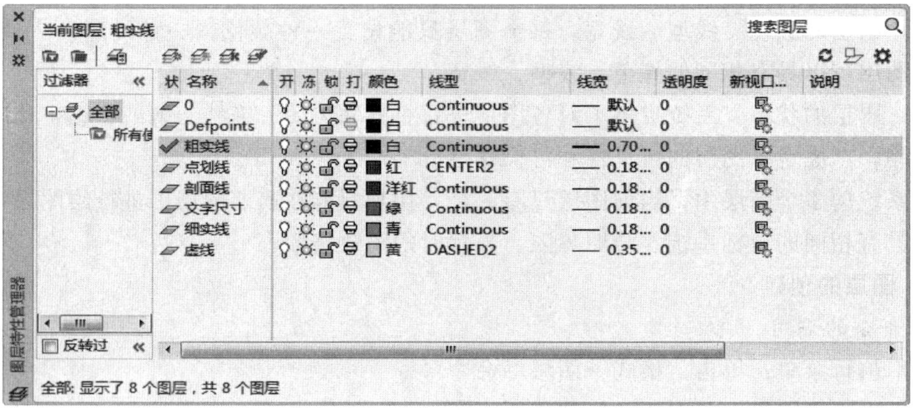

图2.5　“图层设置”对话框

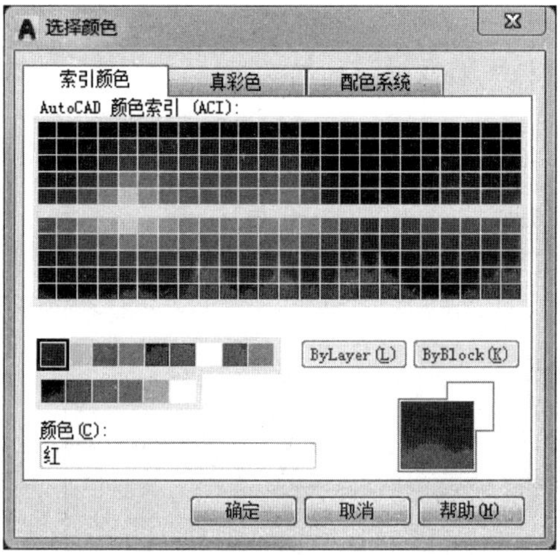

图2.6　“选择颜色”对话框

3. 图层特性设置

（1）图层名称。在新建图层时，名称处于选中状态，可直接输入图层的名称，如“粗实线”。

（2）设置图层颜色。将新建的图层设置需要的颜色，例如：“点划线”图层颜色设置为“红色”，即单击点划线图层中的颜色方框，弹出“选择颜色”对话框，在该对话框中选择需要的颜色“红”，如图2.6所示。

6个图层的颜色分别是：粗实线为白色、细实线为青色、虚线为黄色、点划线为红色、文字尺寸为绿色、剖面线为洋红。

（3）设置图层线型。将新建的图层设置需

要的线型，例如："点划线"图层线型设置为"CENTER2"，即单击点划线图层中的线型，会弹出"选择线型"对话框，如图 2.7 所示。

单击"加载"按钮，弹出"加载或重载线型"对话框，如图 2.8 所示。选择需要的线型"CENTER2"，单击"确定"后回到"选择线型"对话框，在"选择线型"对话框中选择需要的线型"CENTER2"，单击"确定"即可。

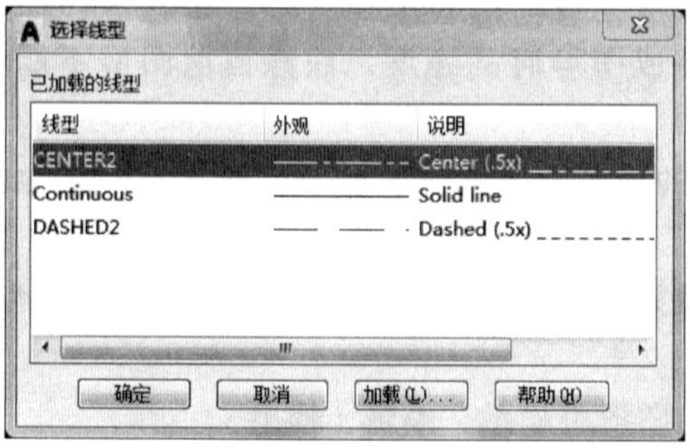

图 2.7 "选择线型"对话框

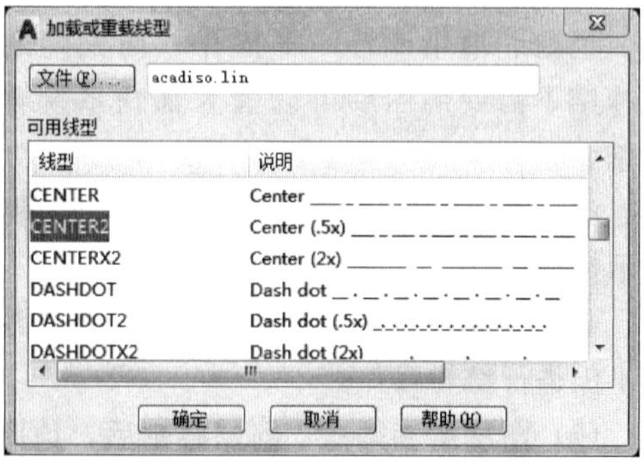

图 2.8 "加载或重载线型"对话框

6 个图层的线型分别是：粗实线、细实线、文字、标注图层都为"实线"即"Continuous"，虚线图层为"虚线"即"DASHED2"，点划线图层为"点划线"即"CENTER2"。

说明："虚线"常用的线型为"DASHED2"或"ACAD _ ISO02W100"。"点划线"常用的线型为"CENTER2"或"ACAD _ ISO04W100"。

（4）设置图层线宽。将新建的图层设置需要的线宽，如"粗实线"图层线宽设置为"0.70mm"，即单击粗实线图层中的线宽，弹出"线宽"对话框，如图 2.9 所示。选中 0.70mm，单击"确定"按钮即可。

6 个图层的线宽分别是：粗实线图层的线宽为"0.70mm"，虚线图层的线宽为"0.35mm"，细实线、点划线、文字尺寸、剖面线图层的线宽均为"0.18mm"。

（5）设置图层打印。将新建的图层设置需要的打印状态，图层默认为"打印"状态，如；把粗实线图层中的打印状态设置为"不打印"状态，只要单击粗实线图层的"打印"即为"不打印"状态，如。

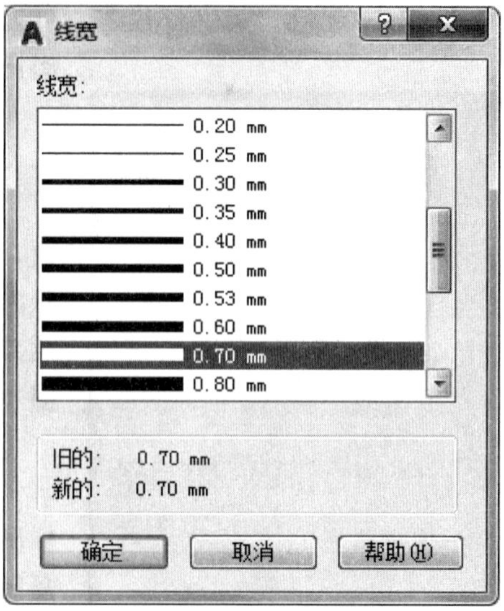

图 2.9 "线宽"对话框

2.1.4 图层的控制管理

图层的控制管理是指：图层打开和关闭、图层冻结和解冻、图层锁定和解锁。图层的默认状态是：图层打开、解冻、解锁。

（1）图层打开。图层打开时，该图层上的图形可以显示或打印机（绘图仪）上也能显示或输出。

(2) 图层关闭。图层关闭时，该图层上的图形不显示或打印机（绘图仪）上也不能显示或输出。但关闭图层的图形仍然是原图形的一部分。

(3) 图层冻结。图层冻结后，该图层上的图形不显示或打印机（绘图仪）上也不能输出。

从可见性来看，冻结的层和关闭的层是相同的，但被冻结图层上的实体不参加重生成、消隐、渲染或打印等操作，而关闭的图层则要参加这些操作。所以在复杂的图形中冻结不需要的图层可以大大加快系统重新生成图形时的速度。注意当前图层不能被冻结。

(4) 图层解冻。图层解冻后，该图层上的图形能显示或打印机（绘图仪）上也能显示或输出。

(5) 图层锁定。图层锁定后，该图层的图形仍可显示，也可在该图层上绘制图形，但不能进行编辑操作。

(6) 图层解锁即。图层解锁后，该图层的图形可显示、编辑、输出。

2.2 图形特性

AutoCAD绘制的图形对象都具有图形特性，由图2.10所示的“特性”对话框可知，图形对象的有些特性是基本特性，适合于大多数图形对象，例如：图层、颜色、线型、线宽和打印样式等。有些特性是具体某个图形对象自身具有的特性，例如：圆的特性包括半径、周长、面积；直线的特性包括长度、角度；尺寸标注的特性包括箭头、尺寸线、尺寸界线、文字替代等。可以通过修改选择的图形对象所具有的特性来达到编辑图形对象的效果。

图2.10 “特性”对话框

下面介绍修改图形基本特性的几种方法。

1. 利用图层修改图形特性

假如要对已绘制好的图形对象进行图形基本特性修改，只要选中需要修改的图形对象，使其处于夹点控制状态，然后利用“特性”对话框或者“图层工具栏”更改其图层，该图形对象就会通过图层改变图形特性。如图2.11所示，将粗实线的圆修改为虚线的圆。

2. 利用“特性匹配”修改图形特性

AutoCAD中的“特性匹配”工具命令可以将源目标图形的图形特性（如图层、颜色、线型、线宽等）复制给目标图形。如图2.12所示，将虚线圆修改为粗实线圆。

操作方法：先在标准工具栏中单击“特性匹配”图标，再用光标单击粗实线圆，这时光标变成小刷子形状“ ”，粗实线圆变成选中状态，然后再用小刷子光标单击虚线圆，则虚线圆修改为粗实线圆。

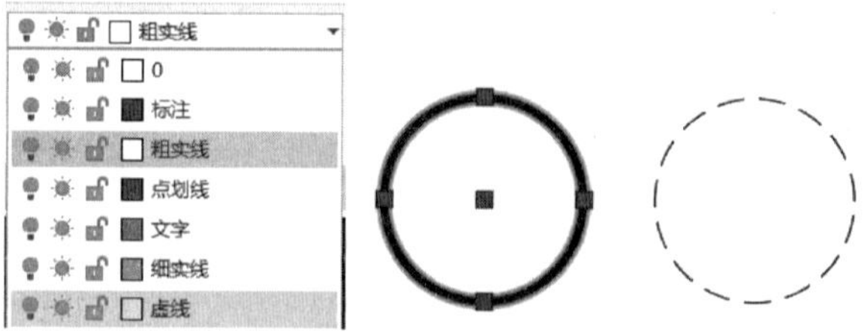

图 2.11　修改图层

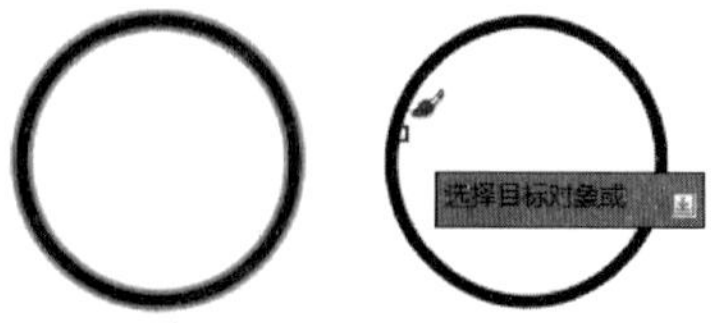

图 2.12　“特性匹配”修改

任务3　草图与选项设置

3.1　草图设置

在 AutoCAD 绘图时，为快速、准确地绘制和编辑图形，“草图设置”为我们提供了很多的绘图设置，有捕捉和栅格、极轴追踪、对象捕捉、三维对象捕捉、动态输入、快捷特性、选择循环。创建绘图环境时，除“对象捕捉”设置需要做些调整外，其他均可保持默认设置。

右击“对象捕捉”，打开“草图设置”对话框，在该对话框中设置对象捕捉模式，单击“全部选择”按钮可以捕捉所有的特殊点，但是当这些点离得很近时就难以精确地捕捉到想要的点，所以最好先不全选。通常可以设置一些常用的捕捉点，如端点、中点、圆心、节点、象限点、交点、垂足、切点，如图 2.13 所示。

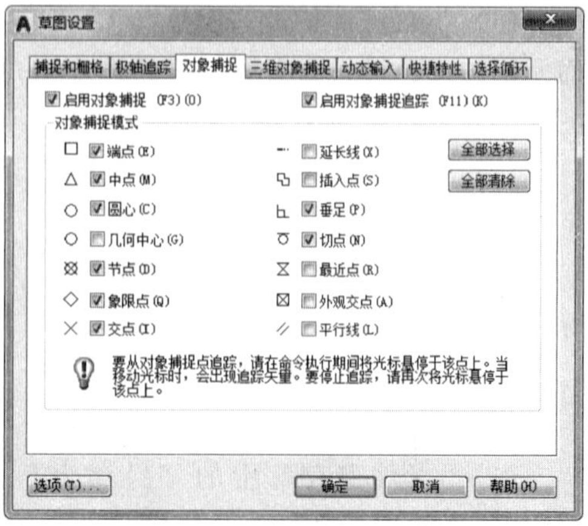

图 2.13　“草图设置”(对象捕捉)

3.2　选项设置

AutoCAD 启动后，系统默认了很多设置，基本能满足绘制图形的需求，但是有些设置内容还是需要作出调整，以便达到实际绘制图形的要求。AutoCAD 中的“选项”对话框，为进行相应参数的设置提供了方便。

“选项”对话框打开的方法：

(1) 执行菜单：单击“工具→选项”命令。

(2) 草图设置：单击“选项”命令。

(3) 命令行输入：“OPTIONS ”。

“选项”对话框如图 2.14 所示，包含文件、显示、打开和保存、打印和发布、系统、用户系统配置、绘图、三维建模、选择集、配置共 10 项内容。其中“显示、打开和保存、用户系统配置、绘图、选择集”5 项可进行设置，其他各项一般保持默认设置。

1.“显示”选项

“显示”选项如图 2.15 所示，此项有 3 处可以设置。

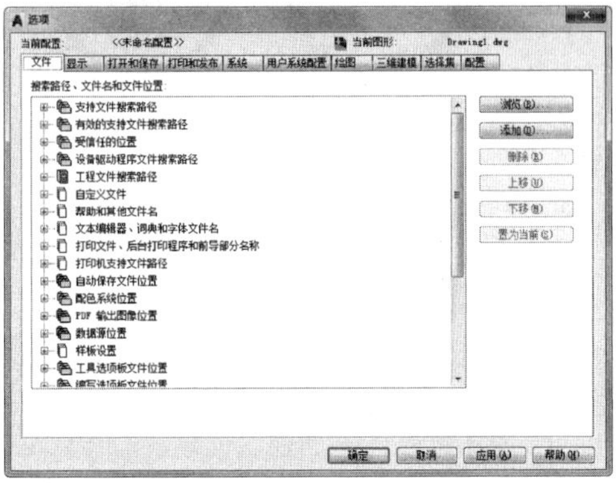

图 2.14　“选项”对话框

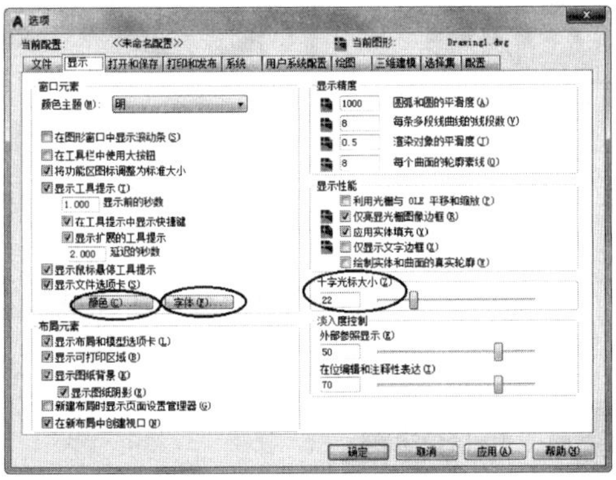

图 2.15　“显示”选项

(1)“颜色”。单击“颜色”，会弹出“图形窗口颜色”对话框，可进行操作环境、界面元素的颜色进行设置，如把绘图窗口的黑色改变为白色，单击颜色下方框右边的“▼”图标，在下拉菜单中单击“白”即可。

(2)“字体”。单击“字体”，会弹出“命令行窗口字体”对话框，可进行命令行中的字体、字号的设置。

(3)“十字光标大小”。在方框中输入“数字”或用光标拖动“滑块”可改变“十字光标”的大小。

2.“打开和保存”选项

“打开和保存”选项如图 2.16 所示，此项有 3 处可以设置。

(1)“文件保存”中的“另存为”，目前 AutoCAD 的版本较多，为了使低版本的 AutoCAD 能打开高版本的绘图文件，高版本的绘图文件在保存时应保存为低版本的文件，如 AutoCAD2004/LT2004 图形（*dwg)。

图 2.16　“打开和保存”选项

(2)“文件安全措施”中的“自动保存”，为防止因意外原因的关机或死机造成绘图文件的丢失，可将自动保存的时间设置得较短一些。

(3)“文件安全措施”中的“数字签名”，该处可为绘图文件进行加密，如果不是重要或特殊文件一般不需加密。

3.“用户系统配置”选项

“用户系统配置”选项如图 2.17 所示，此项有 4 处可以设置。

(1)“双击进行编辑”。

(2)“自定义右键单击”，根据个人习惯进行设置。

（3）“线宽设置”，用于调整默认线宽在屏幕上的显示比例，但不改变打印时的线宽。

（4）“默认比例列表”。

此4处以默认设置为好，如工程需要可按工程实际情况进行设置。

4. “绘图”选项

“绘图”选项如图2.18所示，此项有2处可以设置。

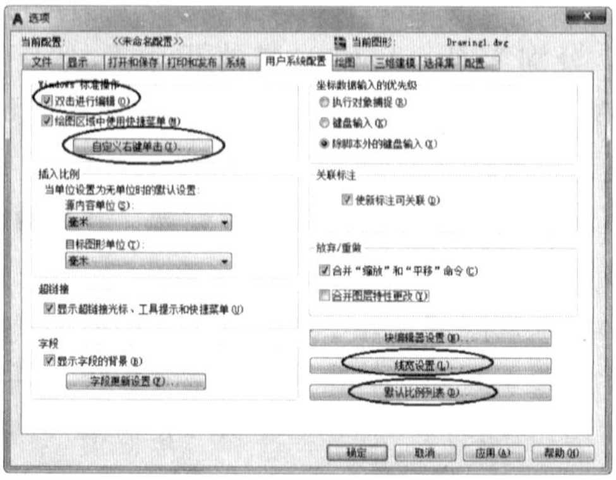

图2.17　“用户系统配置”选项

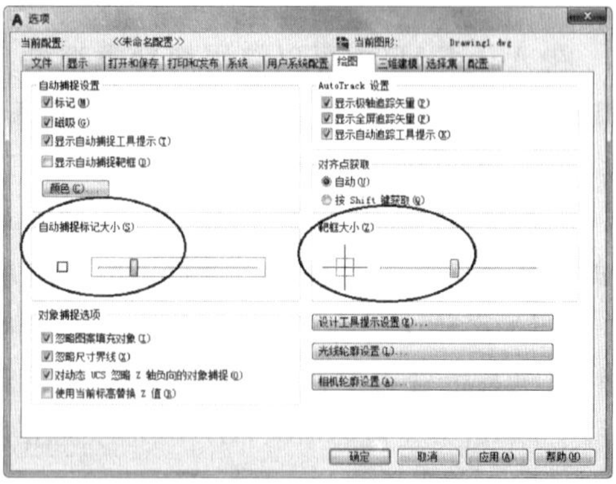

图2.18　“绘图”选项

（1）“自动捕捉标记大小”，拖动后面的“滑块”可以改变自动捕捉标记的大小，自动捕捉标记的大小以适当为好。

（2）“靶框大小”，也是拖动后面的“滑块”可以改变靶框的大小，靶框的大小以适当为好。

5. “选择集”选项

“选择集”选项如图2.19所示，此项有4处可以设置。

（1）“拾取框大小”，此处拖动后面的“滑块”可以改变拾取框的大小，拾取框的大小以适当为好。

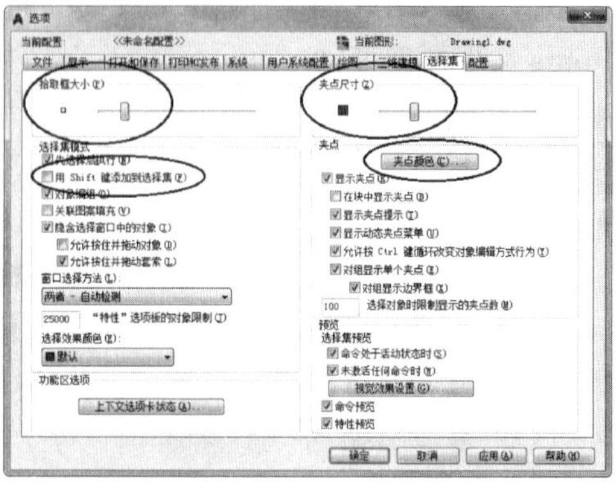

图2.19　“选择集”选项

（2）“夹点尺寸”，此处拖动后面的“滑块”可以改变夹点的大小，夹点的大小保持默认。

（3）“选择集模式”，选择集模式保持默认。

（4）“夹点颜色”，此处可修改夹点颜色，一般夹点颜色保持默认。

任务4　文 字 样 式 设 置

绘制工程图时，除了绘制具体的图形外，还需要对图形进行文字说明，对工程图进行尺寸、文字、表格、符号等的标注。本任务只对“文字样式设置”进行介绍，其他的在后续项目中介绍。

工程图样中使用的文字一般有多种形式，就是在同一张图样中也要注写多种形式的文字。因此，要做好文字的标注，先要对“文字样式”进行设置。根据制图标准，汉字一般使用长仿宋体，字体的宽高比约为 2∶3，数字和字母有直体和斜体之分，斜体的字头向右，与水平线成 75°角。下面就“文字样式”设置进行介绍。

4.1 AutoCAD 字体

在 AutoCAD 中可以使用两种类型的字体，分别为 Windows 自带的 TrueType 字体（如宋体、楷体、黑体、仿宋体等）和 AutoCAD 专用的 SHX 字体（如 txt. shx、gbeitc. shx、gbenor. shx、gbcbig. shx 等）。

TrueType 字体文件在 Windows 的 Fonts 目录下，其字体特点是字形美观，并且有较多的字体供选择，但耗费计算机资源，多用于注写工程图中的汉字。

SHX 字体文件在 AutoCAD 安装目录的 Fonts 文件夹中，其字体特点是字形简单，占用计算机系统资源少，但字形不够美观，多用于注写工程图中的数字以及尺寸标注。其中字体 gbcbig. shx 是 AutoCAD 专门为使用中文的用户提供的一种字形类似“长仿宋”体的汉字“大字体”。

AutoCAD 除了使用系统提供的 gbcbig. shx 支持汉字以外，还可以使用第三方开发的大字体，如 hztxt. shx、hzfs. shx 等，要使用这些字体，只要将其拷贝到 AutoCAD 的 Fonts 文件夹即可。

4.2 创建文字样式

4.2.1 命令调用

（1）执行菜单：单击“格式→文字样式”。

（2）工具栏图标：单击“样式”工具栏的“文字样式”图标。

（3）在功能区面板：单击“默认→注释→文字样式”。

（4）命令行输入：STYLE。

4.2.2 操作指导

启动文字样式命令后，弹出“文字样式”对话框，如图 2.20 所示。

系统已有一个名为“Standard”的文字样式，采用字体为“txt. shx”，这是系统自动创建的默认样式，一般应根据需要，创建自己的文字样式。

（1）“新建”。单击“新建”按钮，弹出“新建文字样式”对话框，在该对话框中输入需要设置的文字样式“名称”，如图 2.21 所示，再单击“确定”按钮。

（2）“字体”。在“字体”项中选择需要的字体。

（3）“大小”。默认“大小”项的“高度”为 0.0000 一般保持默认值。

（4）“效果”。在“效果”项的“宽度因子”和“倾斜角度”中可设置适当的值。宽度因子一般为 0.7000 或 1.0000，倾斜角度一般为 0 或 15。其他一般不勾选。

（5）“置为当前”。把需要的文字样式置为当前样式。如在“样式”中单击“汉字”，然后再单击“置为当前”，这时“汉字”文字样式就成为当前文字样式，则对话框的第一行

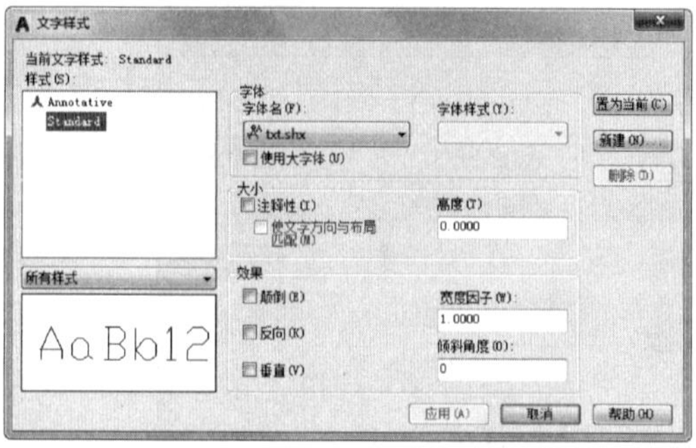

图 2.20 “文字样式”对话框

图 2.21 “新建文字样式”对话框

就变为“当前文字样式：汉字”，如图 2.22 所示。

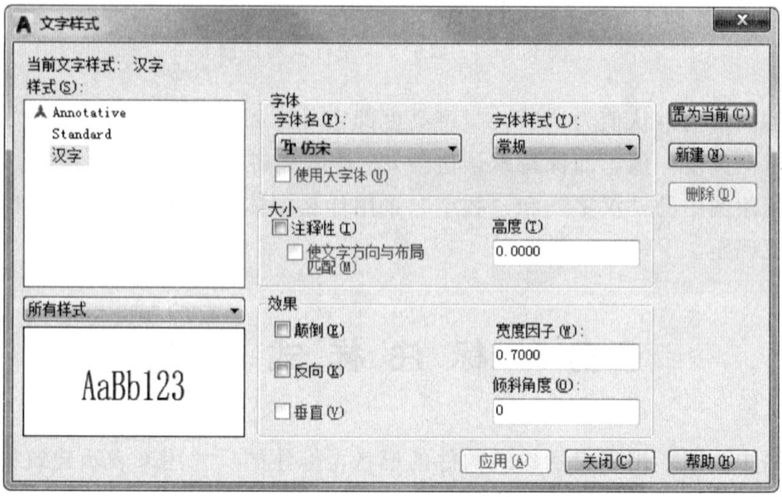

图 2.22 “汉字”文字样式对话框

教学中至少设置两个文字样式，即：汉字和数字。“汉字”用于图样的文字标注，“数字”用于尺寸标注。

“汉字”文字样式的“字体名”采用“仿宋体”或“宋体”，“大小”中的“高度”保持默认值“0.0000”，“效果”中的“宽度因子”为“0.7000”、“倾斜角度”保持默认值“0”，如图 2.22 所示。

“数字”文字样式的“字体名”采用 gbeitc.shx（斜体）或 gbenor.shx（直体），勾选“使用大字体”，大字体样式采用“gbcbig.shx”，这是 AutoCAD 系统自带的中文大字体文件，符合工程图国家标准的长仿宋体汉字。“大小”中的“高度”保持默认值“0.0000”，效果中的“宽度因子”设置为默认值 1.0000（因为它们本身就是长形字体），“倾斜角度”设置为“0”或“15”，如图 2.23 所示。

说明：

(1)“汉字”字体采用“仿宋_GB2312”为横写文字，采用“@仿宋_GB2312”为竖写文字。

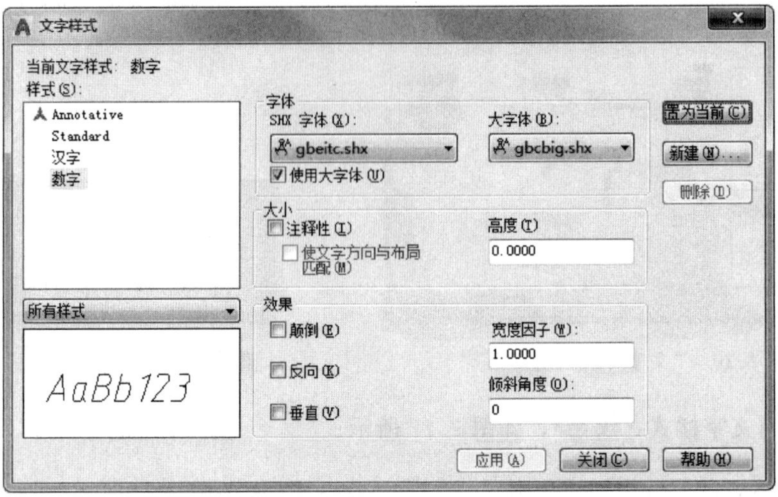

图 2.23 “数字”文字样式对话框

（2）字体高度的默认值为“0”，文字高度即字号，如 5 号字，设置高度为 5。通常情况下不宜固定“高度”值，而保持默认值为 0，具体字高在创建文字时指定。

（3）工程绘图中的“汉字”和“数字”采用什么字体、大小、效果，可以根据工程绘图的实际情况确定。

任务 5 标 注 样 式 设 置

在工程图中，图形用来表示建筑构件的形状，标注的尺寸用来表示建筑构件的大小和相对位置关系，是工程施工的重要依据。

尺寸标注在工程图中占有非常重要的位置，要使工程图中的尺寸标注准确、美观，首先就要设置尺寸标注样式。

调用标注样式命令的方法如下。

（1）执行菜单：单击“格式→标注样式”命令。

（2）工具栏图标：单击“样式”工具栏的“标注样式”图标。

（3）在功能区面板：单击“默认”→“注释”→“标注样式”图标。

（4）命令行输入：“DIMSTYLE（D）”。

5.1 设置主样式

执行“标注样式”命令后，系统弹出“标注样式管理器”对话框，如图 2.24 所示。在该对话框中进行新的标注样式的设置。

（1）设置新样式名选择公制标注样式 ISO－25，单击“新建”按钮，弹出“创建新标注样式”对话框，输入新样式名如“工程图标注”，如图 2.25 所示。

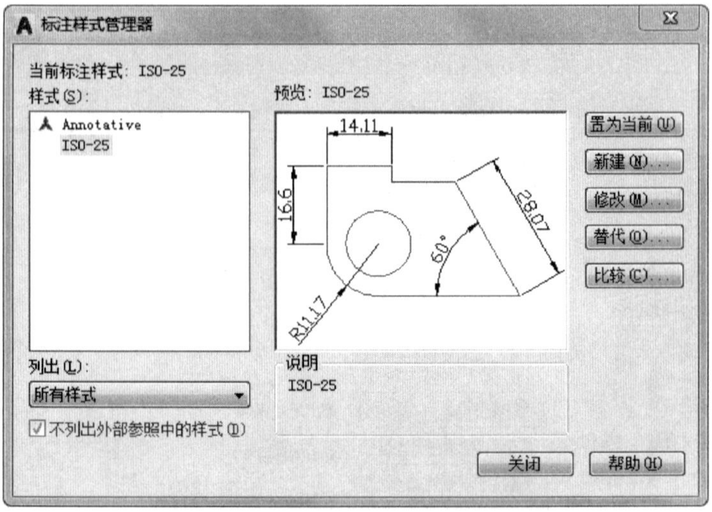

图 2.24　“标注样式管理器”对话框

(2) 设置“线”选项卡。接上操作，单击“继续”按钮，弹出“新建标注样式：工程图标注”对话框，如图 2.26 所示，在该对话框可以分别对“线、符号和箭头、文字、调整、主单位、换算单位、公差”7 个选项卡进行设置。

选择“线”选项卡，可以对尺寸线和尺寸界线相关参数进行设置，如图 2.27 所示。

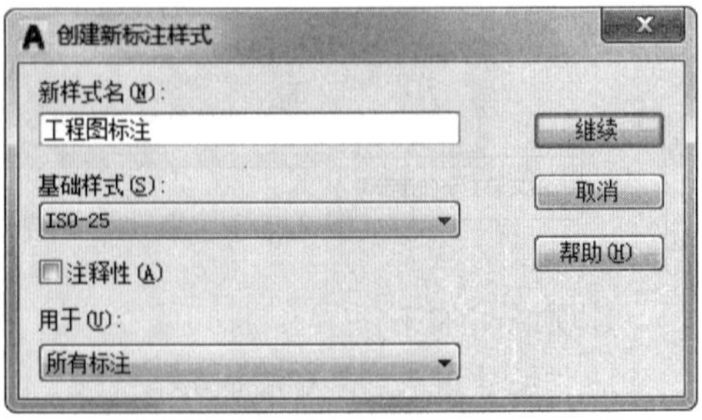

图 2.25　“创建新标注样式”对话框

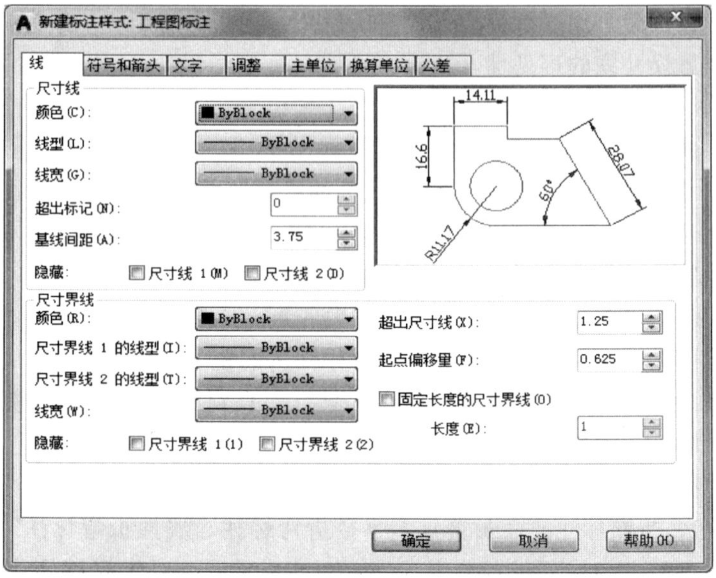

图 2.26　“新建标注样式：工程图标注”对话框

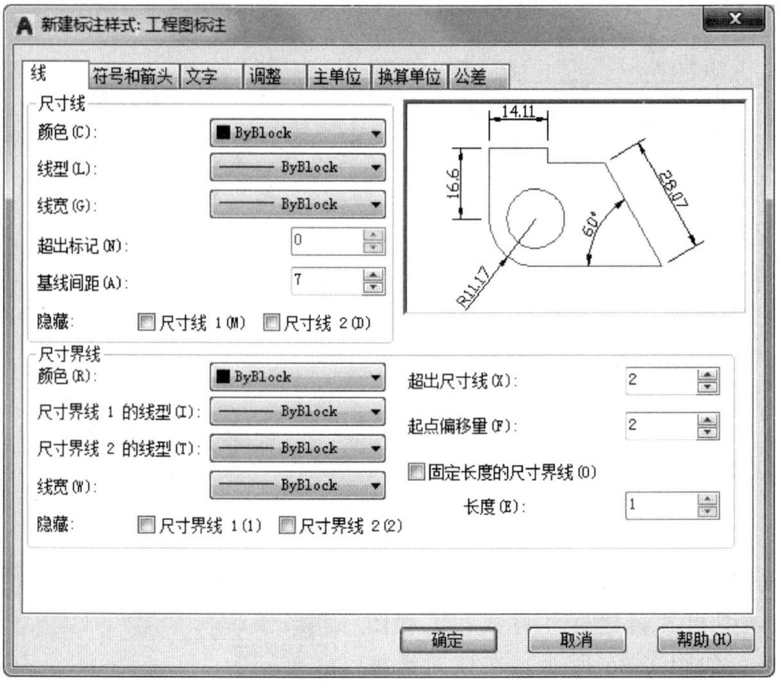

图 2.27 “新建标注样式：工程图标注”——“线”对话框

各项说明如下：

1）“尺寸线”。有 6 项内容设置。

“颜色、线型、线宽”：保留默认设置 ByBlock，也可设置为 Bylayer。

“超出标记”：设置尺寸线超出尺寸界线的数值，保持默认。

“基线间距”：设置采用基线标注方式时，尺寸线之间的间距，一般为 7～10。

“隐藏”：设置尺寸线的可见性，默认为可见。

说明： ByBlock 为随块，Bylayer 为随层。

2）“尺寸界线”。有 8 项内容设置。

“颜色”“尺寸界线 1 的线型”“尺寸界线 2 的线型”“线宽”：保留默认设置 ByBlock，也可设置为“Bylayer”。

“隐藏”：设置尺寸界线的可见性，系统默认为可见。

“超出尺寸线”：设置尺寸界线超出尺寸线的长度，一般为 2～3。

“起点偏移量”：设置尺寸界线与被标注物体间的间距，工程图一般取 2～3。

“固定长度的尺寸界线”：设置尺寸界线从起点一直到终点的长度。选择此复选框后，在“长度”框内输入所需要的长度值。

（3）设置“符号和箭头”选项卡。接上操作，选择“符号和箭头”选项卡，可以对“箭头、圆心标记、折断标注、弧长符号、半径折弯标注、线性折弯标注”进行设置。水工图“箭头”形式和大小均可保持默认，如图 2.28 所示。对于房建图可将箭头设置为“建筑标记”，大小设置为 1.5，其他保持默认。

图 2.28　“新建标注样式：工程图标注”——“符号和箭头”对话框

各项说明如下：

1）“箭头”：有 4 项内容设置。

“第一个、第二个”：设置尺寸线两端的箭头。

“引线”：设置引线的箭头。

“箭头大小”：设置尺寸线的箭头大小。

2）“圆心标记”：有 4 项内容设置。

“无”：选择此项，标注时系统将不会显示圆心标记。

“标记”：选择此项，标注时系统将会显示圆心标记。

“直线”：选择此项，标注时系统将会显示圆或圆弧的中心线。

大小：设置“圆心标记”的大小，保持默认。

3）“折断标注”：“折断大小”是显示用于折断标注的间距大小。

4）“弧长符号”：有 3 项内容设置。

“标注文字的前缀”：选择此项，将标注的弧长符号放在文字的前面。

“标注文字的上方”：选择此项，将标注的弧长符号放在文字的上方。

“无”：选择此项，标注时不会显示弧长符号。

5）“半径折弯标注”：在半径折弯标注中，折弯角度大小的设置，保持默认。

6）“线性折弯标注”：形成折弯角度的两个顶点之间的距离确定折弯高度，保持默认。

（4）设置“文字”选项卡。接上操作，选择“文字”选项卡，可以对“文字外观”“文字位置”“文字对齐”进行设置，如图 2.29 所示。

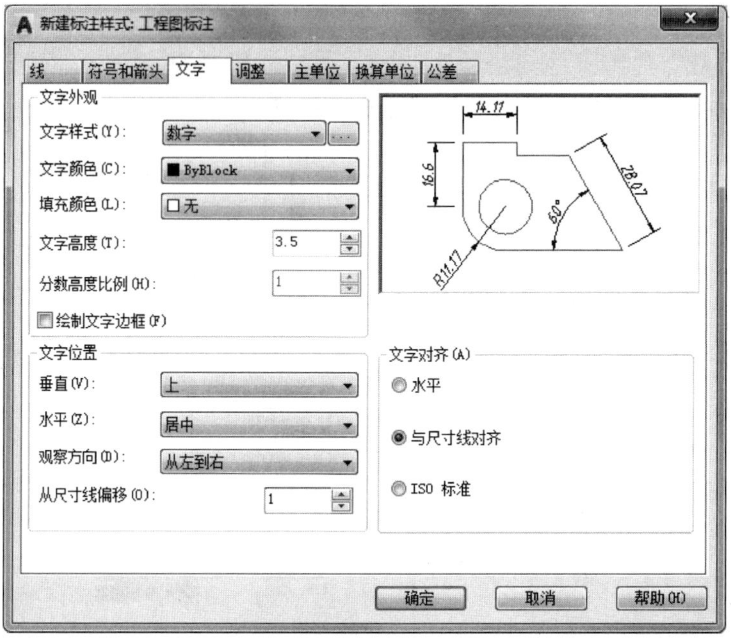

图 2.29 “新建标注样式：工程图标注”——“文字”对话框

各项说明如下：

1）“文字外观”：有 6 项内容设置。

“文字样式”：设置注写尺寸数字的样式，选择预先设置好的“数字”文字样式。

“文字颜色”：选择注写尺寸数字的文字颜色，保持默认或设置为“Bylayer”。

“填充颜色”：选择注写尺寸数字的背景颜色，一般设置为“无”。

“文字高度”：设置尺寸数字的高度，应根据制图标准来确定数字的高度，一般为 3.5，当图幅较小时也可用 2.5。

“分数高度比例”：当“主单位→单位格式”为“分数”时，此项显亮。可以设置数字的高度。

“绘制文字边框”：选择此项，标注时数字带边框，一般不加文字边框。

2）“文字位置”：有 4 项内容设置。

“垂直”：设置尺寸数字位于尺寸线垂直方向的位置，通常选择上方。

“水平”：设置尺寸数字位于尺寸线水平方向的位置，通常选择置中。

“观察方向”：设置尺寸数字的观察方向，保持默认。

“从尺寸线偏移”：设置尺寸数字的底部离尺寸线的距离，一般设置为“1”。

3）“文字对齐”：有 3 项内容设置。

“水平”：所有的尺寸数字都水平放置，角度标注推荐选择此项设置。

“与尺寸线对齐”：所有的尺寸数字都与尺寸线平行放置，线性标注、直径标注和半径标注按此项设置都符合国标规定。

“ISO 标准”：凡标注在“尺寸界线”内的尺寸数字均与尺寸线对齐；而标注在“尺寸界线”外的数字均水平排列。直径与半径的标注通常选择此项设置。

(5) 设置“调整”选项卡。接上操作，选择“调整”选项卡，可以对“调整选项”“文字位置”“标注特征比例”“优化”进行设置，可以控制标注文字、箭头、引线、尺寸线的放置以及控制标注特征比例，如图 2.30 所示。

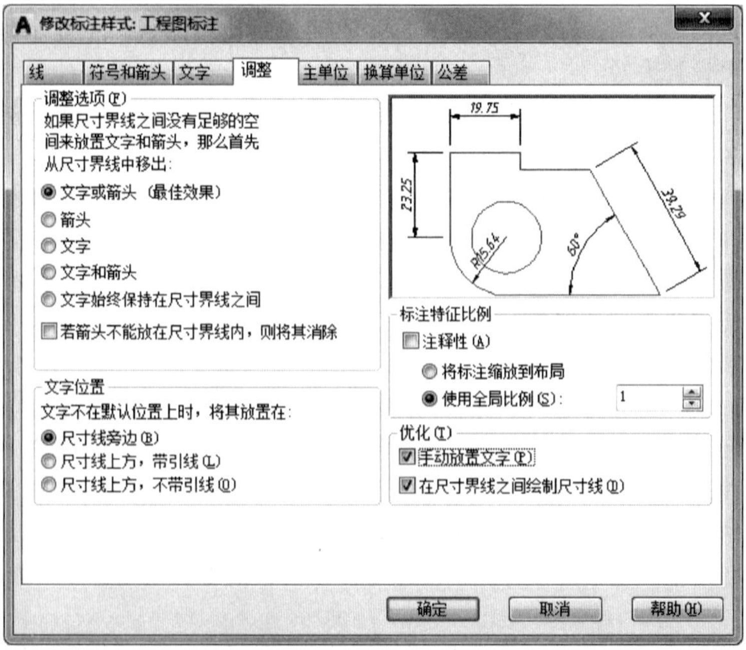

图 2.30 “新建标注样式：工程图标注”——“调整”对话框

各项说明如下：

1)“调整选项”用于控制尺寸界线之间的文字和箭头位置，有 6 项内容设置。

“文字或箭头（最佳效果）”：当尺寸界线间的距离不够同时放置文字和箭头时，将文字和箭头单独放置，并移动较合适的一个（即一个在内侧，一个在外侧），单独放置也不够时，文字或箭头都放置在尺寸界线的外侧。

“箭头”：当尺寸界线间的距离不够同时放置文字和箭头时，先将箭头移至外侧。如果内侧能容纳文字，那么文字在内，箭头在外；否则文字和箭头都在外侧。

“文字”：当尺寸界线间的距离不够同时放置文字和箭头时，先将文字移至外侧。如果内侧能容纳箭头，那么箭头在内，文字在外；否则文字和箭头都在外侧。

“文字和箭头”：当尺寸界线间的距离不能同时放置文字和箭头时，将文字和箭头都放在尺寸界线外。

“文字始终保持在尺寸界线之间”：无论尺寸界线间距多大，始终将文字放在尺寸界线之间。

“若箭头不能放在尺寸界线内，则将其消除”：若尺寸界线范围内放不下尺寸数字和箭头时，则将箭头消除掉。

2)“文字位置”有 3 项内容设置。

“尺寸线旁边”：当尺寸数字不在默认位置时，将其放置在尺寸线的旁边。

“尺寸线上方，带引线”：当尺寸数字不在默认位置时，将其置于尺寸线的上方，加引线。

“尺寸线上方，不带引线”：当尺寸数字不在默认位置时，将其置于尺寸线的上方，不加引线。

3）“标注特征比例”有3项内容设置。

“注释性”：当需要同一标注自动在布局上不同视口比例的视口中显示时，勾选此项。此时，以上两项设置失效。

“将标注缩放到布局”：如果在图纸空间标注尺寸时，则需选择此项，这时全局比例无效，前面设置的标注要素的特征大小就是打印出来的大小。

“使用全局比例”：在模型空间标注尺寸时，标注要素的特征大小会随打印比例变化，如按1∶1打印时，文字高度为3.5mm；当按1∶100打印时，文字高度仅为0.035mm，这时需将所有特征值按打印比例反比例放大，以保证各要素的打印大小合适。因此，全局比例的取值应为打印比例的倒数，若打印比例为1∶n，则设置全局比例为n。

4）“优化”：有2项内容设置。

“手动放置文字”：选择此项，可以根据需要灵活放置文字位置。建议勾选。

“在尺寸界线之间绘制尺寸线”：选择此项，不管尺寸界线的空间如何，尺寸界线之间都会绘制尺寸线。建议勾选。

（6）设置“主单位”选项卡。接上操作，选择“主单位”选项卡，可以对标注的单位格式和精度进行设置，包括线性标注、测量单位比例、消零、角度标注，如图2.31所示。

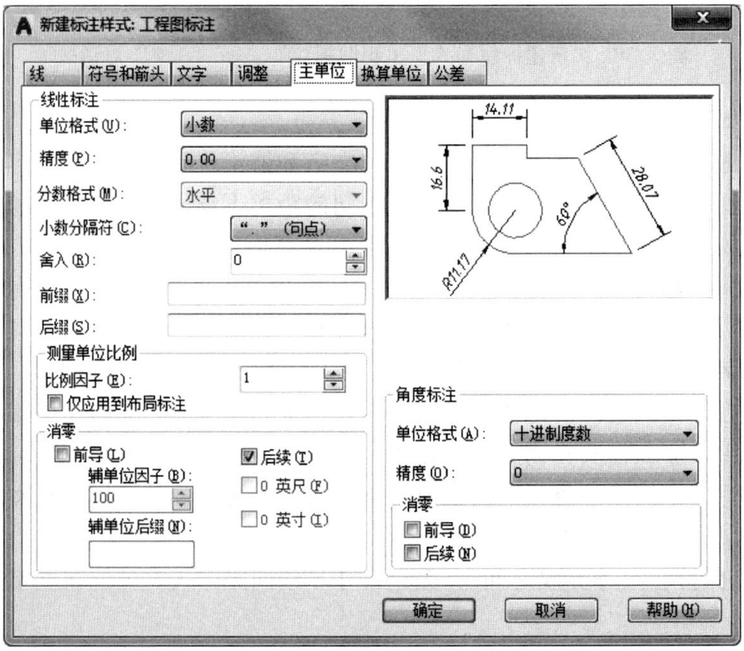

图2.31 “新建标注样式：工程图标注”——“主单位”对话框

各项说明如下：

1）“线性标注”有7项内容设置。

“单位格式”：绘图时需要选择线性标注的单位格式，有小数、科学、建筑、工程、分数等。国标规定图纸选择“小数”格式，即默认。

“精度”：设置线性标注中尺寸数字的小数位数。默认为2位小数，选择默认即可。

“分数格式”：当单位格式选择分数时，该项显亮，可以设置分数的放置格式。

“小数分隔符”：设置整数和小数之间分隔符的形式。有句点、逗点等，选择“句点”。

“舍入”：设置线性标注中尺寸数字小数点后的大小进行舍入，一般保持默认值“0”。

“前辍”及“后辍”：在线型尺寸数字的前面或后面添加特殊符号。

2）“测量单位比例”有2项内容设置。

“比例因子”：根据绘图比例的变化来选择合适的比例因子。为使标注的尺寸数值反应物体的真实大小，比例因子的取值应为绘图比例的倒数。如绘图比例为1∶n，则在比例因子选项中输入n。

“仅应用到布局标注”：仅将测量单位比例因子应用于布局视口中创建的标注。

3）“消零”：通过选择前导或后续来达到在尺寸数字的前面或后面是否显示0，一般设置为消除后续0，即小数点后面的尾数0不显示。

4）“角度标注”有3项内容设置。

“单位格式”：设置角度单位格式。列表框中有4种角度单位格式：十进制度数、度/分/秒、百分度、弧度，默认为“十进制度数”。

“精度”：设置角度标注的小数位数。

“消零”：通过选择前导或后续来达到在角度数字的前面或后面是否显示0。

说明：“新建标注样式”对话框中还有“换算单位”和“公差”选项卡，这两项在实际的工程图绘制和尺寸标注中很少用到，对它们的设置在这里就不作介绍了。

（7）完成主样式设置。单击“确定”按钮，返回“标注样式管理器”，一个名为“工程图标注”的标注样式设置完成，如图2.32所示。

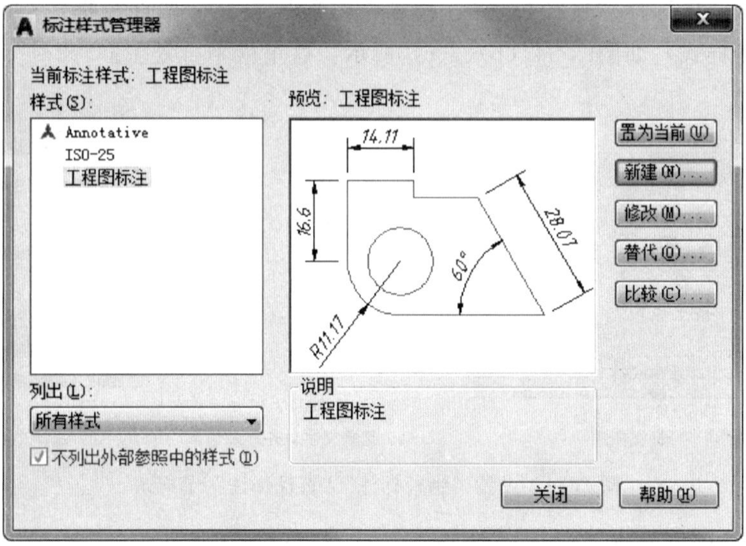

图2.32 完成主样式设置

5.2 设置子样式

（1）角度标注。在图 2.32 中选择工程图标注，单击“新建”按钮，弹出“创建新标注样式”对话框，如图 2.33（a）所示，在该对话框的“用于”下拉列表中选择“角度标注”，单击“继续”按钮，在“文字对齐”选项卡中选择文字对齐为“水平”，如图 2.33（b）所示，再单击“确定”按钮，完成“角度标注”子样式设置。

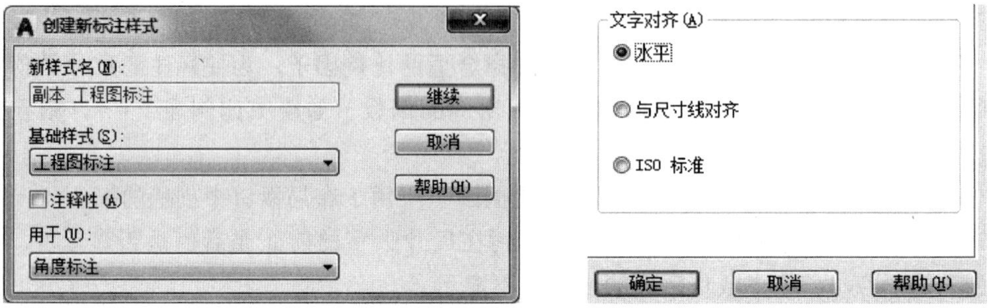

（a）创建角度标注样式 （b）选择文字对齐方式

图 2.33 设置“角度标注”子样式

（2）半径标注。接上操作，选择工程图标注，单击“新建”按钮，在弹出的“创建新标注样式”对话框“用于”下拉列表中选择“半径标注”，如图 2.34（a）所示，单击“继续”按钮，在“文字对齐”选项卡中选择文字对齐为“ISO 标准”，如图 2.34（b）所示；选择“调整”选项卡，在“调整选项”区选择“文字和箭头”，如图 2.34（c）所示，再单击“确定”按钮，完成“半径标注”子样式设置。

（3）直径标注。接上操作，单击“新建”按钮，在弹出的“创建新标注样式”对话框“用于”下拉列表中选择“直径标注”，单击“继续”按钮。“直径标注”子样式设置同“半径标注”子样式，如图 2.34（b）、（c）所示，这里就不重复了。

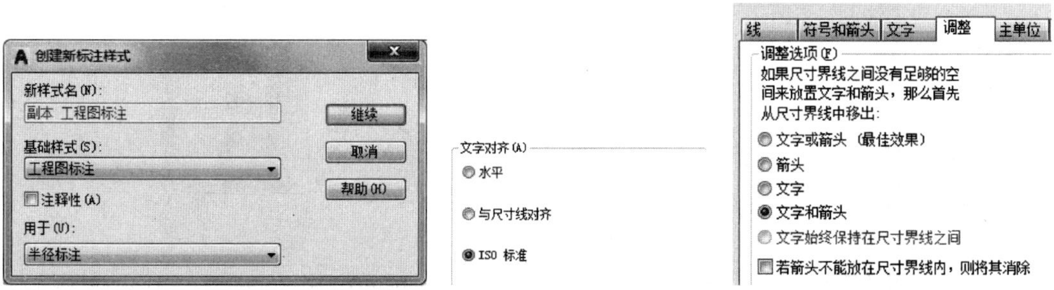

（a）创建半径标注样式 （b）选择文字对齐方式 （c）选择文字和箭头位置

图 2.34 设置“半径标注”“直径标注”子样式

（4）完成子样式设置。如图 2.35 所示，完成子样式的设置。

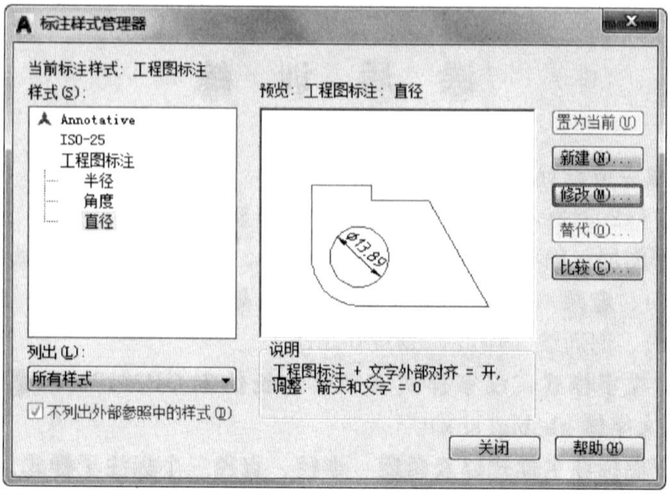

图 2.35 “工程图标注及子样式”设置

5.3 修改标注样式

当已设置的标注样式不能满足图形标注要求时，在“标注样式管理器”中，选择要修改的标注样式名（如工程图标注），单击“修改”按钮，弹出“修改标注样式”对话框，选择相应的选项卡进行修改。

5.4 置为当前

将设置好的标注样式作为当前样式应用到图形中，在 AutoCAD 2020 中，新建的标注样式默认为“当前标注样式”，如设置了多个标注样式时，要选择其中一个为当前样式，则在“标注样式管理器”中，先选择要置为当前的标注样式，再单击“置为当前”即可。

任务6 创建样板文件

在 AutoCAD 绘图之前，需要设置符合要求的绘图环境，如前面讲述的图形单位、图形界限、图层、草图设置、选项设置、文字样式、标注样式等，这个过程称为绘图环境的设置。但如果每次绘图之前都要重复这些设置，就会很烦琐，并影响工作效率，所以可以将设置好的绘图环境保存为样板文件，扩展名为（*.dwt）。这样，新建图形中就已经具有了保存在样板文件中的绘图环境设置，减少了重复性的劳动。

保存样板文件的方法如下：

（1）单击“文件”→“另存为”命令，弹出“图形另存为”对话框。

（2）在“文件类型”选项列表中选择“AutoCAD 图形样板（*.dwt）”。

（3）在“保存于”列表中选择样板文件的文件夹，在“文件名”输入框中输入文件名。

（4）单击“保存”按钮，完成设置。

课 后 训 练

1. 按下列要求完成设置，并保存文件：

（1）设置A3（420×297）的图形界限，并全屏显示。

（2）设置7个图层：图框线（白色，线宽0.7）、粗实线（白色，线宽0.7）、细实线（青色，线宽0.18）、虚线（黄色，线宽0.35）、点划线（红色，线宽0.18）、文字尺寸（绿色，线宽0.18）、剖面线（洋红，线宽0.18）。

（3）设置两个文字样式：汉字样式（字体为长仿宋GB2312）和数字样式（字体为gbeitc.shx，使用大字体gbcbig.shx）。

（4）设置工程图标注主样式以及角度、半径、直径三个标注子样式。

（5）将上述设置保存为样板文件*.dwt。

2. 打开课后训练1创建的样板文件，绘制图2.36所示的标题栏（外框用图框线层绘制、分隔线用细实线层绘制）。

3. 打开课后训练1创建的样板文件，用A4图幅（210×297）绘制图2.37所示线型练习。已知图幅左下角为坐标原点，圆心 O 的坐标为（115，163），图中 A、B、C、D 的坐标分别为 A（45，228）、B（173，213）、C（57，213）、D（45，98）。

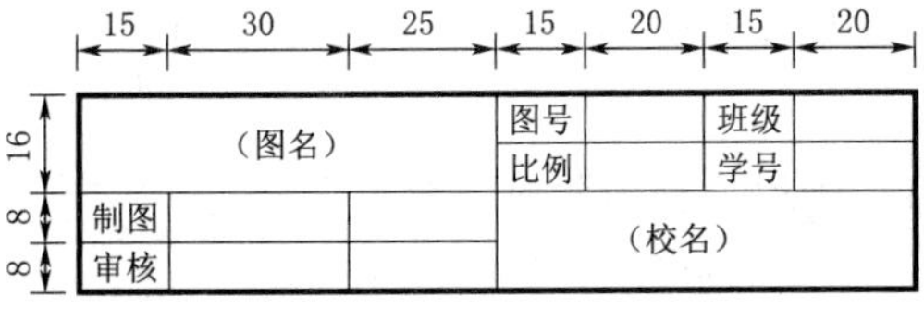

图2.36 绘制标题栏

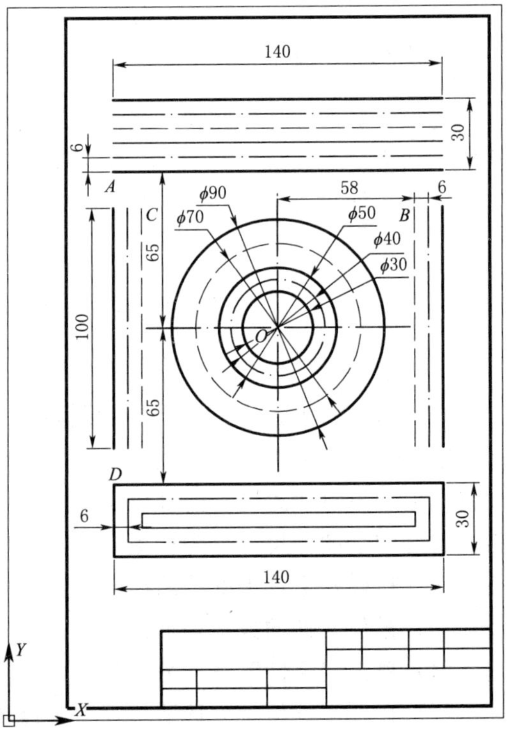

图2.37 线型练习

4. 打开训练 1 创建的样板文件，用 A4 图幅（297×210）绘制图 2.38 所示三视图。

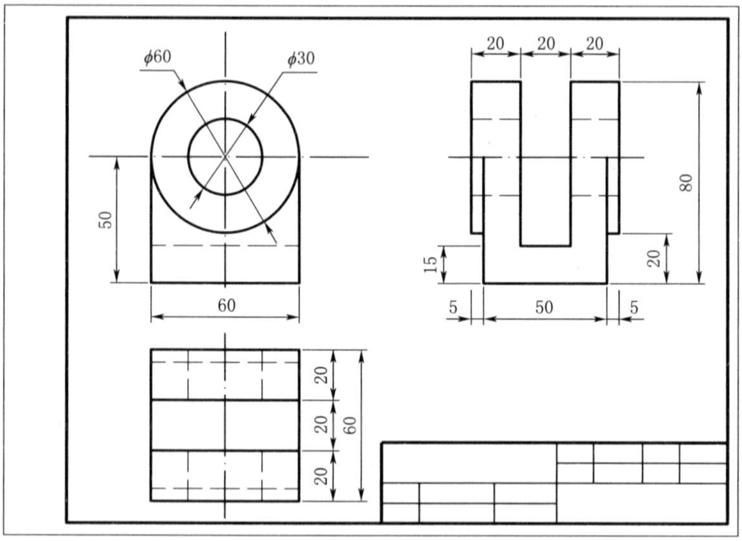

图 2.38　三视图

模块 3

绘 制 平 面 图 形

学习目标：

（1）掌握直线、多段线、圆、圆弧、矩形、正多边形、多线、样条曲线、圆环、椭圆、点等绘图命令的操作方法。

（2）掌握复制、镜像、偏移、阵列、移动、旋转、缩放、对齐、修剪、延伸、拉长、拉伸、打断、合并、倒角、圆角、多段线编辑等编辑命令的操作方法。

（3）掌握夹点编辑与对象特性编辑的操作方法。

（4）综合应用绘图与编辑命令绘制平面图形。

任务 1　绘 图 命 令（一）

1.1 直线、射线、构造线、多段线

1.1.1 直线

1. 功能

绘制一系列连续的线段，且每条线段可进行单独编辑。

2. 命令的调用

（1）在命令行中用键盘输入：LINE（L）。

（2）在下拉菜单中单击："绘图" → "直线"。

（3）在"绘图"工具条单击"直线"按钮。

（4）在功能区中单击："默认" → "绘图" → "直线"。

3. 操作指导

命令：LINE 指定第一点：　　（指定直线起点）

指定下一点或［放弃（U）］：　　（指定直线另一端点）

指定下一点或［退出（E）/放弃（U）］：　　（指定点，连续绘制下一直线）

指定下一点或［关闭（C）/退出（X）/放弃（U）］：：（单击右键选择确认退出；或按 Enter 键结束命令）

选项说明：

"放弃（U）"：输入"U"后按 Enter 键，表示取消上一步操作。

"关闭（C）"：输入"C"后按 Enter 键，表示所画直线的最后一点与第一点相连，

使线框闭合。

4. 操作示例

绘制如图 3.1 所示的图形。

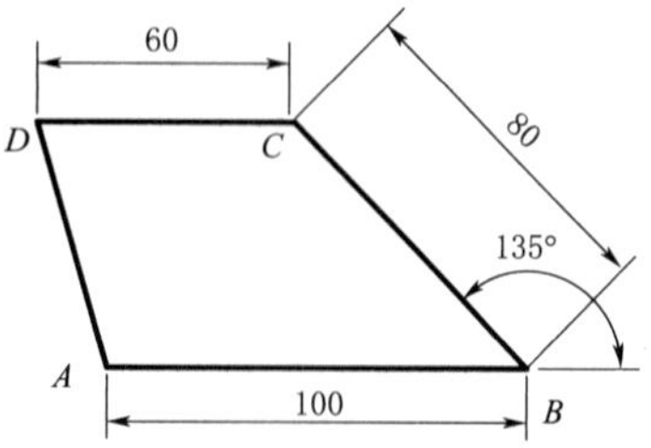

图 3.1 已知图形

命令：LINE 指定第一点：（指定 *A* 点）

指定下一点或［放弃（U）］：100（打开正交或极轴水平往右输入 100，定 B 点）

指定下一点或［退出（E）/放弃（U）］：@ 80<135（“动态”输入 80<135，定 *C* 点）

指定下一点或［关闭（C）/退出（X）/放弃（U）］：60（水平往左输入 60，定 *D* 点）

指定下一点或［关闭（C）/退出（X）/放弃（U）］：C（图形自动闭合）

1.1.2 射线

1. 功能

创建始于一点并继续无限延伸的直线。

2. 命令的调用

（1）在命令行中用键盘输入：RAY。

（2）在下拉菜单中单击：“绘图”→“射线”。

（3）在功能区中单击：“默认”→“绘图”→“ 射线”。

3. 操作指导

命令：RAY 指定起点：（指定射线的起点）

指定通过点：（指定射线要经过的点）

指定通过点：（指定另一射线经过的点，所有后续射线都同一起点）

指定通过点：（如此反复，按 Enter 结束命令）

注意：射线是一条单向无限长的线段，起点和通过点确定了射线延伸的方向，在绘图时通常作为辅助线使用。

1.1.3 构造线

1. 功能

创建无限长的线。

2. 命令的调用

（1）在命令行中用键盘输入：XLINE（XL）。

（2）在下拉菜单中单击：“绘图”→“构造线”。

（3）在“绘图”工具条单击“构造线”按钮。

（4）在功能区中单击：“默认”→“绘图”→“构造线”。

3. 操作指导

命令：XLINE

指定点或［水平（H）/垂直（V）/角度（A）/二等分（B）/偏移（O）］：（在屏幕上指定第一个点）

指定通过点：（在屏幕上指定第二个点）

指定通过点：

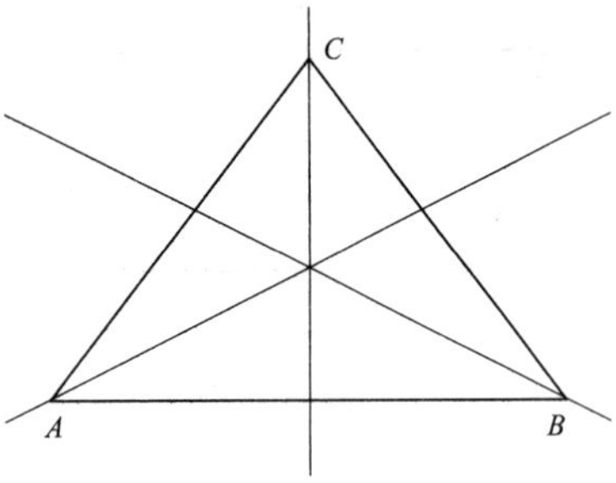

图 3.2　角平分线

选项说明

“水平（H）”：可创建通过选定点的水平构造线。

“垂直（V）”：可创建通过选定点的垂直构造线。

“角度（A）”：以指定的角度创建通过选定点的构造线。

“二等分（B）”：创建已知角的角平分构造线。

“偏移（O）”：创建平行于已知直线的构造线。

4. 操作示例

绘制如图 3.2 所示三角形 ABC 的角平分线 。

（1）作角 A 的角平分线。

命令：XLINE 指定点或［水平（H）/垂直（V）/角度（A）/二等分（B）/偏移（O）］：b

指定角的顶点：　　（捕捉顶点 A）

指定角的起点：　　（捕捉起始边点 B）

指定角的端点：　　（捕捉终止边点 C）

指定角的端点：　　（按 Enter 键结束命令，作出角 A 的角平分线）

（2）同理可作出角 B、角 C 的角平分线。

1.1.4　多段线

1. 功能

作为单个对象创建的相互连接的线段序列。可以创建直线段、弧线段或两者的组合线段。

2. 命令的调用

（1）在命令行中用键盘输入：PLINE（PL）。

（2）在下拉菜单中单击：“绘图”→“多段线”。

（3）在“绘图”工具条上单击“多段线”按钮。

（4）在功能区中单击：“默认”→“绘图”→“多段线”。

3. 操作指导

命令：PLINE

指定起点：

当前线宽为 0.0000

指定下一个点或［圆弧（A）/半宽（H）/长度（L）/放弃（U）/宽度（W）］：

指定下一点或［圆弧（A）/闭合（C）/半宽（H）/长度（L）/放弃（U）/宽度（W）］：a

指定圆弧的端点或

［角度（A）/圆心（CE）/闭合（CL）/方向（D）/半宽（H）/直线（L）/半径（R）/第二个点（S）/放弃（U）/宽度（W）］：

多段线命令也像直线命令一样，根据指定的一系列点绘制连续线段，但多段线的各段组成一个整体，是一个对象。多段线命令的选项比较多，下面介绍各选项的含义。

“圆弧（A）”：表示将画直线方式转换为画圆弧方式。

“闭合（C）”：表示以直线段闭合多段线。

“半宽（H）”：设置多段线的半宽度，只需输入宽度的一半。

“长度（L）”：绘制指定长度的直线段。

“放弃（U）”：取消上一步操作，重复输入U，可依次取消直至全部删除。

“宽度（W）”：设置多段线的宽度，根据提示设置线段起点宽度和端点宽度。两宽度设置相同，可绘制等宽线段；两宽度设置不同，可绘制箭头。

“角度（A）”：指定弧线段从起点开始的包含角。

“圆心（O）”：指定圆弧段的圆心。

“闭合（CL）”：表示以圆弧段闭合多段线，结束命令。

“方向（D）”：指定弧线段的起始方向。

“直线（L）”：表示将圆弧方式返回直线方式。

“半径（R）”：指定圆弧段的半径。

“第二个点（S）”：指定三点圆弧的第二点和端点。

4. 操作示例

用多段线的命令绘制如图3.3所示图形。

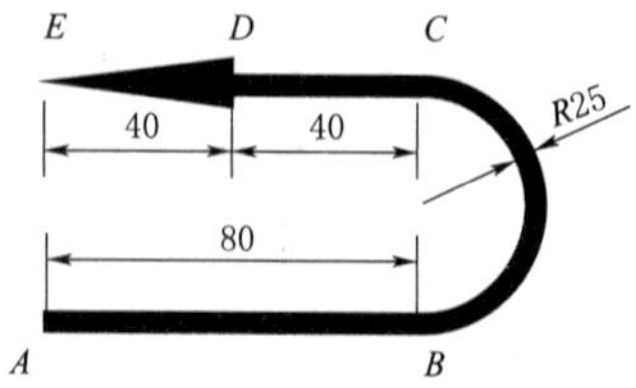

图3.3　多段线

（1）绘制 *AB* 直线。

命令：PLINE

指定起点：（指定 *A* 点）

当前线宽为 0.0000

指定下一个点或［圆弧（A）/半宽（H）/长度（L）/放弃（U）/宽度（W）］：w

指定起点宽度〈0.0000〉：5（设置起点线宽5）

指定端点宽度〈5.0000〉：5（设置端点线宽5）

指定下一个点或［圆弧（A）/半宽（H）/长度（L）/放弃（U）/宽度（W）］：80

（打开正交或极轴水平往右输入 *AB* 长80，定 *B* 点）

（2）绘制 *BC* 圆弧。

指定下一点或［圆弧（A）/闭合（C）/半宽（H）/长度（L）/放弃（U）/宽度（W）］：a

指定圆弧的端点或

［角度（A）/圆心（CE）/闭合（CL）/方向（D）/半宽（H）/直线（L）/半径（R）/第二个点（S）/放弃（U）/宽度（W）］：50（垂直往上输入半圆直径50，定 *C* 点）

（3）绘制 *CD* 直线。

指定圆弧的端点或

［角度（A）/圆心（CE）/闭合（CL）/方向（D）/半宽（H）/直线（L）/半径（R）/第二个点（S）/放弃（U）/宽度（W）］：L

指定下一点或［圆弧（A）/闭合（C）/半宽（H）/长度（L）/放弃（U）/宽度（W）］：40

（水平往左输入 *CD* 长40，定 *D* 点）

（4）绘制 *DE* 箭头。

指定下一点或［圆弧（A）/闭合（C）/半宽（H）/长度（L）/放弃（U）/宽度（W）］：w

指定起点宽度〈5.0000〉：10（设置起点线宽10）

指定端点宽度〈10.0000〉：0（设置端点线宽0）

指定下一点或［圆弧（A)/闭合（C)/半宽（H)/长度（L)/放弃（U)/宽度（W）］：40
（水平往左输入 *DE* 长 40，定 *E* 点）

1.2 矩形与多边形

1.2.1　矩形

1. 功能

创建矩形，可看作闭合的多段线，具有多段线的一些属性。

2. 命令的调用

(1) 在命令行中用键盘输入：RECTANG（REC)。

(2) 在下拉菜单中单击："绘图"→"矩形"。

(3) 在"绘图"工具条单击"矩形"按钮▭。

(4) 在功能区中单击："默认"→"绘图"→"矩形"。

3. 操作指导

命令：RECTANG

指定第一个角点或［倒角（C)/标高（E)/圆角（F)/厚度（T)/宽度（W）］：（指定一个角点）

指定另一个角点或［面积（A)/尺寸（D)/旋转（R）］：　　　　（确定另一对角点）

默认情况下，指定两对角点即完成矩形绘制。

如果给定矩形的长度和宽度，操作时用鼠标指定第一角点，另一角点输入相对坐标"@长度，宽度"。

选项说明：

"倒角（C）"：可绘制带倒角的矩形。

"标高（E）"：确定矩形所在的平面高度。默认情况下，矩形是在 xy 平面平面内（Z 坐标值为 0)，一般在三维绘图时用到。

"圆角（F）"：可绘制带圆角的矩形。

"厚度（T）"：设置矩形的厚度，常用于三维绘图。

"宽度（W）"：设置矩形的线宽。

"面积（A）"：先输入矩形面积，再输入矩形的长度或宽度值绘制矩形。

"尺寸（D）"：输入矩形的长、宽尺寸绘制矩形

"旋转（R）"：设置矩形的旋转角度。

利用矩形命令的选项，可绘制直角矩形、倒角矩形、圆角矩形，如图 3.4 所示。

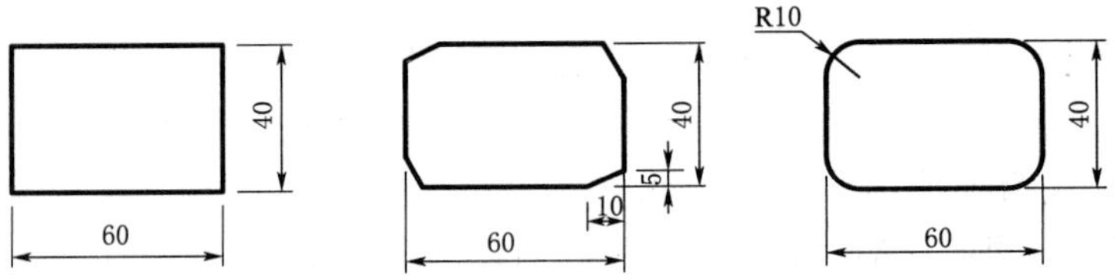

(a) 直角矩形　　(b) 倒角矩形　　(c) 圆角矩形

图 3.4　矩形的方式

（1）直角矩形。如图 3.4（a）所示，绘制长为 60，宽为 40 的直角矩形。

命令：RECTANG

指定第一个角点或［倒角（C）/标高（E）/圆角（F）/厚度（T）/宽度（W）］：

（指定一角点）

指定另一个角点或［面积（A）/尺寸（D）/旋转（R）］：@60，40

（确定对角点，输入相对坐标@60，40）

（2）倒角矩形。如图 3.4（b）所示，绘制倒角距离 1 为 10，倒角距离 2 为 5 的倒角矩形。

命令：RECTANG

指定第一个角点或［倒角（C）/标高（E）/圆角（F）/厚度（T）/宽度（W）］：c

（输入倒角选项）

指定矩形的第一个倒角距离〈10.0000〉：10　（输入第一个倒角距离 10）

指定矩形的第二个倒角距离〈5.0000〉：5　（输入第二个倒角距离 5）

指定第一个角点或［倒角（C）/标高（E）/圆角（F）/厚度（T）/宽度（W）］：

（指定一角点）

指定另一个角点或［面积（A）/尺寸（D）/旋转（R）］：@60，40　（确定对角点）

（3）圆角矩形。如图 3.4（c）所示，绘制长为 60，宽为 40，半径为 10 的圆角矩形。

命令：RECTANG

指定第一个角点或［倒角（C）/标高（E）/圆角（F）/厚度（T）/宽度（W）］：f

（输入圆角选项）

指定矩形的圆角半径〈0.0000〉：10　（输入圆角半径 10）

指定第一个角点或［倒角（C）/标高（E）/圆角（F）/厚度（T）/宽度（W）］：

（指定一角点）

指定另一个角点或［面积（A）/尺寸（D）/旋转（R）］：@60，40　（确定对角点）

4. 操作示例

利用矩形长（30）和宽（26），绘制圆角半径为 3，旋转角度 30 度，宽度为 0.5 的矩形，如图 3.5 所示。

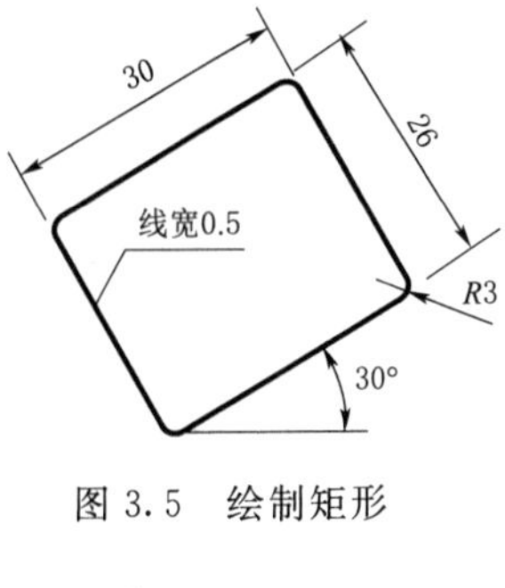

图 3.5　绘制矩形

命令：RECTANG

指定第一个角点或［倒角（C）/标高（E）/圆角（F）/厚度（T）/宽度（W）］：F

指定矩形的圆角半径〈0.0000〉：3

指定第一个角点或［倒角（C）/标高（E）/圆角（F）/厚度（T）/宽度（W）］：w

指定矩形的线宽〈0.0000〉：0.5

指定第一个角点或［倒角（C）/标高（E）/圆角（F）/厚度（T）/宽度（W）］：

指定另一个角点或［面积（A）/尺寸（D）/旋转（R）］：R

指定旋转角度或［拾取点（P）］〈0〉：30

指定另一个角点或［面积（A）/尺寸（D）/旋转（R）］：D

指定矩形的长度〈20.0000〉：30

指定矩形的宽度〈20.0000〉：26

指定另一个角点或［面积（A）/尺寸（D）/旋转（R）］：

1.2.2　正多边形

1. 功能

可绘制边数在 3—1024 边的正多边形。

2. 命令的调用

（1）在命令行中用键盘输入：POLYGON（POL）。

（2）在下拉菜单中单击："绘图"→"正多边形"。

（3）在"绘图"工具条单击"正多边形"按钮⬠。

（4）在功能区中单击："默认"→"绘图"→"正多边形"。

3. 操作指导

命令：POLYGON

输入侧面数〈4〉：6　　（输入正多边形的边数）

指定多边形的中心点或［边（E）］：　　（指定多边形的中心点）

输入选项［内接于圆（I）/外切于圆（C）］〈I〉：　　（输入选项 I 或 C）

指定圆的半径：20　　（输入外接圆或内切圆的半径）

选项说明：

"边（E）"：指定边长绘制多边形。

"内接于圆（I）"：指定中心点，绘制圆内接正多边形，外接圆圆心即多边形中心。

"外切于圆（C）"：指定中心点，绘制圆外切正多边形，内切圆圆心即多边形中心。

根据多边形命令的选项，绘制多边形有三种方式：指定中心点绘制圆内接正多边形和圆外切正多边形，指定边长绘制正多边形，如图 3.6 所示。

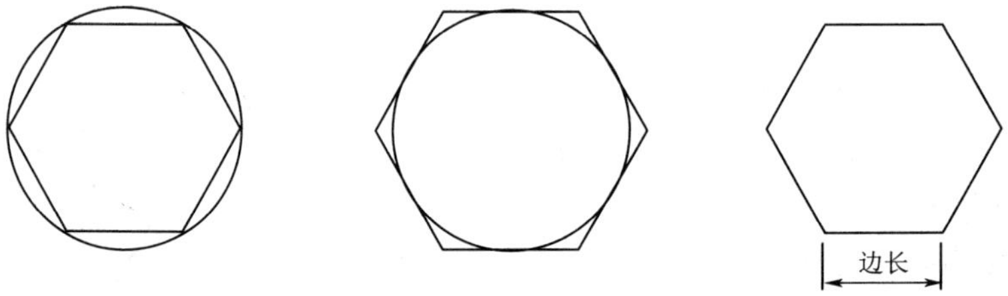

（a）圆内接正多边形　（b）圆外切正多边形　（c）指定边长绘正多边形

图 3.6　正多边形

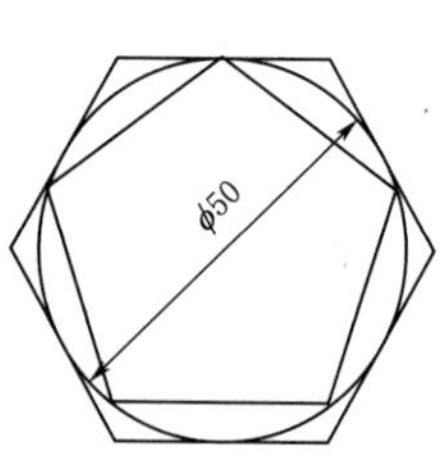

图 3.7　已知图形

4. 操作示例

【例 3.1】　绘制如图 3.7 所示图形。

（1）绘制圆。

命令：CIRCLE 指定圆的圆心或［三点（3P）/两点（2P）/相切、相切、半径（T）］：

指定圆的半径或［直径（D）］〈20.0000〉：25

（2）绘制圆内接正五边形。

命令：POLYGON 输入侧面数〈6〉：5

指定正多边形的中心点或［边（E）］：〈对象捕捉 开〉

输入选项［内接于圆（I）/外切于圆（C）］〈C〉：I

指定圆的半径：25

（3）绘制圆外切正六边形。

命令：POLYGON 输入侧面数〈5〉：6

指定正多边形的中心点或［边（E）］：

输入选项［内接于圆（I）/外切于圆（C）］〈I〉：C

指定圆的半径：25

【例 3.2】 绘制如图 3.8 所示的正七边形。

命令：POLYGON 输入侧面数〈6〉：7

指定正多边形的中心点或［边（E）］：E

指定边的第一个端点：指定边的第二个端点：〈正交 开〉22

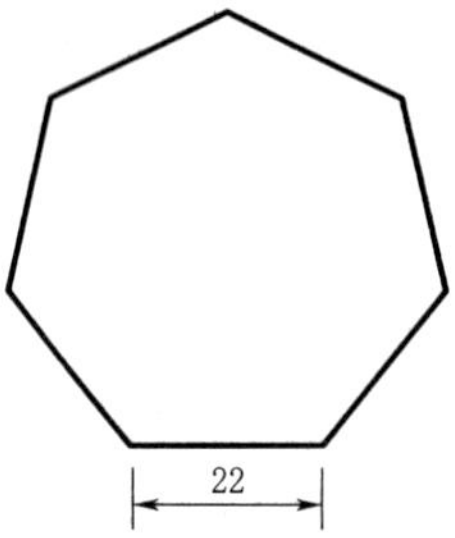

图 3.8　正七边形

1.3　圆与圆弧

1.3.1　圆

1. 功能

可以根据已知条件，用多种方法画圆。

2. 命令的调用

（1）在命令行中用键盘输入：CIRCLE（C）。

（2）在下拉菜单中单击："绘图"→"圆"。

（3）在"绘图"工具条单击"圆"按钮。

（4）在功能区中单击："默认"→"绘图"→"圆"。

3. 操作指导

画圆有 6 种方法，如图 3.9 所示，根据具体条件选择绘制圆的方式，介绍如下。

（1）以"圆心、半径"方式绘制圆。这是绘制圆的默认方式，也是最常用的方式，如图 3.10 所示，绘制半径为 30 的圆，命令行提示如下。

命令：CIRCLE

指定圆的圆心或［三点（3P）/两点（2P）/相切、相切、半径（T）］：

（指定一点作为圆心）

指定圆的半径或［直径（D）］：30　　（输入圆的半径 30，命令结束）

（2）以"圆心、直径"方式绘制圆。绘制如图 3.10 所示的圆，命令行提示如下。

命令：CIRCLE

指定圆的圆心或［三点（3P）/两点（2P）/相切、相切、半径（T）］：

（指定一点作为圆心）

指定圆的半径或［直径（D）］：D　　（选择直径选项）

指定圆的直径：60　　（输入圆的直径 60，命令结束）

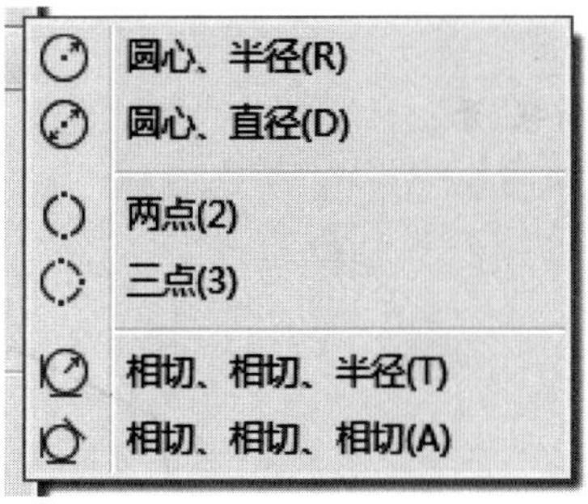

图 3.9 圆的 6 种画法

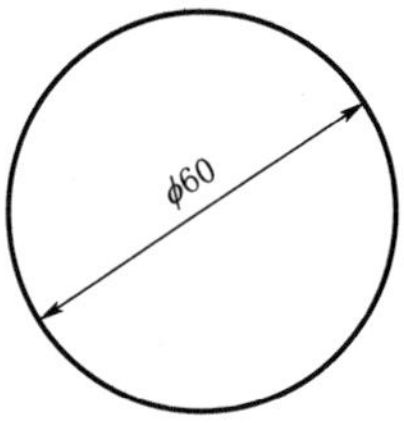

图 3.10 圆心、半径或直径画圆

(3) 以“三点”方式绘制圆。如图 3.11 所示，通过已知三点绘制圆，命令行提示如下。

命令：CIRCLE 指定圆的圆心或［三点（3P)/两点（2P)/相切、相切、半径（T）］：3p
（输入 3p，选择三点画圆选项）

指定圆上的第一个点： （捕捉点 1）

指定圆上的第二个点：〈正交 关〉 （捕捉点 2）

指定圆上的第三个点： （捕捉点 3，命令结束）

(4) 以“两点”方式绘制圆。两点画圆，该两点必须是直径的两端点。如图 3.12 所示，以 AB 为直径绘制圆，命令行提示如下。

命令：CIRCLE 指定圆的圆心或［三点（3P)/两点（2P)/相切、相切、半径（T）］：2p
（输入 2p，选择两点画圆选项）

指定圆直径的第一个端点： （捕捉点 A）

指定圆直径的第二个端点： （捕捉点 B，命令结束）

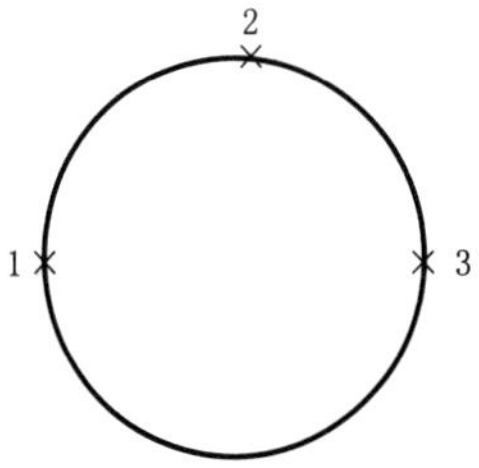

图 3.11 三点画圆

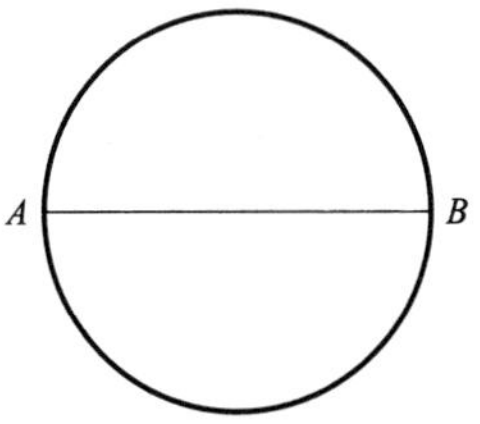

图 3.12 两点画圆

(5) 以“相切、相切、半径”方式绘制圆。如图 3.13 所示，绘制两个已知圆的公切圆，命令行提示如下。

命令：CIRCLE 指定圆的圆心或［三点（3P)/两点（2P)/相切、相切、半径（T）］：T
（输入 T，选择相切、相切、半径画圆选项）

指定对象与圆的第一个切点： （指定第一个切点，如在 1 点附近单击圆周）

指定对象与圆的第二个切点： （指定第二个切点，如在 2 点附近单击圆周）

指定圆的半径〈20〉： （输入欲画圆的半径）

(6) 以“相切、相切、相切”方式绘制圆。这是与三个对象相切的公切圆，如图 3.14 所示，绘制已知三角形的内切圆。在下拉菜单中单击“绘图”→“圆”→“相切、相切、相切”。命令行提示如下。

命令：CIRCLE 指定圆的圆心或 [三点 (3P)/两点 (2P)/相切、相切、半径 (T)]：_3p 指定圆上的第一个点：_tan 到 (单击 *AB* 边)

指定圆上的第二个点：_tan 到 (单击 *BC* 边)

指定圆上的第三个点：_tan 到 (单击 *AC* 边)

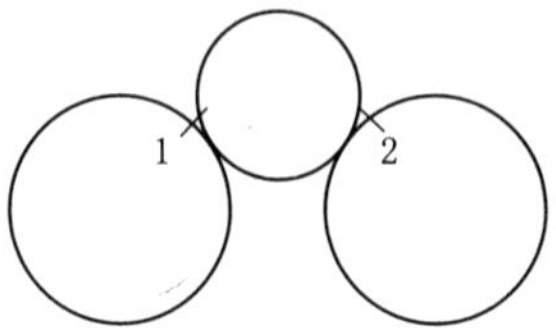

图 3.13 相切、相切、半径画圆

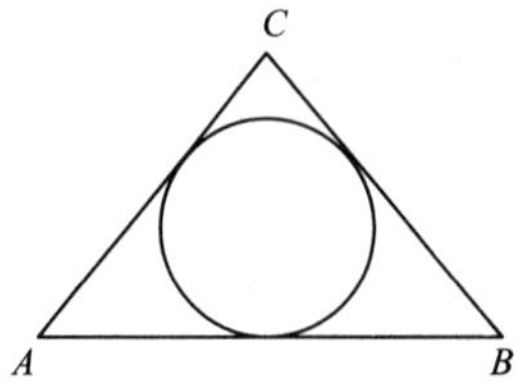

图 3.14 相切、相切、相切画圆

1.3.2 圆弧

1. 功能

指定圆心、起点、端点、半径、角度、弦长和方向值的各种组合形式，绘制圆弧。

2. 命令的调用

(1) 在命令行中用键盘输入：ARC (A)。

(2) 在下拉菜单中单击：“绘图”→“圆弧”。

(3) 在“绘图”工具条单击“圆弧”按钮。

(4) 在功能区中单击：“默认”→“绘图”→“圆弧”。

3. 操作指导

AutoCAD 中给出了 11 种画圆弧的方法，如图 3.15 所示。

图 3.15 圆弧的画法

这里将重点介绍其中几种，如图 3.16 所示。

(1) 以“三点”方式绘制圆弧。当执行“三点”的命令时，命令行提示如下。

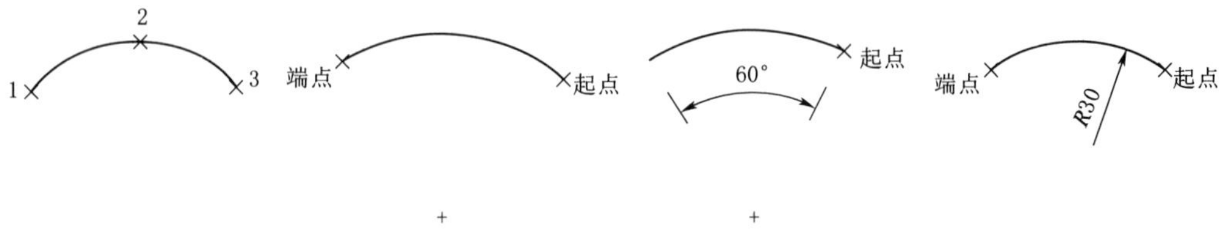

(a) 三点 (b) 圆心、起点、端点 (c) 圆心、起点、角度 (d) 起点、端点、半径

图 3.16 几种圆弧的画法

命令：ARC 指定圆弧的起点或［圆心（CE）］： （指定1点）

指定圆弧的第二点或［圆心（CE）/端点（EN）］： （指定2点）

指定圆弧的端点： （指定3点）

（2）以“圆心、起点、端点”方式绘制圆弧。当执行“圆心、起点、端点”的命令时，命令行提示如下。

命令：ARC 指定圆弧的起点或［圆心（C）］：_C 指定圆弧的圆心： （指定圆心）

指定圆弧的起点： （指定起点）

指定圆弧的端点或［角度（A）/弦长（L）］： （指定端点）

（3）以“圆心、起点、角度”方式绘制圆弧。当执行“圆心、起点、角度”的命令时，命令行提示如下。

命令：ARC 指定圆弧的起点或［圆心（C）］：_C 指定圆弧的圆心： （指定圆心）

指定圆弧的起点： （指定起点）

指定圆弧的端点或［角度（A）/弦长（L）］：_A 指定包含角：60

（输入圆弧的角度，逆时针为正）

（4）以“起点、端点、半径”方式绘制圆弧。当执行“起点、端点、半径”的命令时，命令行提示如下。

命令：ARC 指定圆弧的起点或［圆心（C）］： （指定起点）

指定圆弧的第二个点或［圆心（C）/端点（E）］：_E （选择端点选项）

指定圆弧的端点：（指定端点）

指定圆弧的圆心或［角度（A）/方向（D）/半径（R）］：_R 指定圆弧的半径：30

（指定半径）

绘制圆弧还有以下7种方法：

1）起点、圆心、端点：指定圆弧的起点、圆心、端点来绘制圆弧。

2）起点、圆心、角度：指定圆弧的起点、圆心、角度来绘制圆弧。

3）起点、圆心、长度：指定圆弧的起点、圆心和圆弧弦的长度来绘制圆弧

4）起点、端点、角度：指定圆弧的起点、端点和角度来绘制圆弧。

5）起点、端点、方向：指定圆弧的起点、端点和起点切线方向来绘制圆弧。

6）圆心、起点、长度：指定圆弧的圆心、起点、圆弧弦的长度来绘制圆弧。

7）继续。系统将前面最后一次绘制的线段或圆弧的最后一点作为新圆弧的起点，并且新圆弧与前面线段或圆弧相切连接，再指定一个端点，来绘制新圆弧。

注意：实际的绘制圆弧过程中，应根据题目提供的已知条件，然后决定采用哪一种绘制圆弧的方法。同时还要注意角度和弦长的正负，逆时针为正，顺时针为负。

4. 操作示例

如图3.17所示，绘制一圆弧。经过分析，适宜采用“起点、端点、角度”绘制圆弧。注意角度的正负值。

绘制圆弧，主要考虑采用哪种绘制方法。在画图3.18所示圆弧时，能否对你有所启发？注意起点、端点的顺序。

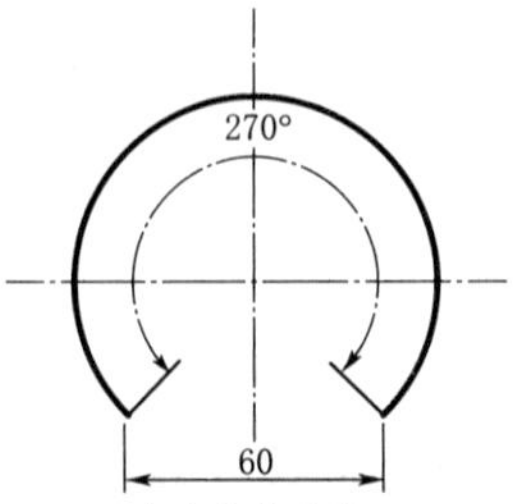

图 3.17　圆弧的画法

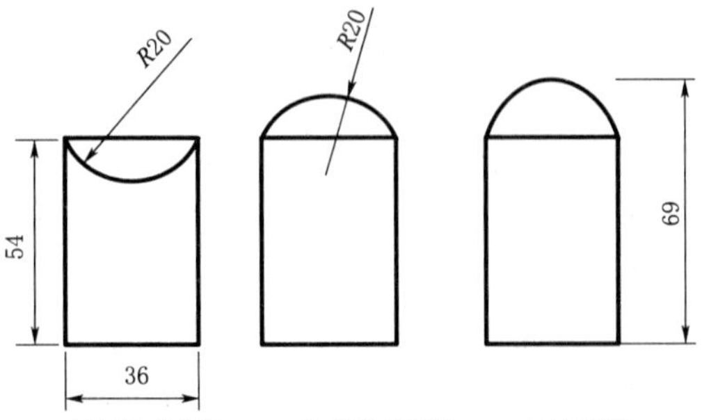

图 3.18　圆弧的画法

任务2　编 辑 命 令（一）

2.1　删除与分解

2.1.1　删除

1. 功能

从图形中删除对象。

2. 命令的调用

（1）在命令行中用键盘输入：ERASE（E）。

（2）在下拉菜单中单击："修改"→"删除"。

（3）"修改"工具栏→"删除"按钮。

（4）在功能区中单击："默认"→"修改"→"删除"。

（5）快捷菜单：选择要删除的对象，在绘图区域中单击鼠标右键，然后单击"删除"。

3. 操作指导

执行 ERASE 后，在"选择对象"下，使用一种选择方法选择要删除的对象或输入选项：

输入 L（最后一个），删除绘制的最后一个对象。

输入 P（上一个），删除上一个选择集。

输入 ALL，从图形中删除所有对象。

输入 ?，查看所有选择方法列表。

按 Enter 键结束命令。

OOPS 命令可用来恢复被 EARSE 命令删除的对象。

2.1.2　分解

1. 功能

将合成对象分解为其单个对象。

2. 命令的调用

(1) 在命令行中输入：EXPLODE（X）。

(2) 下拉菜单“修改”→“分解”。

(3)“修改”工具栏→“分解”按钮。

(4) 在功能区中单击：“默认”→“修改”→“分解”。

3. 操作指导

对于矩形、多边形、多段线、块、尺寸标注、图案填充、多行文字等组合对象，有时需要对其里面的单个对象进行编辑，这时可使用 EXPLODE 命令将其分解为多个单独的对象。操作步骤如下：

命令：EXPLODE

选择对象：选择待分解的对象

选择对象：

2.2 修剪与延伸

2.2.1 修剪

1. 功能

修剪选定对象超出指定边界的部分。

2. 命令的调用

(1) 在命令行中用键盘输入：TRIM（TR）。

(2) 在下拉菜单中单击：“修改”→“修剪”。

(3) 在“修改”工具条单击“修剪”按钮。

(4) 在功能区中单击：“默认”→“修改”→“修剪”。

3. 操作指导

命令：TRIM

当前设置：投影=UCS，边=无

选择剪切边...

选择对象或〈全部选择〉： 找到 1 个 （选择要剪切对象的边界）

选择对象：↙ （按 Enter 键）

选择要修剪的对象，或按住 Shift 键选择要延伸的对象，或

[栏选（F）/窗交（C）/投影（P）/边（E）/删除（R）]： （选择要修剪的对象）

选择要修剪的对象，或按住 Shift 键选择要延伸的对象，或

[栏选（F）/窗交（C）/投影（P）/边（E）/删除（R）/放弃（U）]：

选项说明：

“栏选（F）”：用栏选方式选择要修剪的对象。

“窗交（C）”：用窗交方式选择要修剪的对象。

“投影（P）”：输入“P”后按 Enter 键，命令行提示：

选择要修剪的对象或[投影（P）/边（E）/放弃（U）]：P↙

输入投影选项[无（N）/UCS（U）/视图（V）]〈UCS〉：（确定在哪个绘图环境中进行修剪）

“边（E）”：输入“E”后按Enter键，命令行提示：

选择要修剪的对象或［投影（P）/边（E）/放弃（U）］：E↙

输入隐含边延伸模式［延伸（E）/不延伸（N）］〈不延伸〉：E↙

选择要修剪的对象或［投影（P）/边（E）/放弃（U）］：

“放弃（U）”：退出操作过程。

注意：执行修剪命令时，先选择的是修剪边界，确认后，才选择的是要修剪的对象。

4. 操作示例

使用“修剪”命令，将如图3.19所示的左图修改成右图。

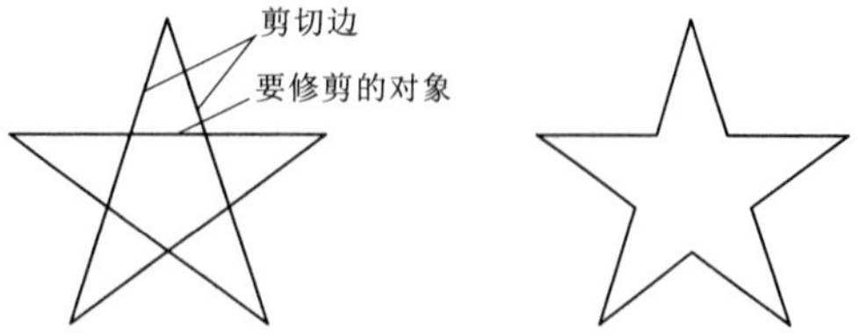

图3.19　修剪对象

命令：TRIM

当前设置：投影=UCS，边=无

选择剪切边...

选择对象或〈全部选择〉：　（直接按Enter键）

选择要修剪的对象，或按住Shift键选择要延伸的对象，或

［栏选（F）/窗交（C）/投影（P）/边（E）/删除（R）］：　（选择要修剪的对象）

......　（连续选择）

选择要修剪的对象，或按住Shift键选择要延伸的对象，或

［栏选（F）/窗交（C）/投影（P）/边（E）/删除（R）/放弃（U）］：（修剪完毕按Enter键退出命令）

2.2.2　延伸

1. 功能

延伸选定对象到指定的边界。

2. 命令的调用

（1）在命令行中输入：EXTEND（EX）。

（2）在下拉菜单中单击：“修改”→“延伸”。

（3）在“修改”工具条单击“延伸”按钮⇥。

（4）在功能区中单击：“默认”→“修改”→“延伸”。

3. 操作指导

命令：EXTEND

当前设置：投影=UCS，边=无

选择边界的边...

选择对象或〈全部选择〉：　指定对角点：找到2个　（选择延伸边界）

选择对象：　（单击右键确认或按Enter键）

选择要延伸的对象，或按住Shift键选择要修剪的对象，或

［栏选（F）/窗交（C）/投影（P）/边（E）］：　（选择要延伸的对象）

选项说明：选项与“修剪”命令类似。

注意：执行延伸命令时，也必须先选择边界，确认后，再选择要延伸的对象。

4. 操作示例

使用“延伸”命令，将如图 3.20 所示的（a）修改成（b）。

命令：EXTEND

当前设置：投影=UCS，边=无

选择边界的边...

选择对象或〈全部选择〉：　找到 1 个　　　　（选择延伸边界，即选择图中曲线）

选择对象：　　　　（单击右键确认或按 Enter 键）

选择要延伸的对象，或按住 Shift 键选择要修剪的对象，或

[栏选（F）/窗交（C）/投影（P）/边（E）]：（选择要延伸的对象，即选择直线下端）

选择要延伸的对象，或按住 Shift 键选择要修剪的对象，或

[栏选（F）/窗交（C）/投影（P）/边（E）]：　　　　（按 Enter 键结束命令）

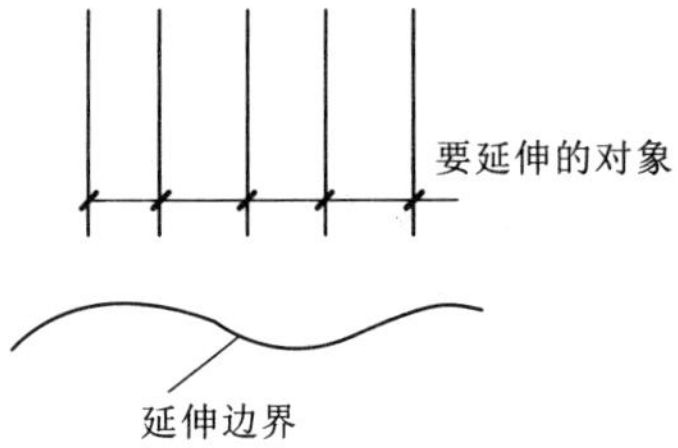

（a）修改前

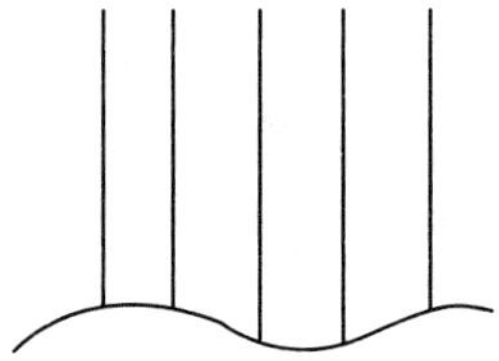

（b）修改后

图 3.20　延伸对象

2.3 复制、镜像、偏移、阵列

2.3.1 复制

1. 功能

在指定位置上复制一个或多个相同的图形对象。

2. 命令的调用

（1）在命令行中输入：COPY（CO）。

（2）在下拉菜单中单击：“修改”→“复制”。

（3）在“修改”工具条上单击“复制”按钮。

（4）在功能区中单击：“默认”→“修改”→“复制”。

3. 操作指导

命令：COPY

选择对象：找到 1 个　　　　（选择要复制的对象）

选择对象：　　　　（按 Enter 键）

当前设置：　复制模式=多个

指定基点或[位移（D）/模式（O）]〈位移〉：　　　　（指定一点作为复制基点）

指定第二个点或[阵列（A）]〈使用第一个点作为位移〉：　　　　（指定复制到的一点）

选项说明：
“位移（D）”：复制对象时，对象所要偏移的距离。
“模式（O）”：复制模式可将多个复制与单个复制进行转换。
“阵列（A）”：指定在线性阵列中排列的副本数量。

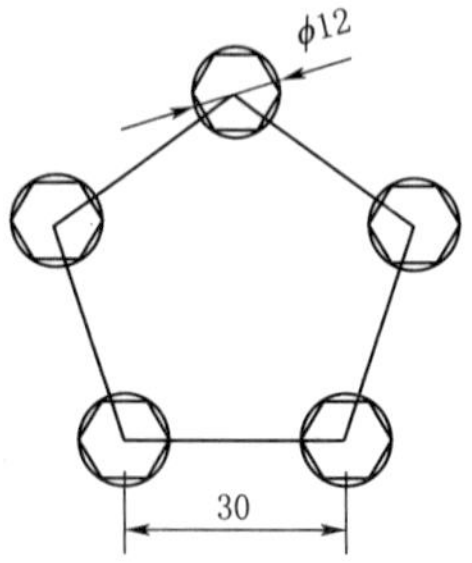

图 3.21 已知图形

4. 操作示例
绘制如图 3.21 所示的图形
(1) 绘制正五边形，如图 3.22（a）所示。
命令：POLYGON 输入侧面数〈7〉：5
指定正多边形的中心点或［边（E）］：E
指定边的第一个端点：指定边的第二个端点：30　　（直接距离输入）
(2) 绘制小圆，如图 3.22（b）所示。
命令：CIRCLE 指定圆的圆心或［三点（3P）/两点（2P）/相切、相切、半径（T）］：
指定圆的半径或［直径（D）］〈25.0000〉：6
(3) 绘制圆内接正六边形，如图 3.22（c）所示。
命令：POLYGON 侧面数〈5〉：6
指定正多边形的中心点或［边（E）］：
输入选项［内接于圆（I）/外切于圆（C）］〈C〉：I
指定圆的半径：6
(4) 用“复制”命令复制多个小圆和正六边形，如图 3.22（d）所示。
命令：COPY
选择对象：指定对角点：找到 2 个　　（选择小圆和正六边形）
选择对象：　　（按 Enter 键）
当前设置：　复制模式＝多个
指定基点或［位移（D）/模式（O）］〈位移〉：　　（捕捉小圆圆心）
指定第二个点或［阵列（A）］〈使用第一个点作为位移〉：（捕捉正五边形其他顶点）
指定第二个点或［阵列（A）/退出（E）/放弃（U）］〈退出〉：
（捕捉正五边形其他顶点）
指定第二个点或［阵列（A）/退出（E）/放弃（U）］〈退出〉：
（继续捕捉完顶点，按 Enter 键）

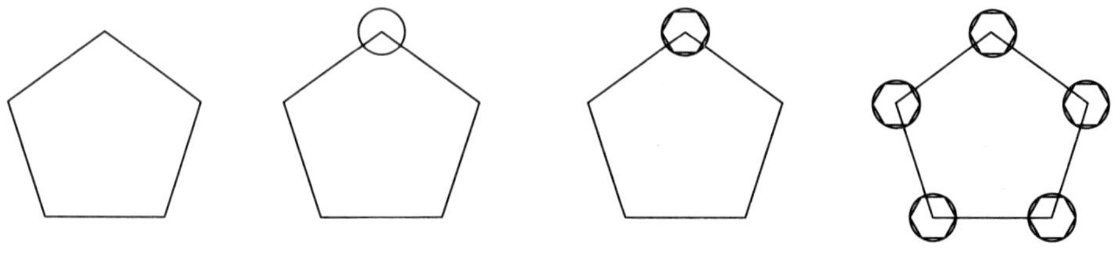

图 3.22 绘图步骤

2.3.2 镜像

1. 功能

创建源对象的轴对称图形。镜像时可删除源图形，也可保留源图形，如图 3.23 所示。

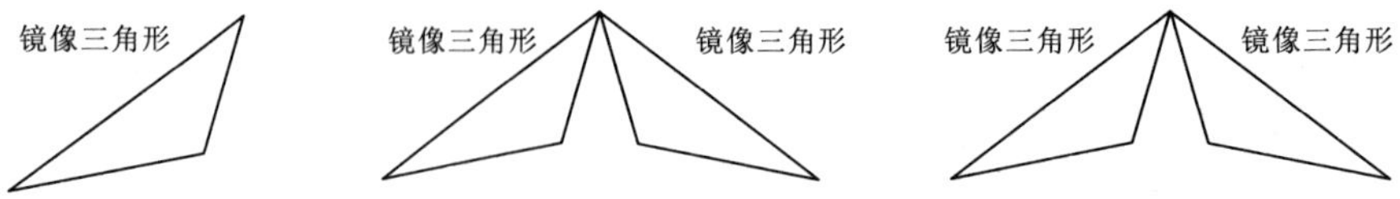

（a）源图形　　（b）镜像后图形(MIRRTEXT=0)　　（c）镜像后图形(MIRRTEXT=1)

图 3.23　镜像图形

2. 命令的调用

（1）在命令行中输入：MIRROR（MI）。

（2）在下拉菜单中单击：“修改”→“镜像”。

（3）在“修改”工具条上单击“镜像”按钮。

（4）在功能区中单击：“默认”→“修改”→“镜像”。

3. 操作指导

命令：MIRROR

选择对象：指定对角点：找到 6 个　　（选择要镜像的对象）

选择对象：　　（单击右键确认或按 Enter 键）

指定镜像线的第一点：指定镜像线的第二点：　　（指定对称轴线上的两个点）

是否删除源对象？[是（Y）/否（N）]〈N〉：　　（输入 Y 删除原对象，输入 N 保留原对象）

注意：默认情况下，文字的系统变量 MIRRTEXT 为 0，镜像文字时，镜像的文字为可读，如图 3.23（b）所示；若系统变量 MIRRTEXT 设置为 1，镜像的文字为不可读，如图 3.23（c）所示。

4. 操作示例

（1）将如图 3.23（a）所示图形进行镜像。

命令：MIRROR

选择对象：指定对角点：找到 4 个　　（选择三角形和文字）

选择对象：　　（按 Enter 键）

指定镜像线的第一点：指定镜像线的第二点：〈正交 开〉（捕捉三角形右上角点为镜像线的第一点，利用正交往下单击一点为镜像线的第二点）

要删除源对象吗？[是（Y）/否（N）]〈N〉：　　（保留源对象，直接按 Enter 键）

结果如图 3.23（b）所示。

（2）若设置变量 MIRRTEXT 为 1，镜像如图 3.23（a）所示图形，则镜像的文字不可读。操作如下：

命令：MIRRTEXT

输入 MIRRTEXT 的新值〈0〉：1

命令：MIRROR

选择对象：指定对角点：找到 4 个

选择对象：

指定镜像线的第一点：指定镜像线的第二点：

要删除源对象吗？[是（Y）/否（N）]〈N〉：　　（按 Enter 键）

结果如图 3.23（c）所示。

2.3.3　偏移

1. 功能

创建源对象的等距曲线。偏移的对象可以是直线、圆、圆弧、矩形、正多边形、椭圆、多段线、样条曲线等，如图 3.24 所示。

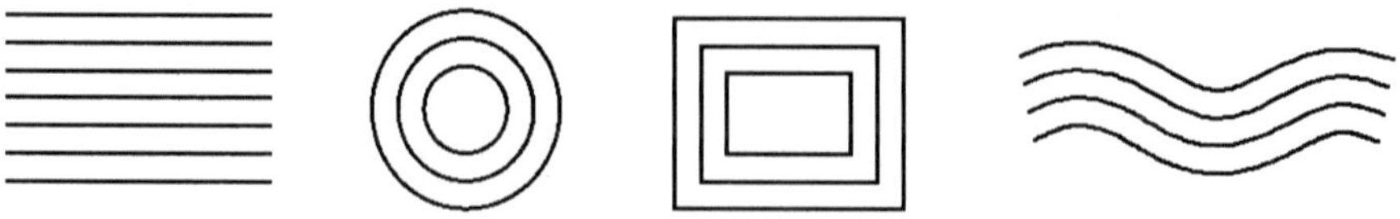

图 3.24　偏移图形

2. 命令的调用

（1）在命令行中输入：OFFSET（O）。

（2）在下拉菜单中单击："修改"→"偏移"。

（3）在"修改"工具条上单击"偏移"按钮⋐。

（4）在功能区中单击："默认"→"修改"→"偏移"。

3. 操作指导

命令：OFFSET

当前设置：删除源=否　图层=源　OFFSETGAPTYPE=0

指定偏移距离或[通过（T）/删除（E）/图层（L）]〈通过〉5↙（输入要偏移的距离）

选择要偏移的对象，或[退出（E）/放弃（U）]〈退出〉：　　（指定要偏移的对象）

指定要偏移的那一侧上的点，或[退出（E）/多个（M）/放弃（U）]〈退出〉：

（指定要偏移的对象偏向的一侧）

选项说明：

"通过（T）"：指偏移创建的新对象通过某指定点。

"删除（E）"：偏移时是否删除源对象。

"图层（L）"：偏移时是否改变源对象的图层特性。默认情况下，偏移创建的新对象与源对象具有相同的图层特性，利用"图层（L）"选项可以将源对象偏移到当前层。

"多个（M）"：可以同样的距离一次偏移出多个对象。

4. 操作示例

绘制如图 3.25 所示图形。

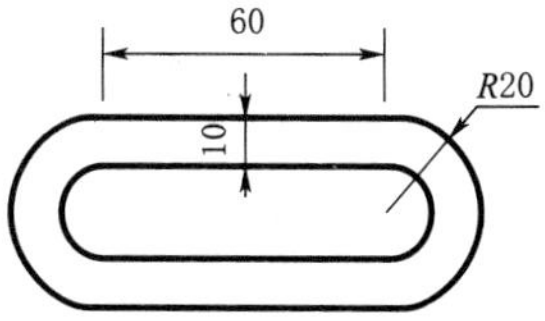

图 3.25　已知图形

（1）用多段线命令绘制外部轮廓。

命令：PLINE

指定起点：

当前线宽为 0.0000

指定下一个点或［圆弧（A）/半宽（H）/长度（L）/放弃（U）/宽度（W）］：60

指定下一点或［圆弧（A）/闭合（C）/半宽（H）/长度（L）/放弃（U）/宽度（W）］：a

指定圆弧的端点或

［角度（A）/圆心（CE）/闭合（CL）/方向（D）/半宽（H）/直线（L）/半径（R）/第二个点（S）/放弃（U）/宽度（W）］：40

指定圆弧的端点或

［角度（A）/圆心（CE）/闭合（CL）/方向（D）/半宽（H）/直线（L）/半径（R）/第二个点（S）/放弃（U）/宽度（W）］：L

指定下一点或［圆弧（A）/闭合（C）/半宽（H）/长度（L）/放弃（U）/宽度（W）］：60

指定下一点或［圆弧（A）/闭合（C）/半宽（H）/长度（L）/放弃（U）/宽度（W）］：a

指定圆弧的端点或

［角度（A）/圆心（CE）/闭合（CL）/方向（D）/半宽（H）/直线（L）/半径（R）/第二个点（S）/放弃（U）/宽度（W）］：CL

（2）用偏移命令生成内部图线。

命令：OFFSET

当前设置：删除源＝否　图层＝源　OFFSETGAPTYPE＝0

指定偏移距离或［通过（T）/删除（E）/图层（L）］〈通过〉：10（输入偏移距离10）

选择要偏移的对象，或［退出（E）/放弃（U）］〈退出〉：（单击外部轮廓）

指定要偏移的那一侧上的点，或［退出（E）/多个（M）/放弃（U）］〈退出〉：（在内侧单击）

选择要偏移的对象，或［退出（E）/放弃（U）］〈退出〉：（按 Enter 键结束）

2.3.4　阵列

1. 功能

创建源对象的相同结构成有规律排列。按排列方式，阵列可分为矩形阵列、环形阵列和路径阵列，如图3.26所示。

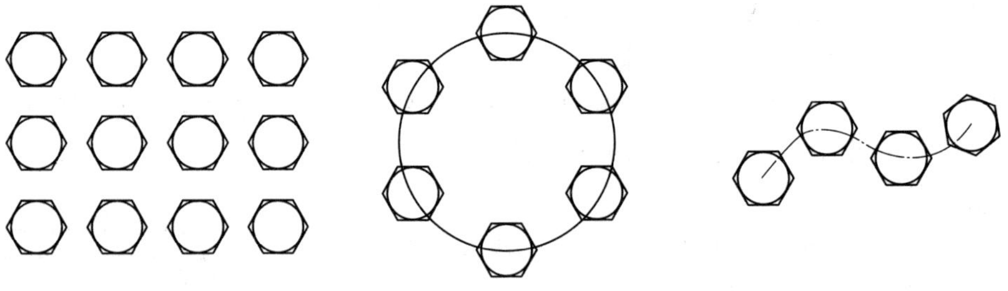

（a）矩形阵列　（b）环形阵列　（c）路径阵列

图3.26　阵列类型

2. 命令的调用

（1）在命令行中输入：ARRAY（AR）。

（2）在下拉菜单中单击：“修改”→“阵列”。

（3）在“修改”工具条上单击：“阵列”按钮。

（4）在功能区中单击：“默认”→“修改”→“阵列”。

3. 操作指导

命令：ARRAY

选择对象：指定对角点：找到 2 个

选择对象：

输入阵列类型［矩形（R）/路径（PA）/极轴（PO）］〈矩形〉：

选项说明：

“矩形（R）”：创建矩形阵列。

“路径（PA）”：创建路径阵列。

“极轴（PO）”：创建环形阵列。

（1）矩形阵列：将对象副本成行、列分布创建阵列。

将图 3.27（a）所示的图形创建成如图 3.27（b）所示，操作步骤如下。

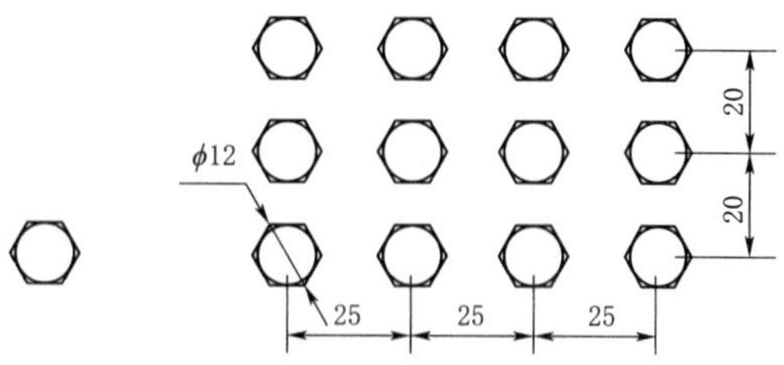

（a）　（b）

图 3.27　矩形阵列

命令：ARRAY　（创建阵列命令）

选择对象：指定对角点：找到 2 个　（选择阵列对象）

选择对象：　（结束选择，按 Enter 键）

输入阵列类型［矩形（R）/路径（PA）/极轴（PO）］〈矩形〉：R　（选择矩形阵列）

类型＝矩形　关联＝是

选择夹点以编辑阵列或［关联（AS）/基点（B）/计数（COU）/间距（S）/列数（COL）/行数（R）/层数（L）/退出（X）］〈退出〉：COU　（选择计数）

输入列数数或［表达式（E）］〈4〉：4　（输入阵列列数）

输入行数数或［表达式（E）］〈3〉：3　（输入阵列行数）

选择夹点以编辑阵列或［关联（AS）/基点（B）/计数（COU）/间距（S）/列数（COL）/行数（R）/层数（L）/退出（X）］〈退出〉：S　（选择间距）

指定列之间的距离或［单位单元（U）］〈13.5967〉：25　（输入阵列列距）

指定行之间的距离〈11.7751〉：20　（输入阵列行距）

选择夹点以编辑阵列或［关联（AS）/基点（B）/计数（COU）/间距（S）/列数（COL）/行数（R）/层数（L）/退出（X）］〈退出〉：　（按 Enter 键）

选项说明：

“关联”：指定是否在阵列中创建项目作为关联阵列对象，或作为独立对象。

“基点”：指定阵列的基点。

“计数”：分别指定列数和行数的值。

“间距”：分别指定行间距和列间距。注意正值和负值，当输入的行间距为正值时，向对象的上方阵列；输入的行间距为负值时，向对象的下方阵列。而输入的列间距为正值时，向对象的右边阵列；输入的列间距为负值时，向对象的左边阵列。

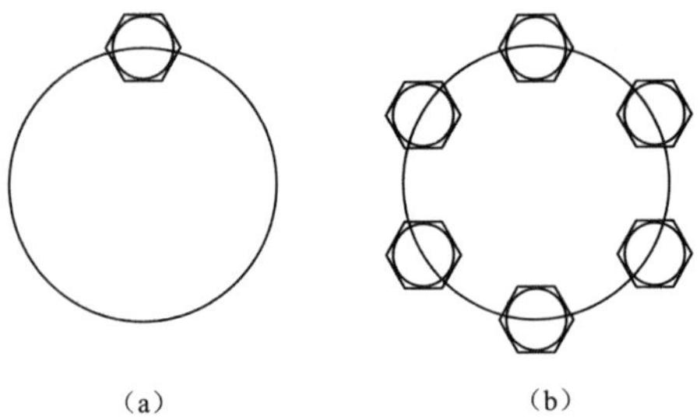

图 3.28 环形阵列

"列数"：编辑列数和列间距。

"行数"：编辑阵列中的行数和行间距，以及它们之间的增量标高。

"层数"：指定层数和层间距。

"表达式"：使用数学公式或方程式获取值。

(2) 环形阵列：通过围绕指定的中心点或旋转轴复制选定对象来创建阵列。

将图 3.28 (a) 所示的图形创建成如图 3.28 (b) 所示，操作步骤如下。

命令：ARRAY (创建阵列命令)

选择对象：指定对角点：找到 2 个 (选择阵列对象)

选择对象： (结束选择，按 Enter 键)

输入阵列类型 [矩形 (R)/路径 (PA)/极轴 (PO)]〈矩形〉：PO (选择环形阵列)

类型＝极轴 关联＝是

指定阵列的中心点或 [基点 (B)/旋转轴 (A)]： (捕捉大圆圆心)

选择夹点以编辑阵列或 [关联 (AS)/基点 (B)/项目 (I)/项目间角度 (A)/填充角度 (F)/行 (ROW)/层 (L)/旋转项目 (ROT)/退出 (X)]〈退出〉：I (选择项目)

输入阵列中的项目数或 [表达式 (E)]〈6〉：6 (输入阵列项目总数)

选择夹点以编辑阵列或 [关联 (AS)/基点 (B)/项目 (I)/项目间角度 (A)/填充角度 (F)/行 (ROW)/层 (L)/旋转项目 (ROT)/退出 (X)]〈退出〉：F (选择填充角度)

指定填充角度 (＋＝逆时针、－＝顺时针) 或 [表达式 (EX)]〈360〉： (输入填充角度 360)

选择夹点以编辑阵列或 [关联 (AS)/基点 (B)/项目 (I)/项目间角度 (A)/填充角度 (F)/行 (ROW)/层 (L)/旋转项目 (ROT)/退出 (X)] (按 Enter 键，结束命令)

选项说明如下：

"旋转轴"：指定由两个指定点定义的自定义旋转轴。

"项目"：指定阵列中的项目总数。

"项目间角度"：指定项目之间的角度。

"填充角度"：指定阵列中第一个和最后一个项目之间的角度。

"旋转项目"：控制在排列项目时是否旋转项目，默认为旋转。

其他选项同矩形阵列中的含义。

(3) 路径阵列：沿路径或部分路径均匀分布对象副本。路径可以是直线、多段线、三维多段线、样条曲线、螺旋、圆弧、圆或椭圆。

将图 3.29 (a) 所示的图形创建成如图 3.29 (b) 所示，操作步骤如下。

命令：ARRAY (创建阵列命令)

选择对象：指定对角点：找到 2 个 (选择阵列对象)

(a) (b)

图 3.29 路径阵列

选择对象：（结束选择，按 Enter 键）

输入阵列类型［矩形（R）/路径（PA）/极轴（PO）］〈极轴〉：PA （选择路径阵列）

类型＝路径 关联＝是

选择路径曲线：（单击样条曲线）

选择夹点以编辑阵列或［关联（AS）/方法（M）/基点（B）/切向（T）/项目（I）/行（R）/层（L）/对齐项目（A）/z 方向（Z）/退出（X）］〈退出〉：M （选择路径方法）

输入路径方法［定数等分（D）/定距等分（M）］〈定距等分〉：D （输入选项 D）

选择夹点以编辑阵列或［关联（AS）/方法（M）/基点（B）/切向（T）/项目（I）/行（R）/层（L）/对齐项目（A）/z 方向（Z）/退出（X）］〈退出〉：I （选择项目）

输入沿路径的项目数或［表达式（E）］〈6〉：4 （输入阵列项目总数）

选择夹点以编辑阵列或［关联（AS）/方法（M）/基点（B）/切向（T）/项目（I）/行（R）/层（L）/对齐项目（A）/z 方向（Z）/退出（X）］〈退出〉：（按 Enter 键，结束命令）

选项说明：

“路径曲线”：指定用于阵列路径的对象。选择直线、多段线、三维多段线、样条曲线、螺旋、圆弧、圆或椭圆。

“方法”：控制如何沿路径分布项目。

“切向”：指定阵列中的项目如何相对于路径的起始方向对齐。

“项目”：根据“方法”设置，指定项目数或项目之间的距离。

“对齐项目”：指定是否对齐每个项目以与路径的方向相切。对齐相对于第一个项目的方向。

“Z 方向”：控制是否保持项目的原始 Z 方向或沿三维路径自然倾斜项目。

“定数等分”：将指定数量的项目沿路径的长度均匀分布。

“定距等分”：将指定项目使用输入的距离填充路径。

其他选项同矩形阵列中的含义。

2.4 移动、旋转、缩放、对齐

2.4.1 移动

1. 功能

平移指定的对象，改变图形的位置。

2. 命令的调用

（1）在命令行中输入：MOVE（M）。

(2) 在下拉菜单中单击："修改" → "移动"。
(3) 在"修改"工具条上单击"移动"按钮
(4) 在功能区中单击："默认" → "修改" → "移动"。
3. 操作指导
如图 3.30 (a) 所示，将 1 点的小圆移动到 2 点，操作如下。
命令：MOVE
选择对象：找到 1 个　　　　(选择小圆)
选择对象：　　　　(按 Enter 键，结束对象选择)
指定基点或 [位移 (D)] 〈位移〉：　　　　(捕捉点 1)
指定第二个点或〈使用第一个点作为位移〉：　　　　(捕捉点 2)
结果如图 3.30 (b) 所示。

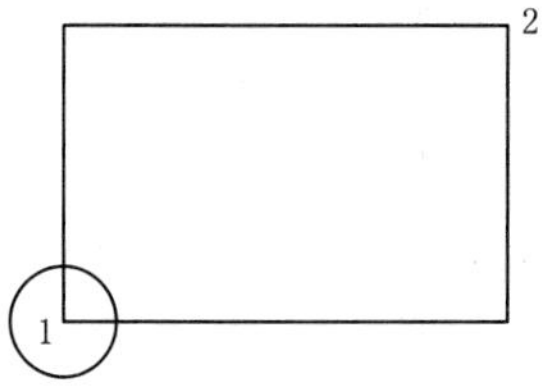

(a) 小圆移动前

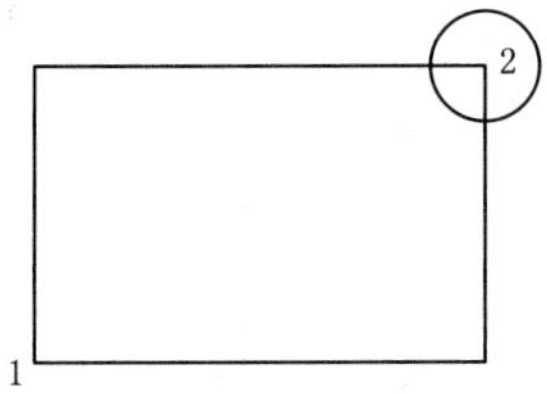

(b) 小圆移动后

图 3.30　移动图形

注意：图形或几何元素经过移动后，原对象就不会存在了，它被移动到一个新的位置。

4. 操作示例
【例 3.3】 已知图 3.31 (a)，将其编辑成如图 3.31 (b) 所示图形，操作如下。
命令：MOVE
选择对象：指定对角点：找到 3 个　　　　(选择圆和中心线)
选择对象：　　　　(按 Enter 键，结束选择)
指定基点或 [位移 (D)] 〈位移〉：　　　　(捕捉圆心)
指定第二个点或〈使用第一个点作为位移〉：30　　(利用正交或极轴水平往右输入 30)

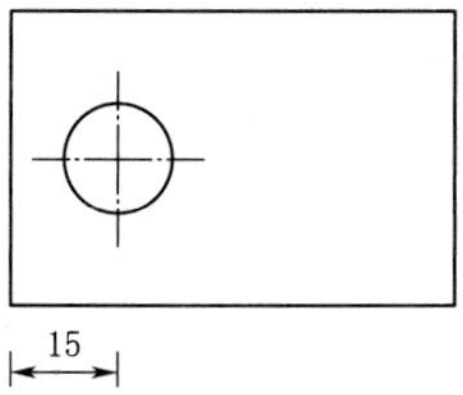

(a) 图形编辑前

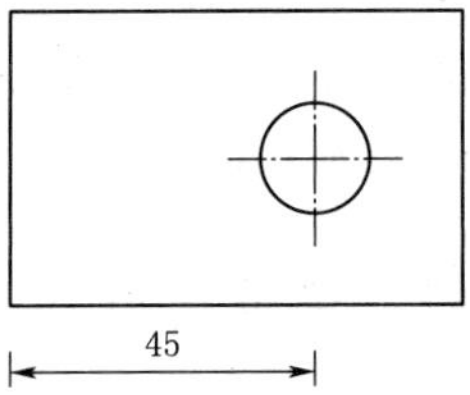

(b) 图形编辑后

图 3.31　移动图形（一）

【例 3.4】 已知图 3.32 (a)，将其编辑成如图 3.32 (b) 所示图形，操作如下。
命令：MOVE

选择对象：指定对角点：找到 4 个　　　　　　　　　　　　　　　　　　（选择三角形）
选择对象：　　　　　　　　　　　　　　　　　　　　　　　　　（按 Enter 键，结束选择）
指定基点或［位移（D）］〈位移〉：指定第二个点或〈使用第一个点作为位移〉：
［捕捉中点 A 为基点，中点 B 为追踪参照点移动图形，如图 3.32（c）所示］

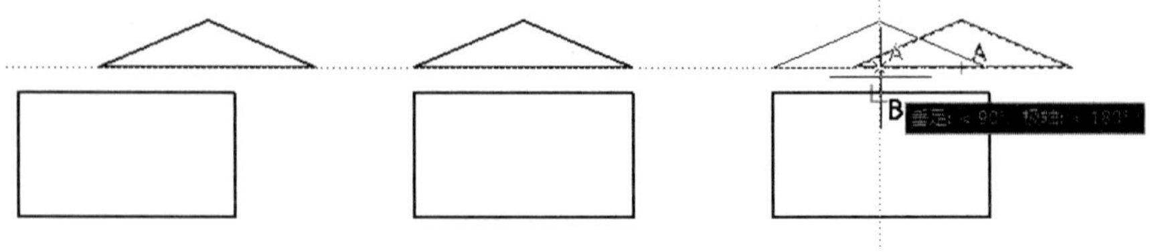

（a）图形编辑前　（b）图形编辑后　（c）移动三角形

图 3.32　移动图形（二）

2.4.2　旋转

1. 功能

围绕基点旋转对象。

2. 命令的调用

（1）在命令行中输入：ROTATE（RO）。

（2）在下拉菜单中单击："修改"→"旋转"。

（3）在"修改"工具条上单击："旋转"按钮。

（4）在功能区中单击："默认"→"修改"→"旋转"。

3. 操作指导

命令：ROTATE
UCS 当前的正角方向：　ANGDIR＝逆时针　ANGBASE＝0
选择对象：找到 1 个　　　　　　　　　　　　　　　　　　　　　（选择要旋转的对象）
选择对象：　　　　　　　　　　　　　　　　　　　　　　　　（按 Enter 键，结束选择）
指定基点：　　　　　　　　　　　　　　　　　　　　　　　　　　　　　（选择基点）
指定旋转角度，或［复制（C）/参照（R）］〈0〉：（输入角度，正值逆时针旋转，负值顺时针旋转）

选项说明：

"复制（C）"：可以将原对象复制一份旋转到指定的角度，而原对象还在原来的位置。

"参照（R）"：已知起始边的参照角度（或方向）和终止边的参照角度（或方向）旋转对象。

4. 操作示例

【例 3.5】 已知图 3.33（a），将其旋转成如图 3.33（b）所示的图形，操作如下。

命令：ROTATE
UCS 当前的正角方向：　ANGDIR＝逆时针　ANGBASE＝0
选择对象：指定对角点：找到 1 个　　　　　　　　　　　　　　　　　　　（选择对象）
选择对象：　　　　　　　　　　　　　　　　　　　　　　　　　　　　（按 Enter 键）

指定基点：　　(捕捉 A 点)
指定旋转角度，或［复制 (C)/参照 (R)］〈0〉：　15　　(输入 15)

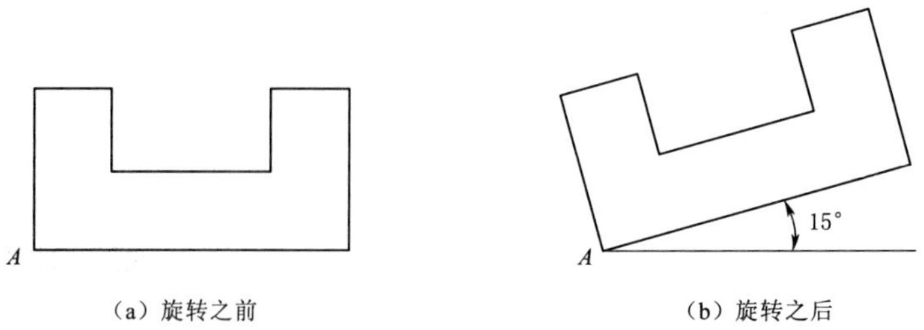

图 3.33　旋转图形

【例 3.6】 已知图 3.34 (a)，将其旋转成如图 3.34 (b) 所示的图形，操作如下。
命令：ROTATE
UCS 当前的正角方向：　ANGDIR=逆时针　ANGBASE=0
选择对象：指定对角点：找到 5 个　　(选择对象)
选择对象：　　(按 Enter 键)
指定基点：　　(捕捉基点 A)
指定旋转角度，或［复制 (C)/参照 (R)］〈33〉：　R　　(选择“参照”选项)
指定参照角〈0〉：　指定第二点：(指定起始参照边方向：先捕捉点 A，再捕捉点 B)
指定新角度或［点 (P)］〈33〉：　　(指定终止参照边方向：直接捕捉点 C)

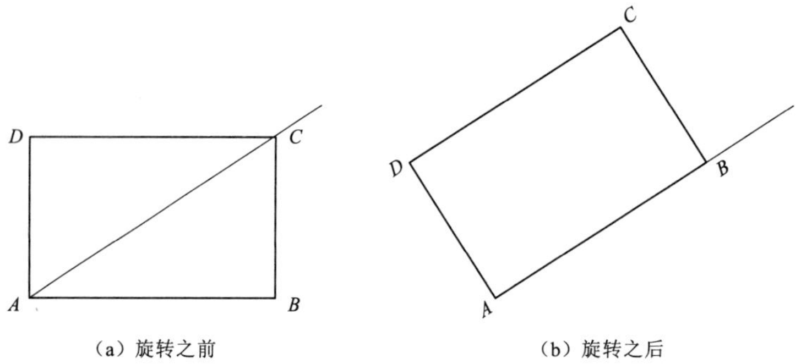

图 3.34　参照旋转图形

【例 3.7】 已知图 3.35 (a)，将其旋转成如图 3.35 (b) 所示的图形，操作如下。
命令：ROTATE
UCS 当前的正角方向：　ANGDIR=逆时针　ANGBASE=0
选择对象：指定对角点：找到 5 个　　(选择对象)
选择对象：　　(按 Enter 键)
指定基点：　　(捕捉基点 A)
指定旋转角度，或［复制 (C)/参照 (R)］〈33〉：　C　　(选择“复制”选项)
旋转一组选定对象。
指定旋转角度，或［复制 (C)/参照 (R)］〈33〉：　30　　(输入旋转角度 30)

重复“旋转”命令，复制旋转角度40°，50°。结果如图3.35（b）所示图形。

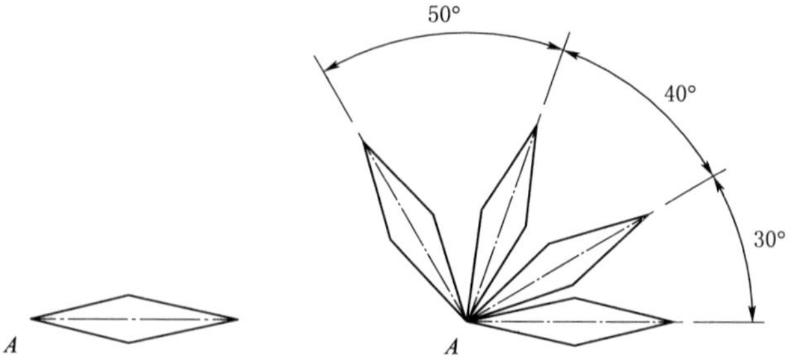

（a）旋转之前　　（b）旋转之后

图3.35　旋转并复制图形

2.4.3　缩放

1. 功能

按指定比例放大或缩小图形对象。它只改变图形对象的大小而不改变图形的形状，即图形对象在 X、Y 方向的缩放比例是相同的。

2. 命令的调用

（1）在命令行中输入：SCALE（SC）。

（2）在下拉菜单中单击：“修改”→“缩放”。

（3）在“修改”工具条上单击“缩放”按钮。

（4）在功能区中单击：“默认”→“修改”→“缩放”。

3. 操作指导

命令：SCALE

选择对象：指定对角点：找到 2 个　　（选择所要缩放的对象）

选择对象：

指定基点：　　（选择一点作为缩放的基点）

指定比例因子或［复制（C）/参照（R）］〈1.0000〉：（输入缩放的比例因子或用参照方式进行缩放）

选项说明：

“指定比例因子”：指定缩放的比例。

“复制（C）”：在原对象不删除的情况下，重新复制一个对象进行缩放。

“参照（R）”：指定一段参照长度和新长度进行缩放对象。此功能意义非凡，可参考下面示例。

注意：缩放命令是改变图形的实际尺寸，而不是改变在屏幕上的显示大小。经过比例缩放过的图形，因它的实际大小发生了变化，因此在标注尺寸时应注意设置尺寸标注的样式。另外，输入的比例因子均为正值，大于1时为放大，小于1时为缩小。

4. 操作示例

【例3.8】　如图3.36所示，要求将图3.36（a）所示的图形放大3倍，同时保留源对象，如图3.36（b）所示，操作如下。

命令：SCALE

选择对象：指定对角点：找到 11 个 （选择源对象）

选择对象： （按 Enter 键结束选择）

指定基点： （捕捉圆心作为基点）

指定比例因子或［复制（C）/参照（R）］〈0.9475〉： C （选择“复制”选项）

指定比例因子或［复制（C）/参照（R）］〈0.9475〉： 3 （输入放大倍数 3）

【例 3.9】 如图 3.37 所示，图 3.37（a）的尺寸未知，要求缩放成如图 3.37（b）中图形的大小，操作如下。

命令：SCALE

选择对象：指定对角点：找到 13 个 （选择对象）

选择对象： （按 Enter 键结束选择）

指定基点： （指定基点 1）

指定比例因子或［复制（C）/参照（R）］〈3.0000〉： R （选择“参照”选项）

指定参照长度〈1.0000〉： 指定第二点：（先单击点 1，再单击点 2，点 1 到点 2 的距离为参照长度）

指定新的长度或［点（P）］〈1.0000〉： 100 （输入要求的长度 100）

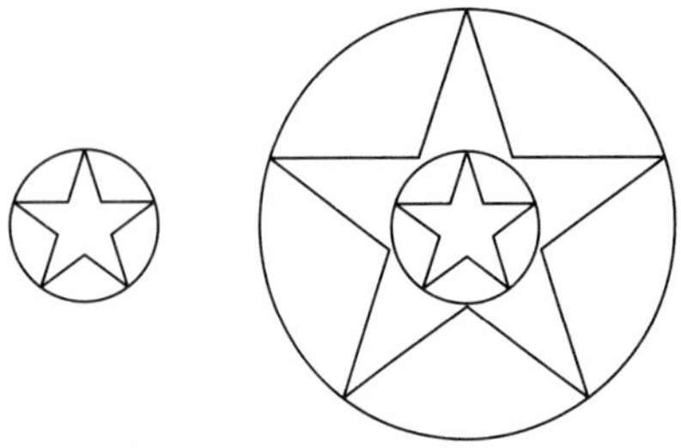

（a）旋转之前　（b）旋转之后

图 3.36 缩放并复制图形

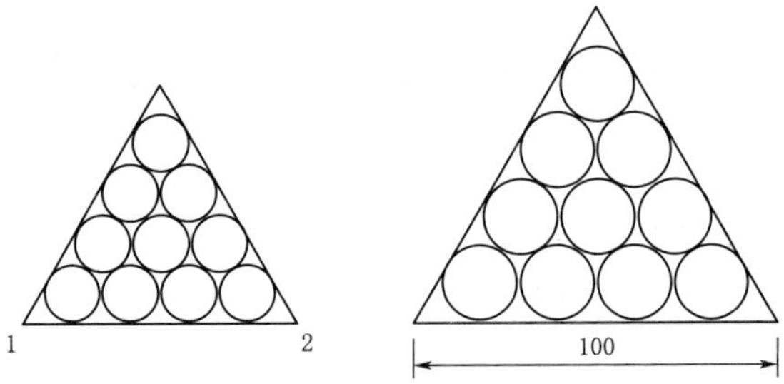

（a）缩放之前　（b）缩放之后

图 3.37 参照缩放图形

2.4.4 对齐

1. 功能

把选定对象用平移、旋转、缩放的方式达到与指定位置对齐。

2. 命令的调用

（1）在命令行中输入：ALIGN（AL）。

（2）在下拉菜单中单击：“修改”→“三维操作”→“三维操作”。

（3）在功能区中单击：“默认”→“修改”→“对齐”。

3. 操作指导

命令：ALIGN

选择对象：找到 1 个 （选择要移动位置的对象为源对象）

选择对象： （按 Enter 键结束选择）

指定第一个源点： （源对象上第一个点）

指定第一个目标点：（目标位置的第一个点）

指定第二个源点：（源对象上第二个点）

指定第二个目标点：（目标位置的第二个点）

指定第三个源点或〈继续〉：（按 Enter 键）

是否基于对齐点缩放对象？[是（Y）/否（N）]〈否〉：N（输入 Y 缩放对象，输入 N 不缩放）

4. 操作示例

已知图 3.38（a）的图形，将其编辑成如图 3.38（b）所示的图形，操作如下。

（1）画一个半径等于 AB 的圆

命令：CIRCLE 指定圆的圆心或[三点（3P）/两点（2P）/相切、相切、半径（T）]：

指定圆的半径或[直径（D）]〈30〉：

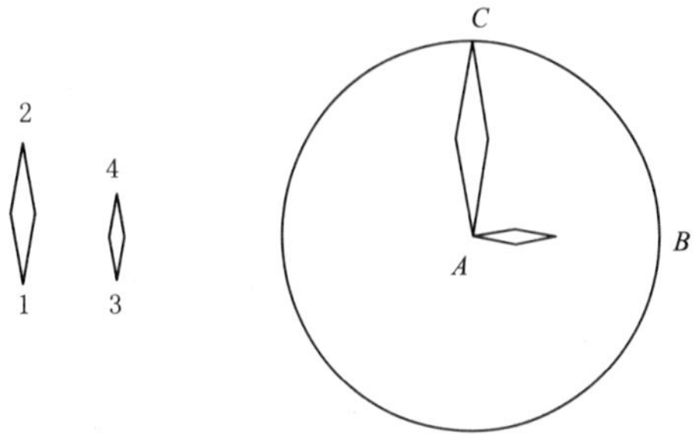

（a）编辑之前　（b）编辑之后

图 3.38　对齐图形

（2）对齐编辑大指针

命令：ALIGN

选择对象：指定对角点：找到 4 个（选择大指针）

选择对象：（按 Enter 键）

指定第一个源点：（捕捉点 1）

指定第一个目标点：（捕捉点 *A*）

指定第二个源点：（捕捉点 2）

指定第二个目标点：（捕捉点 *C*）

指定第三个源点或〈继续〉：（按 Enter 键）

是否基于对齐点缩放对象？[是（Y）/否（N）]〈否〉：Y（输入 Y 后按 Enter 键）

（3）对齐编辑小指针

命令：ALIGN

选择对象：指定对角点：找到 4 个（选择小指针）

选择对象：（按 Enter 键）

指定第一个源点：（捕捉点 3）

指定第一个目标点：（捕捉点 *A*）

指定第二个源点：（捕捉点 4）

指定第二个目标点：（捕捉点 *B*）

指定第三个源点或〈继续〉：（按 Enter 键）

是否基于对齐点缩放对象？[是（Y）/否（N）]〈否〉：N（输入 N 按 Enter 键）

2.5 拉长与拉伸

2.5.1 拉长

1. 功能

修改线段的长度和圆弧的包含角。

2. 命令的调用

（1）在命令行中输入：LENGTHEN（LEN）。

（2）在下拉菜单中单击：“修改”→“拉长”。

（3）在功能区中单击：“默认”→“修改”→“拉长”。

3. 操作指导

命令：LENGTHEN

选择要测量的对象或［增量（DE）/百分数（P）/总计（T）/动态（DY）］：de　（选择选项）

输入长度增量或［角度（A）］〈50.0000〉：10　（输入要求的数值）

选择要修改的对象或［放弃（U）］：　（选择要修改的对象）

选择要修改的对象或［放弃（U）］：　（选择要修改的对象或按 Enter 键结束）

选项说明：

“增量（DE）”：定量拉长直线。

“百分数（P）”：按原直线长的百分率拉长。

“总计（T）”：拉长后的总长度或角度。

“动态（DY）”：定性不定量拉长直线，系统进入动态拉长对象。

注意：拉长命令不仅可以拉长对象而且还可以缩短对象。拉长一次只拉长单根对象。

4. 操作示例

如图 3.39 所示，将图 3.39（a）中直线长度拉长到 120，如图 3.39（b）所示，操作如下：

命令：LENGTHEN

选择对象或［增量（DE）/百分数（P）/总计（T）/动态（DY）］：t　（选择“总计”选项）

指定总长度或［角度（A）］〈150.0000〉：120　（输入直线修改后的总长度）

选择要修改的对象或［放弃（U）］：　（单击直线端部）

选择要修改的对象或［放弃（U）］：　（按 Enter 键）

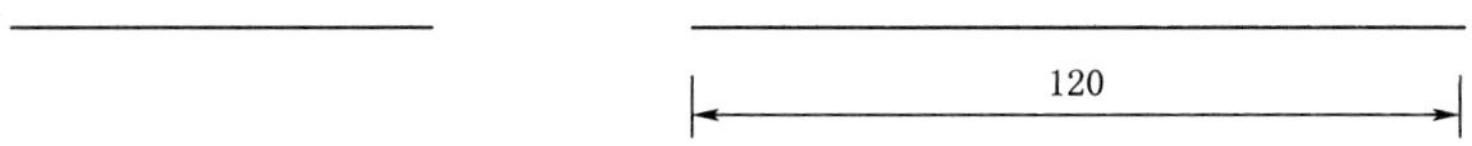

（a）编辑之前　（b）编辑之后

图 3.39　拉长直线

2.5.2　拉伸

1. 功能

修改图形的大小或位置。

2. 命令的调用

（1）在命令行中输入：STRETCH（S）。

（2）在下拉菜单中单击：“修改”→“拉伸”。

（3）在“修改”工具条单击：“拉伸”按钮。

（4）在功能区中单击：“默认”→“修改”→“拉伸”。

3. 操作指导

命令：STRETCH

以交叉窗口或交叉多边形选择要拉伸的对象...　　（选择对象的两种方式）

选择对象：指定对角点：找到 3 个　　（选择对象）

选择对象：　　（按 Enter 键结束选择）

指定基点或［位移（D）］〈位移〉：　　（指定拉伸的第一个基准点）

指定位移的第二点或〈使用第一个点作为位移〉：　　（指定拉伸的第二个基准点）

选项说明：

“指定基点”：指定某一点为基准点拉伸对象。

“位移”：输入偏移值，以选中对象中心点为基点拉伸对象。

注意：在执行拉伸命令时，只能使用交叉窗口或交叉多边形的方式选择对象，包含在选择窗口内的所有点都可以移动，在选择窗口外的点保持不动。若将图形对象全部选中，则只能移动，不能拉伸。有些对象（例如圆、椭圆和块）无法拉伸。

拉伸不修改三维实体、多段线宽度、切向或者曲线拟合的信息，如图 3.40 所示。

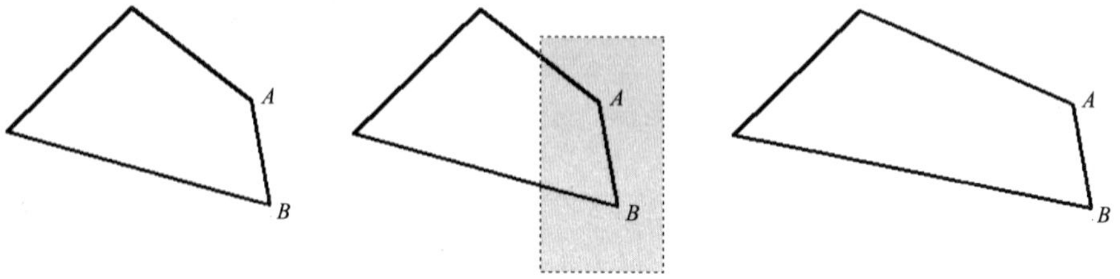

（a）四边形　（b）选择对象　（c）拉伸A、B点

图 3.40　拉伸命令的应用

任务 3　编辑菜单与夹点编辑

3.1 编辑菜单

单击“编辑”菜单，出现如图 3.41 所示的下拉菜单。当用户要从另一个应用程序的图形文件中使用对象时，可以先将这些对象剪切或复制到剪贴板，然后将它们从剪贴板粘贴到其他的应用程序中。

3.1.1 复制

1. 功能

将对象复制到剪贴板并保留此对象。

2. 命令调用

（1）在命令行中输入：COPYCLIP（CTRL+C）。

（2）在下拉菜单中单击：“编辑”→“复制”。

（3）在“标准”工具条单击：“复制”按钮。

（4）光标菜单：结束任何绘图命令后，在绘图区单击鼠标右键，在显示的光标菜单中选择“复制”，如图 3.42 所示。

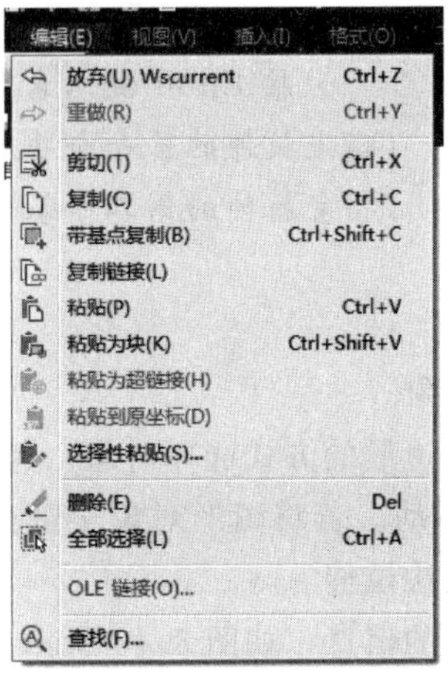

图 3.41 “编辑”菜单

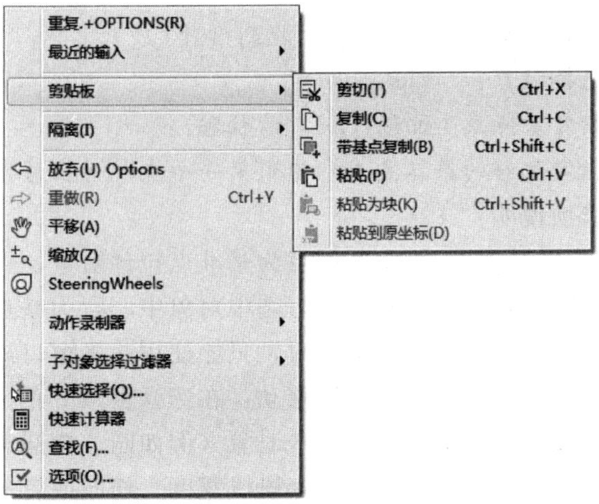

图 3.42 光标菜单

3. 操作指导

命令：COPYCLIP

选择对象： （选择要复制的对象）

选择对象： （继续选择，按 Enter 键结束）

3.1.2 剪切

1. 功能

将对象复制到剪贴板并从图中删除此对象。

2. 命令调用

（1）在命令行中输入：CUTCLIP（CTRL＋X）。

（2）在下拉菜单中单击：“编辑”→“剪切”。

（3）在“标准”工具条单击：“剪切”按钮。

（4）光标菜单：结束任何绘图命令后，在绘图区单击鼠标右键，在显示的光标菜单中选择“剪切”，如图 3.42 所示。

3. 操作指导

命令：CUTCLIP

选择对象： （选择要剪切的对象）

选择对象： （继续选择，按 Enter 键结束）

3.1.3 粘贴

1. 功能

将“复制”“剪切”的内容粘贴在相应位置。

2. 命令调用

（1）在命令行中输入：PASTECLIP（CTRL＋V）。

（2）在下拉菜单中单击："编辑" → "粘贴"。

（3）在"标准"工具条单击："粘贴"按钮

（4）光标菜单：结束任何绘图命令后，在绘图区单击鼠标右键，在显示的光标菜单中选择"粘贴"，如图 3.42 所示。

3. 操作指导

命令：PASTECLIP 指定插入点：　（指定插入点，结束命令）

3.2 夹点编辑

夹点是对象上的控制点，如直线的端点和中点，多段线的顶点以及圆的圆心和象限点等。在没有命令执行的情况下拾取对象，被拾取的对象上就显示夹点标记，如图 3.43 所示。

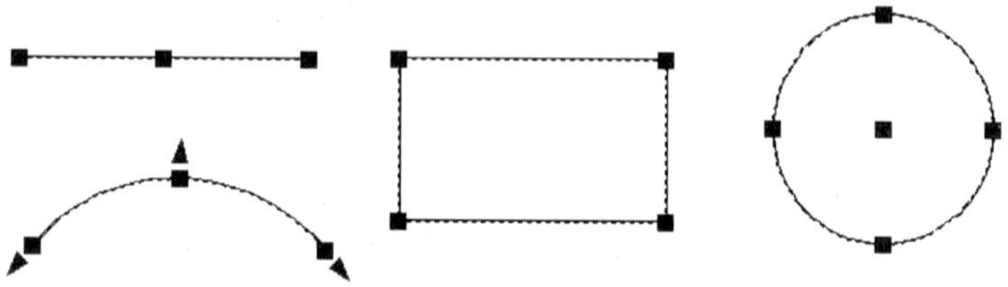

图 3.43　不同对象上的夹点

AutoCAD 的夹点功能是一种非常灵活的编辑功能，利用夹点可以实现对对象的拉伸、移动、旋转、比例缩放、镜像同时还可以复制。

1. 启动命令的方法

首先选择要编辑的对象，使它出现一系列的控制点，这些控制点默认为蓝色，称为"冷点"。然后用鼠标左键单击要编辑的控制点，此时选择的控制点变红色，称为"热点"。被选中的热点可作为拉伸点、复制的基准点等，此时进入编辑状态，同时命令行就有如下提示。

命令：

* * 拉伸 * *　（默认"拉伸"编辑状态）

指定拉伸点或 [基点 (B)/复制 (C)/放弃 (U)/退出 (X)]：　（按"空格"进行切换）

* * 移动 * *　（进入"移动"编辑状态）

指定移动点或 [基点 (B)/复制 (C)/放弃 (U)/退出 (X)]：　（按"空格"进行切换）

* * 旋转 * *　（进入"旋转"编辑状态）

指定旋转角度或 [基点 (B)/复制 (C)/放弃 (U)/参照 (R)/退出 (X)]：

（按"空格"进行切换）

* * 比例缩放 * *　（进入"比例缩放"编辑状态）

指定比例因子或 [基点 (B)/复制 (C)/放弃 (U)/参照 (R)/退出 (X)]：

（按"空格"进行切换）

* * 镜像 * *　（进入"镜像"编辑状态）

指定第二点或 [基点 (B)/复制 (C)/放弃 (U)/退出 (X)]：　（按"空格"进行切换）

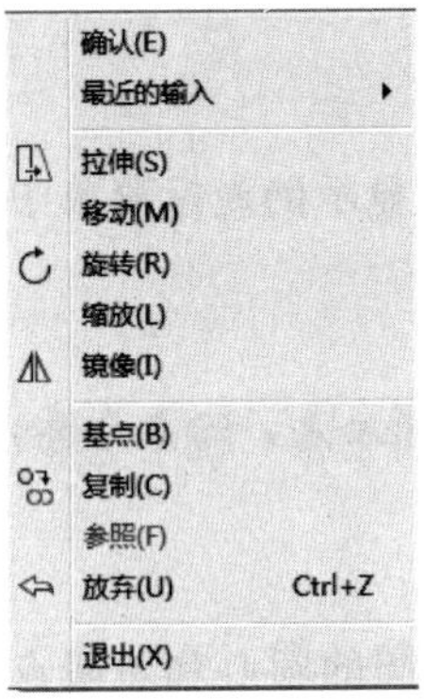

图 3.44　“夹点编辑”快捷菜单

选中“热点”后，单击鼠标右键，显示如图 3.44 所示的光标（快捷）菜单，选择相关命令，再按命令行的提示编辑对象。

选项说明：

“指定拉伸点”：将选定的夹点拉伸到一个新的位置。

“基点（B）”：指定一点作为编辑的基点。

“复制（C）”：多重编辑，原对象保持不变。

注意：夹点编辑命令完成后，可以连续按“ESC”键退出操作。

2. 操作指导

（1）利用夹点拉伸，修改图 3.45（a）中圆的中心线，操作如下。

选择中心线，分别单击端夹点，按需要的长度移动光标后单击，如图 3.45（b）所示。按 Esc 键退出，结果如图 3.45（c）所示。

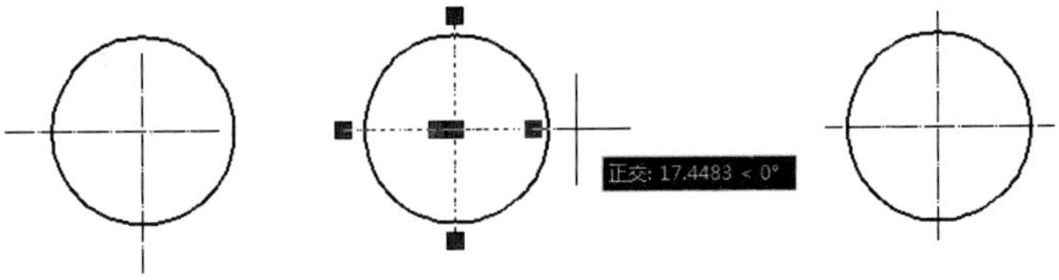

（a）拉伸前　（b）夹点拉伸操作　（c）拉伸后

图 3.45　夹点拉伸线段长度

（2）利用夹点编辑，将图 3.46（a）编辑成如图 3.46（b）所示的图形，操作如下。

命令：

＊＊拉伸＊＊　（选择小圆，单击圆心夹点）

指定拉伸点或［基点（B）/复制（C）/放弃（U）/退出（X）］：C（选择“复制 C”选项）

＊＊拉伸（多重）＊＊

指定拉伸点或［基点（B）/复制（C）/放弃（U）/退出（X）］：　（依次捕捉点划线交点）

…　（按 Enter 键结束后按 Esc 键）

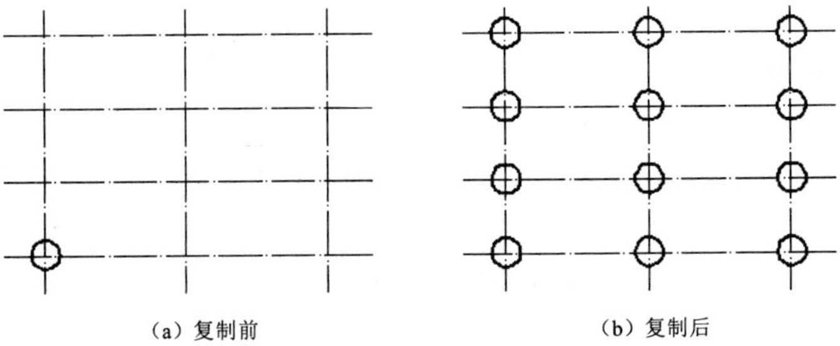

（a）复制前　（b）复制后

图 3.46　夹点复制小圆

3. 操作示例

用“夹点编辑”命令绘制图 3.47 所示图形。

（1）绘制直径 140.5 的圆，如图 3.48 所示。

（2）用“夹点编辑”绘制其他圆，如图 3.49 所示。

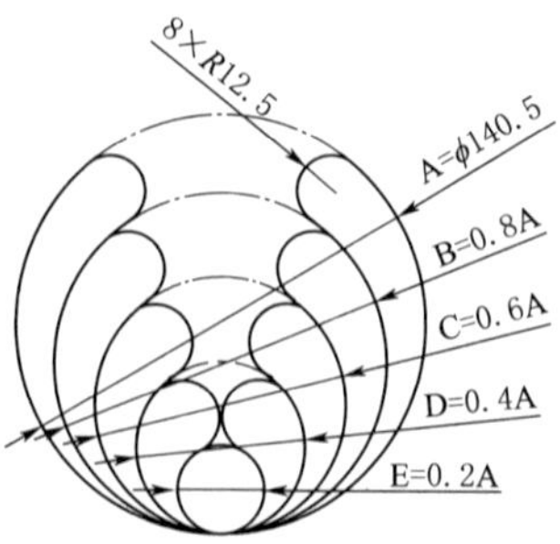

图 3.47　平面图形

图 3.48　直径 140.5 的圆

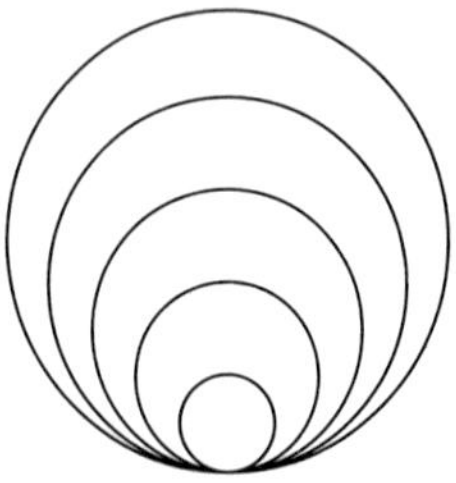

图 3.49　比例圆

命令：（点击圆周）
命令：（点击圆下面的“冷点”使之成为“热点”）
* * 拉伸 * *
指定拉伸点或［基点（B)/复制（C)/放弃（U)/退出（X）］：（按空格键切换到缩放方式）
* * 比例缩放 * *
指定比例因子或［基点（B)/复制（C)/放弃（U)/参照（R)/退出（X）］：C↙
* * 比例缩放（多重）* *
指定比例因子或［基点（B)/复制（C)/放弃（U)/参照（R)/退出（X）］：0.8↙
* * 比例缩放（多重）* *
指定比例因子或［基点（B)/复制（C)/放弃（U)/参照（R)/退出（X）］：0.6↙
* * 比例缩放（多重）* *
指定比例因子或［基点（B)/复制（C)/放弃（U)/参照（R)/退出（X）］：0.4↙
* * 比例缩放（多重）* *
指定比例因子或［基点（B)/复制（C)/放弃（U)/参照（R)/退出（X）］：0.2↙
* * 比例缩放（多重）* *
指定比例因子或［基点（B)/复制（C)/放弃（U)/参照（R)/退出（X）］：↙

（3）用“相切、相切、半径”方法画半径 12.5 的四个小圆，并用“修剪”命令修剪，如图 3.50 所示。

（4）用“镜像”命令镜像另一边四个小圆，如图 3.51 所示。

（5）“修剪”多余部分，如图 3.52 所示。

（6）用“对象捕捉”捕捉圆心，绘点划圆。

图 3.50　相切圆

图 3.51　镜像圆

图 3.52　修剪圆

课 后 训 练

绘制如图 3.53～图 3.64 所示的平面图形。

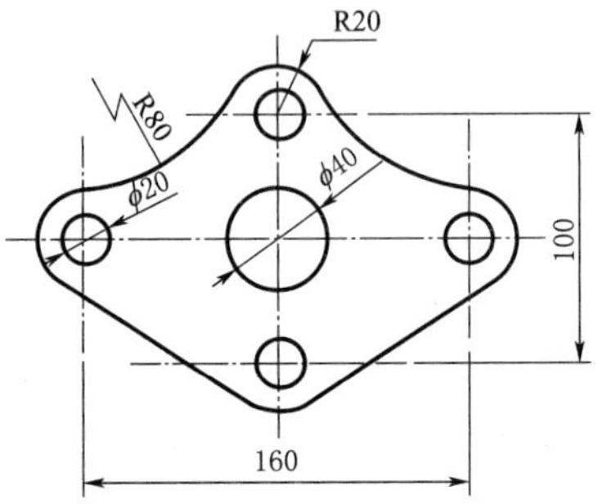

图 3.53　平面图形（1）

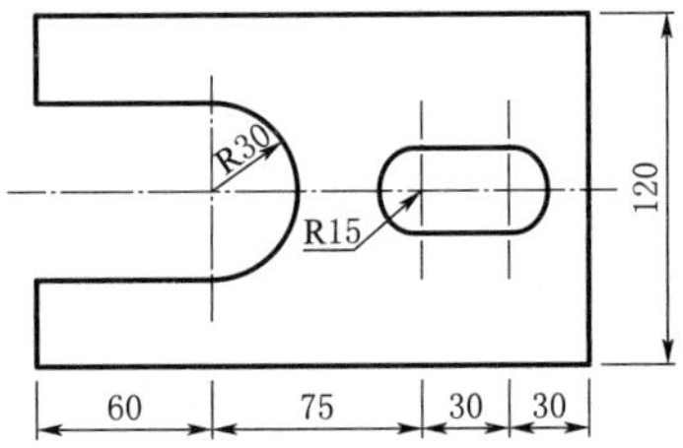

图 3.54　平面图形（2）

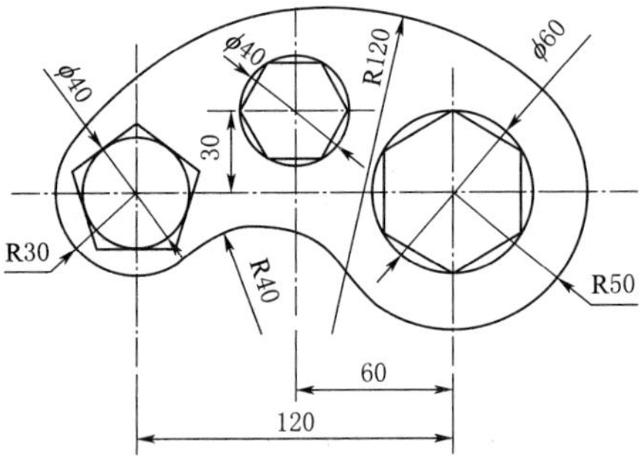

图 3.55　平面图形（3）

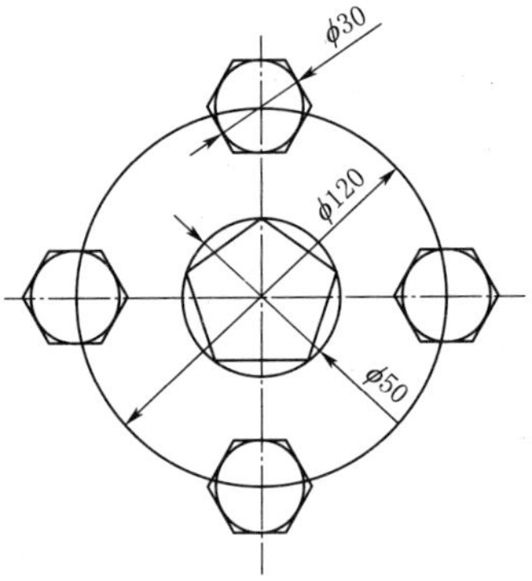

图 3.56　平面图形（4）

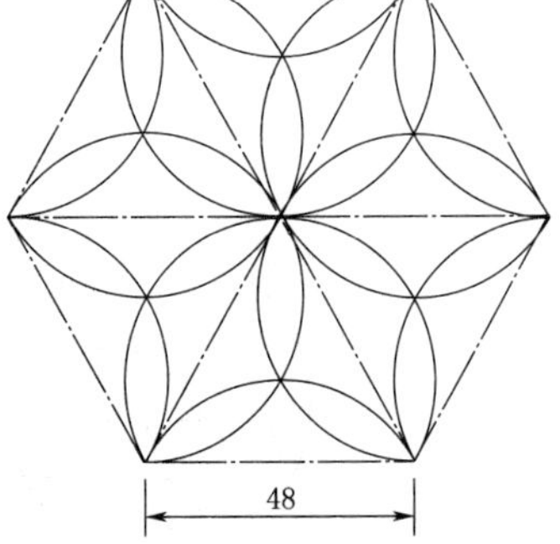

图 3.57　平面图形（5）

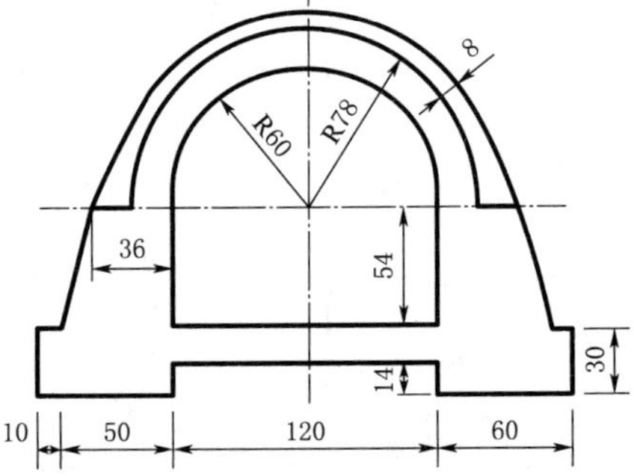

图 3.58　平面图形（6）

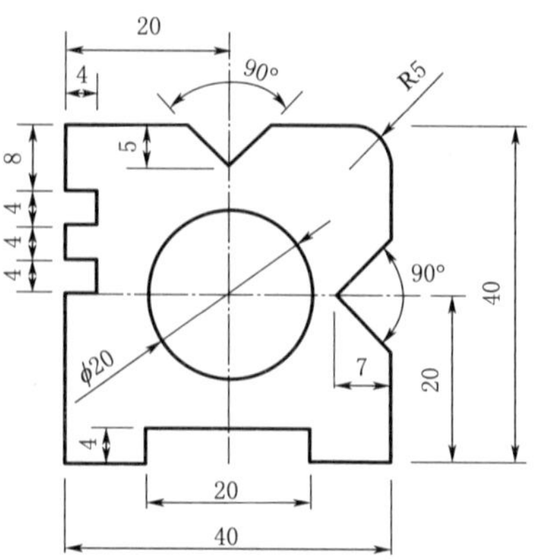

图 3.59 平面图形 (7)

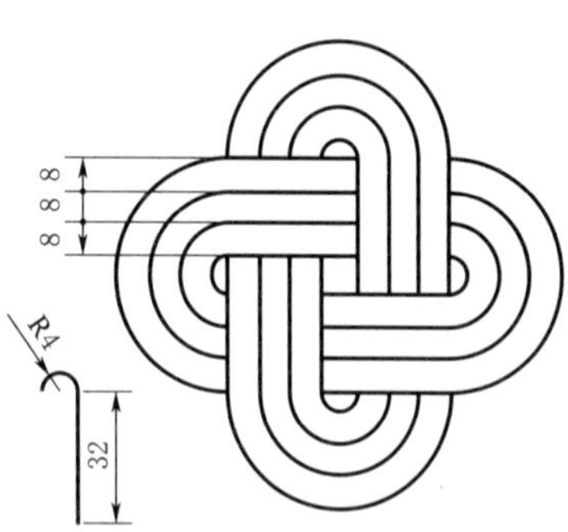

图 3.60 平面图形 (8)

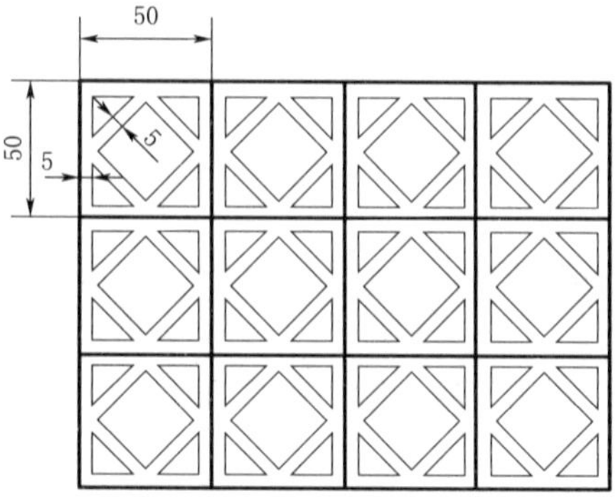

图 3.61 平面图形 (9)

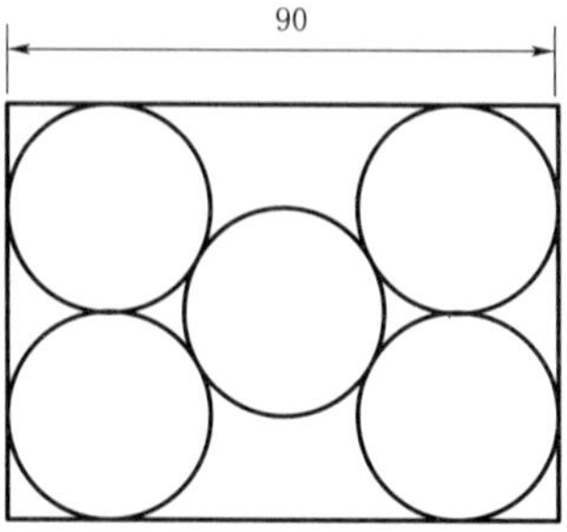

图 3.62 平面图形 (10)

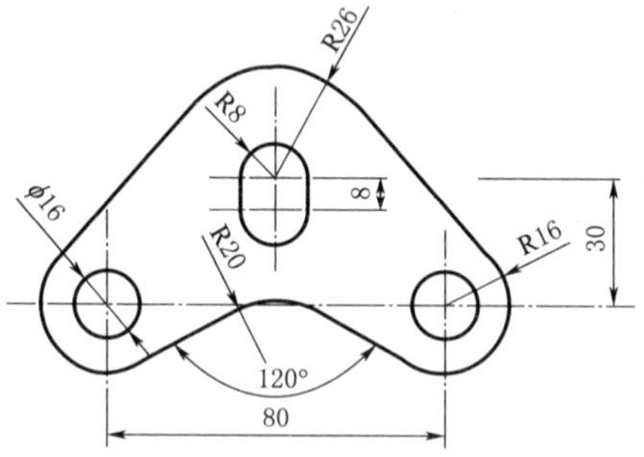

图 3.63 平面图形 (11)

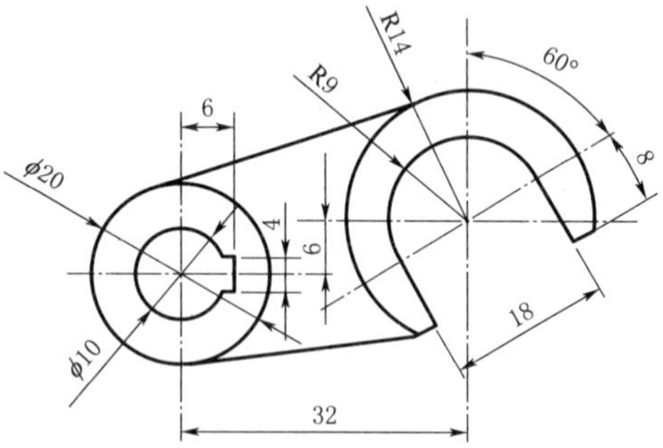

图 3.64 平面图形 (12)

任务4 绘 图 命 令 (二)

4.1 多线、云线、徒手画线、样条曲线

4.1.1 多线

多线可绘制多条相互平行的直线（1～16 条），平行线之间的间距、线的数量、线条

颜色及线型等也可以根据需要进行设置。多线在建筑工程图中有广泛的应用，常用来绘制墙线、车道线、街道线等，如图 3.65 所示。

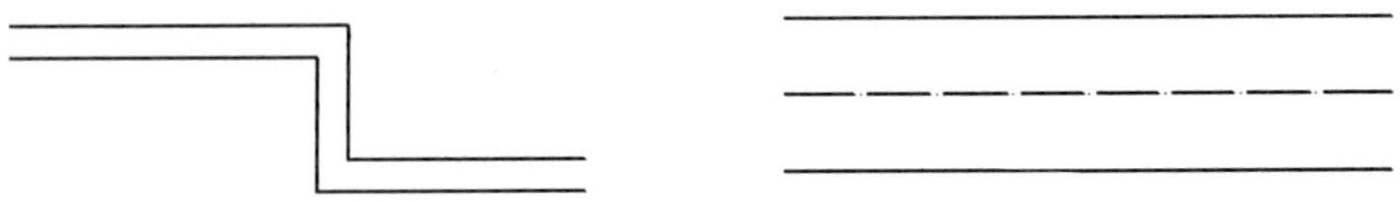

图 3.65　多线

多线的绘制一般分三个步骤：①在绘制多线之前要设置“多线样式”；②启动“多线”命令绘制多线；③利用“多线编辑”命令对多线进行编辑。

1. 设置多线样式

(1) 命令的调用。

1) 在命令行中输入：MLSTYLE。

2) 在下拉菜单中单击：“格式”→“多线样式”。

(2) 操作指导。

命令：MLSTYLE

系统弹出“多线样式”对话框，如图 3.66 所示，在这里可以设置自己需要的多线样式。

下面创建两个多线样式：24Q 和 37Q，分别用于绘制“24 墙”和 37“墙”。元素设置要求如图 3.67 所示。

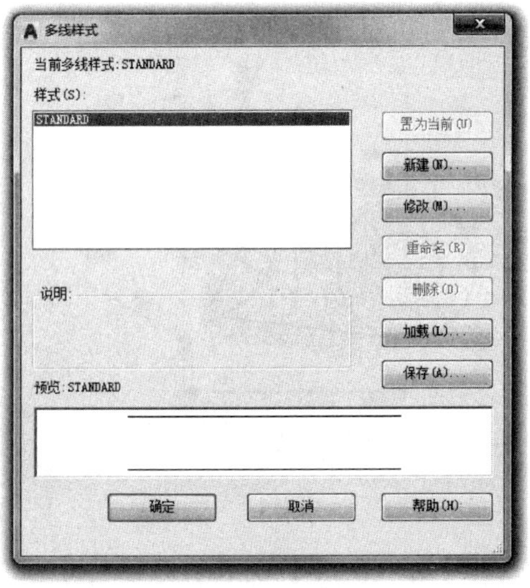

图 3.66　“多线样式”对话框

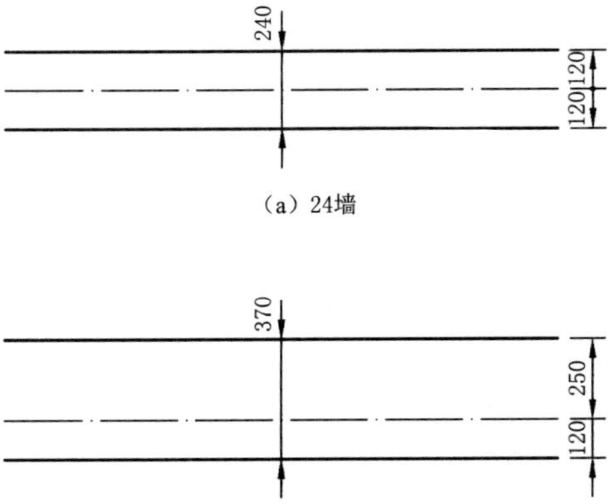

(a) 24墙

(b) 37墙

图 3.67　墙线元素设置

创建 24Q 的多线样式，操作如下：

1) 启动“多线样式”命令，在图 3.66 所示的“多线样式”对话框，单击“新建”按钮。

2）在弹出的“创建新的多线样式”对话框中输入新样式名：“24Q”，如图 3.68 所示，单击“继续”按钮。

3）在弹出的“新建多线样式 24Q”对话框中将默认的偏移距离 0.5 修改 120，如图 3.69 所示，单击“确定”按钮，创建成功。

同理可创建 37Q 的多线样式，参照图 3.70 进行设置。

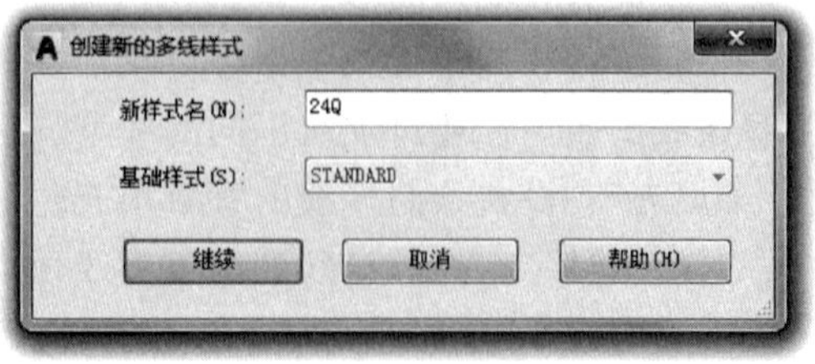

图 3.68　创建“24Q”的样式名

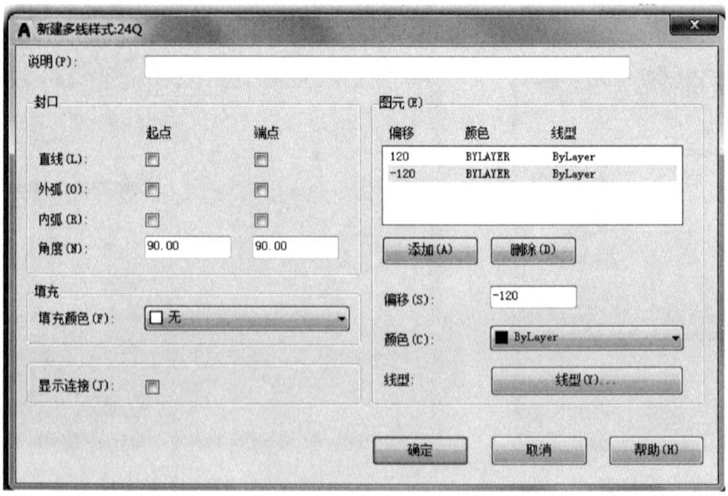

图 3.69　设置“24Q”的多线样式

图 3.70　设置 37Q 的多线样式

对话框中各项的含义如下：

“说明”：对新建的多线样式添加一个说明。

“封口”：有 4 个复选框分别是直线、外弧、内弧和角度，通过选择不同的选项来改变所绘多线起点和端点的形状。

"图元"：在这个区域中，可以增加多线的数量；也可设置多线之间的距离；改变多线中每条线的颜色；还可加载不同的线型。

"填充"：设置绘制多线的背景填充色。

"显示连接"：控制相邻的两条多线顶点处接头的显示。

如将上述37墙修改为3条多线，即添加1条轴线，则操作如下：

1）在图3.71的"多线样式"对话框中选择37Q，单击"修改"按钮。

2）在图3.72的"修改多线样式"对话框的图元区域中，单击"添加"按钮，则添加一条轴线，再单击"线型"按钮，将线型设置为点划线，单击"确定"按钮，修改成功。

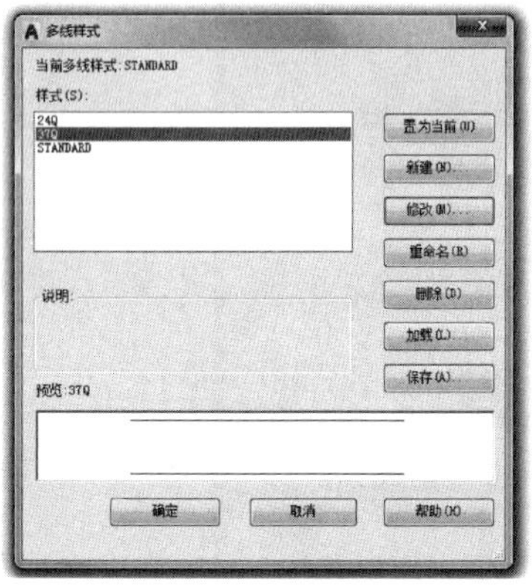

图3.71　修改多线样式

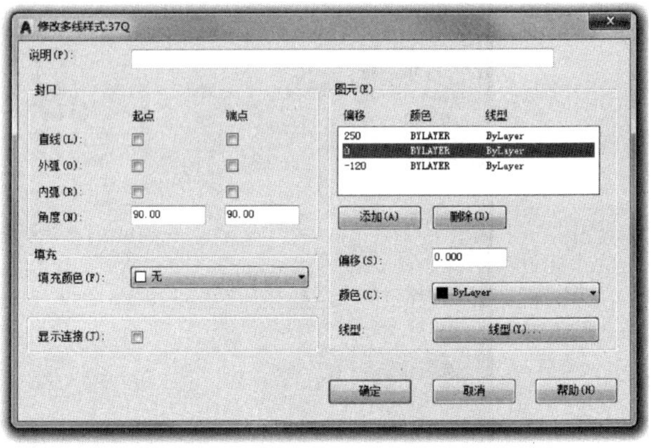

图3.72　设置多线为3条

2. 绘制多线

（1）命令的调用。

1）在命令行中输入：MLINE（ML）。

2）在下拉菜单中单击："绘图"→"多线"。

（2）操作指导。

命令：MLINE↙

当前设置：对正＝上，比例＝20.00，样式＝STANDARD

指定起点或［对正（J）/比例（S）/样式（ST）］：

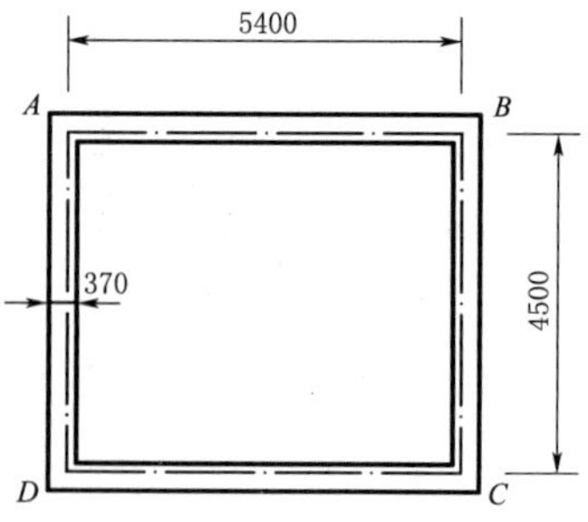

图3.73　绘制多线

选项说明如下：

"对正（J）"：绘制多线时，光标所在的位置，有上、无、下之分。

"比例（S）"：设置多线宽度的绘制比例。

"样式（ST）"：输入要使用的多线样式的名称。

【例3.10】 使用多线命令用1∶10比例绘制图3.73所示图形。

操作如下：

1）在图3.71所示"多线样式"对话框中，选择37Q

并单击“置为当前”按钮，再单击“确定”按钮。

2）启动多线命令

命令：MLINE

当前设置：对正＝上，比例＝20.00，样式＝37Q

指定起点或［对正（J）/比例（S）/样式（ST）］： J （设置“对正”选项）

输入对正类型［上（T）/无（Z）/下（B）］〈上〉： Z（光标沿着中线走，输入“Z”选项）

当前设置：对正＝无，比例＝20.00，样式＝37Q

指定起点或［对正（J）/比例（S）/样式（ST）］： S （设置多线宽度的比例）

输入多线比例〈20.00〉： 0.1

当前设置：对正＝无，比例＝0.10，样式＝37Q

指定起点或［对正（J）/比例（S）/样式（ST）］： （指定起点A）

指定下一点： 540 （往右定出B点）

指定下一点或［放弃（U）］： 450 （往下定出C点）

指定下一点或［闭合（C）/放弃（U）］： 540 （往左定出D点）

指定下一点或［闭合（C）/放弃（U）］： C （闭合多线）

3. 编辑多线

用于编辑多线交点、打断点和顶点。

（1）命令的调用。

1）在命令行中输入：MLEDIT。

2）在下拉菜单中单击：“修改”→“对象”→“多线”。

（2）操作指导。输入MLEDIT按Enter键后，弹出“多线编辑工具”对话框，如图3.74所示。单击对话框中的某种编辑工具，命令行就会有如下提示：

命令：MLEDIT

选择第一条多线：

选择第二条多线：

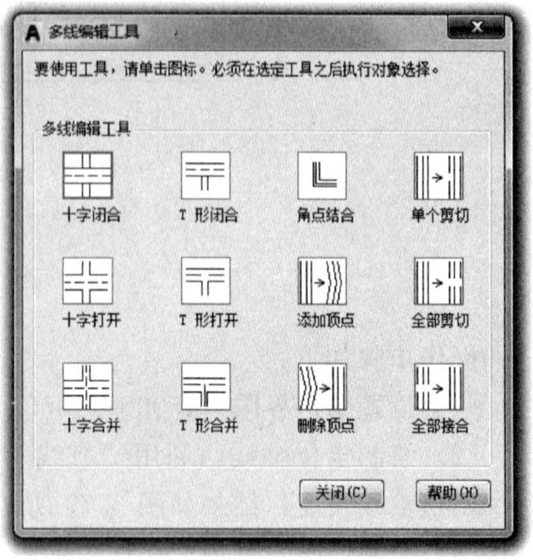

图3.74 多线编辑工具

多线选择的顺序不同时，编辑的效果是不尽相同的。所以在编辑时应注意先后顺序。

工具按钮说明：①第一列控制十字交叉的多线；②第二列控制T形相交的多线；③第三列控制角点结合和顶点；④第四列控制多线中的打断。

【例3.11】 用“多线编辑”命令将图3.75（a）编辑成如图3.75（b）所示的图形，操作如下：

命令：MLEDIT （单击图3.74“多线编辑工具”对话框中“十字合并”）

选择第一条多线： （选择水平多线）

选择第二条多线： （选择竖直多线）

选择第一条多线 或［放弃（U）］： （按Enter键结束，编辑成功）

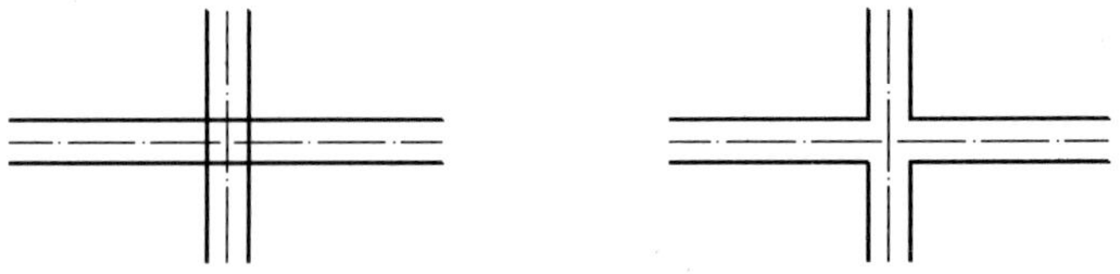

图 3.75 多线编辑

4. 操作示例

【例 3.12】 使用“多线”命令用 1∶1 比例绘制如图 3.76 所示的墙体，墙体厚度为 240。

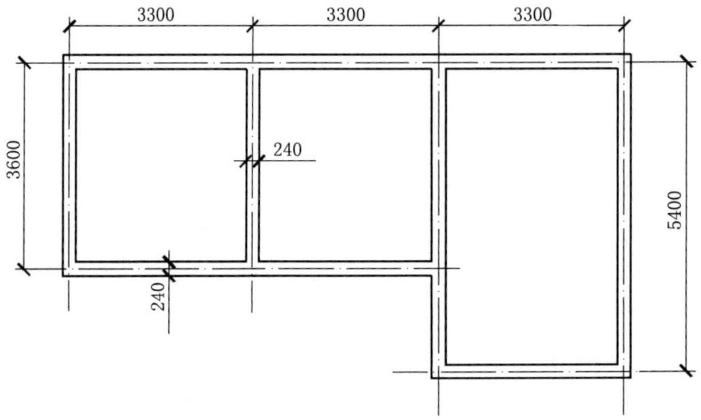

图 3.76 多线绘制

操作步骤如下：

(1) 设置图形界限（15000×10000），设置图层：粗实线层、点划线层。(步骤略)。

(2) 绘制定位轴线：利用“直线”命令、“偏移”命令绘制轴线，利用“夹点拉伸”命令调整轴线长度，结果如图 3.77 所示。

(3) 绘制墙线：利用“多线”命令绘制 24 墙线（多线样式为“24Q”），先绘制外墙线，再绘制内墙线，如图 3.78 所示。

命令：MLINE

当前设置：对正＝上，比例＝20.00，样式＝STANDARD

指定起点或［对正（J）/比例（S）/样式（ST）］： J （设置“对正”选项）

输入对正类型［上（T）/无（Z）/下（B）］〈上〉： Z （光标沿着轴线走，输入“Z”）

当前设置：对正＝无，比例＝20.00，样式＝STANDARD

指定起点或［对正（J）/比例（S）/样式（ST）］： S （选择“宽度比例”选项）

输入多线比例〈20.00〉： 1 （输入“宽度比例”1）

当前设置：对正＝无，比例＝1，样式＝STANDARD

指定起点或［对正（J）/比例（S）/样式（ST）］： ST （选择“多线样式”选项）

输入多线样式名或［?］：　24Q　　　　（输入“多线样式”24Q）
当前设置：对正＝无，比例＝1，样式＝24Q
指定起点或［对正（J）/比例（S）/样式（ST）］：　　　　（捕捉轴线交点绘多线）
指定下一点：
……

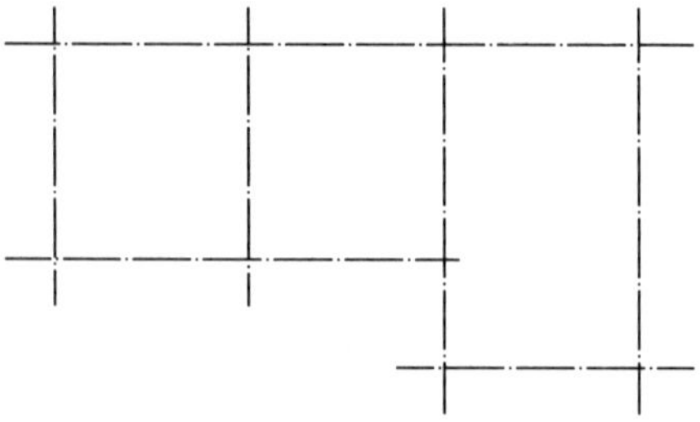

图 3.77　绘制轴线

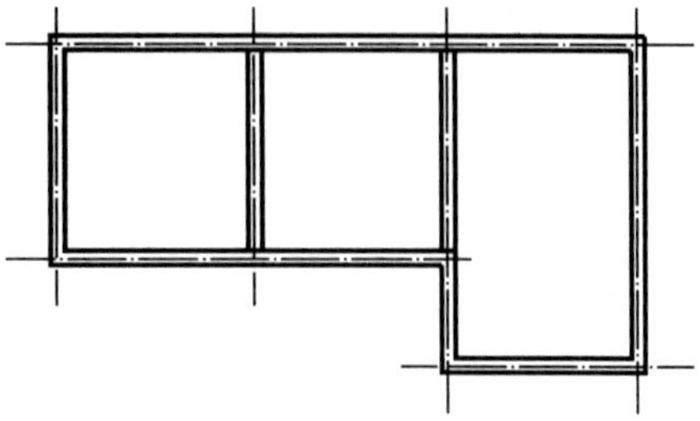

图 3.78　绘制墙线

（4）编辑墙线：如图 3.79 所示，图中点 1、2、3 利用“T 形合并”编辑，点 4 无法进行多线编辑。一般情况下，遇到这种情况，将多线“分解”，然后用“修剪”命令修剪。

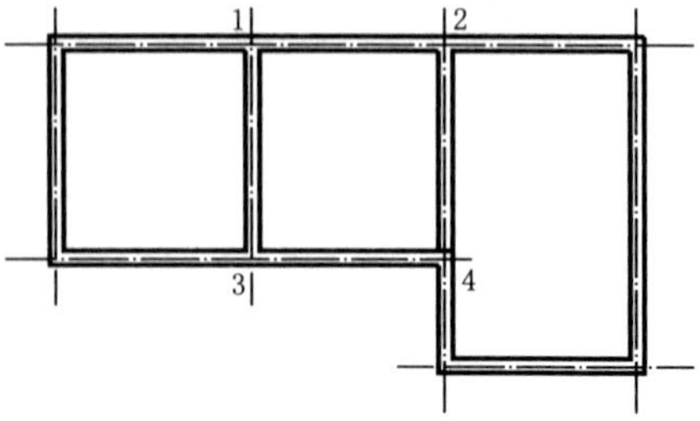

图 3.79　编辑墙线

4.1.2　修订云线

1. 功能

修订云线是由连续圆弧组成的多段线。用于在检查阶段提醒用户注意图形的某个部分。在检查或用红线圈阅图形时，可以使用修订云线功能亮显标记，以提高工作效率。

2. 命令的调用

（1）在命令行中输入：REVCLOUD。

（2）在下拉菜单中单击：“绘图”→“修订云线”。

（3）在“绘图”工具条上单击“修订云线”按钮。

（4）在功能区中单击：“默认”→“绘图”→“修订云线”。

3. 操作指导

命令：REVCLOUD

最小弧长：10　最大弧长：10　样式：普通　类型：徒手画

指定第一个点或［弧长（A）/对象（O）/矩形（R）/多边形（P）/徒手画（F）/样式（S）/修改（M）］〈对象〉：_F

指定第一个点或［弧长（A）/对象（O）/矩形（R）/多边形（P）/徒手画（F）/样式（S）/修改（M）］〈对象〉：

沿云线路径引导十字光标...

修订云线完成。

选项说明如下：

“弧长（A）”：指定云线中弧线的长度，其中有最小弧长和最大弧长之分。

“对象（O）”：将一个对象转换为云线。其中要转换的对象的长度应该大于或等于指定的弧长，否则就无法转换。

“矩形（R）”：使用指定的点作为对角点创建矩形修订云线。

“多边形（P）”：创建非矩形修订云线（由作为修订云线的顶点的三个点或更多点定义）。

“徒手画（F）”：绘制徒手画修订云线。

“样式（S）”：确定云线的样式，通过选择圆弧样式［普通（N)/手绘（C）］来实现。

“修改（M）”：从现有修订云线添加或删除侧边。

4. 操作示例

比较图 3.80 普通和手绘修订云线的区别。

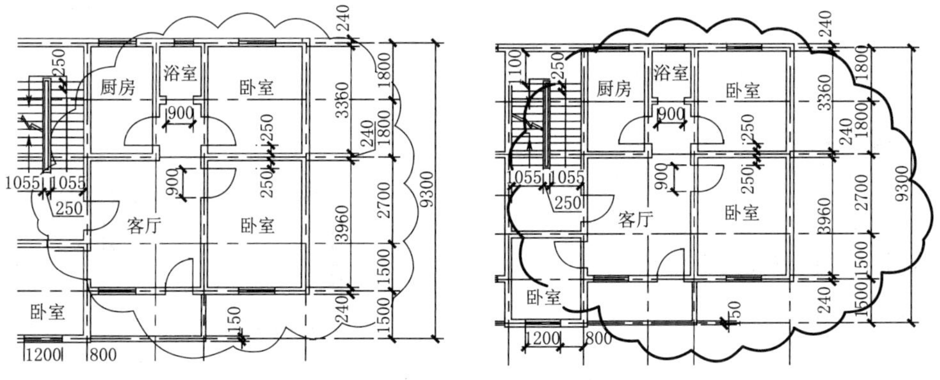

（a）普通云线　　（b）手绘云线

图 3.80　修订云线

注意：利用修订云线命令绘制的对象为多段线。

4.1.3　徒手画线

1. 功能

创建一系列徒手画线段。

2. 命令的调用

在命令行中输入：SKETCH。

3. 操作指导

命令：SKETCH

类型＝直线　增量＝1.0000　公差＝0.5000

指定草图或［类型（T)/增量（I)/公差（L）］：

选项说明如下：

“类型（T）”：指定手画线的对象类型。包括直线、多段线、样条曲线。

“增量（I）”：定义每条手画直线段的长度。定点设备所移动的距离必须大于增量值，才能生成一条直线。

“公差（L）”：对于样条曲线，指定样条曲线的曲线布满手画线草图的紧密程度。

4. 操作示例

徒手绘制图 3.81 木材纹理。

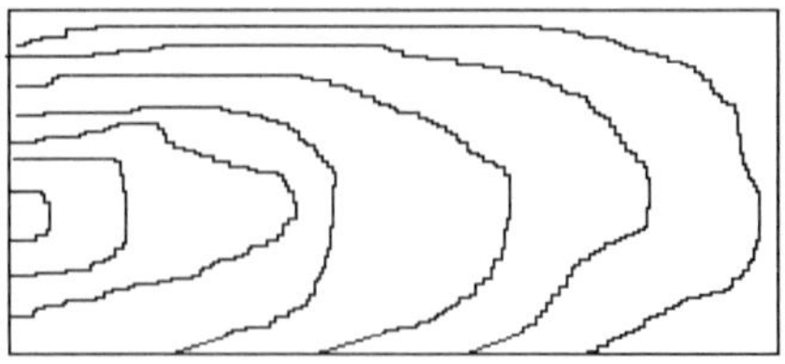

图 3.81　徒手画线

4.1.4　样条曲线

1. 功能

创建通过或接近选定点的平滑曲线。

2. 命令的调用

（1）在命令行中输入：SPLINE（SPL）。

（2）在下拉菜单中单击："绘图"→"样条曲线"。

（3）在"绘图"工具条上单击"样条曲线"按钮~。

（4）在功能区中单击："默认"→"绘图"→"样条曲线"。

3. 操作指导

命令：SPLINE

当前设置：方式＝拟合　节点＝弦

指定第一个点或［方式（M）/节点（K）/对象（O）］：　　　（在屏幕上指定第一点）

输入下一个点或［起点切向（T）/公差（L）］：　　　（在屏幕上指定第二点）

输入下一个点或［端点相切（T）/公差（L）/放弃（U）］：　　　（在屏幕上指定第三点）

……

输入下一个点或［端点相切（T）/公差（L）/放弃（U）/闭合（C）］：↙

选项说明如下：

"方式（M）"：是指使用拟合点还是使用控制点来创建样条曲线。

"节点（K）"：用来确定样条曲线中连续拟合点之间的零部件曲线如何过渡。

"对象（O）"：一条绘制好的多段线经过"编辑多段线"命令中的"样条曲线"命令编辑后，执行"对象（O）"将其转化为样条曲线。

"起点切向（T）"：指定在样条曲线起点的相切条件。

"端点相切（T）"：指定在样条曲线终点的相切条件。

"公差（L）"：指定样条曲线可以偏离指定拟合点的距离。公差值为 0 时，生成的样条曲线直接通过拟合点。绘制曲线时，可以修改公差而使绘制的曲线更光滑。

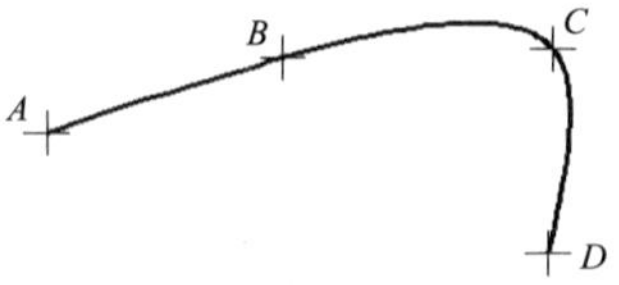

图 3.82　样条曲线

"闭合（C）"：将所绘制的曲线闭合。

注意： 绘制样条曲线时，至少需要已知的 3 个点。

4. 操作示例

通过点 *A*、*B*、*C*、*D* 绘制一条曲线，如图 3.82 所示。

命令：SPLINE

当前设置：方式＝拟合　节点＝弦

指定第一个点或［方式（M）/节点（K）/对象（O）］：　　　（捕捉 *A* 点）

输入下一个点或［起点切向（T）/公差（L）］：　　　（捕捉 *B* 点）

输入下一个点或［端点相切（T）/公差（L）/放弃（U）］：　　　（捕捉 *C* 点）

输入下一个点或［端点相切（T）/公差（L）/放弃（U）/闭合（C）］：　　　（捕捉 *D* 点）

输入下一个点或［端点相切（T）/公差（L）/放弃（U）/闭合（C）］：↙

4.2 圆环与椭圆

4.2.1 圆环

1. 功能

可绘制实心或空心的圆环，也可绘制实心填充的圆。

2. 命令的调用

（1）在命令行中输入：DONUT（DO）。

（2）在下拉菜单中单击："绘图"→"圆环"。

（3）在功能区中单击："默认"→"绘图"→"圆环"◎。

3. 操作指导

命令：DONUT

指定圆环的内径〈10.0000〉：（输入圆环内圆的直径）

指定圆环的外径〈20.0000〉：（输入圆环外圆的直径）

指定圆环的中心点〈退出〉：（选择一点作为圆环的中心点）

指定圆环的中心点〈退出〉：（绘制圆环或退出）

【例3.13】 绘制一个内径为50，外径为80的圆环，如图3.83（a）所示，操作如下。

命令：DONUT

指定圆环的内径〈30.0000〉：50（输入圆环内圆的直径50）

指定圆环的外径〈50.0000〉：80（输入圆环外圆的直径80）

指定圆环的中心点或〈退出〉：（指定一点作为圆环的中心点）

指定圆环的中心点或〈退出〉：（按Enter键，退出命令）

当内径取0时，圆环变成实心圆，如图3.83（b）所示。实心圆可用来表示钢筋断面的小圆点，如图3.84所示。

（a）实心圆环　　（b）内径=0时，为实心圆

图3.83 实心圆环

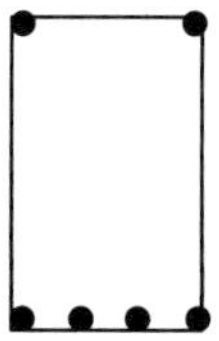

图3.84 圆环应用

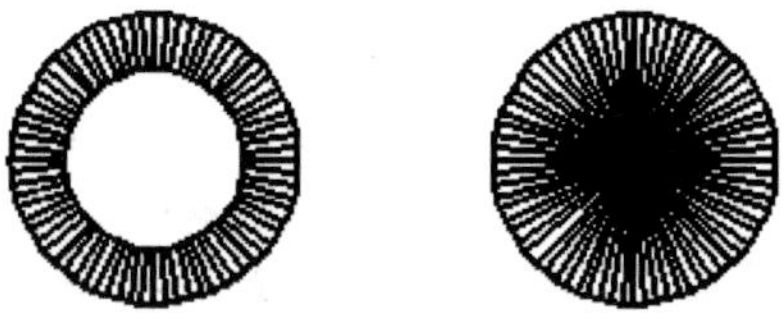

（a）　　（b）

图3.85 空心圆环

若在执行圆环命令之前，使用FILL命令，关闭圆环的填充模式（OFF）时，则绘制的是空心圆环，如图3.85所示。

命令：FILL

输入模式［开（ON）/关（OFF）］〈关〉：off

命令：DONUT

…

4.2.2　椭圆

1. 功能

创建椭圆或椭圆弧。

2. 命令的调用

(1) 在命令行中输入：ELLIPSE（EL）。

(2) 在下拉菜单中单击："绘图" → "椭圆"。

(3) 在"绘图"工具栏单击"椭圆"按钮。

(4) 在功能区中单击："默认" → "绘图" → "椭圆"。

3. 操作指导

命令：ELLIPSE

指定椭圆的轴端点或［圆弧（A）/中心点（C）］：

指定轴的另一个端点：　〈正交 开〉

指定另一条半轴长度或［旋转（R）］：

选项说明如下：

轴端点：通过指定第一条轴的两个端点以及第二条轴的半长来绘制椭圆。第一条轴既可定义椭圆的长轴也可定义短轴。

圆弧（A）：创建一段椭圆弧。过程先画一个完整的椭圆，然后指定椭圆的起始角及终止角确定椭圆弧。

中心点（C）：通过指定椭圆的中心点、长轴及短轴的端点来创建椭圆。

旋转（R）：通过绕第一条轴旋转圆来创建椭圆。即将圆绕直径转动一定角度后，再投影到平面上形成椭圆。

4. 操作示例

绘制椭圆有两种方法，如图3.86所示。

(1) 指定"中心点"方式绘制椭圆。先确定椭圆的中心，再指定椭圆轴的一个端点和另一轴的半轴长。

【例3.14】 利用椭圆命令绘制如图3.87所示的椭圆。

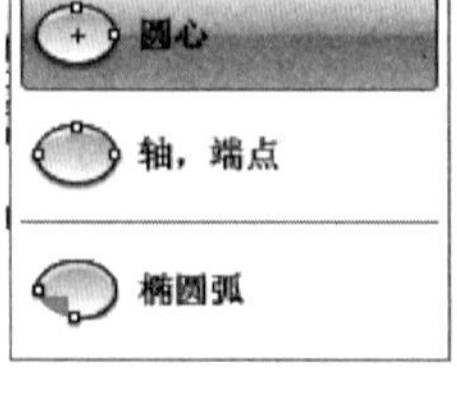

图3.86　椭圆的画法

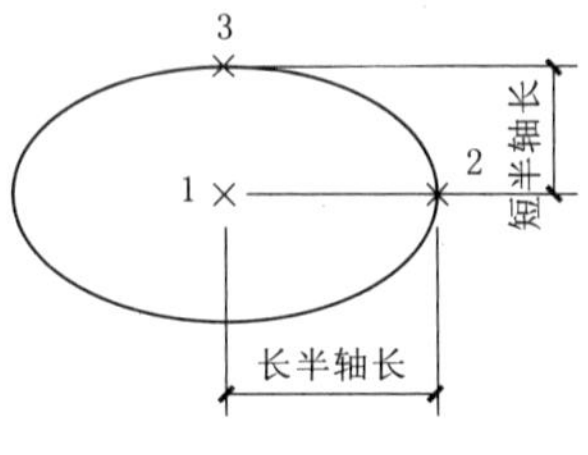

图3.87　"中心点"方式画椭圆

操作如下：

命令：ELLIPSE

指定椭圆的轴端点或［圆弧（A）/中心点（C）］：_C　　（选择中心点方式）

指定椭圆的中心点：　　（指定中心点1）

指定轴的端点：　　　　(指定轴端点 2)

指定另一条半轴长度或［旋转（R）］：　　　　(指定另一半轴长或另一轴端点 3)

（2）指定“轴、端点”方式绘制椭圆。先指定椭圆一条轴的两个端点，再指定另一轴的半轴长。

【例 3.15】 利用椭圆命令绘制如图 3.88 所示的椭圆 。

操作如下：

命令：ELLIPSE

指定椭圆的轴端点或［圆弧（A）/中心点（C）］：　　　　(指定轴端点 1)

指定轴的另一个端点：　　　　(指定轴端点 2)

指定另一条半轴长度或［旋转（R）］：　　　　(指定另一半轴长或另一轴端点 3)

（3）画椭圆弧。椭圆弧是椭圆的一部分，利用选项“圆弧（A）”即可绘制椭圆弧。绘制椭圆弧与绘制完整椭圆的操作一样，只是最后要确定起始角度和终止角度。

【例 3.16】 利用椭圆命令绘制如图 3.89 所示的椭圆弧。

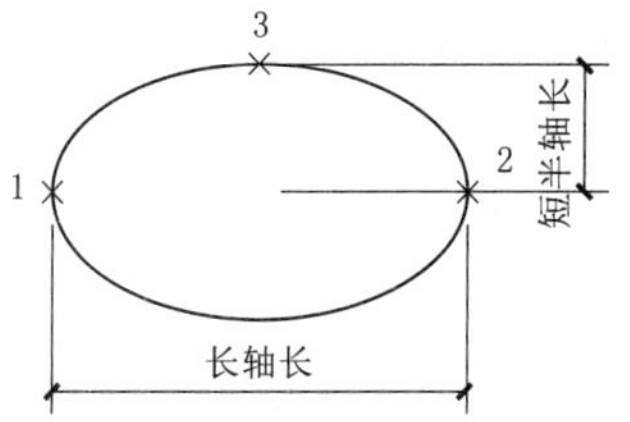

图 3.88　“轴、端点”方式画椭圆

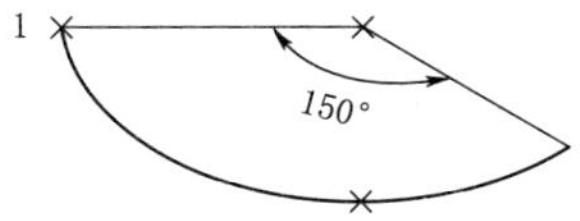

图 3.89　椭圆弧

操作如下：

命令：ELLIPSE

指定椭圆的轴端点或［圆弧（A）/中心点（C）］：A

指定椭圆弧的轴端点或［中心点（C）］：C

指定椭圆弧的中心点：

指定轴的端点：

指定另一条半轴长度或［旋转（R）］：

指定起始角度或［参数（P）］：0　　　　(起点指向中心连线与 X 轴正向的角度)

指定终止角度或［参数（P）/包含角度（I）］：150（端点指向中心连线与 X 轴正向的角度)

4.3　点

4.3.1　点样式的设置

1. 功能

指定点对象的显示样式及大小。

2. 命令的调用

（1）在命令行中输入：DDPTYPE。

（2）在下拉菜单中单击：“格式”→“点样式”。

3. 操作指导

执行 DDPTYPE 命令后，系统会弹出如图 3.90 所示的“点样式”对话框。“点大小”为输入百分比表示，有两种尺寸选择：①“相对于屏幕设置大小”；②“按绝对单位设置尺寸大小”。

另外在该对话框中列出了 20 种点的样式图例。用户可以根据实际情况进行选择。

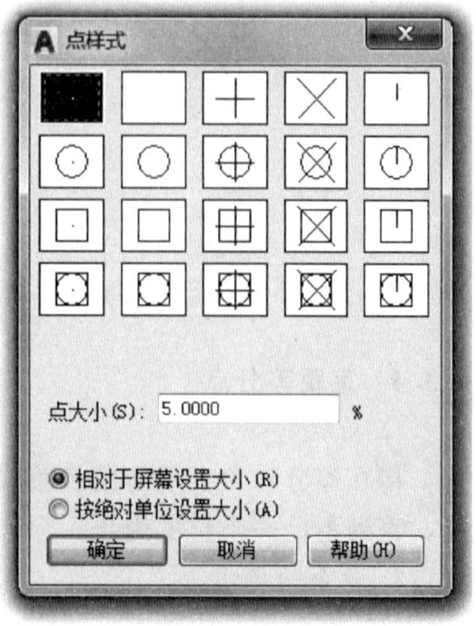

图 3.90 点样式

4.3.2 单点、多点

1. 功能

指定位置绘制单个或多个点。

2. 命令的调用

(1) 在命令行中输入：POINT（绘制单点）。

(2) 在下拉菜单中单击：“绘图”→“点”→“单点”。

(3) 在下拉菜单中单击：绘图→点→多点。

(4)“绘图”工具条上单击“点”按钮（绘制多点）。

4.3.3 定数等分点

1. 功能

指在等分对象上按指定数目等间距的创建点对象或插入块，被等分对象仍为一个整体。

2. 命令的调用

(1) 在命令行中输入：DIVIDE（DIV）。

(2) 在下拉菜单中单击：“绘图”→“点”→“定数等分”。

3. 操作指导

命令：DIVIDE

选择要定数等分的对象：（选择要等分的对象）

输入线段数目或［块（B）］：（输入等分段数）

选项说明如下：

“输入线段数目”：输入要将对象分成相同几段的段数。

“块（B）”：在选定的对象上等间距的放置“块”（“块”的含义在以后模块中介绍）。

注意： 定数等分不仅能等分直线，还可以等分圆、多段线、曲线和一些在选择对象时能够一次选定的对象。

4. 操作示例

如图 3.91 (a) 所示，将已知弧 AB 等分成 10 等份。

操作如下：

命令：DIVIDE

选择要定数等分的对象：（单击弧 AB）

输入线段数目或［块（B）］：10（输入等分段数 10，按 Enter 键结束）

结果如图 3.91 (b) 所示。

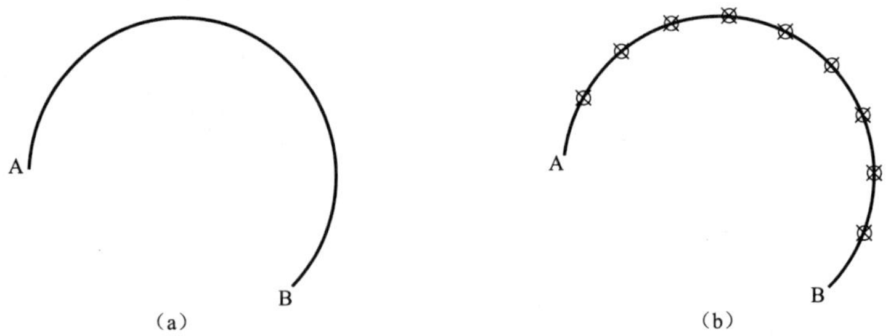

图 3.91 定数等分

4.3.4 定距等分点

1. 功能

指在等分对象上用指定长度从一端开始测量，按此长度等间距地创建点对象或插入块，直到不足一个长度为止。

2. 命令的调用

(1) 在命令行中输入：MEASURE (ME)。

(2) 在下拉菜单中单击："绘图" → "点" → "定距等分"。

3. 操作指导

命令：MEASURE

选择要定距等分的对象： (选择要等分的对象)

指定线段长度或 [块 (B)]： (指定等分段长度)

注意：点对象或其他块对象在所选对象上放置时，从离单击对象最近的端点处开始放置。最后对象上被分割的一段长度有可能等于或小于输入的长度数值。起点不标点样式。

4. 操作示例

如图 3.92 (a) 所示，将线段 CD 从 C 端开始每隔 50mm 作一个等分点。

命令：MEASURE

选择要定距等分的对象： (在 C 端附近单击线段 CD)

指定线段长度或 [块 (B)]：50 (输入等距长度 50，按 Enter 键结束)

结果如图 3.92 (b) 所示。

图 3.92 定距等分

任务5 编 辑 命 令 (二)

5.1 打断与合并

5.1.1 打断

1. 功能

在两点之间打断选定对象。

2. 命令的调用

（1）在命令行中输入：BREAK（BR）。

（2）在下拉菜单中单击："修改"→"打断"。

（3）在"修改"工具条单击"打断"按钮。

（4）在功能区中单击："默认"→"修改"→"打断"。

3. 操作指导

命令：BREAK 选择对象：

指定第二个打断点 或［第一点（F）］：

选项说明如下：

"选择对象"：执行打断时，选择对象的同时，也就选择了第一打断点。

"指定第二打断点"：选择第二打断点。

"第一点（F）"：如果要自定第一打断点，选用"F"。

注意： 打断命令可以部分的删除对象或将对象分成两个部分。另外第一打断点与第二打断点是按逆时针方向确定的，选择的位置不同，打断成的线段也不同，如图 3.93 所示。

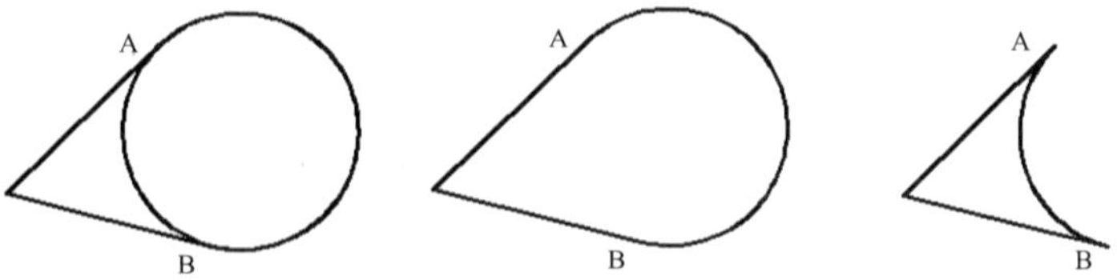

（a）A和B为打断点　（b）A为第一打断点　（c）B为第一打断点

图 3.93 打断命令的应用

另外，AutoCAD 还提供一个叫"打断于点"的命令。它实质是执行"打断"命令的 F 选项。"打断于点"命令是将对象在"指定第一点"处，将对象分成两部分。

5.1.2 合并

1. 功能

将相似的对象合并以形成一个完整的对象。

2. 命令的调用

（1）在命令行中输入：JOIN（J）。

（2）在下拉菜单中单击："修改"→"合并"。

（3）在"修改"工具条单击"合并"按钮。

（4）在功能区中单击："默认"→"修改"→"合并"。

3. 操作指导

命令：JOIN 选择源对象或要一次合并的多个对象：指定对角点：找到 2 个

选择要合并的对象：

2 条直线已合并为 1 条直线

选项说明如下：

"选择源对象"：可以作为源对象的对象有直线、多段线、圆弧、椭圆弧、样条曲线等。根据所选择的源对象不同，系统有不同的命令提示。

(1) 当选择的源对象为直线时，系统可以将多条共线的直线对象合并为一条直线，而这些直线对象之间可以有空隙。

(2) 当选择的源对象为多段线时，系统可以将多条直线、圆弧和多段线合并为一个对象，而这些直线对象之间不能有空隙，并且开始选择的对象一定要是多段线。

(3) 当选择的源对象为圆弧时，系统可以将多条圆弧合并为一个圆弧对象，而这些圆弧对象必须在同一个圆上，并且圆弧之间可以有空隙。

(4) 当选择的源对象为椭圆弧时，系统可以将多条椭圆弧合并为一个椭圆弧对象，而这些椭圆弧对象必须在同一个椭圆上，并且圆弧之间可以有空隙。

(5) 当选择的源对象为样条曲线时，系统可以将多条样条曲线合并为一个样条曲线对象，而这些样条曲线对象必须在同一个平面上，并且应是闭合的。

注意：“合并”命令可以将一组单个的相似对象合并到一起，以便于进行编辑，但在应用时要注意根据选择的源对象不同，它的适用条件也不同。

4. 操作示例

将图3.94中的多段线A、直线B和圆弧C“合并”成一个对象。

命令：JOIN 选择源对象或要一次合并的多个对象：找到1个 （选择多段线A）

选择要合并的对象：↙

选择要合并到源的对象： 找到1个 （选择直线B）

选择要合并到源的对象： 找到1个，总计2个 （选择圆弧C）

选择要合并到源的对象： （单击右键确认）

多段线已增加2条线段

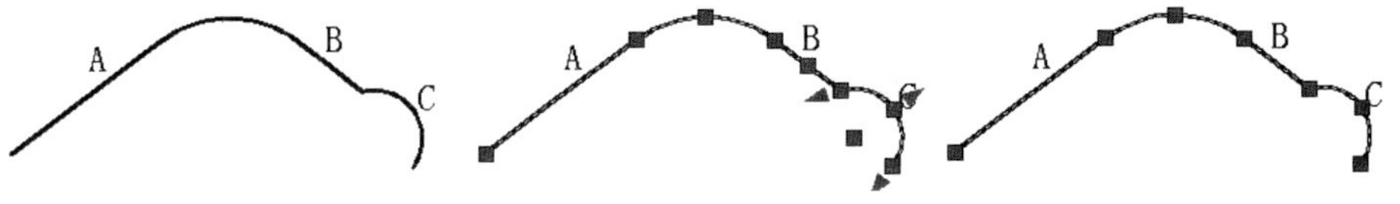

(a) 多段线A、直线B和圆弧C (b) A、B、C为单个对象 (c) 合并为一个对象

图3.94 “合并”的应用

5.2 倒角与圆角

5.2.1 倒角

1. 功能

对两条直线边倒棱角，倒棱角的参数可用两种方法确定

(1) 距离方法：由第一倒角距和第二倒角距确定。

(2) 角度方法：由对第一直线的倒角距和倒角角度确定。

2. 命令的调用

(1) 在命令行中输入：CHAMFER (CHA)。

(2) 在下拉菜单中单击：“修改”→“倒角”。

(3) 在“修改”工具条上单击“倒角”按钮⌜。

(4) 在功能区中单击：“默认”→“修改”→“倒角”。

3. 操作指导

命令：CHAMFER

（“修剪”模式）当前倒角距离 1＝0.0000，距离 2＝0.0000

选择第一条直线或［放弃（U）/多段线（P）/距离（D）/角度（A）/修剪（T）/方式（E）/多个（M）］：

选择第二条直线，或按住 Shift 键选择要应用角点的直线：

选项说明如下：

“放弃（U）”：放弃上一次操作命令。

“多段线（P）”：对二维多段线的顶点处进行倒棱角。

“距离（D）”：指定两个倒角距离进行倒棱角。一个是倒角边的水平距离；另一个是倒角边的垂直距离。

“角度（A）”：指定第一条直线倒角距离和第一条直线的倒角角度（倒角角度指的是倒角斜线与该直线的夹角）进行倒棱角。

“修剪（T）”：设置修剪的模式，有两种情况，一种是“修剪”；一种是“不修剪”。它的含义是指形成倒角的两个对象的多余部分或不足部分是否进行修剪或延伸。

“方式（E）”：提示选择倒角的方式（按距离或角度）。

“多个（M）”：对多个参数相同的对象进行倒棱角。

注意：输入倒角的两个距离时，可以相等，也可以不相等。

4. 操作示例

如图 3.95（a）所示，利用“倒角”命令将其编辑成如图 3.95（b）所示的图形。

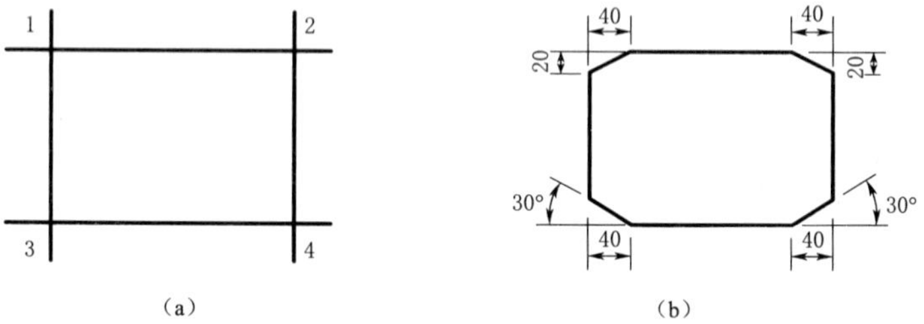

图 3.95 “倒角”的应用

（1）作 1、2 点的倒角，操作如下：

命令：CHAMFER

（“修剪”模式）当前倒角距离 1＝0.0000，距离 2＝0.0000

选择第一条直线或［放弃（U）/多段线（P）/距离（D）/角度（A）/修剪（T）/方式（E）/多个（M）］：D

指定第一个倒角距离〈0.0000〉：40

指定第二个倒角距离〈40.0000〉：20

选择第一条直线或［放弃（U）/多段线（P）/距离（D）/角度（A）/修剪（T）/方式（E）/多个（M）］：M

选择第一条直线或［放弃（U）/多段线（P）/距离（D）/角度（A）/修剪（T）/方式

(E)/多个（M）]：

选择第二条直线，或按住 Shift 键选择要应用角点的直线：

... （选择完 1 点的两条边后，继续选择 2 点的两条边，按 Enter 键结束）

(2) 作 3、4 点的倒角，操作如下：

命令：CHAMFER

（“修剪”模式）当前倒角距离 1=40.0000，距离 2=20.0000

选择第一条直线或[放弃（U）/多段线（P）/距离（D）/角度（A）/修剪（T）/方式(E)/多个（M）]：A

指定第一条直线的倒角长度〈0.0000〉：40

指定第一条直线的倒角角度〈0〉：30

选择第一条直线或[放弃（U）/多段线（P）/距离（D）/角度（A）/修剪（T）/方式(E)/多个（M）]：M

选择第一条直线或[放弃（U）/多段线（P）/距离（D）/角度（A）/修剪（T）/方式(E)/多个（M）]：

选择第二条直线，或按住 Shift 键选择要应用角点的直线：

... （选择完点 3 的两条边后，继续选择点 4 的两条边，按 Enter 键结束）

5.2.2 圆角

1. 功能

在直线、圆弧、圆间按指定半径作圆角，也可以对多段线作圆角。

2. 命令的调用

(1) 在命令行中输入：FILLET（F）。

(2) 在下拉菜单中单击：“修改”→“圆角”。

(3) 在“修改”工具条上单击“圆角”按钮。

(4) 在功能区中单击：“默认”→“修改”→“圆角”。

3. 操作指导

命令：FILLET

当前设置：模式=修剪，半径=0.0000

选择第一个对象或[放弃（U）/多段线（P）/半径（R）/修剪（T）/多个（M）]：

选择第二个对象，或按住 Shift 键选择要应用角点的对象：

选项说明如下：

“放弃（U）”“多段线（P）”“修剪（T）”“多个（M）”与倒角命令中的功能相同。

“半径（R）”：要求指定圆角的半径。

注意：形成圆角的两个对象是否相交，都可进行圆角连接。它有时可以代替前面讲的“相切、相切、半径”画圆的方法画圆弧。

4. 操作示例

将图 3.96（a）所示的两圆分别用半径为 30、15 的圆弧连接起来。

命令：FILLET

当前设置：模式=修剪，半径=5.0000

选择第一个对象或［放弃（U）/多段线（P）/半径（R）/修剪（T）/多个（M）］：R↙
指定圆角半径〈5.0000〉：30↙
选择第一个对象或［放弃（U）/多段线（P）/半径（R）/修剪（T）/多个（M）］：
选择第二个对象，或按住 Shift 键选择要应用角点的对象：
命令：FILLET
当前设置：模式＝修剪，半径＝30.0000
选择第一个对象或［放弃（U）/多段线（P）/半径（R）/修剪（T）/多个（M）］：R↙
指定圆角半径〈30.0000〉：15↙
选择第一个对象或［放弃（U）/多段线（P）/半径（R）/修剪（T）/多个（M）］：
选择第二个对象，或按住 Shift 键选择要应用角点的对象：
结果如图 3.96（b）所示。

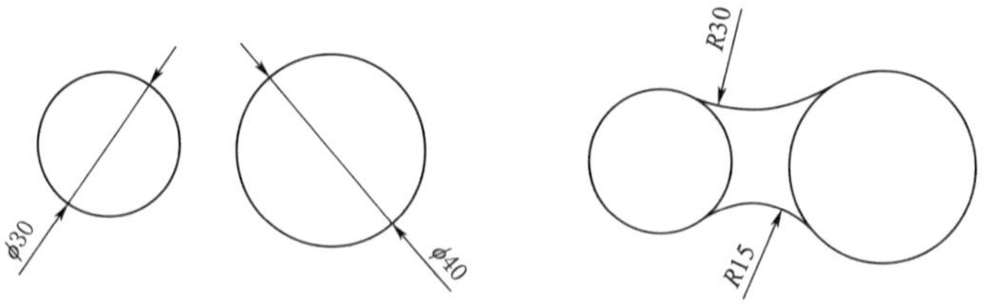

（a）两已知圆　　（b）圆弧连接两已知圆

图 3.96　“圆角”的应用

5.3 多段线与样条曲线

5.3.1 多段线

1. 功能

可以对多段线修改、编辑，包括修改线段宽、曲线拟合、多段线合并和顶点编辑等，也可以将非多段线编辑成多段线。

2. 命令的调用

（1）在命令行中输入：PEDIT（PE）。
（2）在下拉菜单中单击：“修改”→“对象”→“多段线”。
（3）在“修改Ⅱ”工具条上单击“编辑多段线”按钮。
（4）在功能区单击中：“默认”→“修改”→“编辑多段线”。

3. 操作指导

命令：PEDIT
选择多段线或［多条（M）］：　（选择一条多段线）
输入选项
［闭合（C）/合并（J）/宽度（W）/编辑顶点（E）/拟合（F）/样条曲线（S）/非曲线化（D）/线型生成（L）/反转（R）/放弃（U）］：（输入要修改的选项，然后按 Enter 键）

选项说明如下：

“闭合（C）”：将多段线首尾连接。如果该多段线本身是闭合的，则提示为“打开

（O）”。如选择“打开”，则将多段线起点和终点间的线条删除，形成不封口的多段线。

“合并（J）”：将首尾相连的直线、圆弧或多段线合并成一条多段线。

“宽度（W）”：设置该多段线的整体宽度。

“编辑顶点（E）”：对多段线的各个顶点进行单独编辑。

“拟合（F）”：创建一条平滑曲线，它由连接各相邻顶点的弧线段组成。

“样条曲线（S）”：使用多段线的顶点作为近似样条曲线的曲线控制点，生成近似的样条曲线。

“非曲线化（D）”：取消拟合或样条曲线，回到直线状态。

“线型生成（L）”：生成经过多段线顶点的连续图案的线型。

“放弃（U）”：放弃操作，可一直返回到多段线编辑的开始状态。

4. 操作示例

如图 3.97（a）所示，画一个五角星，将其编辑为一条多段线，并设置多段线的宽度为 5。

编辑过程如下：

（1）绘制一个正五边形，用直线将其不相邻的顶点两两相连，并修剪为五角星。

（2）用“多段线编辑”命令“合并（J）”“宽度（W）”选项编辑多段线。

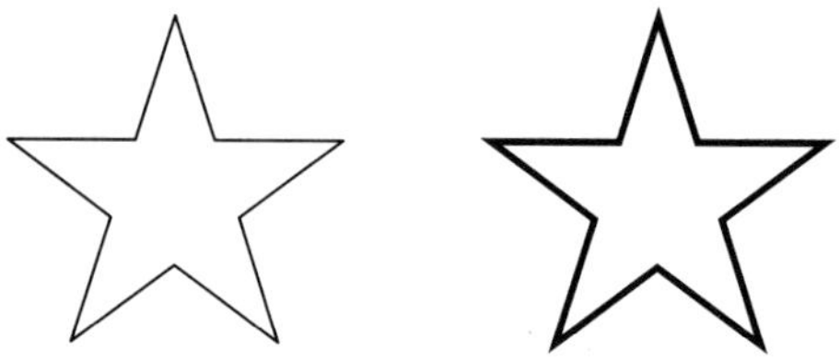

（a）绘制五角星　　（b）将五角星编辑成多段线

图 3.97　编辑多段线

命令：PEDIT

选择多段线或［多条（M）］：　（选择一条线段）

选定的对象不是多段线

是否将其转换为多段线？〈Y〉　（按 Enter 键，将选定线段转换为多段线）

输入选项［闭合（C）/合并（J）/宽度（W）/编辑顶点（E）/拟合（F）/样条曲线（S）/非曲线化（D）/线型生成（L）/反转（R）/放弃（U）］：J　（选择“合并（J）”选项）

选择对象：指定对角点：找到 10 个　（选择五角星）

选择对象：　（按 Enter 键）

9 条线段已添加到多段线

输入选项［打开（O）/合并（J）/宽度（W）/编辑顶点（E）/拟合（F）/样条曲线（S）/非曲线化（D）/线型生成（L）/反转（R）/放弃（U）］：W　（设置多段线的宽度）

指定所有线段的新宽度：5　（指定宽度为 5）

输入选项［打开（O）/合并（J）/宽度（W）/编辑顶点（E）/拟合（F）/样条曲线（S）/非曲线化（D）/线型生成（L）/反转（R）/放弃（U）］：　（按 Enter 键结束）

结果如图 3.97（b）所示。

5.3.2　样条曲线

1. 功能

编辑样条曲线或样条曲线拟合多段线。

2. 命令的调用

（1）在命令行中输入：SPLINEDIT。

（2）在下拉菜单中点击：“修改”→“对象”→“样条曲线”。

（3）在“修改Ⅱ”工具条上单击“编辑样条曲线”按钮。

（4）在功能区中单击：“默认”→“修改”→“编辑样条曲线”。

3. 操作指导

命令：SPLINEDIT

选择样条曲线：（选择要编辑的样条曲线）

输入选项［闭合（C）/合并（J）/拟合数据（F）/编辑顶点（E）/转换为多段线（P）/反转（R）/放弃（U）/退出（X）］〈退出〉：（输入要修改的选项，然后按Enter键）

选项说明如下：

（1）“闭合（C）”：使样条曲线的起点和端点光滑地连接在一起。当样条线闭合时，此选项为“打开”。

（2）“合并（J）”：将选定的样条曲线与其他样条曲线、直线、多段线和圆弧在重合端点处合并。

（3）“拟合数据（F）”：使用下列选项编辑拟合点数据。

输入拟合数据选项

［添加（A）/闭合（C）/删除（D）/扭折（K）/移动（M）/清理（P）/切线（T）/公差（L）/退出（X）］〈退出〉：

“添加（A）”：在样条线中增加拟合点。

“闭合（C）”：使样条曲线闭合。

“删除（D）”：从样条曲线删除选定的拟合点。

“扭折（K）”：在样条曲线上的指定位置添加节点和拟合点。

“移动（M）”：将拟合点移动到新位置。

“清理（P）”：使用控制点替换样条曲线的拟合数据。

“相线（T）”：改变样条曲线起点和端点的切向。

“公差（L）”：使用新的公差值将样条曲线重新拟合至现有的拟合点。

“退出（X）”：退出对拟合数据的操作。

（4）“编辑顶点（E）”：编辑在样条曲线上的控制点。

（5）“转换为多段线（P）”：将样条曲线转换为多段线。

（6）“反转（E）”：用来反转样条曲线。

（7）“放弃（U）”：取消上一步。

任务6 对 象 特 性 编 辑

6.1 特性匹配

1. 功能

将选定对象的特性应用到其他对象。可应用的特性类型包括颜色、图层、线型、线型比例、线宽、打印样式和其他指定的特性。

2. 命令的调用

(1) 在命令行中输入：MATCHPROP (MA)。

(2) 在下拉菜单中单击：“修改”→“特性匹配”。

(3) 在“标准”工具条上单击“特性匹配”按钮。

(4) 在功能区中单击：“默认”→“特性”→“特性匹配”。

3. 操作指导

命令：MATCHPROP

选择源对象： (选择一个对象作为源对象，选择完后，鼠标变成一小刷子“”)

当前活动设置：颜色 图层 线型 线型比例 线宽 透明度 厚度 打印样式 标注 文字 图案填充 多段线 视口 表格材质 多重引线中心对象 (当前源对象所具有的特性)

选择目标对象或[设置(S)]： (选择要修改的对象，可以连续选择)

选择目标对象或[设置(S)]： (按Enter键结束选择)

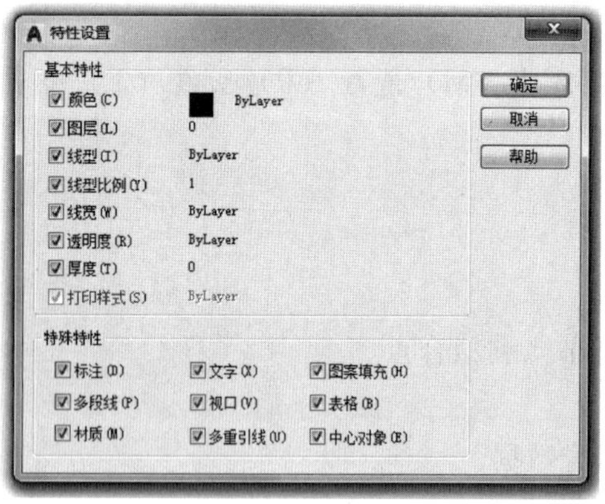

图3.98 特性设置

“设置(S)”：输入“S”回车后，系统会弹出图3.98所示的“特性设置”对话框。通过该对话框可以来设置要复制源对象的那些特性。

4. 操作示例

将图3.99(a)所示方框中的砖改变为圆内的混凝土。

操作过程如下：①单击“特性匹配”按钮；②单击圆内的混凝土符号；③当光标变成小刷子后，将小刷子移到方框内的砖符号上，如图3.99(b)所示；④点击砖符号；⑤按Esc键或鼠标右键结束，结果如图3.99(c)所示。

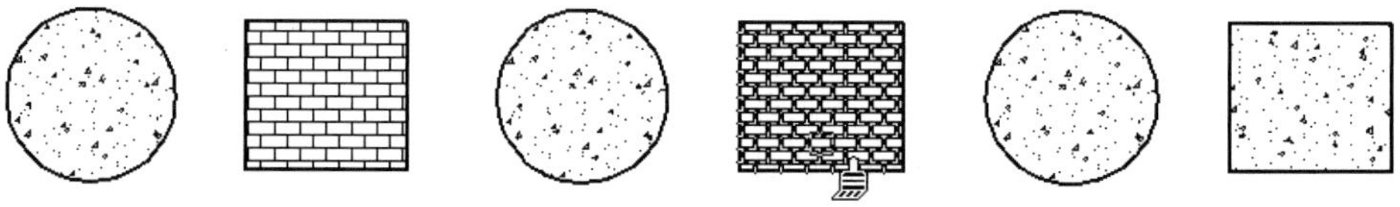

(a) 原图形　(b) 改变砖符号　(c) 改变后图形

图3.99 “特性匹配”操作

6.2 特性

1. 功能

在图形中显示和修改选定对象的当前特性。

2. 命令的调用

(1) 在命令行中输入：PROPERTIES。

（2）在主菜单中单击：“修改”→“特性”。

（3）在“标准”工具条上单击“对象特性”按钮。

（4）使用快捷键“Ctrl+1”。

3. 操作指导

通过执行“PROPERTIES”的命令，系统会弹出如图 3.100（a）所示的“特性”对话框。

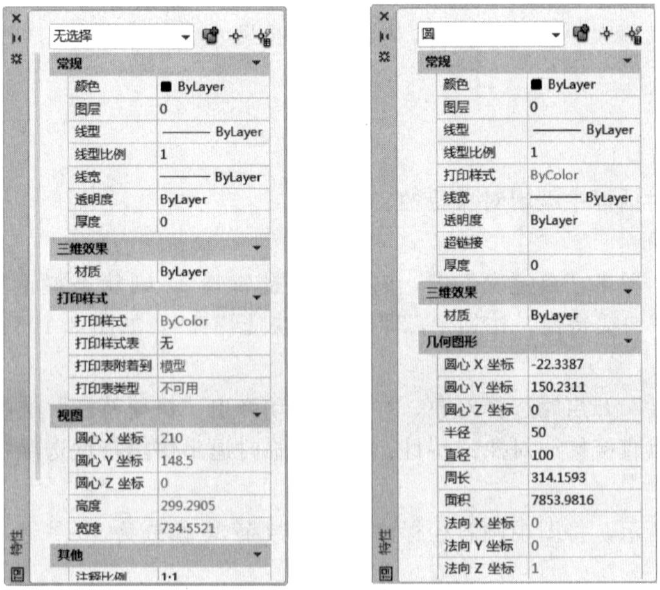

（a）无选择对象时　　（b）选择对象后

图 3.100 “特性”对话框

在“特性”对话框中“无选择”时有“常规”“三维效果”“打印样式”“视图”和“其他”五项内容；选择对象后则为“常规”“三维效果”“几何图形”等特性内容，如图 3.100（b）所示，用户可以通过这些选项内容来编辑对象。

编辑方法如下：

（1）选择被编辑的对象。

（2）在“特性”对话框中选择某一要修改的特性，并在对应的单元格中进行修改。单元格中的内容，有些可以输入一个新的数据，有些可以通过下拉列表框进行选择。

（3）修改完对象特性后，按 Enter 键，则对象就随修改内容作相应改变。

（4）按 Esc 键取消对象的选中状态，按“×”关闭“特性”对话框。

4. 操作示例

将图 3.101 中的圆改变为直径为 100 的圆。

操作过程如下：①单击圆周（注意不要选择尺寸）；②单击特性按钮；③改变“特性”对话框中“几何图形”下的直径为“100”，按 Enter 键确认，如图 3.100（b）所示；④按 Esc 键退出选择，并关闭“特性”对话框。结果如图 3.102 所示。

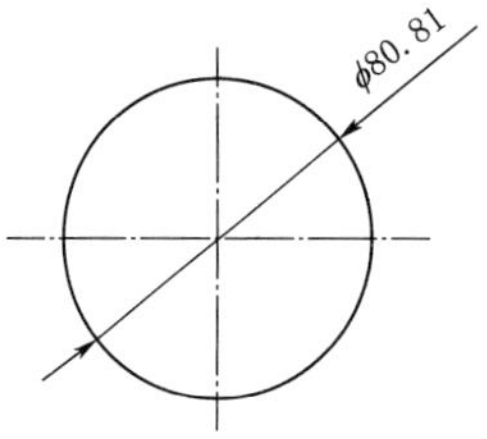

图 3.101 圆

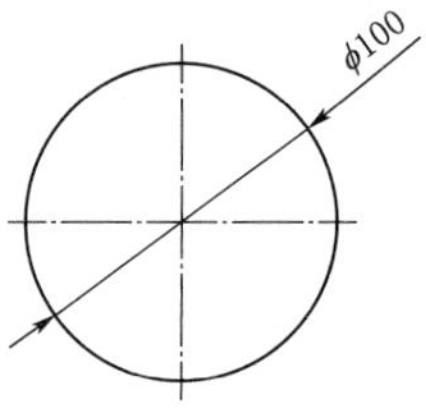

图 3.102 特性编辑圆

注意：圆的实际大小发生改变时，标注的直径尺寸也随着改变。

6.3 快捷特性

1. 功能

在快捷特性对话框中编辑对象特性。

2. 命令的调用

在状态栏上，单击“自定义” ≡，勾选“快捷特性”，则状态栏上显示“快捷特性”按钮，再单击“快捷特性”按钮，即开启“快捷特性”，如图 3.103 所示。

3. 操作指导

当“快捷特性”开启时选择对象，屏幕上自动弹出“快捷特性”选项板。在“快捷特性”选项板上可以直接修改对象的特性。如果要临时退出快捷特性选项板，请按 ESC 键。

4. 操作示例

如图 3.104 所示，将图中圆直径标注的尺寸数字 36 修改为 40。

图 3.103 调用“快捷特性”

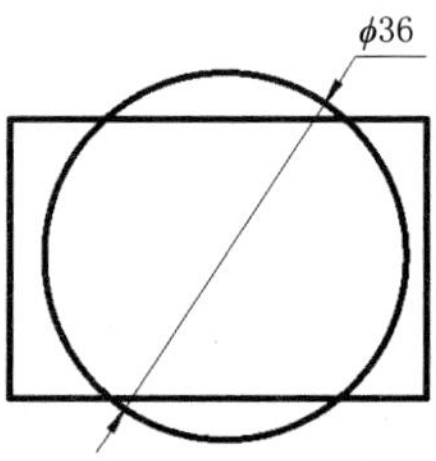

图 3.104 已知图形

操作步骤：

(1) 全部选择图形，系统弹出“快捷特性”对话框。

(2) 选择“快捷特性”对话框中的“直径标注”选项，如图 3.105 所示。

(3) 在“直径标注”选项中，将“测量单位”中的 36 修改为“文字替代”中的 40。

(4) 按 Enter 键，原图中的直径数字 36 即修改为 40，如图 3.106 所示。

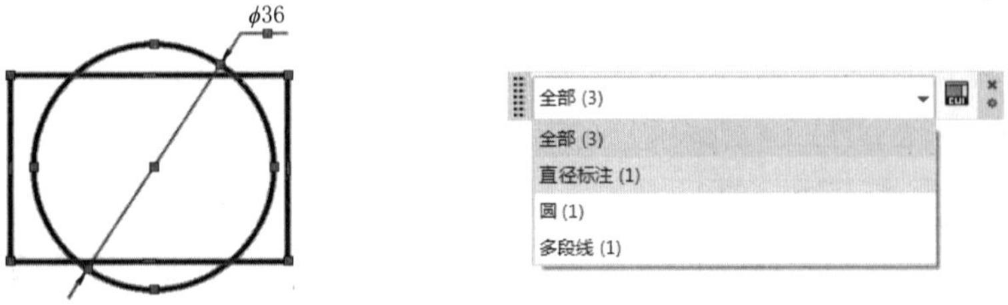

图 3.105　选择“直径标注”

图 3.106　文字替代

(5) 按 Esc 键退出“快捷特性”。

注意： 无论哪一种“特性”编辑，将尺寸数值进行“文字替代”时，只改变图形的尺寸数值，不能改变图形实际大小。

课　后　训　练

1. 用“圆环”和“多段线”命令绘制图 3.107 所示的徽标。
2. 用“椭圆”命令绘制图 3.108、图 3.109 所示的平面图形。
3. 用“多线”“圆弧”“分解”和“修剪”命令绘制图 3.110 所示的立交桥。
4. 用“圆”“圆角”“偏移”“修剪”等命令绘制如图 3.111 所示的挂钩。
5. 用“夹点编辑”和“旋转”命令绘制图 3.112 所示的图形。

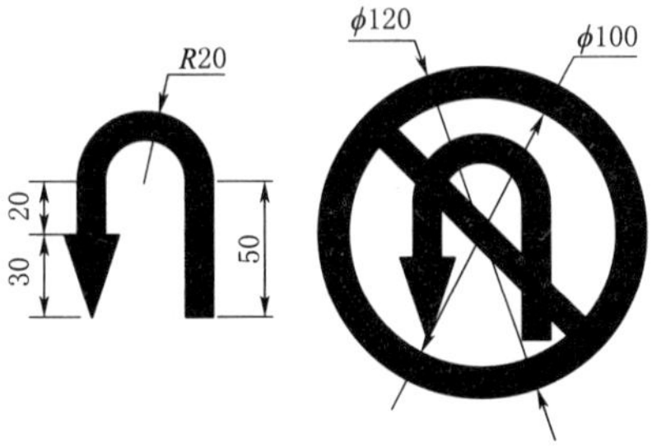

图 3.107　徽标

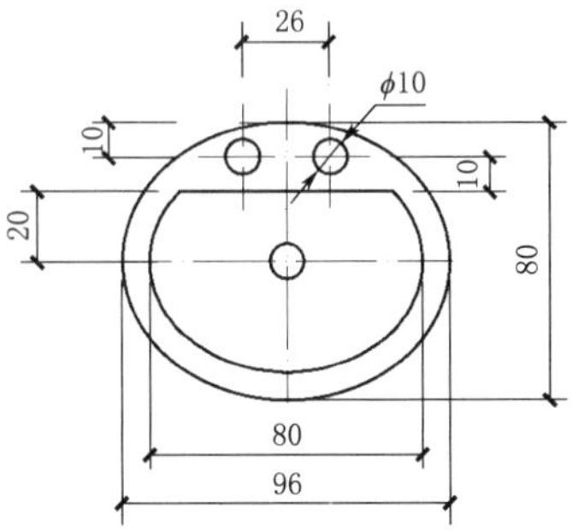

图 3.108　洗手池

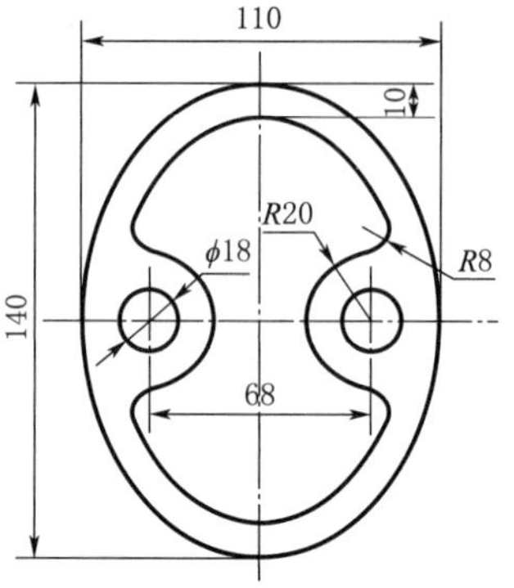

图 3.109　平面图形

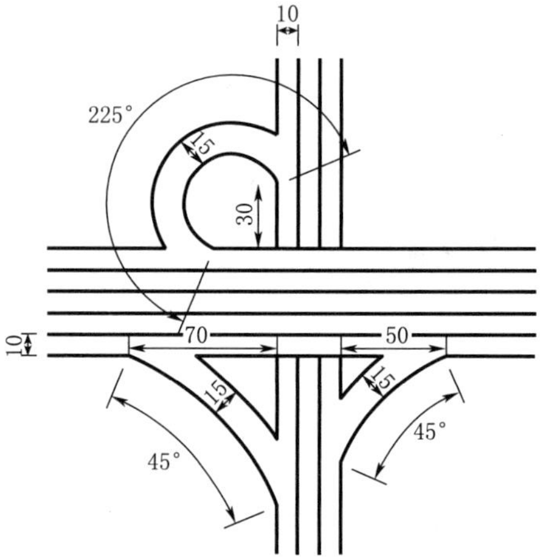

图 3.110　立交桥

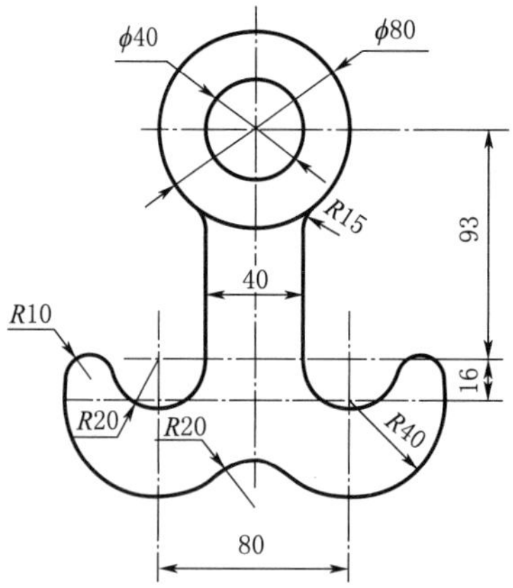

图 3.111　挂钩

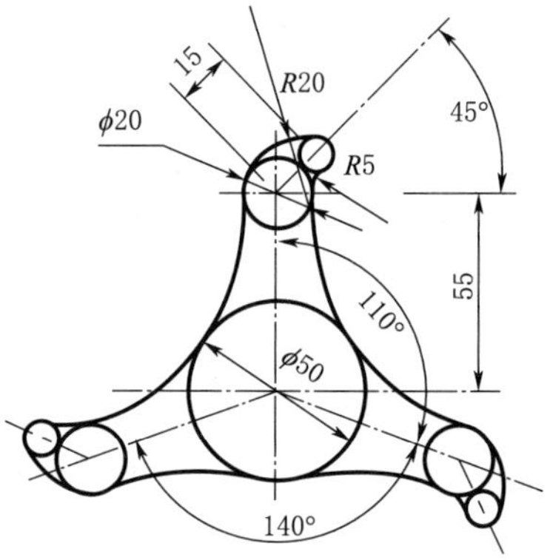

图 3.112　夹点编辑与旋转

6. 综合运用绘图与编辑命令绘制图 3.113～图 3.119 所示的平面图形。

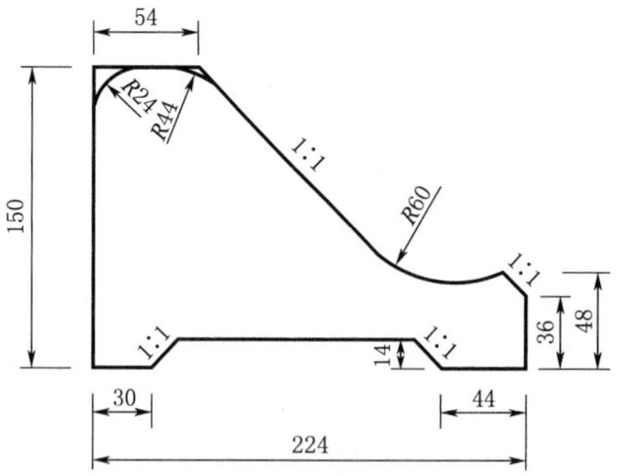

图 3.113　平面图形（1）

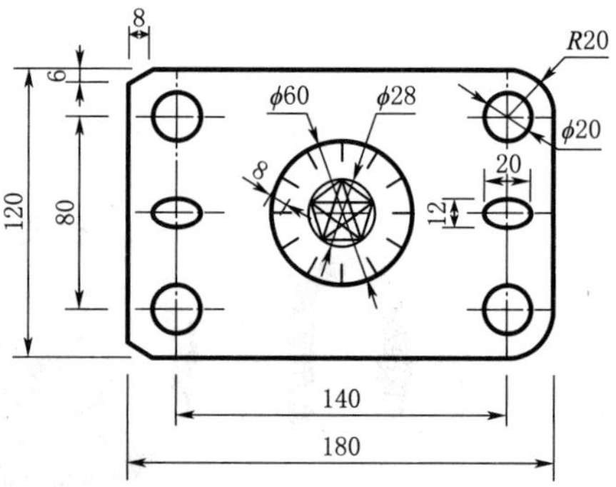

图 3.114　平面图形（2）

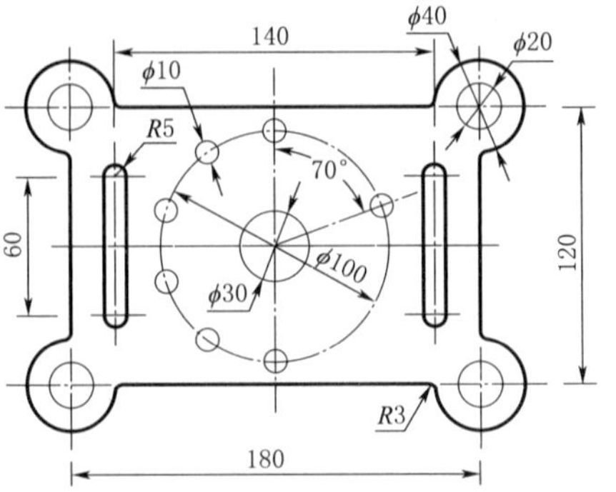

图 3.115 平面图形（3）

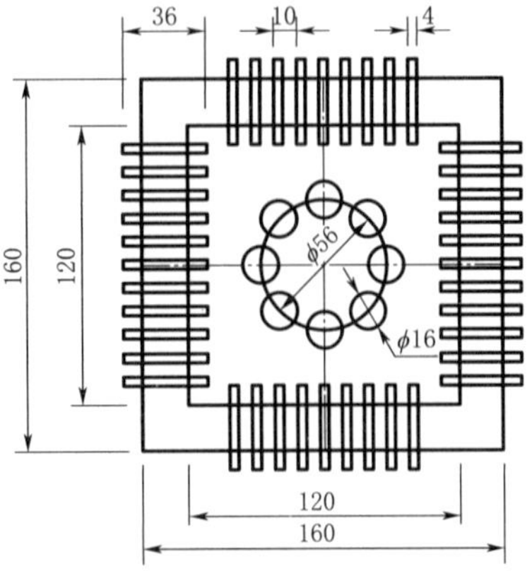

图 3.116 平面图形（4）

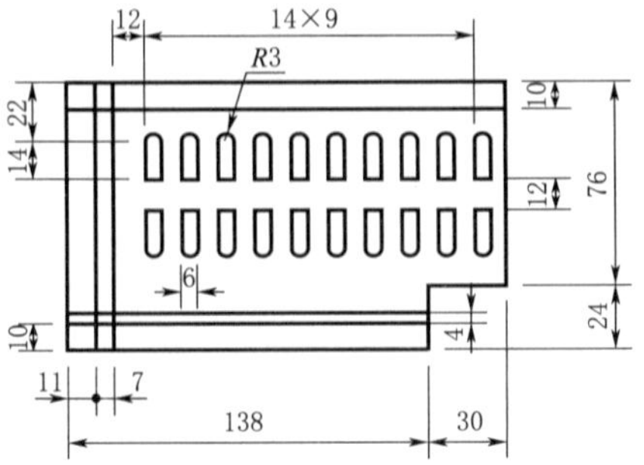

图 3.117 平面图形（5）

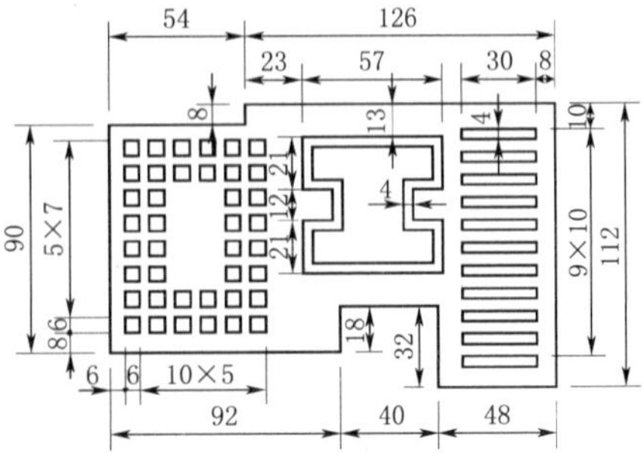

图 3.118 平面图形（6）

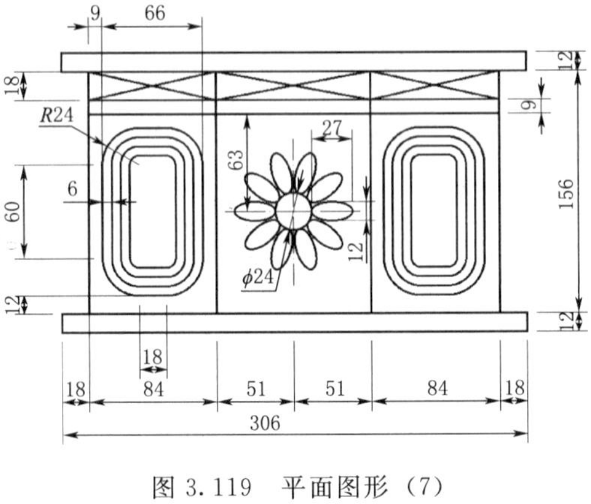

图 3.119 平面图形（7）

模块 4

绘制轴测图与视图

学习目标：

（1）掌握 AutoCAD 绘制三视图与等轴测图的方法。

（2）掌握 AutoCAD 绘制剖视图与剖面图的方法。

在工程制图中，对工程形体的表达有视图、剖视图、剖面图等方法。有时为了能更好地帮助读图，还需绘制轴测图作为辅助图样，增强图样的直观感。在本模块中不对这些图样的表达原理进行解释，只介绍如何用 AutoCAD 来绘制这些图形。

任务 1　绘制三视图与等轴测图

1. 三视图的绘制

三视图的投影规律：正视图与俯视图长对正，正视图与左视图高平齐，俯视图与左视图宽相等，可以概括为：长对正、高平齐、宽相等。

绘制方法：运用前面所讲的二维图形的绘制与修改命令以及正交、对象捕捉、对象追踪等绘图辅助工具即可绘制三视图。

2. 等轴测图的绘制

轴测图是反映形体三维形状的二维图形，它富有立体感，能帮助人们更快、更清楚地认识物体的结构，在 AutoCAD 中可以用等轴测图来进行表达。

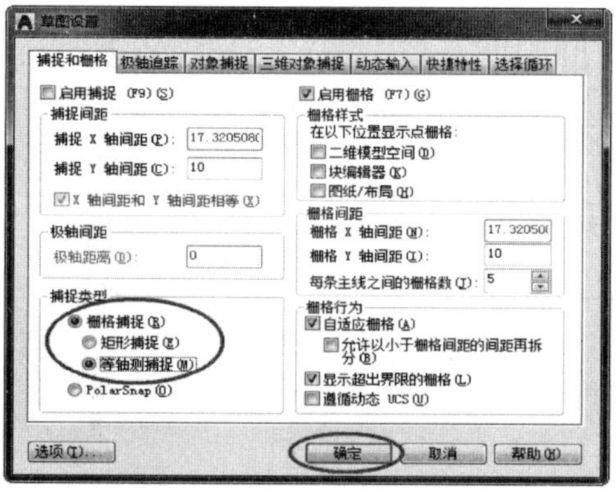

图 4.1　“草图设置”对话框

绘制方法：

（1）右击状态栏“显示图形栅格”按钮，单击“网格设置”，打开“草图设置”对话框，在“捕捉类型”区域选择“等轴测捕捉”，如图 4.1 所示。

（2）单击“确定”按钮，退出对话框，十字光标将处于左轴测面内，按 F5 键可切换到顶轴测面，再按 F5 键可切换到右轴测面，如图 4.2 所示。

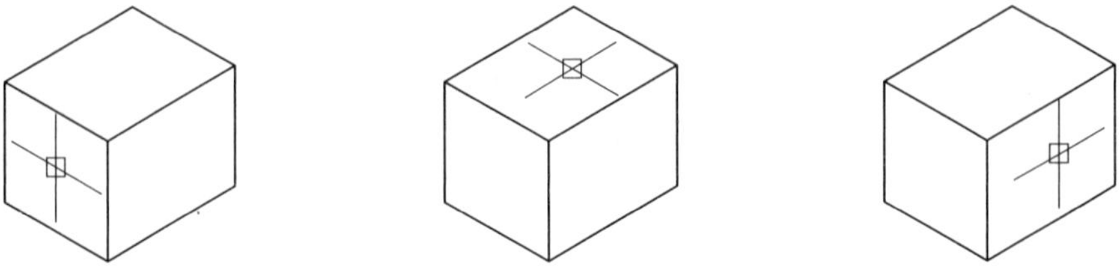

（a）左轴测面　　（b）顶轴测面　　（c）右轴测面

图 4.2　切换不同的轴测面

（3）使用“正交”模式绘制各轴测面上的图线。

操作示例：绘制如图 4.3 所示的等轴测图，操作如下。

（1）绘制六面体。

1）按 F5 键切换光标到右轴测面，打开“正交”，用“直线”命令绘制右轴测面矩形，如图 4.4（a）所示。

2）按 F5 键切换光标到左轴测面，用“直线”命令绘制左轴测面矩形，如图 4.4（b）所示。

3）按 F5 键切换光标到顶轴测面，用“直线”命令绘制顶轴测面矩形，如图 4.4（c）所示。

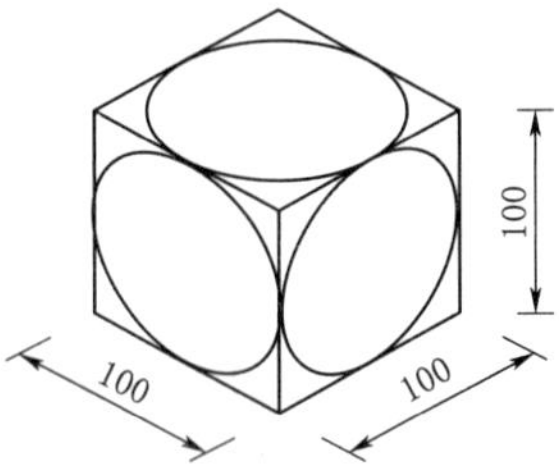

图 4.3　等轴测图

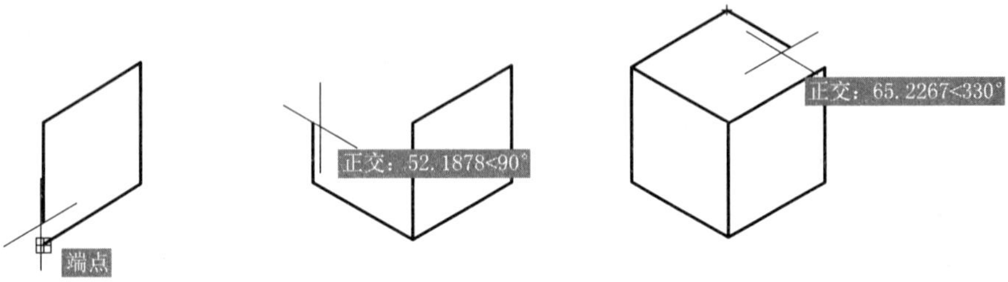

（a）右轴测面　　（b）左轴测面　　（c）顶轴测面

图 4.4　绘制六面体

（2）绘制六面体上的等轴测圆（在轴测投影图中为椭圆）。

1）绘制六面体上的对角线，如图 4.5（a）所示。

2）按 F5 键切换光标到右轴测面，绘制右轴测面椭圆，如图 4.5（b）所示。

命令：ELLIPSE　　（执行“椭圆”命令）

指定椭圆轴的端点或［圆弧（A）/中心点（C）/等轴测圆（I）］：I（选择等轴测圆选项）

指定等轴测圆的圆心：　　（捕捉对角线中点为圆心）

指定等轴测圆的半径或［直径（D）］：50　　（输入等轴测圆半径 50，回车结束）

3）按 F5 键切换光标到左轴测面，同理绘制左轴测面椭圆，如图 4.5（c）所示。

4）按 F5 键切换光标到顶轴测面，绘制顶轴测面椭圆，如图 4.5（d）所示。

5）用“删除”命令删除对角线，结果如图 4.3 所示。

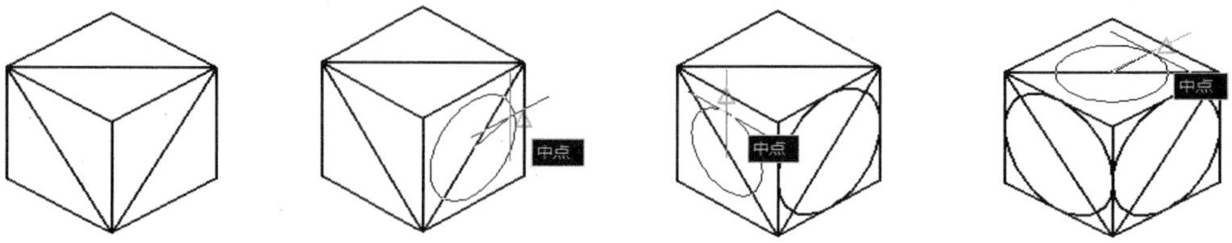

（a）对角线　（b）右轴侧面椭圆　（c）左轴侧面椭圆　（d）顶轴侧面椭圆

图 4.5　绘制等轴测圆

3. 绘图举例

【例 4.1】 根据图 4.6 所示，绘制组合体的三视图及该立体的等轴测图。

（1）画组合体的三视图，操作步骤如下：

1）设置“图形界限”“图层”“对象捕捉”等绘图环境。（步骤略）

2）在粗实线层作正视图。

a. 用“矩形”命令绘制一个长 40 、宽 24 的矩形。

b. 打开对象捕捉，使用对象追踪用“直线”命令绘制左右两段长为 10 的水平线。

c. 用“直线”命令绘制两条斜坡线，如图 4.7 所示。

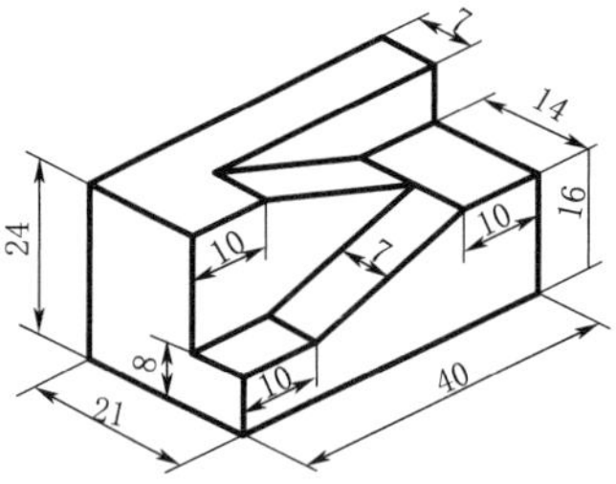

图 4.6　立体图

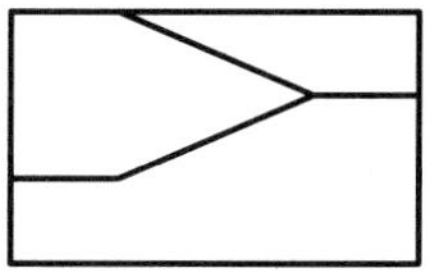

图 4.7　正视图

3）在粗实线层作俯视图。

a. 使用对象追踪，用“矩形”命令绘制一个长 40，宽 21 的矩形，如图 4.8 所示。

b. 用“分解”命令将矩形分解。

c. 用“偏移”命令分别向内偏移左右两条竖线，偏移距离均为 10。

d. 用“偏移”命令分别向内偏移上下两条水平线，偏移距离均为 7。

e. 用“修剪”命令将多余线修剪掉，如图 4.9 所示。

图 4.8　对象追踪作矩形

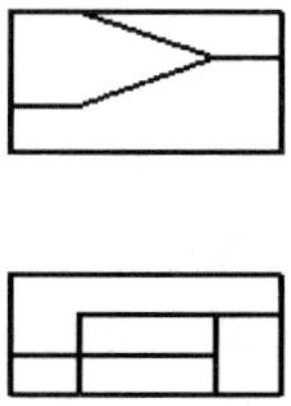

图 4.9　俯视图

4）在粗实线层作左视图。

a. 使用对象追踪，用“矩形”命令绘制一个长21，宽24的矩形，如图4.10所示。

b. 使用对象追踪，用“直线”命令、“修剪”命令绘制其余图线。

c. 由于斜坡在左视图中被挡，将斜坡线改为虚线，结果如图4.11所示。

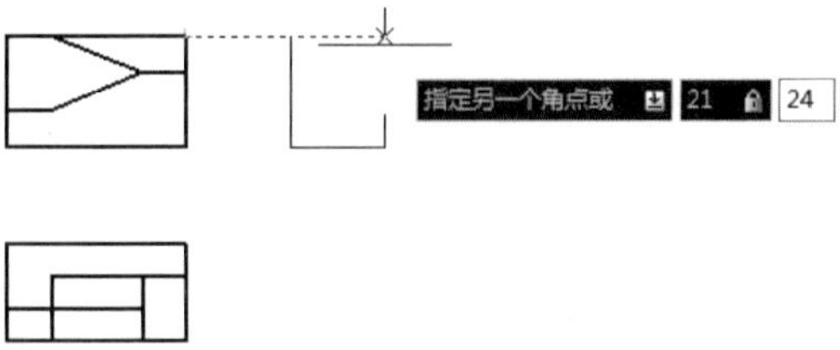

图4.10　对象追踪作矩形

d. 给三视图标注尺寸。标注尺寸知识在模块五讲，标注过程略，如图4.12所示。

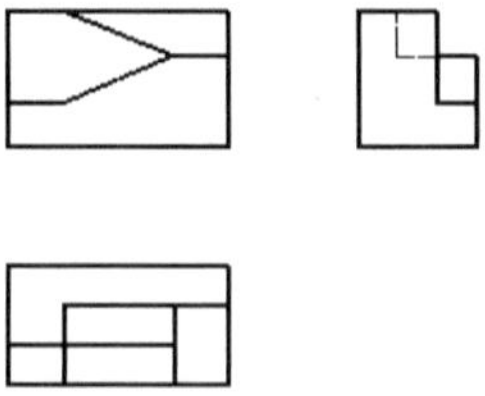
图4.11　形体三视图

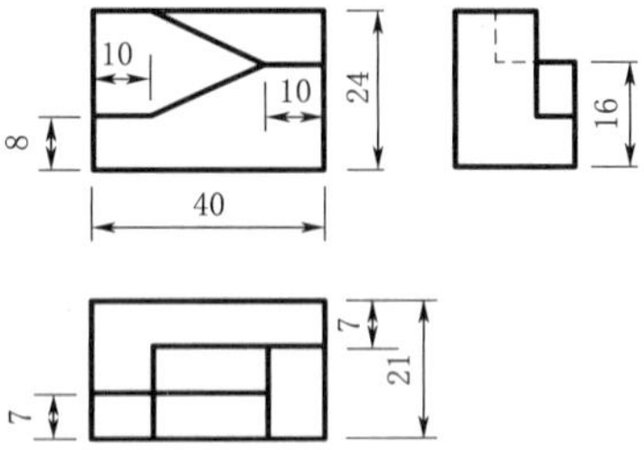

图4.12　标注三视图

（2）绘制等轴测图，操作步骤如下：

1）在图4.1所示的“草图设置”对话框中设置“等轴测捕捉”，激活轴测投影模式。

2）按F5键切换光标的轴测面，打开正交，用“直线”命令分别绘制左轴测面、右轴测面、顶轴测面的轮廓，如图4.13（a）所示。

3）用“直线”命令绘制如图4.13（b）所示图线。

4）用“直线”命令绘制斜坡线，结果如图4.13（c）所示。

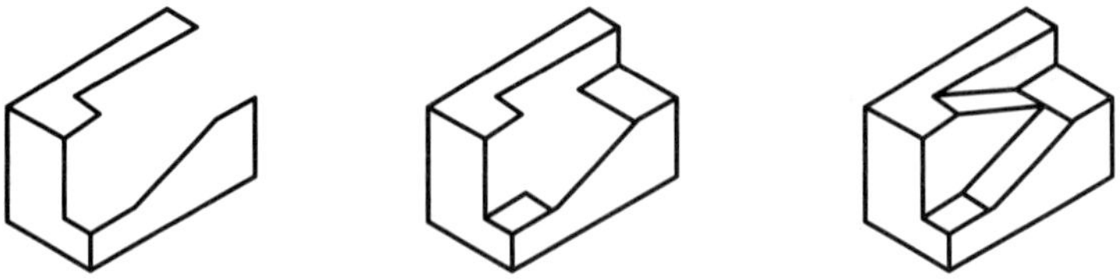
（a）绘制轴测面　（b）绘制水平面　（c）绘制斜坡线

图4.13　等轴测图绘制

【例4.2】 抄绘两视图（图4.14），补绘第三视图，并绘出等轴测图。

作图步骤如下：

（1）设置“图形界限”“图层”“对象捕捉”等绘图环境。（步骤略）

（2）在粗实线层作正视图。

1）用“矩形”命令绘制一个长44、宽52的矩形。

2）用“分解”命令将矩形分解。

3）在中心线层，用“直线”命令绘制中心线。

4）用“偏移”命令向上偏移下水平线，偏移距离 17。

5）用“圆”命令绘制下部半径分别为 5、12 的圆。

6）用“圆”命令绘制上部半径分别为 12、22 的圆。

7）用“修剪”命令将多余线修剪掉。

（3）在粗实线层作俯视图。

1）使用对象追踪，“矩形”命令绘制一个长 44，宽 30 的矩形。

2）在中心线层，用“直线”命令绘制中心线。

3）用“分解”命令将矩形分解。

4）用“偏移”命令分别向内偏移左右两条竖线，偏移距离均为 10。

5）用“偏移”命令分别向内偏移上下两条水平线，偏移距离均为 10。

6）用“修剪”命令将多余线修剪掉。

7）在虚线层，使用对象追踪，用“直线”命令绘制圆洞两条虚线。

（4）在粗实线层补画左视图。

1）用对象追踪，“矩形”命令绘制一个长 30，宽 52 的矩形。

2）在中心线层，用“直线”命令绘制圆洞中心线。

3）用“分解”命令将矩形分解。

4）用“偏移”命令向左偏移右边竖线，偏移距离为 10。

5）用“偏移”命令向上偏移下水平线，偏移距离为 17。

6）用“修剪”命令将多余线修剪掉。

7）在虚线层，使用对象追踪，用“直线”命令绘制圆洞和圆槽虚线。

结果如图 4.15 所示。

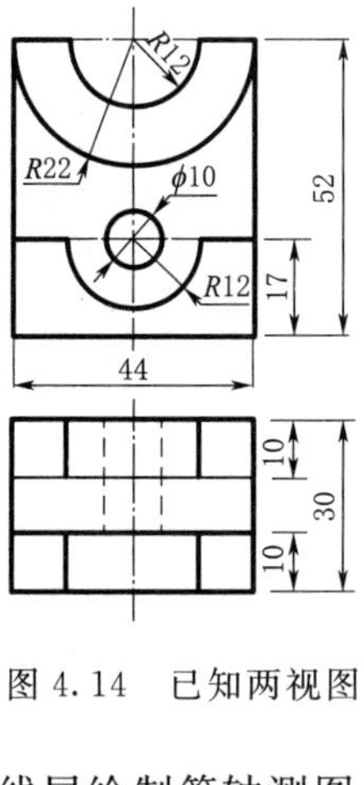

图 4.14 已知两视图

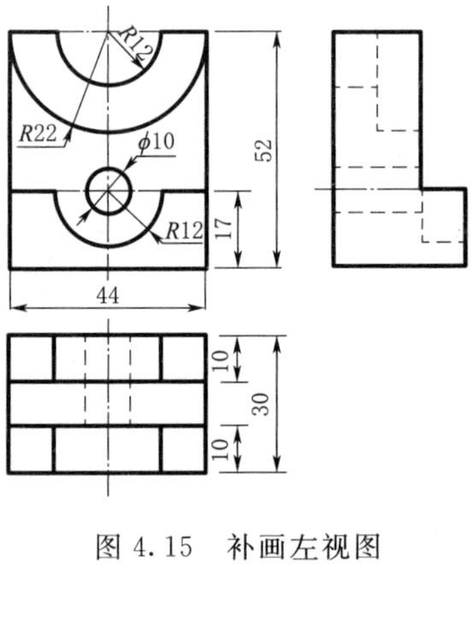

图 4.15 补画左视图

（5）用粗实线层绘制等轴测图。

1）在图 4.1 所示的“草图设置”对话框中勾选“等轴测捕捉”，激活轴测投影模式。

2）打开正交，用“多段线”命令绘制左轴测面图形轮廓，如图 4.16（a）所示。

3）按 F5 键，切换光标到顶轴测面，用“复制”命令将左轴测面图形轮廓复制到右面，如图 4.16（b）所示。

4）用直线连接左、右端面，删除右端不可见图线，如图 4.16（c）所示。

5）按 F5 键，切换光标到右轴测面，用“椭圆”命令绘制半径分别为 12、22 的等轴测圆，用“修剪”命令修剪多余图线，如图 4.16（d）所示。并将椭圆复制到后面宽度均为 10 的位置，如图 4.16（e）所示。

6）用“直线、修剪、删除”命令将图 4.16（e）生成如图 4.16（f）所示图形。

7）绘制右轴测面半径分别为 12、5 的等轴测椭圆并修剪多余图线，如图 4.16（g）所示。

8）复制半径为 12 的椭圆到后端面，用“直线、修剪”命令完善图形，结果如图 4.16（h）所示。

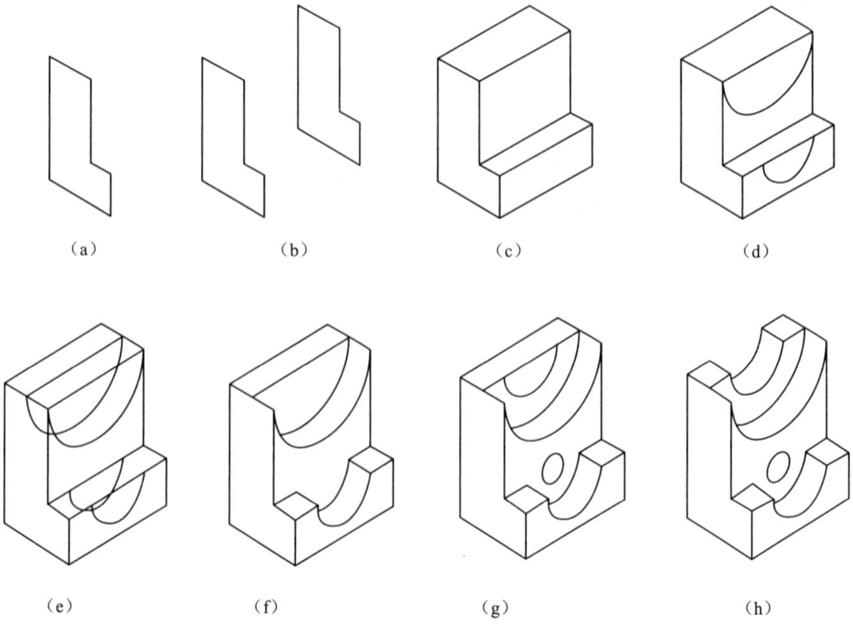

图 4.16　等轴测图绘制

任务 2　绘制剖视图与剖面图

绘制剖视图和剖面图时，对于剖切到的断面都要绘制材料图例，AutoCAD 中可利用“图案填充”命令来完成，在讲述剖视图和剖面图的绘制方法之前先介绍“图案填充”命令的操作方法。

2.1　图案填充与编辑

2.1.1　利用“图案填充和渐变色”对话框进行填充

1. 功能

用于绘制剖面符号或剖面线，表现表面纹理或涂色。

2. 命令的调用

(1) 在命令行中输入：BHATCH (H) 或 GRADIENT。

(2) 在下拉菜单中单击："绘图"→"图案填充或渐变色"。

(3) 在"绘图"工具条上单击"图案填充"或"渐变色"按钮。

(4) 在功能区中单击："默认"→"绘图"→"图案填充"或"渐变色"。

3. 操作指导

执行"图案填充"命令，即可打开"图案填充创建"选项板，可对图案填充的相关参数进行设置，如图 4.17 所示。在命令行的"HATCH 拾取内部点或 [选择对象 (S) 放弃 (U) 设置 (T)]"中输入 T，然后按下 Enter 键，弹出"图案填充和渐变色"对话框，其中包含"图案填充"和"渐变色"两个选项卡，单击右下角图标可以展开更多的选项，如图 4.18 所示。

图 4.17　"图案填充创建"选项板

图 4.18　"图案填充和渐变色"对话框

(1)"图案填充"选项卡。图案填充最关键的是选择需要的填充图案、定义填充的区域、设定合适的角度和图案比例。这些设置都在图 4.18 中进行。

1) 选择填充图案。在"图案填充"选项卡下的"类型和图案"选项区域，单击"图案"名称后面的按钮，弹出"填充图案选项板"对话框，如图 4.19 所示，从中选择需要的图案。

该对话框中有"ANSI""ISO""其他预定义""自定义"4 个选项卡，其中"其他预定义"和"ANSI"是常用的两个选项卡。

选择到需要的图案后，单击确定按钮，返回到图 4.18 的"图案填充和渐变色"对话框

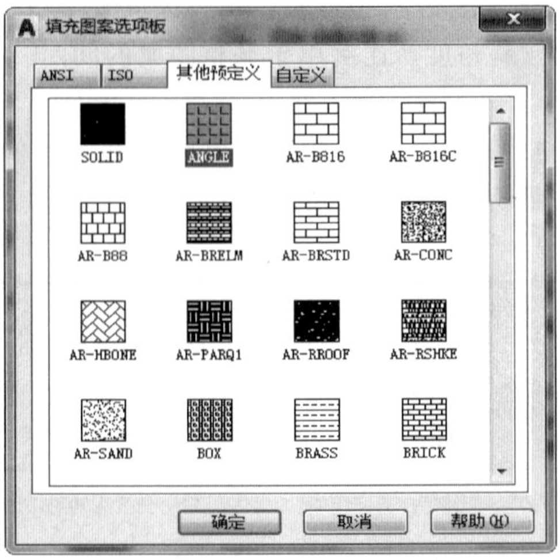

图4.19　“填充图案选项板”对话框

框，这时在“类型和图案”区可看到所选图案的名称及样例。

2）定义填充区域。在“边界”区域有2个按钮，可根据不同情况进行选择。

“添加：拾取点”按钮用于指定封闭边界内一点来定义填充区域。这是一种简便的操作方法，尤其是在边界较复杂的时候。

“添加：选择对象”按钮通过选择边界对象来定义填充区域。当填充区域由一个或几个简单对象组成时，可以用此方法。

注意：填充区域的边界一定要封闭，否则会出现“边界定义错误”提示或填充不正确。

当拾取的区域内又包含小区域（称为“孤岛”）时，AutoCAD有3种处理方式，见图4.18所示的“孤岛”区域，填充时，根据具体情况选择适当的方式。

普通填充方式：从外部边界向内填充，如果遇到一个内部区域，它将停止进行图案填充，直至遇到该区域内的另一个小区域。

外部填充方式：从外部边界向内填充，如果遇到内部区域，则停止图案填充。

忽略方式：忽略所有内部的对象，填充图案时将通过这些对象。

如图4.20所示，区域内又包含小区域，出现孤岛现象。若在矩形内侧拾取一点选择填充区域进行填充，则图4.20（a）为普通填充方式，图4.20（b）为外部填充方式，图4.20（c）为忽略方式。

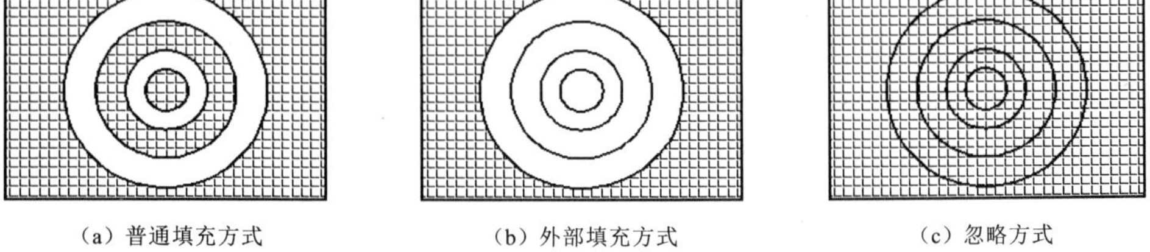

（a）普通填充方式　　（b）外部填充方式　　（c）忽略方式

图4.20　“孤岛检测”样式

3）设定合适的角度和比例。在“角度和比例”区域有“角度”和“比例”两个列表框，角度用于调整图案的倾斜角度，比例用于调整图案的间距，比例值越大，间距越大；比例值越小，间距越小。

如图 4.21 所示，图 4.21（a）是默认值（角度为 0°，比例为 1）的填充结果；图 4.21（b）是角度为 90°，比例为 3 的填充结果。

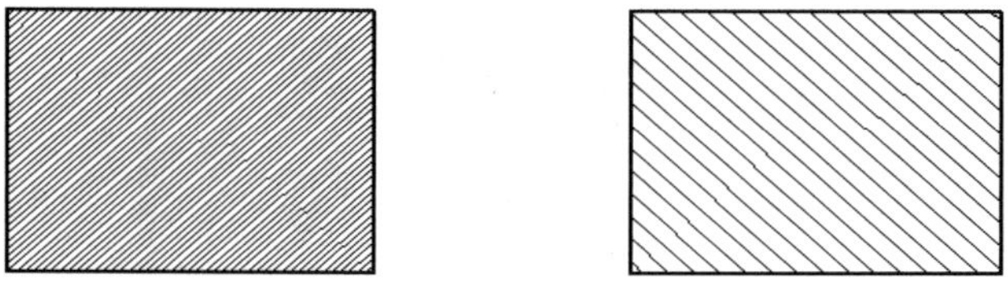

（a）角度为0°，比例为1　　（b）角度为90°，比例为3

图 4.21　图案填充

4）图案填充的“关联”性。在图 4.18 所示的“图案填充和渐变色”对话框中的“选项”区域，勾选“关联”复选框，表示填充与边界是关联的，关联的图案填充会随着边界的修改自动更新，如图 4.22（a）所示。一般情况下，设置为勾选。

去掉“关联”选择，表示填充与边界是非关联的，非关联的图案填充不会随着边界的变化而变化，如图 4.22（b）所示。

（a）关联　　（b）非关联

图 4.22　图案填充的“关联”性

（2）“渐变色”选项卡。渐变色填充是创建从一种颜色到另一种颜色的平滑过渡，可以增加演示图形的视觉效果。

渐变色填充选项卡如图 4.23 所示，在“颜色”区域可以选择单色渐变或双色渐变。

单色渐变：指定由深到浅平滑过渡的单一颜色填充图案。单击按钮[...]，打开“选择颜色”对话框，从中选择一种颜色。

双色渐变：选择颜色 1、颜色 2 后，在两种颜色之间进行渐变填充。

无论是单色渐变还是双色渐变，在选择颜色后，再选择一种过渡方式，就可以对选定的区域进行填充了。

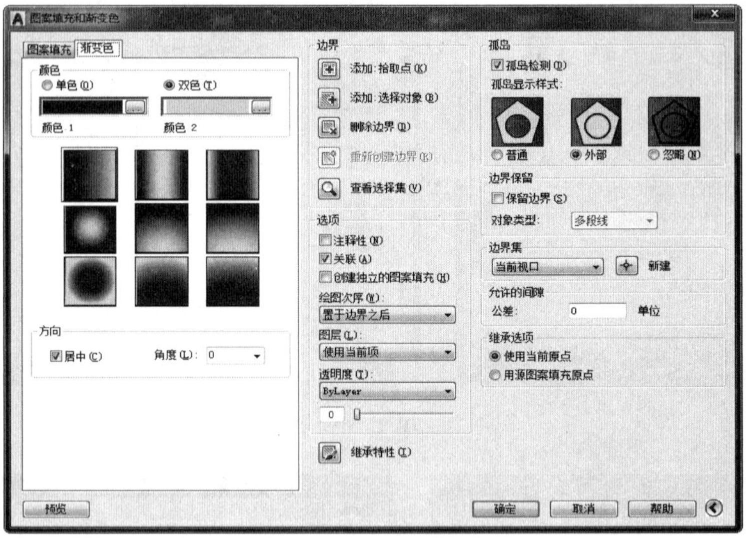

图 4.23　渐变色选项板

4. 操作示例

【例 4.3】 绘制如图 4.24 所示的钢筋混凝土底板剖面并填充材料图例。

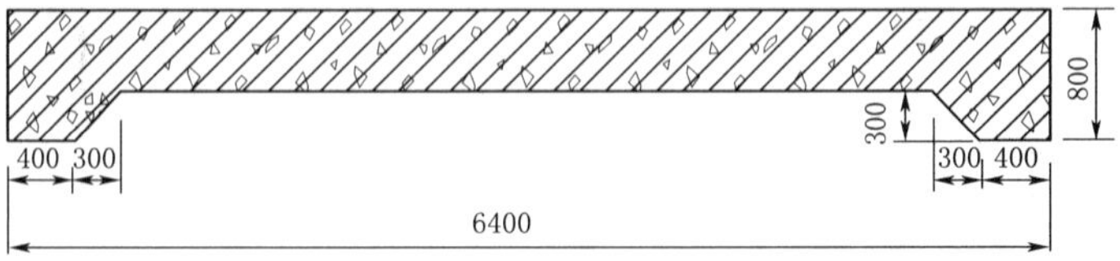

图 4.24　底板剖面

操作步骤如下：

(1) 设置图形界限 (8000×2000)，设置“粗实线”图层、“填充”图层。(步骤略)

(2) 以“粗实线”图层为当前层，绘制剖面轮廓。

(3) 以“填充”图层为当前层，填充材料图例。

AutoCAD 填充图案库中没有钢筋混凝土材料图例，通常选择 ANSI31 与 AR-CONC 叠加而成。方法是先填充 ANSI31，设置如图 4.25 所示；再填充 AR-CONC，设置如图 4.26 所示。

2.1.2 利用“工具选项板窗口”进行填充

1. 功能

利用工具选项板上的图案，直接拖动相应图案到要填充的图形进行填充。

2. 命令的调用

(1) 在命令行中输入：TOOLPALETTES。

(2) 在下拉菜单中单击：“工具”→“选项板”→“工具选项板”。

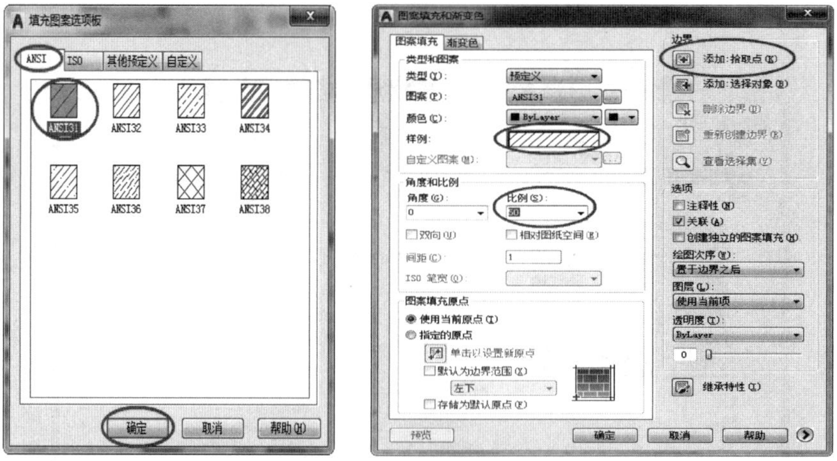

图 4.25　填充 ANSI31 图例

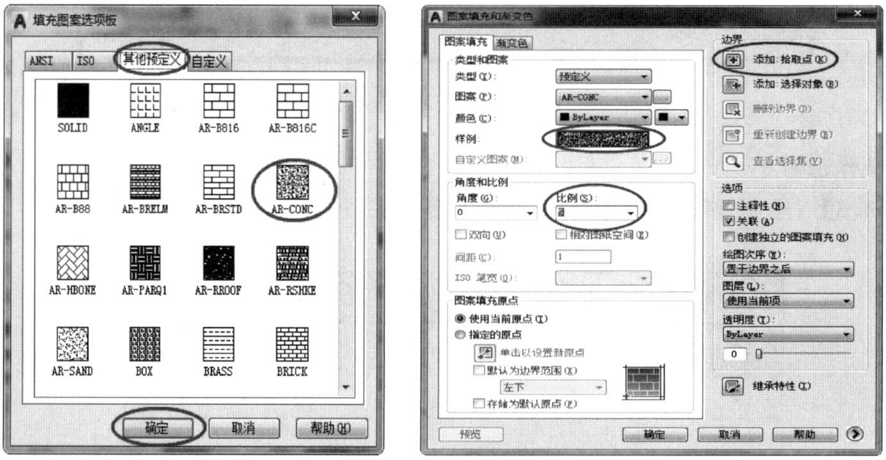

图 4.26　填充 AR-CONC 图例

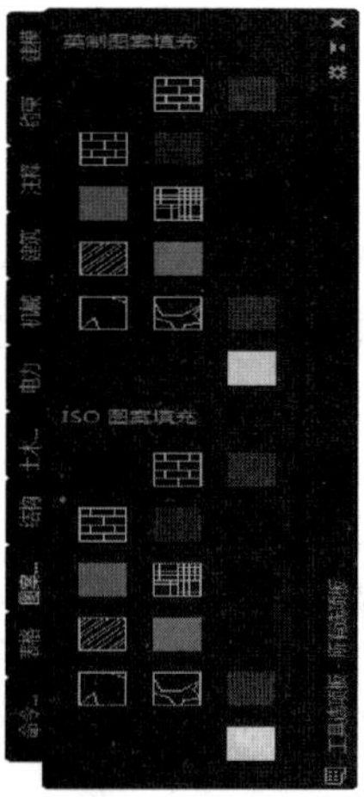

图 4.27　工具选项板

(3) 在“标准”工具条上单击“工具选项板窗口”按钮。

3. 操作指导

执行 TOOLPALETTES 后，在屏幕上弹出“工具选项板”工具条，在该工具条上选择“图案填充”选项卡，如图 4.27 所示。

4. 操作示例

在矩形中填充“砂砾”。

(1) 在“英制图案填充”区的“砂砾”图案上单击右键，弹出快捷菜单。在该快捷菜单上选择“特性”，弹出“工具特性”对话框（图 4.28），在该对话框中，调整比例、角度等选项，然后单击“确定”按钮。

(2) 在“砂砾”图案上单击鼠标左键，然后将图案拖动到矩形中。结果如图 4.29 所示。

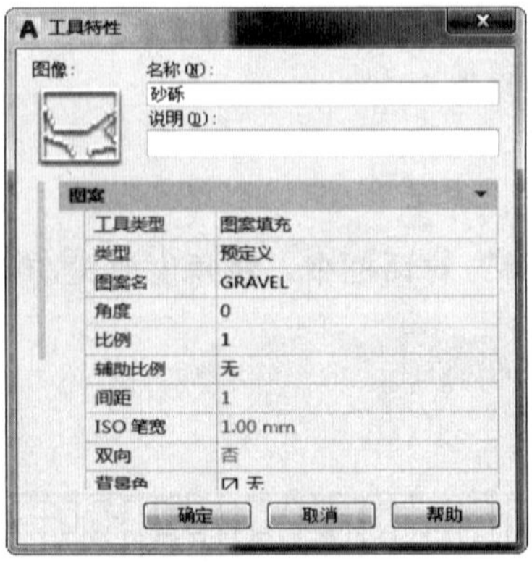

图 4.28　工具特性

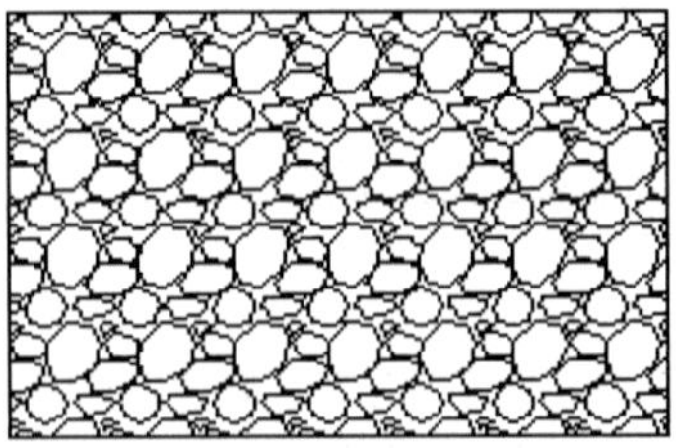

图 4.29　填充砂砾

2.1.3　图案填充编辑

1. 功能

对填充完成后的图形，进行图案的类型、比例和角度等项目的修改。

2. 命令的调用

（1）在命令行中输入：HATCHEDIT。

（2）在下拉菜单中单击："修改" → "对象" → "图案填充"。

（3）在功能区中单击"修改"面板上的"编辑图案填充"按钮。

3. 操作指导

命令：HATCHEDIT

选择图案填充对象：

选择要编辑的图案后，系统会弹出如图 4.30 所示的"图案填充编辑"对话框，用户可在该对话框中选择要修改的参数。

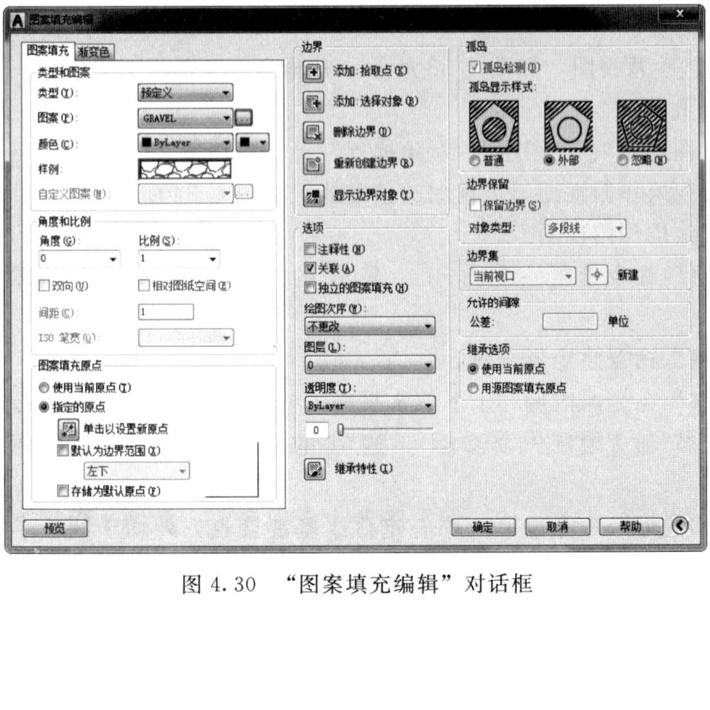

图 4.30　"图案填充编辑"对话框

4. 操作示例

将图 4.31 中的填充图案比例改为 0.05，角度改为 90°。

命令：HATCHEDIT

选择图案填充对象：

选择图案后，在图 4.30 所示的“图案填充编辑”对话框中，将角度改为 90°，比例改为 0.05，单击“确定”按钮。结果如图 4.32 所示。

结果如图 4.31 所示。

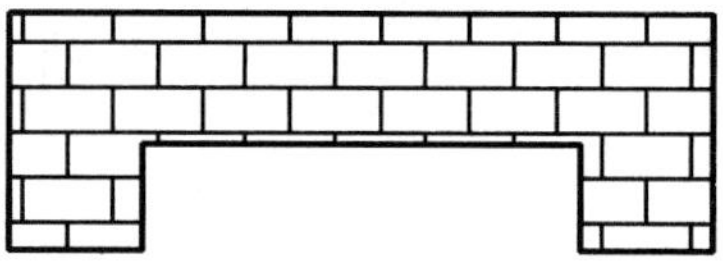

图 4.31　图案填充

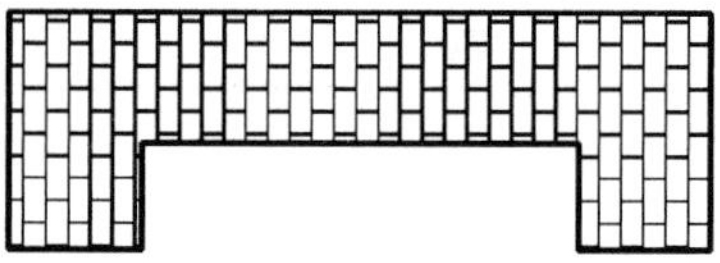

图 4.32　编辑图案

2.2 绘制剖视图与剖面图

1. 剖视图的画法

(1) 根据所给的视图，选择适当的剖切位置。

(2) 画剖切后形体的形状。

(3) 实体部分填充材料。

注意：在画剖视图时，剖视图的标注应该符合相关制图标准规定。

2. 剖视图和剖面图的区别

在画剖视图时，既要画出与剖切平面接触到的形状并填充，而且还要画出剖切平面后面的可见轮廓线。

在画剖面图时，只画出与剖切平面接触到的物体的形状并填充。

3. 绘图举例

【例 4.4】 抄绘两视图，如图 4.33 所示，补画 A—A 剖视图。

操作步骤如下：

(1) 设置“图形界限”“图层”“对象捕捉”等绘图环境。(步骤略)

(2) 在中心线层作俯视图与正视图的基准线，如图 4.34 所示。

(3) 在粗实线层作俯视图。

1) 用“矩形”命令绘制一个长 70 、宽 32 的矩形，矩形中心与绘图基准中心对齐，作外轮廓。

2) 用“分解”命令将矩形分解。

3) 用“偏移”命令向内偏移上下部水平线，偏移距离为 7，作支撑板。

4) 用“矩形”命令绘制一个长 34 、宽 32 的矩形，矩形中心与绘图基准中心对齐，作中部槽外壁。

5) 用“正多边形”命令绘制，中心定位于基准交点，外切于圆，半径 12 的正四边形，作中部槽内壁。

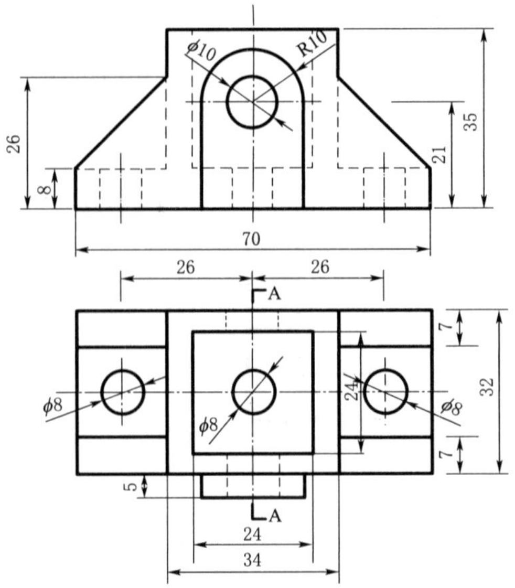

图 4.33　已知两视图

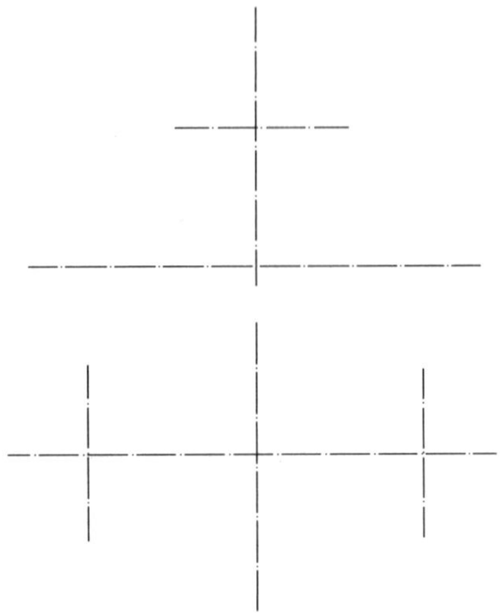

图 4.34　绘图基准线

6）用“修剪”命令将多余线修剪掉。

7）用“直线”命令绘制一个长 20 、宽 5 的前部凸台，一边与主体边线对齐。

8）用“圆”命令绘制三个直径为 8 的小圆，作三个底圆孔。

（4）在粗实线层作正视图。

1）打开对象捕捉，打开对象追踪。

2）用对象追踪，“直线”命令绘制一个长 70 底线。

3）用“直线”命令在底线左端向上绘制高为 8 的直线。

4）用“偏移”命令将底线向上偏移 26，将中心线向左偏移 17。

5）用“直线”命令连接左边外轮廓斜线。

6）用“直线”命令作左边剩余外轮廓线。

7）用“镜像”命令将左边外轮廓镜像至右边。

8）用“圆”命令绘制上部半径为 10 的半圆和直径为 10 的圆。

9）用“直线”命令作半圆切线。

10）在虚线层，“直线”命令，追踪绘制内部虚线。

11）在虚线层，“直线”命令，追踪绘制俯视图中前凸台和槽后壁圆洞虚线。

（5）在粗实线层补作 A—A 剖视图。

1）打开正交，打开对象捕捉，打开对象追踪。

2）用对象追踪，“直线”命令分别绘制长为 35、32、31、5、4、27 的直线，构成 A—A 剖视图的轮廓。

3）中心线层绘制底圆中心线，结果如图 4.35 所示。

4）用“偏移”命令将中心线向两边偏移，偏移距离均为 12，作槽内边线。

5）用“偏移”命令将底边线向上偏移，偏移距离为 8，作槽底边线。

6）用“偏移”命令将中心线向两边偏移，偏移距离为4，作底圆内壁线；

7）中心线层追踪绘制前凸台中心线。

8）用“偏移”命令将前凸台中心线向上下偏移，偏移距离为5，作凸台孔内壁线。

9）用“修剪”命令将多余线修剪掉，并修改图层，结果如图4.36所示。

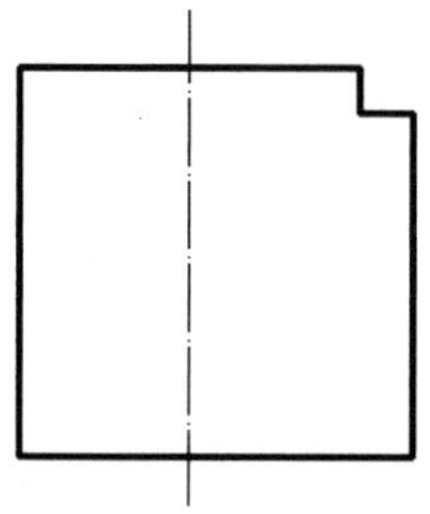

图4.35　A—A轮廓线

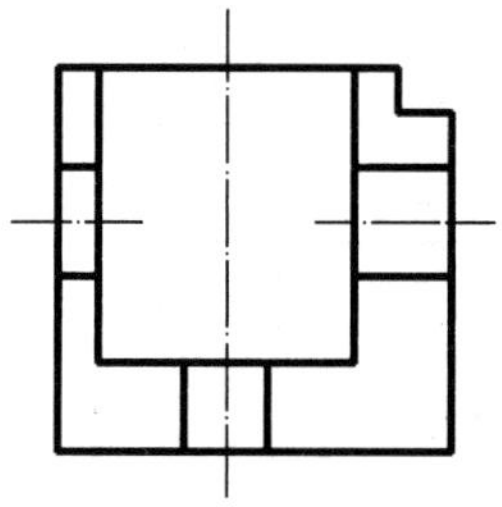

图4.36　A—A内外轮廓

（6）填充剖面图案。在剖面线层，填充ANSI31，比例1。

（7）注写文字“A—A剖视图”。(文字注写在模块五介绍)，结果如图4.37所示。

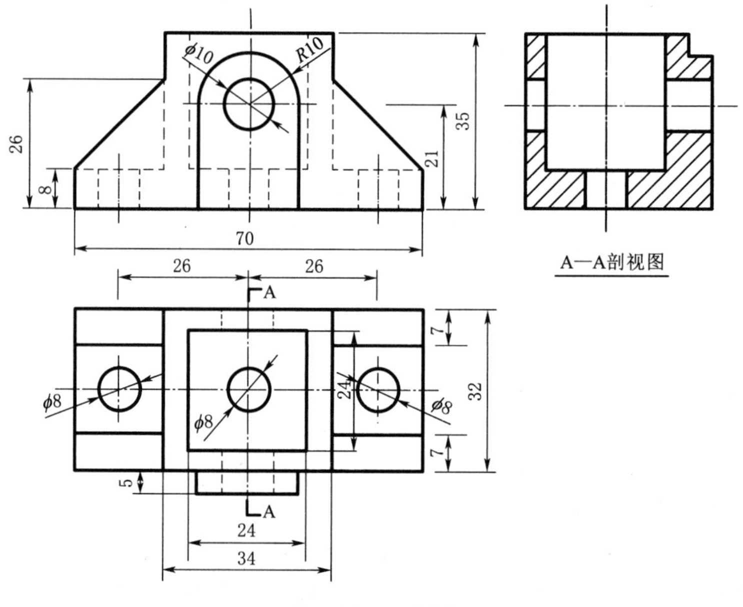

图4.37　三视图

【例4.5】　已知两视图与3—3剖视图（图4.38），补绘1—1、2—2剖面图。

操作步骤如下：

（1）设置“图形界限”“图层”“对象捕捉”等绘图环境。(步骤略)

（2）在粗实线层抄绘原图，过程就不再叙述了。

（3）用“复制”命令复制3—3剖视图，修剪两侧，中心线向两侧各偏移6，上下翼厚度不变，在剖面线层填充，即可修改为1—1剖面图。

（4）同 1—1 剖面图一样，修改即可得 2—2 剖面图。

结果如图 4.39 所示。

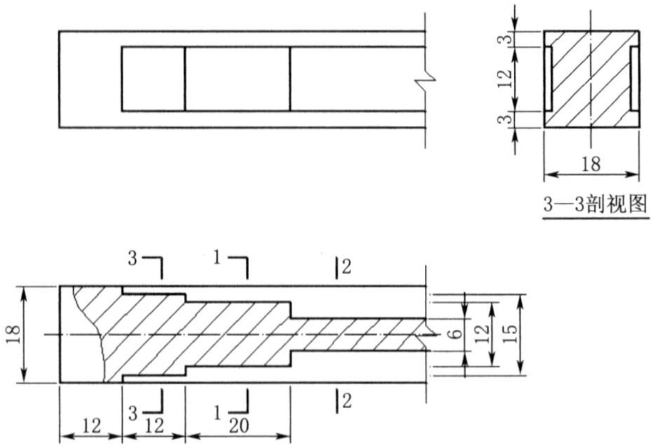

图 4.38 已知视图

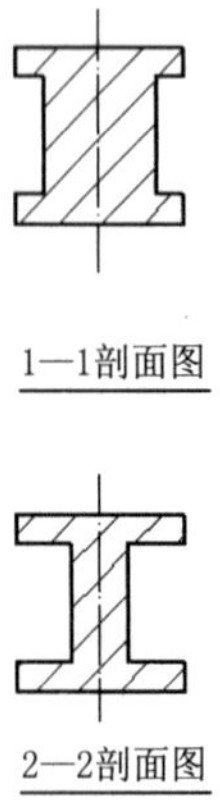

图 4.39 剖面图

课 后 训 练

1. 抄绘图 4.40～图 4.42 所示的等轴测图。

2. 绘制图 4.6 所示组合体的三视图及该立体的等轴测图。

3. 抄绘图 4.14 所示组合体的两视图，补绘第三视图，并绘出等轴测图。

4. 抄绘图 4.33 所示两视图，补画 A—A 剖视图。

5. 抄绘图 4.38 所示两视图与 3—3 剖视图，补画 1—1、2—2 剖面图。

6. 抄绘两视图，如图 4.43 所示，并补画第三视图。

7. 抄绘两视图，如图 4.44 所示，补画 A—A 剖视图，材料为钢筋混凝土。

8. 已知两视图，如图 4.45 所示，补画 1—1、2—2 剖面图。材料为浆砌块石。提示：选项板中无浆砌块石材料，故需手绘砌石，再填充实体（solid）。

9. 抄绘图 4.46 所示涵洞进口的等轴测图，在 A3 图幅内用 1∶10 的比例绘制涵洞进口的三视图。

10. 抄绘图 4.47 所示钢筋混凝土基础的等轴测图，在 A3 图幅内绘制视图与剖视图。

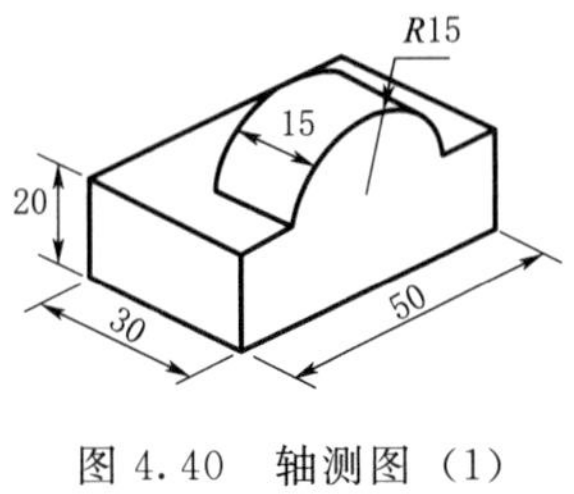

图 4.40 轴测图（1）

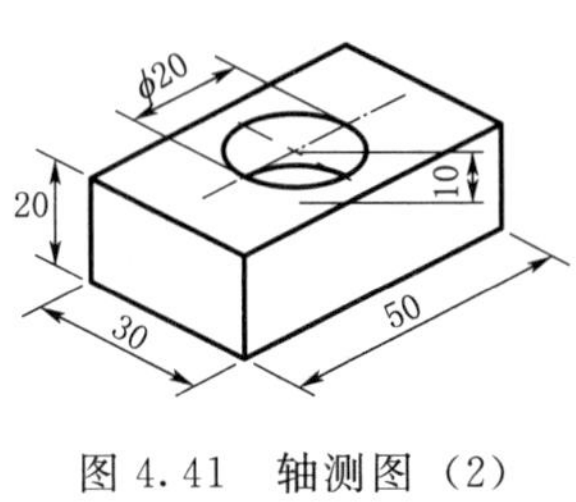

图 4.41 轴测图（2）

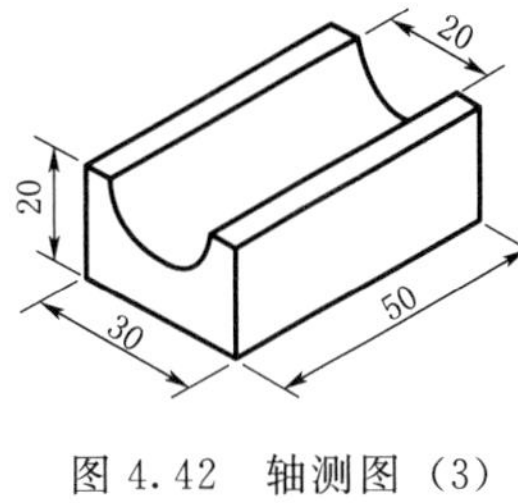

图 4.42 轴测图（3）

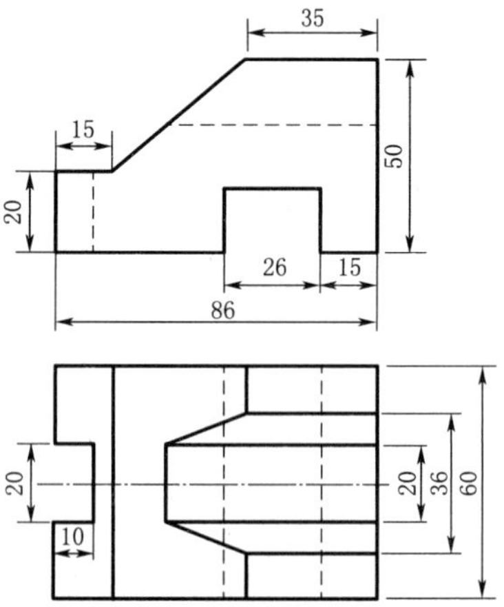

图 4.43 已知视图（1）

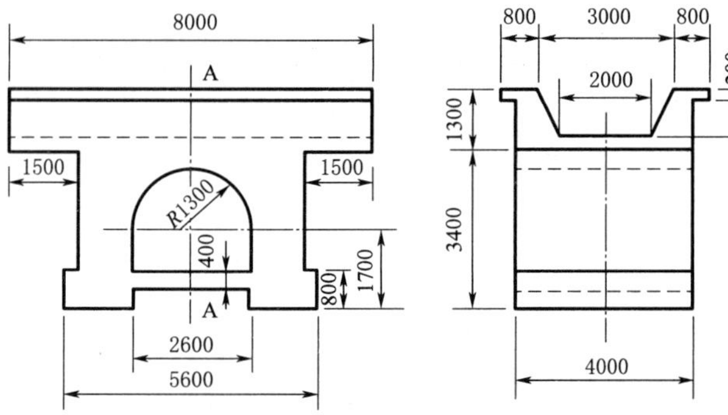

图 4.44 已知视图（2）

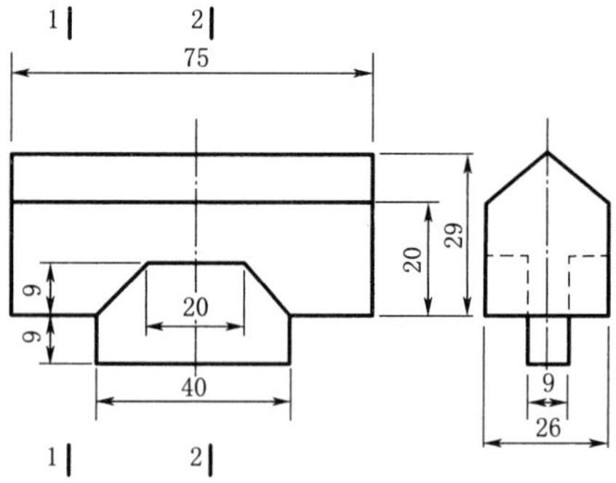

图 4.45 已知视图（3）

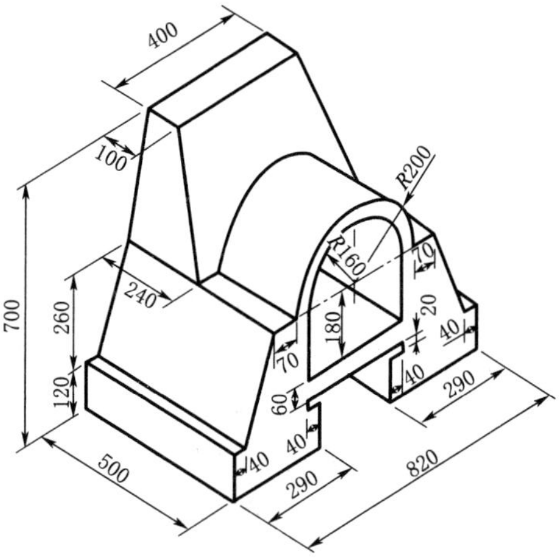

图 4.46 涵洞进口等轴测图

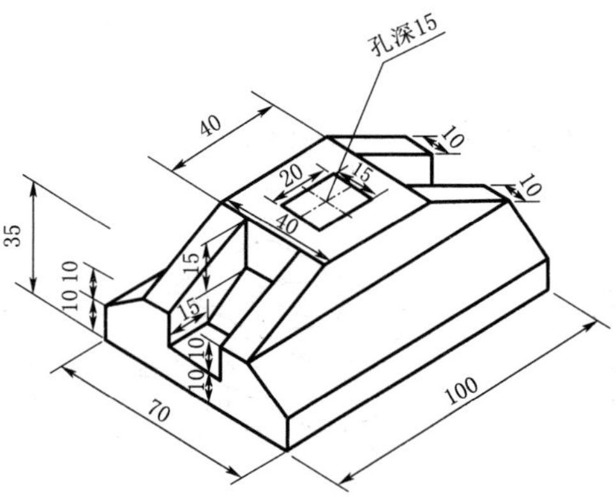

图 4.47 已知等轴测图

模块 5

图 形 注 释

学习目标：

（1）掌握文字的标注与编辑方法。

（2）掌握尺寸的标注与编辑方法。

（3）掌握表格样式的设置、表格的创建与编辑方法。

任务 1 文 字

1.1 文字注释

工程图样中，除了要绘制具体的图线和图例外，还有注释文字、尺寸、表格、符号等。对工程图样进行文字、尺寸、表格、符号等的标注叫工程标注。本任务对文字、尺寸、表格的标注方法进行介绍。

创建文字样式在模块 2 的任务 4 中进行了介绍，本任务不再重复。

1.1.1 单行文字的注释

1. 功能

输入的单行文字是一个独立的整体，不可分解，不能对其中的字符设置另外的格式。

2. 命令的调用

（1）执行菜单。单击“绘图→文字→单行文字”命令。

（2）工具栏图标。单击“文字”工具条上“单行文字”按钮 A。

（3）命令行输入。“TEXT”↙。

（4）在功能面板上。单击“默认→注释→文字→单行文字”。

（5）在功能面板上。单击“注释→文字→单行文字”。

3. 操作指导

命令：TEXT

当前文字样式：“汉字” 文字高度：2.5000 注释性：否 对正：左

指定文字的起点或［对正（J）/样式（S）］：

指定高度〈2.5000〉：5↙

指定文字的旋转角度〈0〉：↙

4. 参数说明

（1）指定文字的起点。指定文字输入的起点，系统默认状态下，文字的起点是文字的左下角。可在屏幕上选择一点，作为输入文字的起点。

（2）[对正（J）/样式（S）]。输入“J”后，按 Enter 键，命令提示如下：

[左（L）居中（C）右（R）对齐（A）中间（M）布满（F）左上（TL）中上（TC）右上（TR）左中（ML）正中（MC）右下（MR）左下（BL）中下（BC）右下（BR）]：

输入“S”后，按 Enter 键，命令提示如下：

输入样式名或[?]〈汉字〉。

（3）指定高度〈2.5000〉。指定输入文字的高度。

（4）指定文字的旋转角度〈0〉。指定输入的文字与水平线的倾斜角度，正值向左边旋转，负值向右边旋转。

注意： 用单行文字输入时，要结束一行并开始下一行，可在输入最后一个字符后按 Enter 键。要结束文字输入，可在“输入文字”提示下不输入任何字符，直接按 Enter 键。

文字中使用的特殊符号见表 5.1。

表 5.1　　特 殊 符 号 表

符号格式	对应字符	符号格式	对应字符	符号格式	对应字符
%%O	加上划线	%%C	直径（ϕ）	%%P	正、负号（±）
%%U	加下划线	%%D	度（°）	%%%	百分号（%）

注　加上划线、下划线时，第一次输入符号格式表示加线，第二次输入符号格式表示结束加线。

5. 操作示例

练习单行文字输入，输入如图 5.1 所示“设计说明”。

命令：DTEXT

当前文字样式：“汉字”　文字高度：5.0000　注释性：否　对正：左

指定文字的起点或[对正（J）/样式（S）]：　　　　（在屏幕上指定文字的左下角点）

指定高度〈5.0000〉：↙

指定文字的旋转角度〈0〉：↙

在屏幕上直接输入。结果如图 5.1 所示。

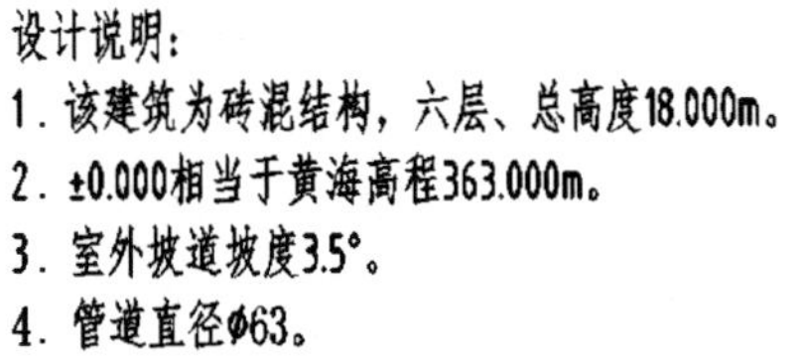

图 5.1　单行文字注释

1.1.2　多行文字的标注

1. 功能

多行文字可以包含多个文本行或文本段落，并可以对其中的部分文字设置不同的文字格式。整个多行文字作为一个对象处理，其中的每一行不再为单独的对象。

2. 命令的调用

（1）执行菜单。单击“绘图→文字→多行文字”命令。

（2）工具栏图标。单击“绘图”或“文字”工具条上按钮 A。

（3）命令行输入。“MTEXT”。

（4）在功能面板上。单击“默认→注释→文字→多行文字”。

（5）在功能面板上。单击“注释→文字→多行文字”。

3. 操作指导

在草图与注释模式下：

命令：MTEXT

当前文字样式：“汉字”　文字高度：2.5　注释性：否

指定第一角点：

指定对角点或［高度（H）/对正（J）/行距（L）/旋转（R）/样式（S）/宽度（W）/栏（C）］：

4. 参数说明

（1）“多行文字”编辑器：在指定两个角点后，系统在功能面板上弹出如图 5.2 所示的“多行文字”选项卡，即“多行文字”编辑器，

图 5.2　“多行文字”编辑器

在“多行文字”编辑器中，各面板说明如下：

1）“样式”面板：对文字的样式进行选择重新设置。

2）“格式”面板：字体、文字颜色和文字格式进行重新设置。

“**B**”：表示粗体。

“***I***”：表示斜体。

“U”：表示将文字加下划线。

“Ō”：表示将文字加上划线。

“b/a”分式按钮：用于不同分式形式的转换，转换时要先选择对象，然后再点击“b/a”按钮。

“x²”：上标按钮：用于将选定文字转为上标。

“x₂”：下标按钮：用于将选定文字转为下标。

“Aa ▾”：全部大写、小写按钮，ᵃA大写将选定的文字改为大写，Aₐ小写将选定的文字改为小写。

“清除 ▾”清除按钮：清除选定文字的格式。

3）“段落”面板：对文字的段落进行编排。

“[A]”：对正按钮：多行文字的对正方式。

“≡≡≡≡≡≡”默认、左对齐、居中、右对齐、对正、分散对齐按钮：设置段落文字的水平位置。

“☰”项目符号和编号按钮：设置文本编号。

“↕≡”行距按钮：设置文本行距。

4）“插入”面板：插入符号、文字段落和列。

“▤”列按钮：对文本分栏。

“@”符号按钮：单击后，系统会弹出插入符号的快捷菜单，如图5.3所示。

“”字段按钮：字段是对当前图形说明的文字，字段值可进行更新。单击该按钮后，系统弹出“字段”对话框，如图5.4所示。

5）“选项”面板：对文字查找和替换、拼写检查等文字格式进行选择。

“标尺”标尺按钮：控制在输入文字区上部标尺的显示。

“A A”放弃、重做按钮：放弃或重做操作。

6）“关闭”面板：关闭文字编辑器。

（2）“文字编辑”区：在指定两个角点后，系统在绘图区弹出如图5.5所示的文字编辑区。在“文字编辑”区单击右键时，系统会弹出如图5.6所示的“文字编辑”对话框。用户可通过此对“文字编辑”区的内容、属性等进行调整。

图5.3 “符号”对话框

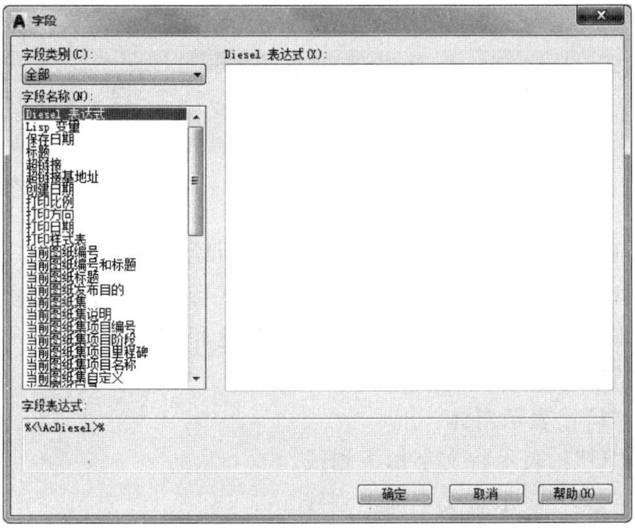

图5.4 “字段”对话框

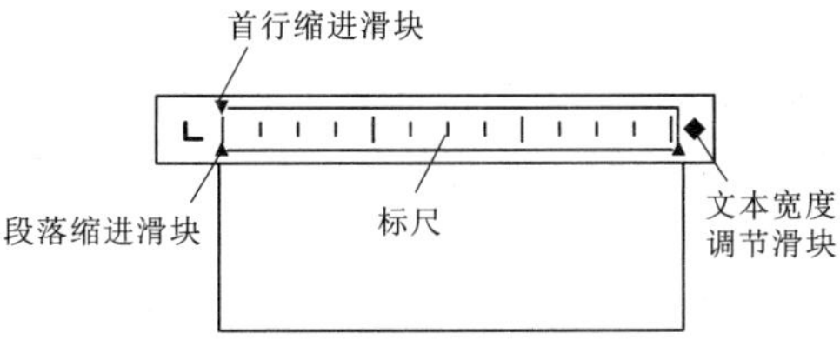

图5.5 “多行文字”编辑区

注意： 当我们将光标放在“文字编辑”区下边线及右边线时，光标变成滑块，可对文本宽度和高度进行调节。

（3）“［高度（H）/对正（J）/行距（L）/旋转（R）/样式（S）/宽度（W）/栏（C）］”选项说明如下。

“高度”：用于设置字体的高度。

“对正”：输入文字的对正方式。

“行距”：设置输入的文字每行的距离。

“旋转”：指定文字的旋转角度。

“样式”：指定文字的样式。

“宽度”：用于设置矩形框的宽度。

“栏”：文本分栏。

5. 操作示例

用“MTEXT”的命令来输入图5.1所示的设计说明。

执行命令的过程：

命令：MTEXT 当前文字样式：“汉字”　文字高度：5　注释性：否

指定第一角点：　　　　（在屏幕上指定文字的左上角点）

指定对角点或［高度（H）/对正（J）/行距（L）/旋转（R）/样式（S）/宽度（W）/栏（C）］：

（在屏幕上指定文字的右下角点）

在文字输入区按要求输入文字内容即可。

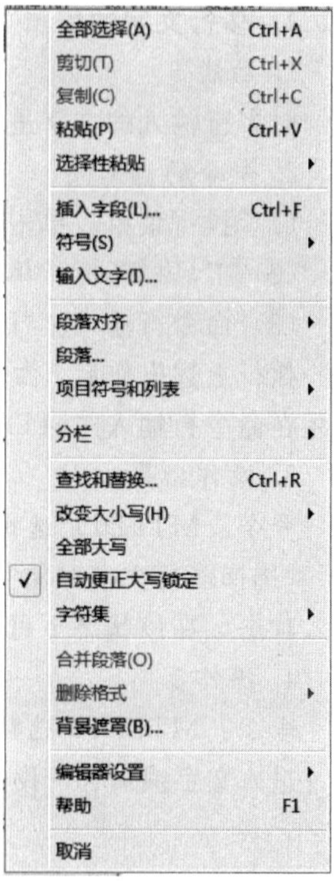

图5.6　“文字编辑”对话框

1.2 文字编辑

1.2.1 单行文字的编辑

1. 功能

对单行输入的文字进行编辑。

2. 命令的调用

（1）执行菜单。单击“修改→对象→文字→编辑”命令。

（2）工具栏图标。单击文字工具条“编辑”按钮。

（3）命令行输入。“DDEDIT”↙。

3. 操作指导

命令：DDEDIT

选择注释对象或［放弃（U）模式（M）］：

选项说明如下：

（1）如果选择的文字是用单行文字输入的，则系统就将文字激活直接进行文字内容的修改，修改完成后按Enter键确认。

（2）如果选择的文字是用多行文字输入的，则系统就会弹出多行文字输入状态，在该状态下直接进行文字内容的修改。修改完成后关闭文字编辑器。

4. 操作示例

命令：DDEDIT

选择注释对象或［放弃（U）］：　　　（选择一个单行输入的文本，如图5.7所示）

注意：对单行文字编辑时，只能对文字的内容进行编辑，而不能对文字的属性进行编辑。因此，我们在进行文字标注时，要进行周密考虑。如果我们要标注的内容可能要进行属性的修改，如大小、字体等，那么我们在标注文字时就不要用单行文字标注。

1.2.2　多行文字的编辑

1. 功能

对多行输入的文字进行编辑。

2. 命令的调用

(1) 执行菜单。单击“修改→对象→文字→编辑”命令。

(2) 工具栏图标。单击文字工具条“编辑”按钮。

(3) 命令行输入。“DDEDIT”↙。

执行上述操作后，命令要“选择注释对象”，选择多行文字，即对多行文字编辑。或采用在命令行输入“MTEDIT”。

3. 操作指导

命令：MTEDIT 选择多行文字对象：

“选择多行文字对象”：选择使用多行文字输入的多行文字，则系统就会弹出多行文字输入状态，在该状态下可进行多行文字内容的修改。修改完成后单击“确定”按钮。

4. 操作示例

命令：MTEDIT 选择多行文字对象：

进入文字编辑时，我们可以对字号、字体、文字样式等进行修改，结果如图5.8所示。

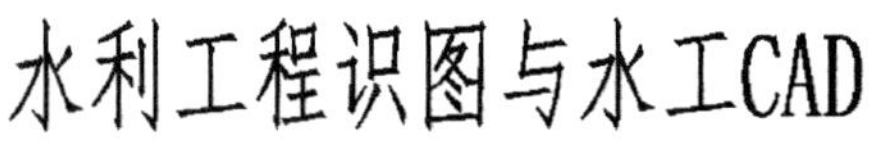

图5.7　单行文字编辑

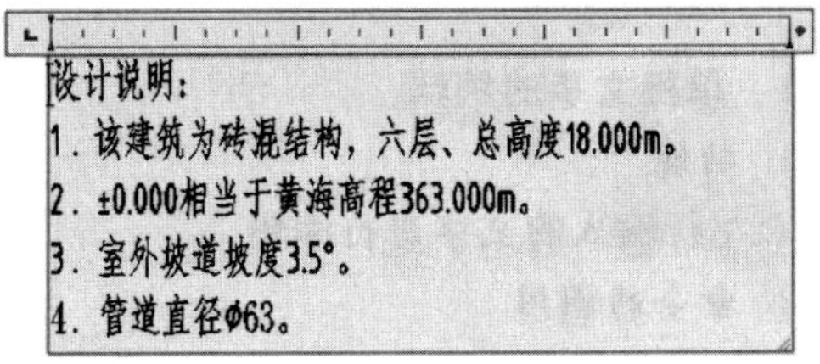

图5.8　“多行文字编辑”对话框

注意：对单行文字或多行文字进行编辑时，可以用鼠标左键连续双击需要修改对象的方法来启动“文字编辑”命令。这种快捷方式在绘图过程中要多加运用。

任务2　尺　　寸

2.1　尺寸标注

尺寸是施工技术人员进行现场施工的重要依据，尺寸标注是工程图样中必要的组成部分。

创建尺寸标注样式在模块2的任务5中进行了介绍，本任务不再重复。

同一张图样上有时要设置多种标注样式。标注样式设置好后，选择相应的标注方式进行尺寸标注。AutoCAD 2020提供了多种尺寸标注的方式，这里重点介绍主要的尺寸标注。

2.1.1　线性标注

1. 功能

用来标注水平或竖直方向线段的尺寸。

2. 命令的调用

(1) 执行菜单。单击“标注→线性”命令。

(2) 工具栏图标。单击“标注”工具条上“线性”按钮⊢。

(3) 命令行输入。“DIMLINEAR”↙。

(4) 在功能面板上。单击“注释→线性”。

3. 操作指导

命令：DIMLINEAR

指定第一条尺寸界线原点或〈选择对象〉：(指定标注对象的起点，直接按 Enter 键后，要求选择标注的对象)

指定第二条尺寸界线原点：　(指定标注对象的终点)

指定尺寸线位置或

[多行文字 (M)/文字 (T)/角度 (A)/水平 (H)/垂直 (V)/旋转 (R)]：

标注文字=15

结果如图 5.9 所示。

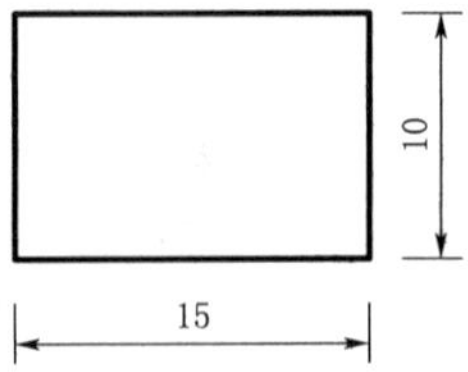

图 5.9　线性标注

4. 参数说明

“多行文字 (M)”：输入 M 后按 Enter 键，系统会弹出图 5.10 所示“文字格式”对话框，可在此对话框中输入尺寸数字。

“文字 (T)”：提示输入标注文字。

“角度 (A)”：提示输入标注文字旋转的角度。

图 5.10　“文字编辑器”对话框

“水平 (H)”：取消默认，强制执行水平标注。

“垂直 (V)”：强制执行垂直标注。

“旋转 (R)”：提示输入尺寸线的旋转角度。

5. 操作示例

标注如图 5.11 所示三角形底边和高的尺寸，结果如图 5.12 所示。

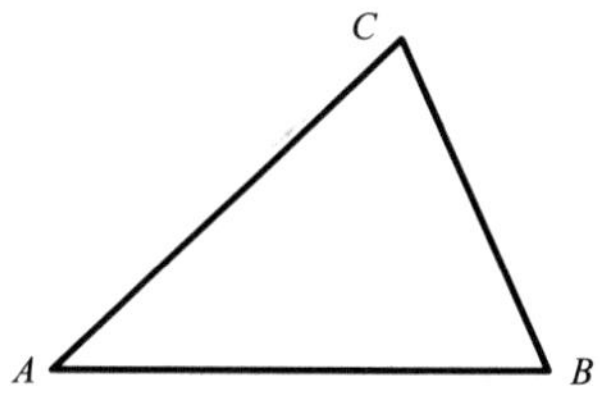

图 5.11　三角形

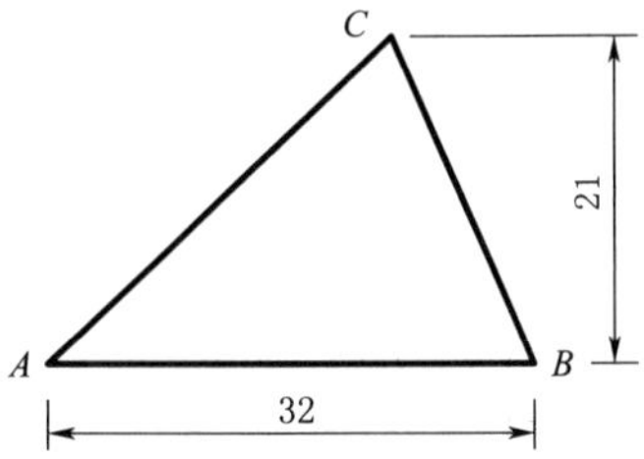

图 5.12　底边和高的尺寸标注

尺寸标注过程如下：

（1）首先标注底边的尺寸。

命令：DIMLINERR

指定第一条尺寸界线原点或〈选择对象〉：　　（选择 *A* 点）

指定第二条尺寸界线原点：　　（选择 *B* 点）

指定尺寸线位置或

[多行文字（M）/文字（T）/角度（A）/水平（H）/垂直（V）/旋转（R）]：

标注文字=32

（2）标注三角形的高

命令：DIMLINEAR

指定第一条尺寸界线原点或〈选择对象〉：　　（选择 *B* 点）

指定第二条尺寸界线原点：　　（选择 *C* 点）

指定尺寸线位置或

[多行文字（M）/文字（T）/角度（A）/水平（H）/垂直（V）/旋转（R）]：

标注文字=21

结果如图 5.12 所示。

2.1.2　对齐标注

1. 功能

用来标注倾斜方向线段的尺寸。

2. 命令的调用

（1）执行菜单。单击“标注→对齐”命令。

（2）工具栏图标。单击“标注”工具条上“对齐”按钮。

（3）命令行输入。“DIMALIGNED”↙。

（4）在功能面板上。单击“注释→已对齐”。

3. 操作指导

命令：DIMALIGNED

指定第一条尺寸界线原点或〈选择对象〉：（指定标注对象的起点，直接按 Enter 键后，要求选择标注的对象）

指定第二条尺寸界线原点：　　（指定标注对象的终点）

指定尺寸线位置或[多行文字（M）/文字（T）/角度（A）]：

标注文字=43

其操作过程和相关参数的含义与线性标注里的含义相同。

4. 操作示例

标注如图 5.11 所示三角形边长尺寸，标注过程如下：

首先进行线性标注 AB，接着再进行对齐标注 BC、CA。命令过程类似。

命令：DIMALIGNED

指定第一条尺寸界线原点或〈选择对象〉：　　（选择 *B* 点）

指定第二条尺寸界线原点：　　（选择 *C* 点）

指定尺寸线位置或［多行文字（M)/文字（T)/角度（A）］:

标注文字＝23

结果如图 5.13 所示。

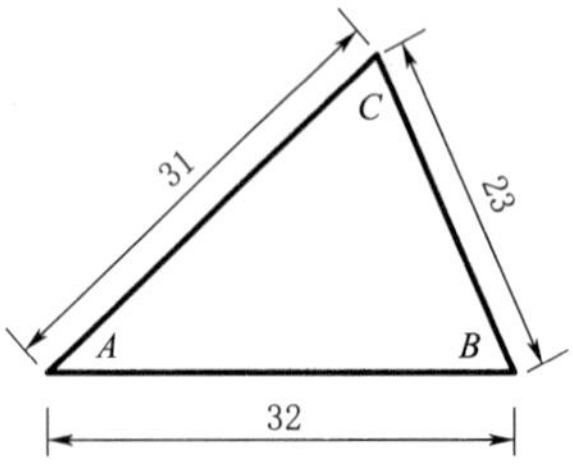

图 5.13　对齐标注

2.1.3　角度标注

1. 功能

用来标注两直线及三点之间的角度、圆弧的圆心角、圆两点之间的圆心角。

2. 命令的调用

（1）执行菜单。单击“标注→角度”命令。

（2）工具栏图标。单击“标注”工具条上“角度”按钮。

（3）命令行输入。“DIMANGULAR”↙。

（4）在功能面板上。单击“注释→角度”。

3. 操作指导

命令：DIMANGULAR

选择圆弧、圆、直线或〈指定顶点〉:（选择要标注的圆弧、圆、直线或直接按 Enter 键指定顶点）

选择第二条直线：　（选择要标注角的第二边）

指定标注弧线位置或［多行文字（M)/文字（T)/角度（A）］:（指定圆弧尺寸线的位置）

标注文字＝85

4. 操作示例

（1）标注两直线的夹角，操作过程如下。

命令：DIMANGULAR

选择圆弧、圆、直线或〈指定顶点〉:　（选择直线夹角的第一条边）

选择第二条直线：　（选择直线夹角的第二条边）

指定标注弧线位置或［多行文字（M)/文字（T)/角度（A)/象限点（Q）］:

标注文字＝37

结果如图 5.14（a）所示。

（2）标注圆弧的圆心角，操作过程如下。

命令：DIMANGULAR

选择圆弧、圆、直线或〈指定顶点〉:　（选择圆弧）

指定标注弧线位置或［多行文字（M)/文字（T)/角度（A)/象限点（Q）］:

标注文字＝103

结果如图 5.14（b）所示。

（3）标注圆上两点之间的圆心角，操作过程如下。

命令：DIMANGULAR

选择圆弧、圆、直线或〈指定顶点〉:　（选择圆上的第一点）

指定角的第二个端点：　（选择圆上的第二点）

指定标注弧线位置或［多行文字（M)/文字（T)/角度（A)/象限点（Q）］:

标注文字=122

如图 5.14（c）所示。

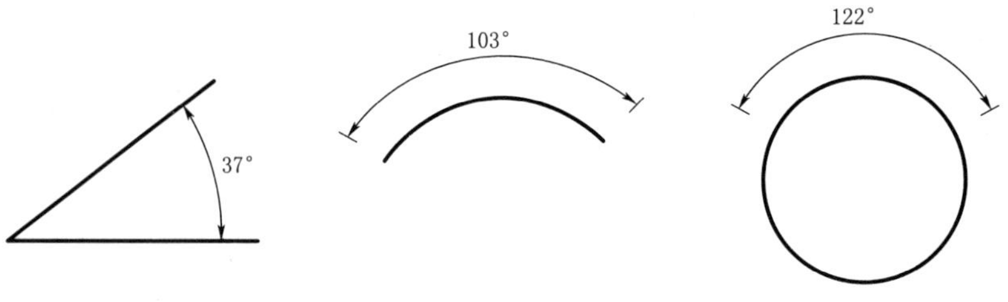

（a）直线夹角　　（b）圆弧角度　　（c）圆两点之间圆心角

图 5.14　角度标注

2.1.4　弧长标注

1. 功能

用来标注圆弧或多段线弧线段上的长度。

2. 命令的调用

(1) 执行菜单。单击“标注→弧长”命令。

(2) 工具栏图标。单击“标注”工具条上“弧长”按钮。

(3) 命令行输入。“DIMARC”↙。

(4) 在功能面板上。单击“注释→弧长”。

3. 操作指导

命令：DIMARC

选择弧线段或多段线弧线段：　　（选择圆弧）

指定弧长标注位置或［多行文字（M）/文字（T）/角度（A）/部分（P）/引线（L）］：

标注文字=29

4. 参数说明

“多行文字（M）”“文字（T）”“角度（A）”参数的含义与线性标注里的含义相同。

“部分（P）”：只标注某段圆弧的一部分弧长。

“引线（L）”：当标注大于 90°的圆弧（或弧线段）时确定是否加引线，所加的引线是指向所标注圆弧的圆心的。

注意：在标注弧长时，弧长符号位置的确定是通过新建标注样式——“符号和箭头”选项卡来进行控制的。

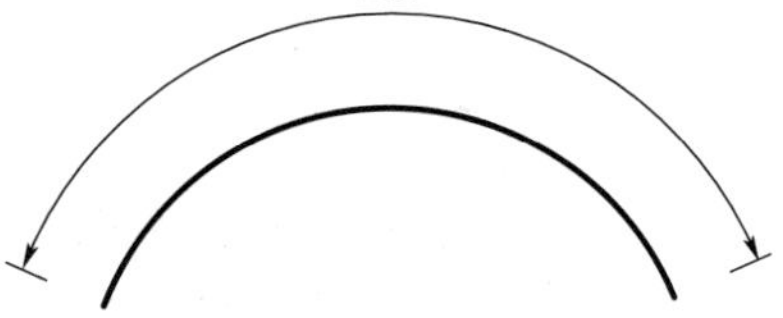

图 5.15　弧长标注

5. 操作示例

标注图 5.15 所示的圆弧长度，操作步骤如下。

命令：DIMARC

选择弧线段或多段线弧线段：　　（选择圆弧）

指定弧长标注位置或［多行文字（M）/文字（T）/角度（A）/部分（P）/引线（L）］：

标注文字=246

2.1.5　半径标注

1. 功能

用来标注圆弧或圆的半径尺寸。

2. 命令的调用

(1) 执行菜单。单击“标注→半径”命令。

(2) 工具栏图标。单击“标注”工具条上“半径”按钮。

(3) 命令行输入。“DIMRADIUS”↙。

(4) 在功能面板上。单击“注释→半径”。

3. 操作指导

命令：DIMRADIUS

选择圆弧或圆：　　　　（选择要标注的圆弧或圆）

标注文字＝26

指定尺寸线位置或［多行文字（M)/文字（T)/角度（A）］：　　（指定尺寸线的位置）

4. 参数说明

“［多行文字（M)/文字（T)/角度（A）］”：M、T、A的含义与前述内容相同。

注意：根据制图国标规定，小于或等于半圆的圆弧应标注半径尺寸，如图5.16所示。

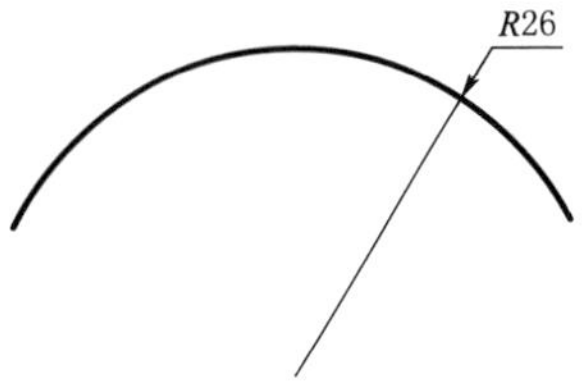

图5.16　半径标注

2.1.6　直径标注

1. 功能

用来标注大于半圆的圆弧或圆的直径尺寸。

2. 命令的调用

(1) 执行菜单。单击“标注→直径”命令。

(2) 工具栏图标。单击“标注”工具条上“直径”按钮。

(3) 命令行输入。“DIMDIAMETER”↙。

(4) 在功能面板上。单击“注释→直径”。

3. 操作指导

命令：DIMDIAMERER

选择圆弧或圆：　　　　（选择要标注的圆弧或圆）

标注文字＝37

指定尺寸线位置或［多行文字（M)/文字（T)/角度（A）］：　　（指定尺寸线的位置）

4. 参数说明

“［多行文字（M)/文字（T)/角度（A）］”：M、T、A的含义与前述内容相同。

注意：根据制图的国标规定，圆或大于半圆的圆弧应标注直径尺寸，如图5.17所示。

2.1.7　折弯标注

1. 功能

当圆弧的圆心位于布局之外并且无法在其实际位置显示时，用折弯半径标注。在方便的位置指定标注的原点，做中心位置替代。

2. 命令的调用

（1）执行菜单。单击“标注→折弯”命令。

（2）工具栏图标。单击“标注”工具条上“折弯”按钮。

（3）命令行输入。“DIMJOGGED”。

（4）在功能面板上。单击“注释→已折弯”。

3. 操作指导

命令：DIMJOGGED

选择圆弧或圆：　　　　（选择要标注的圆弧或圆）

指定图示中心位置：　　　　（选择要标注圆弧的中心位置）

标注文字＝320

指定尺寸线位置或［多行文字（M）/文字（T）/角度（A）］：　　　　（指定尺寸线位置）

指定折弯位置：　　　　（选择折弯位置）

结果如图5.18所示。

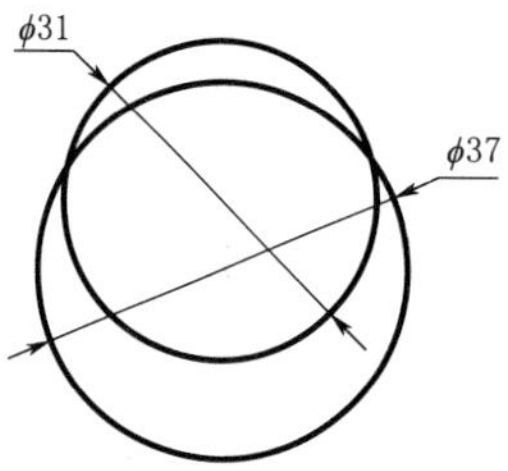

图5.17　直径标注

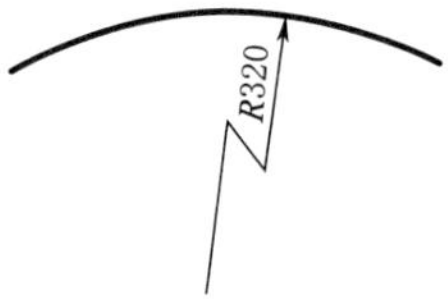

图5.18　折弯标注

4. 参数说明

“［多行文字（M）/文字（T）/角度（A）］”：M、T、A的含义与前述内容相同。

2.1.8　圆心标记

1. 功能

创建圆和圆弧的圆心标记或中心线。

2. 命令的调用

（1）执行菜单。单击“标注→圆心标记”命令。

（2）工具栏图标。单击“标注”工具条上“圆心标记”按钮。

（3）命令行输入。“DIMCENTER”。

3. 操作指导

命令：DIMCENTER

选择圆弧或圆：　　　　（选择要标注的圆弧或圆）

结果如图5.19所示。

注意： 在标注样式设置时，圆心标记类型有三种，它们分别是：无、标记、直线，另外还可以设置圆心标记的大小。实际应用时，要根据具体情况灵活应用。

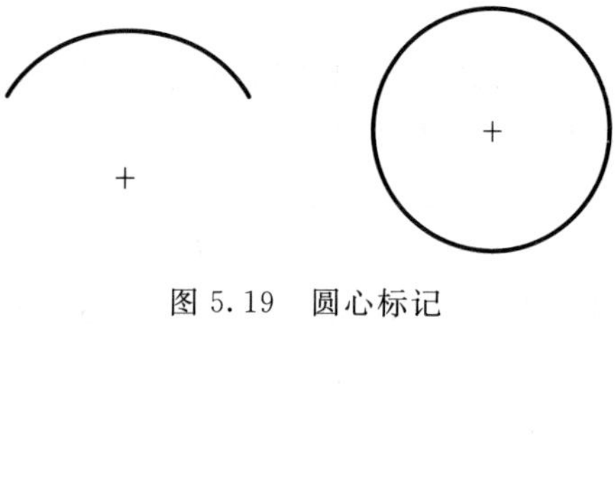
图5.19　圆心标记

2.1.9 基线标注

1. 功能

基线标注就是共用同一基线进行多个尺寸标注。但在创建基线标注之前，必须创建线性、对齐或角度等的基本标注。默认情况下，系统自动以上一个标注的第一条尺寸界线作为“基线标注”的基准。

2. 命令的调用

(1) 执行菜单。单击“标注→基线”命令。

(2) 工具栏图标。单击“标注”工具条上“基线”按钮。

(3) 命令行输入。“DIMBASELINE”。

(4) 在功能面板上。单击“注释→标注→基线”。

3. 操作指导

命令：DIMBASELINE

选择基准标注： （选择已经标注的尺寸标注）

指定第二条尺寸界线原点或［放弃（U）/选择（S）］〈选择〉：

标注文字＝20

4. 参数说明

“放弃（U）”：放弃上一步操作。

“选择（S）”：输入“S”并按Enter键后，提示“选择基准标注”，此时选择作为基线标注的标注基准。

5. 操作示例

如图5.20所示，进行基线标注。

首先标注AB的线性尺寸。

命令：DIMLINEAR

指定第一条尺寸界线原点或〈选择对象〉： （选择 *A* 点）

指定第二条尺寸界线原点： （选择 *B* 点）

指定尺寸线位置或

［多行文字（M）/文字（T）/角度（A）/水平（H）/垂直（V）/旋转（R）］：

标注文字＝20

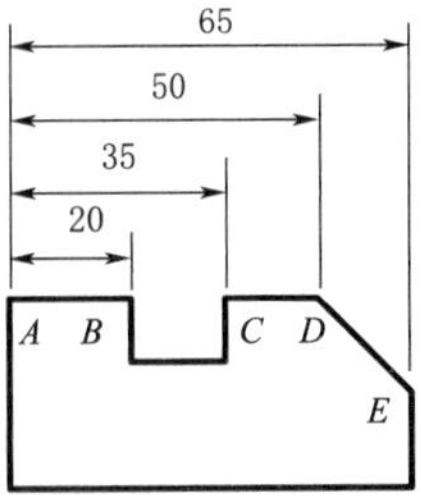

图5.20 基线标注

再用基线标注标注其他尺寸。

命令：DIMBASELINE

指定第二条尺寸界线原点或［放弃（U）/选择（S）］〈选择〉： （选择 *C* 点）

标注文字＝35

指定第二条尺寸界线原点或［放弃（U）/选择（S）］〈选择〉： （选择 *D* 点）

标注文字＝50

指定第二条尺寸界线原点或［放弃（U）/选择（S）］〈选择〉： （选择 *E* 点）

标注文字＝65

指定第二条尺寸界线原点或［放弃（U）/选择（S）］〈选择〉：↙

选择基准标注：

2.1.10　连续标注

1. 功能

连续标注是首尾相连的多个标注。在创建连续标注之前，必须创建线性、对齐或角度标注。默认情况下，系统自动以上一个标注的第二条尺寸界线作为“连续标注”的起点。

2. 命令的调用

(1) 执行菜单：单击“标注→连续”命令。

(2) 工具栏图标：单击“标注”工具条上“连续”按钮。

(3) 命令行输入：“DIMCONTINUE”。

(4) 在功能面板上：单击“注释→标注→连续”。

3. 操作指导

命令：DIMCONTINUE

选择连续标注：

指定第二条尺寸界线原点或［放弃（U）/选择（S）］〈选择〉：

标注文字＝14

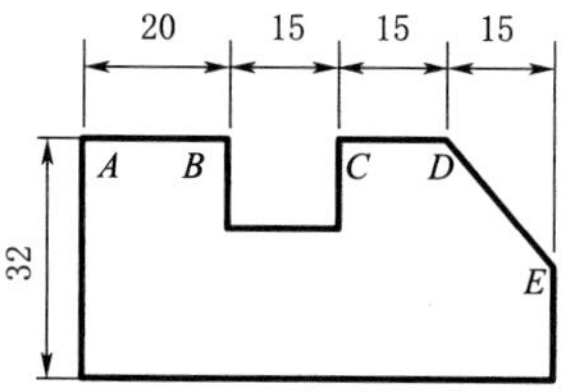

图 5.21　连续标注

4. 参数说明

“放弃（U）”：放弃上一步操作。

“选择（S）”：输入“S”并按 Enter 键后，提示“选择连续标注”，此时选择作为连续标注的标注基准。

5. 操作示例

如图 5.21 所示，进行连续标注。首先标注 AB 为 20 的线性尺寸。（过程同上，略）再用连续标注，标注其他尺寸。

命令：DIMCONTINUE

指定第二条尺寸界线原点或［放弃（U）/选择（S）］〈选择〉：　（选择 *C* 点）

标注文字＝15

指定第二条尺寸界线原点或［放弃（U）/选择（S）］〈选择〉：　（选择 *D* 点）

标注文字＝15

指定第二条尺寸界线原点或［放弃（U）/选择（S）］〈选择〉：　（选择 E 点）

标注文字＝15

指定第二条尺寸界线原点或［放弃（U）/选择（S）］〈选择〉：↙

选择连续标注：

结果如图 5.21 所示。

2.1.11　多重引线标注

1. 功能

创建连接注释与几何特征的引线。

2. 命令的调用

(1) 执行菜单。单击“标注→多重引线”命令。

(2) 工具栏图标。单击“多重引线”工具条中的按钮。

（3）命令行输入。“MLEADER”。

3. 操作指导

命令：MLEADER

指定引线箭头的位置或［引线基线优先（L）/内容优先（C）/选项（O）］〈选项〉：

指定引线基线的位置：

此时输入引线的内容即可。

4. 参数说明

在任意工具栏上单击鼠标右键，在弹出的快捷菜单中选择“多重引线”命令，则调出“多重引线”工具栏，如图5.22所示。

各按钮含义如下：

引线。用于标注引线。

添加引线。用于标注时添加引线。

删除引线。用于标注时删除引线。

多重引线对齐。用于标注时多重引线的对齐。

多重引线合并。用于标注时多重引线的合并。

多重引线样式。用于设置多重引线样式。

5. 操作示例

如图5.23所示的建筑工程施工图中，截面法注写柱平法施工图。

图5.22　“多重引线”工具栏

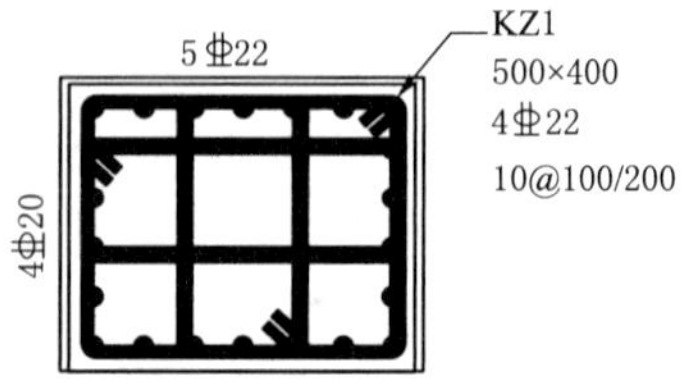

图5.23　柱平法标注

2.1.12　坐标标注

1. 功能

用来标注特征点相对坐标原点的坐标值。

2. 命令的调用

（1）执行菜单。单击“标注→坐标”命令。

（2）工具栏图标。单击“标注”工具条上“坐标”按钮。

（3）命令行输入。“DIMORDINATE”。

（4）在功能面板上。单击“注释→坐标”。

3. 操作指导

命令：DIMORDINATE

指定点坐标：　　（选择要标注的点）

指定引线端点或［X基准（X）/Y基准（Y）/多行文字（M）/文字（T）/角度（A）］：

（指定引线的端点或执行后面的命令）

标注文字＝906

4. 参数说明

“X 基准（X）”：输入 X 后按 Enter 键，系统只标注点的 *X* 坐标。

“Y 基准（Y）”：输入 Y 后按 Enter 键，系统只标注点的 *Y* 坐标。

“多行文字（M）”：输入 M 后按 Enter 键，系统通过多行文字编辑器来标注内容。

“文字（T）”：通过单行文字来修改标注的内容。

“角度（A）”：确定标注文字的倾斜角度。

注意：坐标标注是以世界坐标体系或用户坐标体系的原点为基点来进行标注的。

5. 操作示例

标注图 5.24 三角形 *A*、*B*、*C* 三点坐标，操作如下。

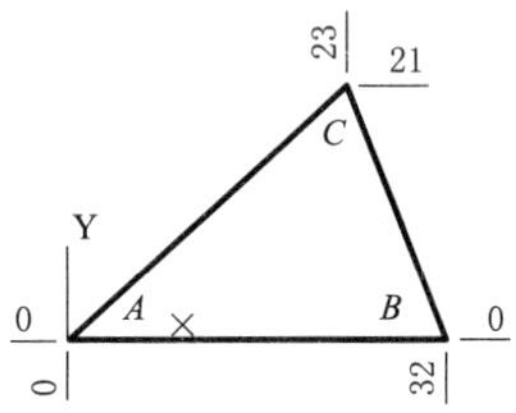

图 5.24　坐标标注

命令：DIMORDINATE

指定点坐标：〈正交 开〉　　　（注意打开正交，并选择 *A* 点）

指定引线端点或［X 基准（X）/Y 基准（Y）/多行文字（M）/文字（T）/角度（A）］：X↙

指定引线端点或［X 基准（X）/Y 基准（Y）/多行文字（M）/文字（T）/角度（A）］：

标注文字＝0

命令：DIMORDINATE

指定点坐标：　　　（选择 *A* 点）

指定引线端点或［X 基准（X）/Y 基准（Y）/多行文字（M）/文字（T）/角度（A）］：Y↙

指定引线端点或［X 基准（X）/Y 基准（Y）/多行文字（M）/文字（T）/角度（A）］：

标注文字＝0

重复上述操作，标注 *B* 点坐标（32，0），*C* 点坐标（23，21）。

2.1.13　快速标注

1. 功能

从选定的对象快速创建一系列基线或连续标注，或者为一系列圆或圆弧标注等。创建的线性标注可以是水平、垂直、对齐、旋转、基线或连续（链式）。

2. 命令的调用

（1）执行菜单。单击“标注→快速标注”命令。

（2）工具栏图标。单击“标注”工具条上的“快速标注”按钮。

（3）命令行输入。“QDIM”。

（4）在功能面板上。单击“注释→标注→快速”。

3. 操作指导

命令：QDIM

关联标注优先级＝端点

选择要标注的几何图形：指定对角点：找到 10 个

选择要标注的几何图形：

指定尺寸线位置或

[连续 (C)/并列 (S)/基线 (B)/坐标 (O)/半径 (R)/直径 (D)/基准点 (P)/编辑 (E)/设置 (T)]〈基线〉

4. 参数说明

“选择要标注的几何图形”：把要标注的图形部分或全部选择。

“指定尺寸线位置”：把尺寸线放置在合适的位置上。

“连续 (C) ”：连续性的标注尺寸即一个尺寸接着一个尺寸，自动对齐。

“并列 (S) ”：将所标注的尺寸有层次的排列，小的尺寸在里边，大的尺寸在外边。

“基线 (B) ”：所有的尺寸共用一条起点的尺寸界线。

“坐标 (O) ”：对所选的图形中的点标注坐标。

“半径 (R) ”：对所选的图形中的圆弧标注半径。

“直径 (D) ”：对所选的图形中的圆弧标注直径。

“基准点 (P) ”：指定尺寸标注的基准点。

“编辑 (E) ”：对标注的尺寸点进行编辑。

“设置 (T) ”：将尺寸界线原点设置为默认对象捕捉方式。

注意：如果在标注图形时，不需要修改尺寸数字，则可以采用快速标注。

5. 操作示例

将图5.25所示的三个圆及其他尺寸进行快速标注。

命令：QDIM

关联标注优先级＝端点

选择要标注的几何图形： 找到1个，总计3个

选择要标注的几何图形：

指定尺寸线位置或[连续 (C)/并列 (S)/基线 (B)/坐标 (O)/半径 (R)/直径 (D)/基准点 (P)/编辑 (E)/设置 (T)]〈连续〉：D↙

指定尺寸线位置或[连续 (C)/并列 (S)/基线 (B)/坐标 (O)/半径 (R)/直径 (D)/基准点 (P)/编辑 (E)/设置 (T)]〈直径〉：

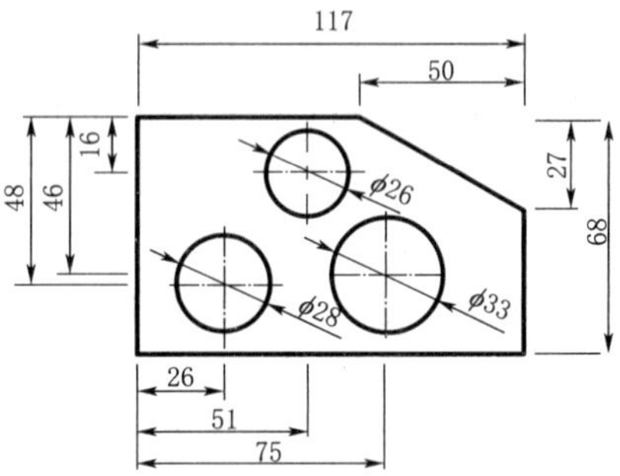

图5.25 快速标注

重复上述相似操作，快速标注其他尺寸。

2.1.14 公差标注

水利工程图和建筑工程图不需要进行公差标注，机械图要进行公差标注。标注菜单和标注工具栏中的“公差”是“形位公差”标注。形位公差是形状公差和位置公差的统称。

1. 功能

标注形位公差的“公差项目、公差数值、公差基准”。

2. 命令的调用

(1) 执行菜单。单击“标注→公差”命令。

(2) 工具栏图标。单击“标注”工具条上的“公差”按钮。

(3) 命令行输入。“TOLERANCE”。

（4）在功能面板上。单击“注释→标注→公差”。

3. 操作指导

输入“TOLERANCE”按 Enter 键后，系统会弹出如图 5.26 所示的“形位公差”对话框。

4. 参数说明

在图 5.26 所示对话框中，可以通过“符号”“公差”“基准”等下面的黑框或文本框来设置形位公差。

2.1.15　其他标注

AutoCAD 2020 还提供了等距标注、折断标注、折弯线性标注，其标注要领这里不再详述。标注形式如图 5.27 所示。

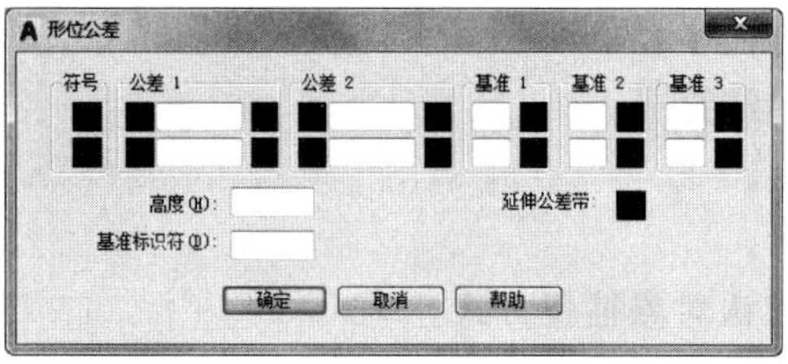

图 5.26　形位公差

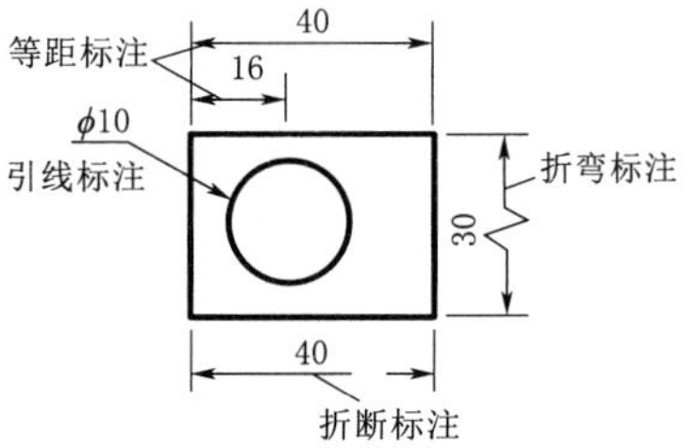

图 5.27　其他标注

2.2　尺寸标注编辑

标注完成后的工程图纸，常常需要进行局部的修改，使得尺寸标注符合标准，更加合理与美观。AutoCAD 2020 提供了以下几种编辑尺寸标注的方法。

2.2.1　编辑标注

1. 功能

编辑尺寸标注的数字和尺寸界线的旋转角度。

2. 命令的调用

（1）工具栏图标。单击“标注”工具条上“编辑标注”按钮。

（2）命令行输入。“DIMEDIT ”。

（3）在功能面板上。单击“注释→标注→编辑标注”。

3. 操作指导

命令：DIMEDIT

输入标注编辑类型［默认（H）/新建（N）/旋转（R）/倾斜（O）］〈默认〉：↙

选择对象：找到 1 个

选择对象：↙

4. 参数说明

“默认（H）”：按默认（标注样式）方式放置尺寸数字。

“新建（N）”：选择此项，系统弹出多行文字编辑器对话框，在这个对话框中修改尺寸数字。

注意：编辑器中显示的“〈〉”是默认数字。

“旋转（R）”：将尺寸数字旋转指定的角度。

“倾斜（O）”：将尺寸界线倾斜指定的角度，如图5.28所示。

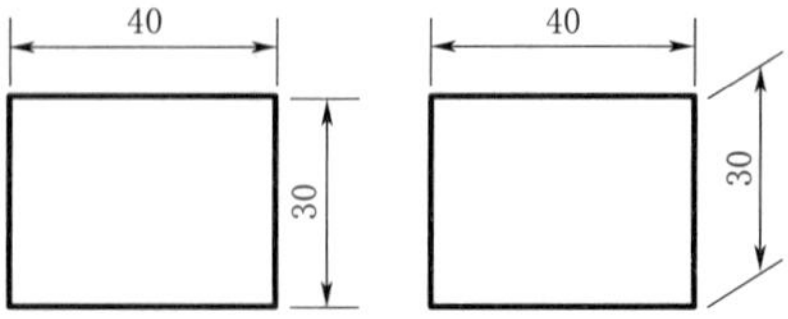

图5.28　倾斜尺寸数字和尺寸界线

2.2.2　编辑标注文字

1. 功能

修改标注文字的位置和旋转角度。

2. 命令的调用

(1) 工具栏图标。单击“标注”工具条上“编辑标注文字”按钮。

(2) 命令行输入。“DIMTEDIT”。

3. 操作指导

命令：DIMTEDIT

选择标注：　　　　（选择要修改的标注）

为标注文字指定新位置或[左对齐（L）/右对齐（R）/居中（C）/默认（H）/角度（A）]：

4. 参数说明

“指定标注文字的新位置”：指定标注文字的新位置。

“左对齐（L）”：将标注文字移到尺寸线的左边。

“右对齐（R）”：将标注文字移到尺寸线的右边。

“居中（C）”：将标注文字放置在尺寸线的中间。

“默认（H）”：按照默认位置放置标注文字。

“角度（A）”：将标注文字旋转指定的角度。

2.2.3　标注更新

1. 功能

修改尺寸标注到当前标注样式。

2. 命令的调用

(1) 执行菜单。单击“标注→更新”命令。

(2) 工具栏图标。单击“标注”工具条上“标注更新”按钮。

(3) 命令行输入。“DIMSTYLE”。

(4) 在功能面板上。单击“注释→标注→更新按钮”。

3. 操作指导

命令：DIMSTYLE　　　　（单击标注更新按钮）

当前标注样式：工程图标注　注释性：否

输入标注样式选项

[注释性（AN）/保存（S）/恢复（R）/状态（ST）/变量（V）/应用（A）/?]〈恢复〉：_apply

选择对象：找到1个

选择对象↙

2.2.4　利用“特性”编辑尺寸标注

尺寸标注是图形的一部分，也具有图形的特性，因此可以使用“特性”来编辑尺寸

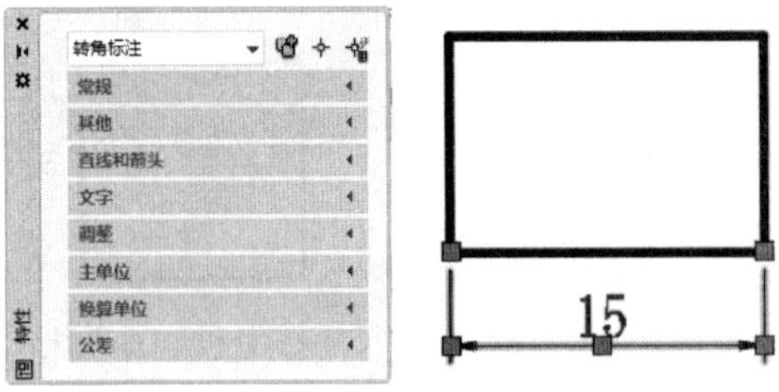

图 5.29　“尺寸标注特性”对话框

标注。

单击菜单“修改→特性”，打开“特性”对话框，再单击需要编辑的尺寸标注，如图5.29所示。

在这个“特性”对话框中，可以编辑尺寸标注的许多特性。今后在绘图练习中要多加应用。

任务3　表　　格

3.1　表格样式

表格的外观格式由表格样式控制。工程图样中，不同的表格有不同的样式。我们可以创建自己所需的表格样式，也可以利用编辑表格的方式对表格进行修改，以符合工程所需要的表格。

1. 功能

设置表格的外观格式。

2. 命令的调用

（1）执行菜单。单击“格式→表格样式”命令。

（2）工具栏图标。单击“样式”工具条上“表格样式”按钮。

（3）命令行输入。“TABLESTYLE”。

（4）在功能面板上。单击“默认→注释→表格样式按钮”。

（5）在功能面板上。“注释→表格→表格样式按钮”。

3. 操作指导

执行“TABLESTYLE”命令后，系统会弹出如图5.30所示的“表格样式”对话框。

4. 参数说明

在图5.30的对话框中，各项含义如下：

“当前表格样式”：显示当前表格样式的名称。

“样式”：创建的所有的表格样式名称列表。

“列出”：包括两个选项：所有样式和正在使用的样式。

“预览”：预览选定表格样式。

“置为当前”：将选定的表格样式设置为当前表格样式。

“新建”：创建新的表格样式，单击后系统会弹出一个“创建新的表格样式”对话框，如图5.31所示。在该对话框中，可以输入新的表格样式名，并选择一种表格样式作为基础样式。

在“创建新的表格样式”对话框中，单击“继续”按钮后，系统会弹出如图5.32所示的“新建表格样式”的对话框。在该对话框中，有3个选项。各选项的内容含义如下：

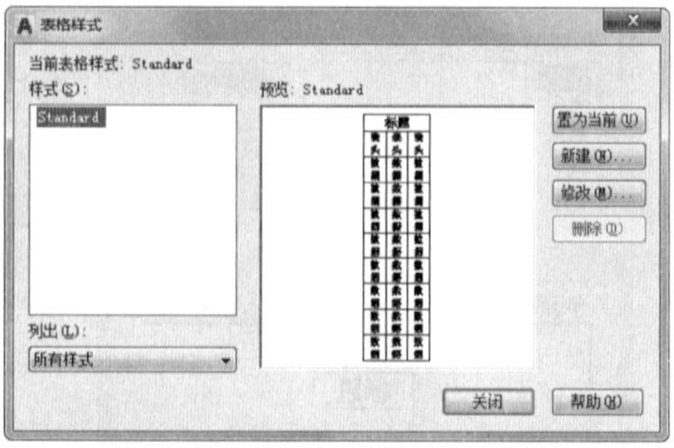

图 5.30 “表格样式”对话框

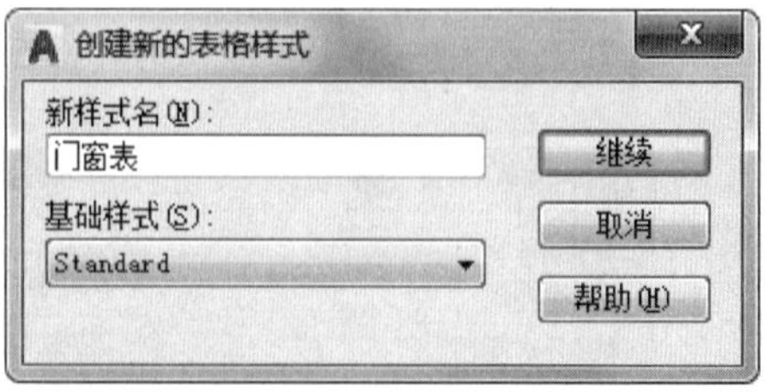

图 5.31 “创建新的表格样式”对话框

“起始表格”：单击，系统要求用户选择一个已有表格作为新建表格的格式。选择表格后，可以从指定表格复制表格内容和表格格式。

“常规”：表格的常规表达，有“标题”向上和向下两种方式。选择其中的一种方式，在下面的预览框中有相应的表格预览。

“单元样式”：有：标题、表头和数据三个选项。选择其中的一个选项，如数据，可以对“数据”的常规、文字和边框进行修改。如图 5.33 所示数据的文字样式和图 5.34 所示数据的边框样式。

图 5.32 “新建表格样式：门窗表”对话框

图 5.33 “数据的文字样式：门窗表”对话框

图 5.34 数据的边框样式

“单元样式预览”：预览相应的单元样式。

“创建行/列时合并单元”：使用当前表格样式所创建的行或列合并成一个单元。

单击“单元样式”中的，会弹出如图 5.35 所示的“创建新单元样式”对话框。

单击“单元样式”中的，会弹出如图 5.36 所示的“管理单元样式”对话框。

“修改”。对选定的表格样式进行修改。“修改”的界面同“新建”的界面。

“删除”。删除选定的表格样式。

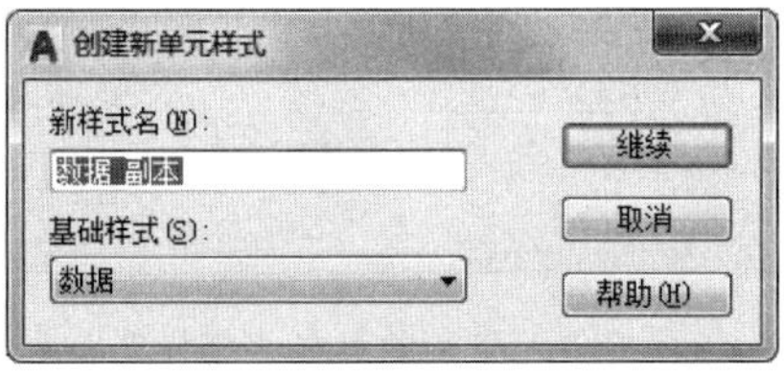

图 5.35 “创建新单元样式”

图 5.36 “管理单元样式”对话框

注意：在图5.30表格样式中，第一行是标题行，由文字居中的合并单元行组成；第二行是表头行；其他行都是数据行。

5. 操作示例

下面创建一个“门窗表”的表格样式，步骤如下：

(1) 执行“TABLESTYLE”命令，系统弹出图5.30所示的“表格样式”对话框。在该对话框中单击“新建”按钮，在图5.31所示的“创建新的表格样式”对话框中，输入新样式名为“门窗表”。

(2) 单击“继续”按钮，在图5.32所示的“新建表格样式：门窗表”对话框中，设置“数据”行的文字样式为“汉字”；文字高度为3.5；选择“所有边框”；选择“正中”对齐。

(3) 在“表头”行，选择文字样式为“汉字”；文字高度为5；选择“所有边框”；选择“正中”对齐。

(4) 在“标题”行，选择文字样式为“汉字”；文字高度为7；选择“底部边框”；选择“正中”对齐。

(5) 单击“确定”按钮，再单击“关闭”。

3.2 创建表格

1. 功能

在图形中创建表格对象。

2. 命令的调用

(1) 执行菜单。单击“绘图→表格”命令。

(2) 工具栏图标。单击“绘图”工具条上“表格”按钮▦。

(3) 命令行输入。“TABLE”。

(4) 在功能面板上。单击“默认→注释→表格”。

(5) 在功能面板上：单击“注释→表格→表格”。

3. 操作指导

执行“TABLE”命令后，系统会弹出图5.37所示的“插入表格”对话框。在该对话框中，各选项含义如下：

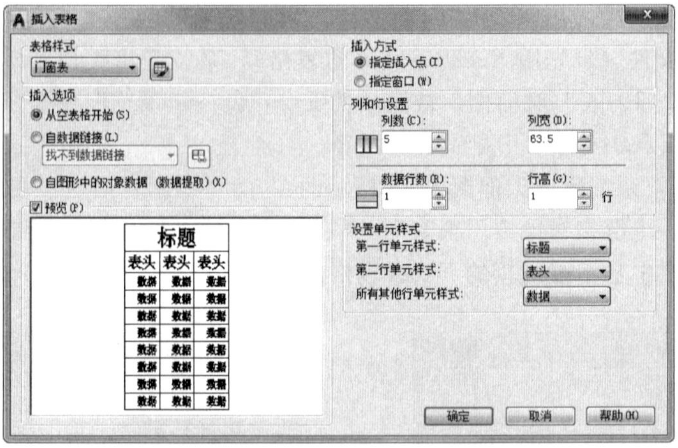

图 5.37　“插入表格”对话框

(1)“表格样式”。选择创建好的表格样式，如“门窗表”。

(2)“插入选项”区。

1)“从空表格开始”：在图形中插入一个空表格。

2)“自数据链接”：从外部电子表格中的数据创建表格。选择此选项，表格样式中的表格样式不起作用，呈灰色。单击，系统弹出如图 5.38 所示的“选择数据链接”对话框。

在此对话框中，可以选择外部 Excel 格式的数据。单击**创建新的 Excel 数据链接**，系统弹出如图 5.39 所示的“输入数据链接名称”对话框。在“名称”中输入如“门窗表”的 Excel 的文件名，点击“确定”，系统弹出如图 5.40 所示的“新建 Excel 数据链接：门窗表”对话框。

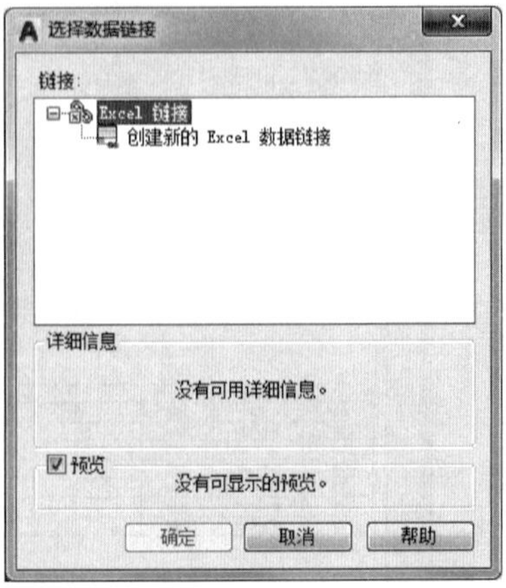

图 5.38　“选择数据链接”对话框

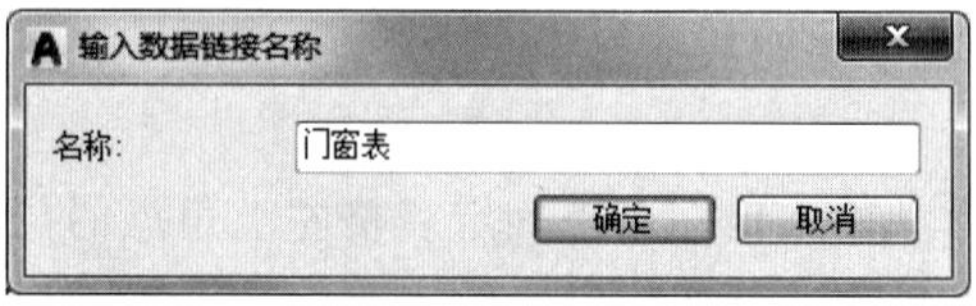

图 5.39　“输入数据链接名称”对话框

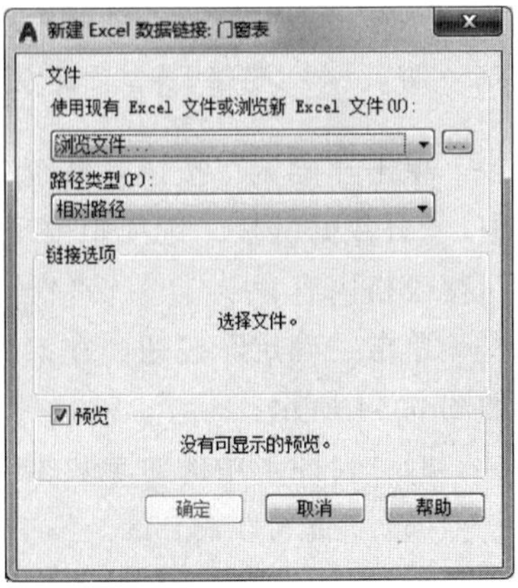

图 5.40　“新建 Excel 数据链接：门窗表”对话框

在图5.40所示对话框中单击“浏览文件”后的按钮“[…]”，选择要链接的文件，如“门窗表”Excel文件（事先用Excel表做好的表格），系统弹出类似图5.40的图5.41所示的“链接Excel门窗表”对话框，被链接的Excel表在“预览”中显示所链接的表格内容，并在“选择Excel文件”中显示文件路径。

单击“确定”，系统弹出类似图5.38所示的图5.42所示对话框。在此对话框中，“链接”栏中增加了一个链接对象“门窗表”，并在“详细信息”中显示所链接对象的相关信息，在“预览”栏中显示被链接的Excel表格内容。

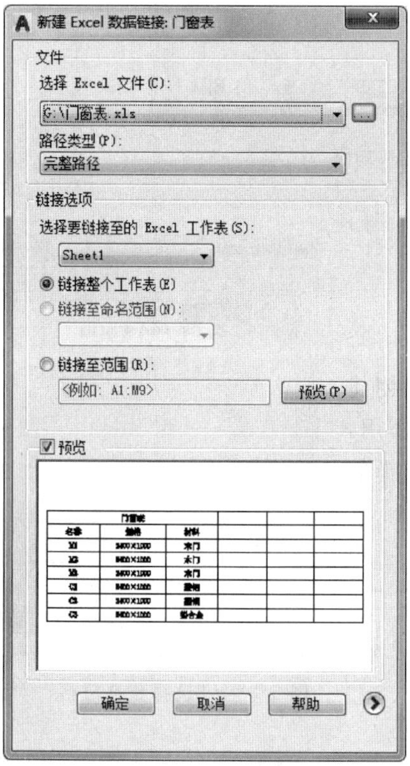

图5.41　“链接Excel门窗表”对话框

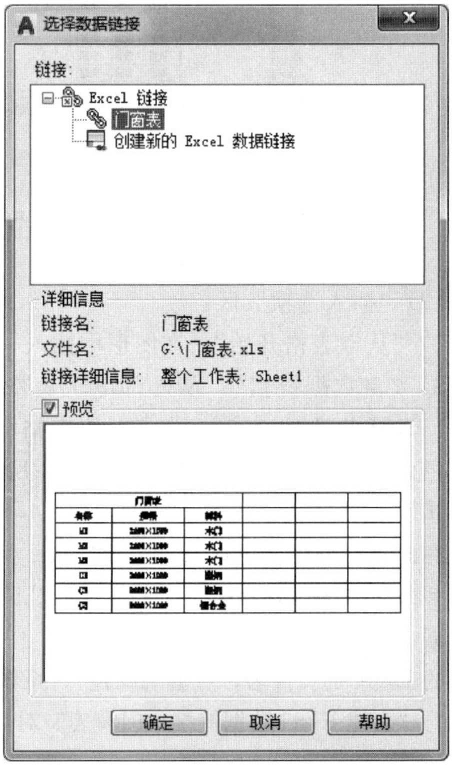

图5.42　“链接门窗表”对话框

单击“确定”按钮，系统弹出类似图5.37所示的图5.43所示对话框。在此对话框中，“自数据链接”选项中出现刚增加的“门窗表”，在“预览”栏中显示被链接的Excel门窗表格内容。

单击“确定”按钮，在绘图区指定一个插入点，则在图形文件中插入一个门窗表格，如图5.44所示。

3）“自图形中的对象数据”：从已知表格中提取数据。

（3）“插入方式”区。

“指定插入点”：在绘图区上指定或用键盘输入坐标点来确定表格左上角点的位置。

“指定窗口”：在绘图区上指定两个角点的方式（或用键盘输入坐标）来确定表格的大小，选择此项后，列宽和行高取决于表格的大小。

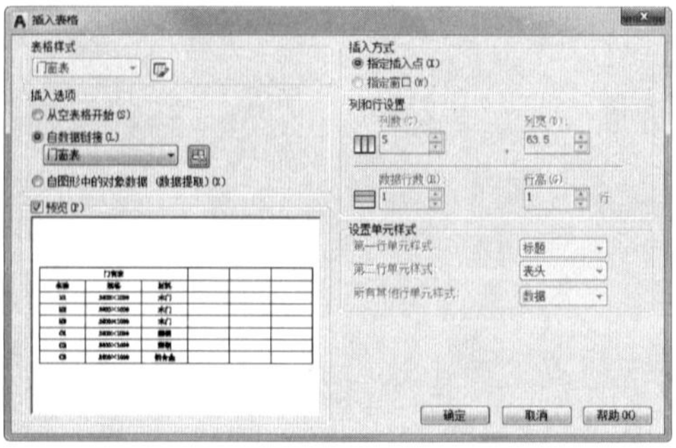

图 5.43 “插入表格-链接门窗表”对话框

门窗表					
名称	规格	材料			
m1	2400×1000	木门			
m2	2100×900	木门			
m3	2100×800	木门			
C1	1800×1500	塑钢			
C2	1500×1200	塑钢			
C3	1200×1000	铝合金			

图 5.44 插入门窗表

（4）“预览”：显示表格样式的样例。

（5）“列和行设置”：分别设置列数、列宽、行数和行高。

（6）“设置单元样式”：设置表格的第一行、第二行和其他行的内容，是标题、表头还是数据。

注意：“插入表格”对话框设置好后，插入的表格是一个空表格，我们可以在表格的单元中添加内容。另外，行高是以文字的行数为基准而进行设置的，具体的行高值还要根据实际值进行换算。

4. 操作示例

下面将表格样式中创建的“门窗表”插入到图中，步骤如下：

（1）执行“TABLE”命令，系统弹出图 5.45 所示的“插入表格”对话框，在该对话框中选择表格样式名为“门窗表”。

（2）“指定插入点”：在绘图区上指定或用键盘输入坐标点来确定表格左上角点的位置。

（3）“列和行设置”：设置 5 列 4 行，列宽和行高分别为 15 和 1。

（4）单击“确定”按钮，在绘图区上指定插入点插入表格。

结果如图 5.46 所示的一个空表格。

注意：创建完一个空表格后，系统继续要求输入文字。在输入文字前，还可以对表格进行编辑。输入文字时，采用“Tab”键或“方向”键进行单元格切换。

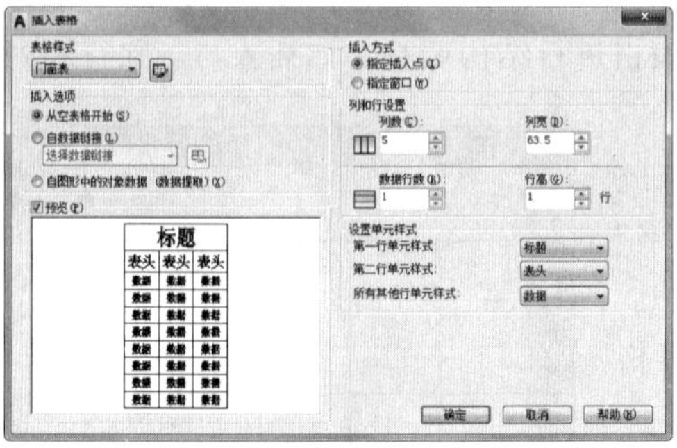

图 5.45 “插入表格”对话框

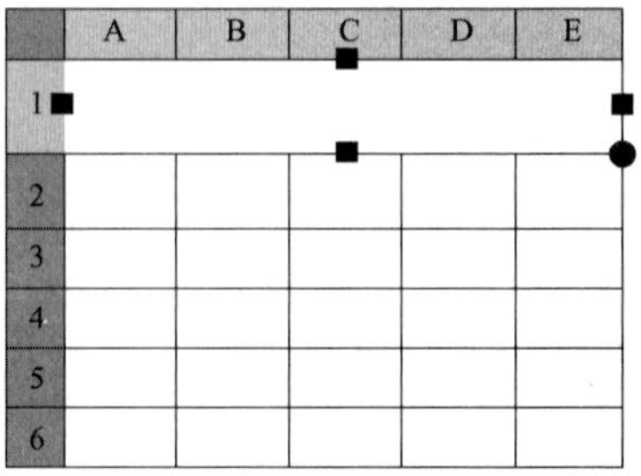

图 5.46 插入表格

3.3 编辑表格

3.3.1 用“TABLEDIT”编辑表格

1. 功能

对插入的表格样式及内容进行修改。

2. 命令的调用

(1) 命令行输入：“TABLEDIT”。

(2) 在表格单元格中双击左键。

3. 操作指导

命令：TABLEDIT

拾取表格单元：

(1) 在要编辑的单元格中单击左键。会弹出如图 5.47 所示的“表格单元”对话框。

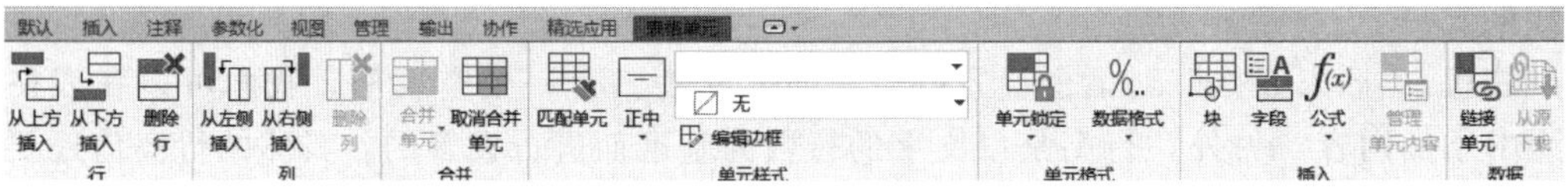

图 5.47 “表格单元”对话框

在“表格单元”对话框中各项含义如下：

“行数”面板。对表格的行进行插入与删除编辑。

“列数”面板。对表格的列进行插入与删除编辑。

“合并”面板。对表格进行单元合并与取消合并。

“单元样式”面板。对选定的单元格进行匹配和单元格的背景、表格内容及单元格边框进行修改。

“单元格式”面板。对选定的单元格锁定与解锁，同时也可以改变单元格内内容的格式。

“插入点”面板。对选定的单元格插入块、字段、计算公式和管理单元格内容。

“数据”面板。向选定单元格链接数据或从源下载数据。

在绘图区，表格处于夹点编辑状态，如图 5.48 所示。在此状态下可以改变单元格的大小，并可以自动添加数据。同时还可以对表格进行结构调整，如插入与删除行和列、合并单元格等。

(2) 在要编辑的单元格中双击左键。系统在功能面板上会弹出如图 5.2 所示“多行文字”编辑器对话框。在绘图区，表格处于编辑状态。

表格处于编辑状态时，可根据需要对表格内容进行修改。

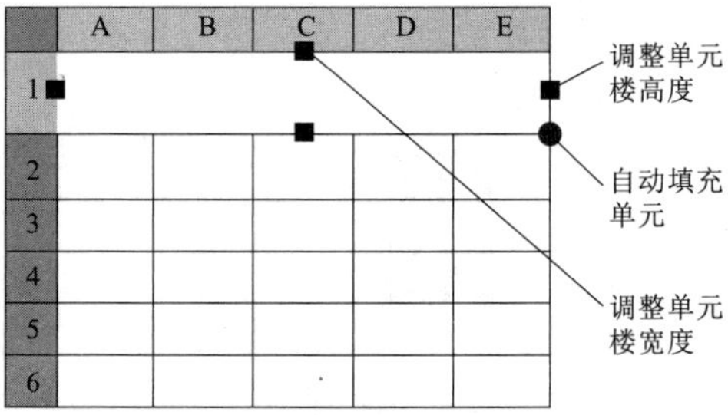

图 5.48 表格单元夹点编辑

3.3.2 用快捷菜单进行编辑

当选择一个单元格后，单击鼠标右键，系

统弹出如图 5.49 所示的“表格编辑”快捷菜单，可通过此快捷菜单对表格内容进行编辑和修改。

3.3.3 用表格夹点进行编辑

前面已叙述用夹点编辑的方法，对表格单元格进行编辑。下面讲述用夹点编辑的方法对表格编辑。

对插入的表格，在没有其他命令的状态下，整体选择，如图 5.50 所示“夹点编辑表格”对话框。通过单击夹点，拉伸改变表格高度或宽度，或整体移动表格。

注意：在表格夹点编辑状态，只能修改表格的外观，不能改变表格内部结构，如插入与删除行和列、合并单元格等。

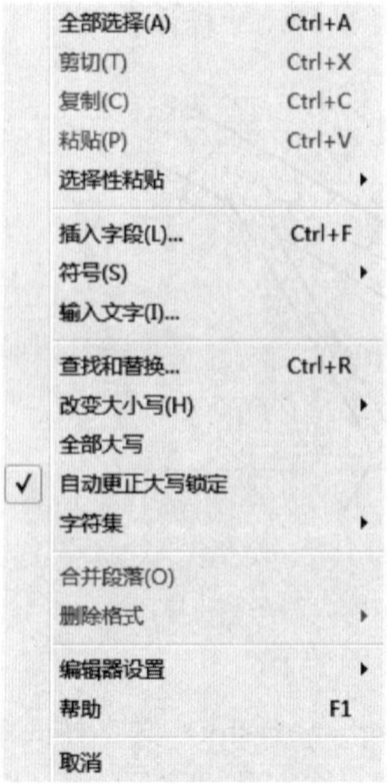

图 5.49 “表格编辑”快捷菜单

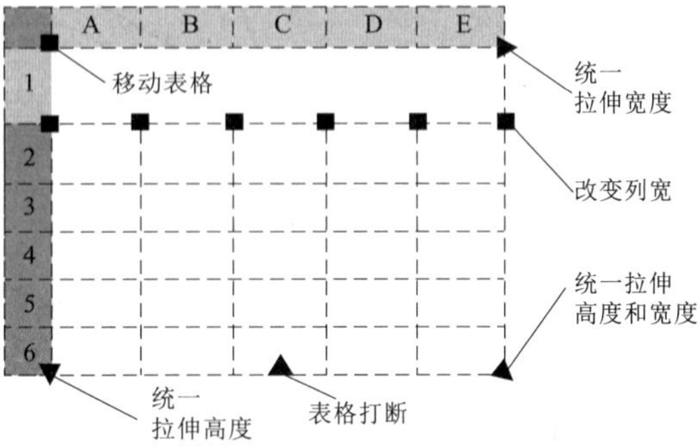

图 5.50 夹点编辑表格

课 后 训 练

1. 设置一个“工程字体”文字样式，要求字体用“宋体”，字高 5 号，字体宽度因子 0.7，并分别用单行文字和多行文字输入图 5.1 所示的文字内容。

2. 对训练 1 的文字内容进行文字编辑：①将“室外坡道坡度 3.5°”，编辑成“室外散水坡度 4°”；②将“管道直径 ϕ63”编辑成“落水管直径 ϕ100”。

3. 设置一个“图纸目录”表格样式，要求“标题”7 号字，“表头”5 号字，“数据”3.5 号字，用“工程字体”文字样式，所有边框，其他默认；创建一个“图纸目录”表格，要求 3 列，5 行，列宽 35，行高 1 行，内容如图 5.51 所示。

4. 对图 5.51 的“图纸目录”表格进行编辑，编辑后结果如图 5.52 所示。

图 纸 目 录		
序号	图纸编号	图纸名称
1	建施一	建筑总平面图
2	建施二	建筑平面图
3	建施三	建筑立面图
4	结施一	基础图
5	结施二	楼层布置图

图 5.51 图纸目录

图 纸 目 录			
序号	类别	图纸编号	图纸名称
1	建施图	建施一	建筑总平面图
2		建施二	建筑平面图
3		建施三	建筑立面图
4	结施图	结施一	基础图
5		结施二	楼层布置图

图 5.52 图纸目录编辑

5. 用 1∶1 的比例绘制图 5.53 所示立体交叉公路，并进行尺寸标注。

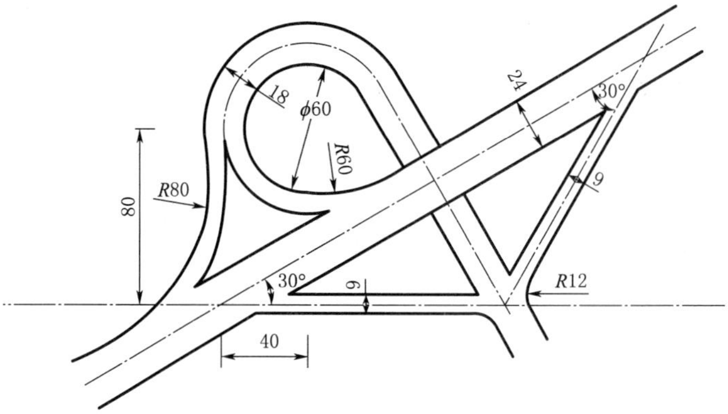

图 5.53 立体交叉公路

6. 设置“汉字”（字体为仿宋）和“数字”（字体为 gbenor.shx）文字样式和建筑工程图标注样式，用 1∶1 比例绘制图 5.54 所示图形，并注写文字及标注尺寸。

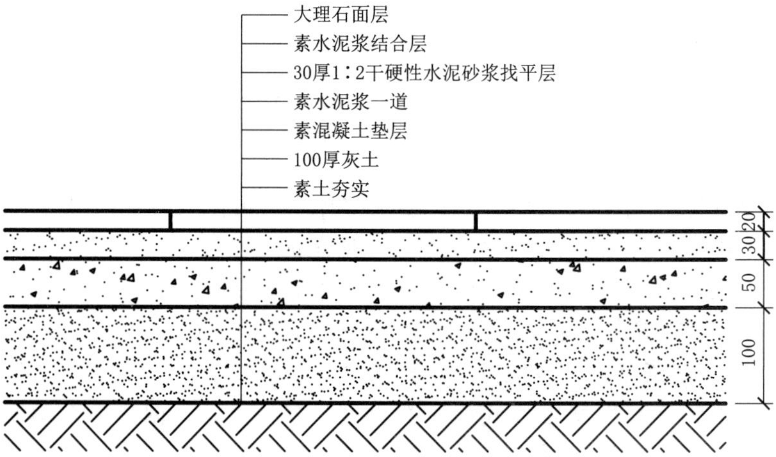

图 5.54 地面构造图

7. 采用练习 6 的文字样式和标注样式，用 1∶1 比例绘制图 5.55 所示图形，并注写文字及标注尺寸。

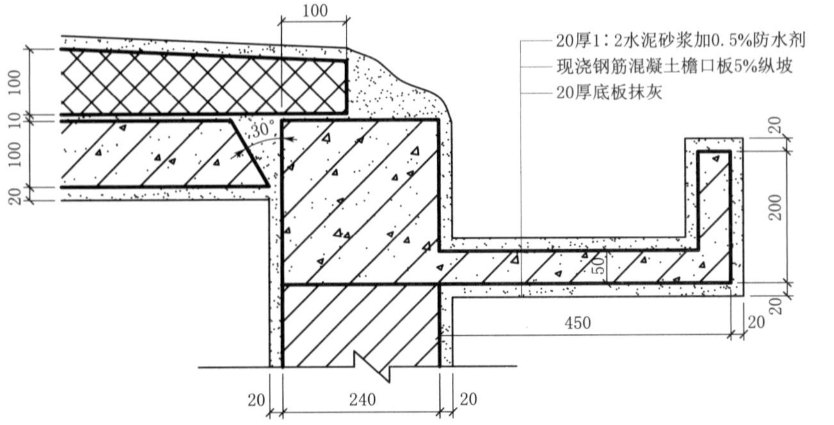

图 5.55　檐口构造图

8. 设置适当的文字样式和标注样式，用 1∶10 的比例将图 5.56 所示的三视图绘制在 A4（297×210）图幅内，并要求标注尺寸、填写标题栏内容。

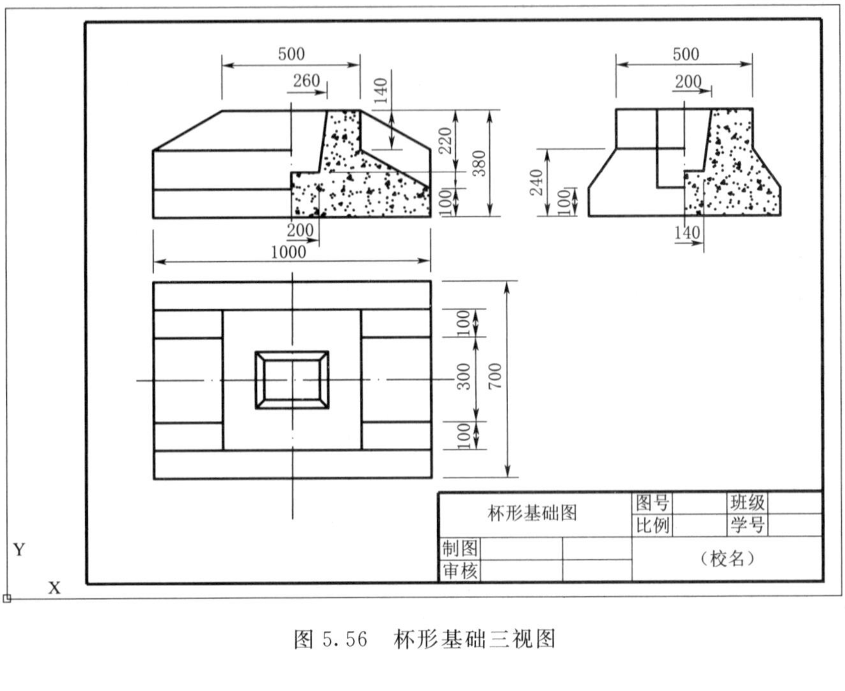

图 5.56　杯形基础三视图

模块 6

创 建 图 块

学习目标：

（1）掌握块创建与块插入的基本方法。

（2）掌握块属性的定义与编辑。

（3）掌握动态块的基本操作。

任务 1　图块的创建与插入

在绘图过程中，经常要重复使用某些图形对象，如图框、标题栏、标高符号、某些材料图例、水工图中一些平面图例、建筑图中定位轴线编号、门窗、家具等。AutoCAD 可以将经常使用的图形对象定义为一个整体，组成一个对象保存起来，这就是块。在需要的时候插入这些块，在插入时可以指定比例和旋转角度改变它的大小和方位，并可方便修改，避免重复劳动，有效提高工作效率。

1.1 创建图块

创建图块的方法有两种：一种是创建内部图块（BLOCK），另一种是创建外部图块（WBLOCK）。

1.1.1　创建内部图块（BLOCK）

1. 功能

把若干个图形元素作为一个整体保存当前图形文件中，需要时再插入到图形中去。

2. 命令的调用

（1）在命令行中输入“BLOCK”，然后按 Enter 键。

（2）在下拉菜单中单击：绘图→块→创建。

（3）在“绘图”工具条上单击“创建块”按钮。

3. 操作指导

执行“BLOCK”命令后，系统会弹出如图 6.1 所示的“块定义”对话框。

图 6.1　“块定义”对话框

该对话框中，各选项含义如下：

（1）“名称”：输入新创建块的名称。

（2）“基点”：当我们单击“拾取点”按钮时，系统会回到操作屏幕上，提示让我们选择插入的点，完成后，系统又回到对话框中，在 X、Y、Z 的空白框内显示插入点的坐标。

（3）“对象”：包括选择对象、保留、转化为块、删除等选项。

“选择对象”：单击此按钮后，系统会回到操作屏幕上，提示让我们选择将转化为块的图形元素，完毕后按 Enter 键，系统又回到对话框中。

“保留”：将转化为块的图形保留在原图形中。

“转化为块”：将选择的图形转化为块。

“删除”：将转化为块的图形从原图形中删去。

（4）“方式”：包括“注释性”“按统一比例缩放”“允许分解”。

“注释性”：按注释性进行插入。

“按统一比例缩放”：通过点选来确定在插入图块时是否按统一比例缩放。

“允许分解”：指定插入图块时是否分解。

（5）“设置”：选择图块插入的单位。

（6）“说明”：与块有关系的说明。

注意：用这种方式形成的图块只能在当前图形文件中使用，而在其他文件中是不能使用的。

4. 操作示例

将图 6.2 所示图形创建成块。过程如下：

（1）执行“BLOCK”命令，快捷键“B”，系统弹出“块定义”对话框。

（2）在“块定义”对话框中，“名称”栏输入“夯实土壤”，然后单击“拾取点”按钮，在屏幕上选择 A 点。

（3）单击“选择对象”按钮，选择图 6.2 全部图形。

（4）插入的单位定义为“毫米”。

（5）单击“确定”按钮，完成定义，如图 6.3 所示。

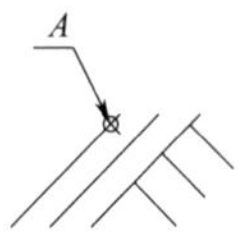

图 6.2　夯实土壤

图 6.3　夯实土壤块定义

1.1.2　创建外部图块（WBLOCK）

1. 功能

在工程图中，常有一些重复出现的符号和结构，如夯实土壤、自然土壤、标高符号、标准件等，如果把这些常出现的符号做成块存放在一个符号库中，需要使用时随时可以调用，这样就可以避免大量的重复工作，提高绘图效率，也可节约存储空间。像这样把若干个图形元素创建成一个图块，然后以图形文件的形式保存起来的图块称为外部图块。

2. 命令的调用

在命令行中输入 WBLOCK ，快捷键为“W”，然后按 Enter 键。

3. 操作指导

执行 WBLOCK 命令后，系统会弹出如图 6.4 所示的“写块”对话框。

图 6.4　“写块”对话框

在“写块”对话框中各项含义如下：

(1)“源”部分包括三个选项：块、整个图形、对象。

“块”：当文件中已经定义有图块时，该项亮显，用户可以通过下拉列表来选择图块。

“整个图形”：把整个图形作为一个图块来定义。

“对象”：把图形中的某一部分定义为一个图块。

(2)“基点”和“对象”部分的选项含义与“块定义”中相同。

(3)“目标”部分包括文件名、路径、插入单位。

“文件名”：输入新定义块的名称（包含文件路径）。

“路径”：新定义的图块保存的位置。可以通过其后的按钮选择保存路径。

“插入单位”：插入新定义图块时的单位。

注意：用这种方式形成的图块以文件名的形式保存在某个文件夹中，可以在其他图形文件中使用。

4. 操作示例

用 WBLOCK 命令把图 6.2 所示图形定义成块。

操作步骤如下：

(1) 执行 WBLOCK 命令，或在命令栏中输入“W”快捷键，系统弹出“写块”对话框。

(2) 在该对话框中，首先选择“对象”，然后单击“拾取点”按钮，在图形中选择一点作为图块插入时的插入点。

(3) 单击“选择对象”按钮，把图形全部选择，然后再选择“保留”。

(4) 在“文件名”中输入“夯实土壤”；保存在 D 盘“水利工程 CAD 图块”文件库

中；插入“单位”选择“毫米”。

（5）最后单击“确定”按钮，如图6.5所示。

图6.5　夯实土壤写图块

注意：在创建块时，无论是内部块还是外部块，我们尽可能将块定义中的对象在0层绘制，并将对象的颜色、线型和线宽设置为BYLAYER。这样的对象组成的块具有可变特性。插入图形后，块中对象都位于当前层，且继承当前层的特性。如果不是0图层绘制，则插入图块后，图形文件会多一个图层。

1.2　插入图块

创建后的图块在插入到图形中时，可以改变图块的比例、旋转角度、插入位置等。

1.2.1　利用INSERT插入块

1. 功能

指定要插入的块和定义插入块的位置。

2. 命令的调用

（1）在命令行中输入INSERT，或输入快捷键：L，然后按Enter键。

（2）在下拉菜单中点击：插入→块。

（3）在“绘图”工具条上单击“插入块”按钮。

（4）“块和参照”→块→插入点。

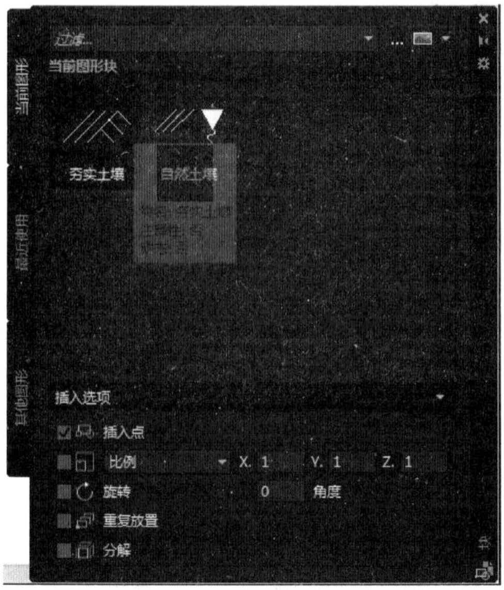

图6.6　“块选项板”对话框

3. 操作指导

执行INSERT命令后，系统会弹出如图6.6所示的“块选项板”对话框。

在“块选项板”对话框中，各项含义如下：

（1）“当前图形”选项卡显示当前图形中可用块定义的预览或列表。

（2）“最近使用”选项卡显示当前和上一个任务中最近插入或创建的块定义的预览或列表。这些块可能来自各种图形。

（3）“其他图形”选项卡显示单个指定图形中块定义的预览或列表。将图形文件作为块插入还会将其所有块定义输入到当前图形中。单击选项板顶部的“...”控件，以浏览到其他图形文件。

注意：在“块”选项板中，作为块插入的外部文件的名称中包含星号（*）。

可以使用多种方法从以下选项卡之一插入块：

单击块并将它放置到当前图形中。此方法应用“插入选项”设置。

将块拖动到当前图形中，以便快速放置。此方法忽略“插入选项”设置。

单击鼠标右键，然后选择一个选项。

注意：“块”选项板底部的放置选项。使用这些选项可以免去多个步骤（如反复放置块）。

提示：若要优化绘图区域，将“块”选项板固定到应用程序窗口的任意一侧，然后从其标题栏中打开“自动隐藏”。

“插入”选项各部分含义如下：

“插入点”：如果选择该项，则系统回到屏幕中，让用户在屏幕上选择插入的点。如果不勾选该项，则“X、Y、Z”均亮显，用户可以通过输入 X、Y、Z 的坐标来确定插入点。

“比例”部分有两个选项，即“比例”和“统一比例”。如果勾选该选项，可以选择“比例”，分别可以屏幕上指定 X\Y\Z 方向的比例，如果选择“统一比例”则可以在屏幕上指定统一比例进行放置。如果不勾选该选项，则“X、Y、Z”均亮显。用户可以通过输入在 X、Y、Z 方向上的比例来确定插入图块的大小。

“旋转”部分有两个选项：一个是“在屏幕上指定”，一个是“角度”。用户可以通过这两种方法来确定插入图块旋转的角度。

“重复放置”：如果勾选该选项，则可以重复放置块。

“分解”：如果勾选该该项，图块就会被分解成若干个元素。相当于“分解”命令。如果不勾选该选项，则在图形中插入的图块为一个整体。

注意：在输入“X、Y、Z”方向上的缩放比例时，当 X 为负值，则插入的图块将沿着 Y 轴进行镜像；当 Y 为负值，则插入的图块将沿着 X 轴进行镜像。另外我们在用该对话框插入图块时，插入的点一般是在屏幕上指定的，其他的选项可以直接在命令行中输入完成。

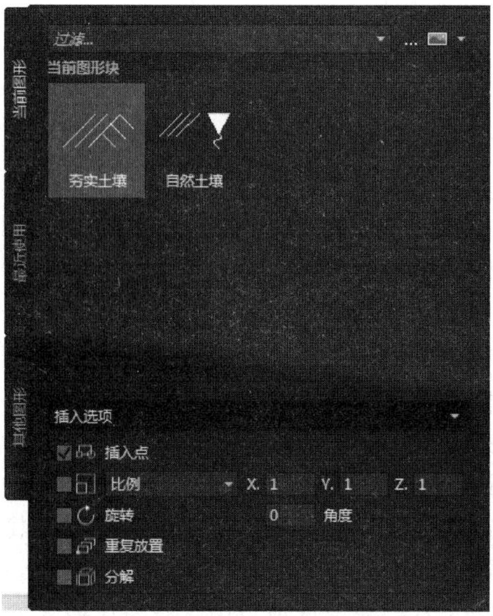

图 6.7 插入“夯实土壤”图块

4. 操作示例

例如把模块 1 中定义好的“夯实土壤”图块插入到一个图形中。

操作过程如下：

（1）执行 INSERT 命令，系统弹出“插入”对话框，在该对话框中，通过“块选项板”中的“当前图形”选项卡来选择“夯实土壤”的图块。

（2）选择“插入选项”中勾选“插入点”，然后在绘图区辅捉到对应的点。其他的设置如图 6.7 所示，完成图块插入。

1.2.2　以矩形阵列的形式插入图块

1. 功能

在矩形阵列中插入一个块的多个引用。

2. 命令的调用

在命令行中用键盘输入：MINSERT，快捷键为“MIN”。

3. 操作指导

将图 6.8 所示的窗图块插入到当前图形文件中，如图 6.9 所示。

图 6.8　“夯实土壤”图块

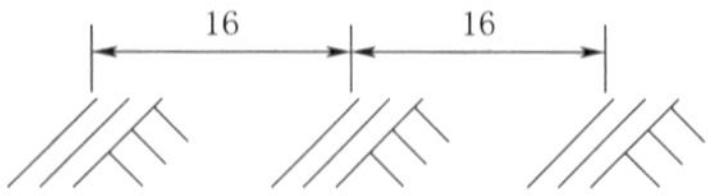

图 6.9　MINSERT 插入图块

操作步骤如下：

命令：MINSERT

输入块名或［?］：夯实土壤

单位：毫米　转换：　　1.0000

指定插入点或［基点（B）/比例（S）/X/Y/Z/旋转（R）］：(在绘图区中指定插入点)

输入 X 比例因子，指定对角点，或［角点（C）/XYZ（XYZ）］〈1〉：↙

输入 Y 比例因子或〈使用 X 比例因子〉：1↙

指定旋转角度〈0〉：↙

输入行数（---）〈1〉：↙

输入列数（|||）〈1〉：3↙

指定列间距（|||）：16↙

4. 参数说明

“输入块名或［?］”：输入已经创建好的图块名或输入“?”来查询图块。

“指定插入点”：在屏幕上指定插入图块的基点。

“比例（S）”：指定插入图块时图形在 XYZ 轴上统一的比例因子。

“X”：指定插入图块时图形在 X 轴上的比例因子。

“Y”：指定插入图块时图形在 Y 轴上的比例因子。

“Z”：指定插入图块时图形在 Z 轴上的比例因子

“旋转（R）”：指定插入图块时图形旋转的角度。

“输入行数（---）〈1〉”：指定矩形阵列的行数。

“输入列数（|||）〈1〉”：指定矩形阵列的列数。

“输入行间距或指定单位单元（---）”：指定矩形阵列的行间距。

“指定列间距（|||）”：指定矩形阵列的列间距。

注意：（1）在用 MINSERT 插入的图块时，所插入的图块不能被分解。

（2）在执行点命令“定数等分或等距等分”操作时，命令行提示你输入图块。如果你输入相应图块名，则会按定数或定距插入图块。

1.3 编辑图块

无论组成块的对象有多少个，块插入图形后就是一个整体，是一个对象。可以对块进行整体复制、旋转、删除等编辑操作，但是不能直接修改块的组成对象。如果要对块的组成对象进行编辑，则可以采用下述方法。

1. 分解

分解命令可以将块由一个整体分解成各个独立的组成对象。块被分解后，就可以单独修改各对象，分解块操作如下。

命令：EXPLODE

选择对象：　（选择块）

选择对象：　（按 Enter 键结束）

2. 块的重新定义

分解并修改块只是修改了显示的图形，并没有修改该块的定义，如果再次插入这个块，它仍然为原来的图形。如果要修改块定义，则在分解并修改块图形后，以原块名重新定义块。

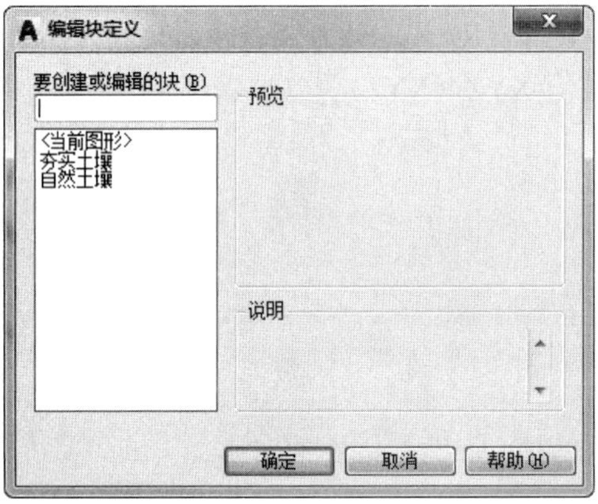

图 6.10　编辑块定义

3. 块编辑器

块编辑器可以直接对块的组成对象进行编辑并重新定义块，操作方法如下。

（1）打开块编辑器。单击“工具”→“块编辑器”；或在命令行，输入 BEDIT，或输入快捷键：BE，显示“编辑块定义”对话框，如图 6.10 所示。

（2）编辑块定义。在“编辑块定义”对话框中，选择要编辑的块定义，单击“确定”按钮，系统会显示“块编辑器”界面。此时，块的组成对象是“分离”的，可按需要进行修改。

（3）保存文件。修改之后，单击“关闭块编辑器”，并保存修改后的块定义。

任务2　属　性　块

2.1 定义属性

创建图块时，在图块上附属一些文字说明以及其他信息，以便在插入图块时，连同图块和属性一起插入到图形中。附属到图块上的文字说明以及其他信息称为块属性。

1. 功能

给图块赋予文字信息。

2. 命令的调用

（1）在命令行中输入 ATTDEF，或输入快捷键：AT 然后按 Enter 键。

（2）在下拉菜单中单击："绘图"→"块"→"定义属性" 。

（3）依次单击："常用"选项卡→"块"面板→"定义属性" 。

3. 操作指导

执行 ATTDEF 命令后，系统会弹出如图 6.11 所示的"属性定义"对话框。在该对话框中做一些选项设置即完成属性定义。

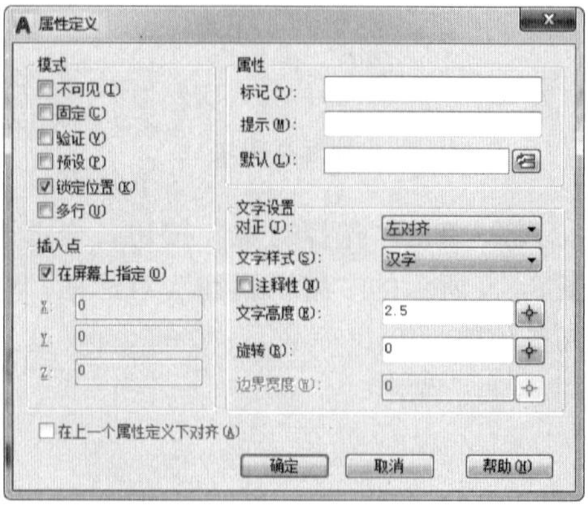

图 6.11 "属性定义"对话框

在"属性定义"对话框中，有 4 部分选项，各选项的含义如下：

"模式"：可以通过不可见、固定、验证、预设、锁定位置、多行 6 个可选的模式选项来选择图块的模式。

"属性"：有标记、提示、默认这 3 个属性输入框，通过输入一些数据来确定图块的属性。

"插入点"部分：如果选择"在屏幕上指定"，则"X、Y、Z"均不亮显，系统回到屏幕中，让用户在屏幕上选择插入的点；如果不选择"在屏幕上指定"，则"X、Y、Z"均亮显，用户可以通过输入 X、Y、Z 的坐标来确定插入点。

"文字设置"：通过对正、文字样式、文字高度、旋转等选项的选择，来设置定义属性文字的特征。

属性定义后，用 BLOCK 或 WBLOCK 命令将图形连同属性值一起创建为图块。

注意：图块的属性是图块固有的特性，常用在形状相同而性质不同的图形中，如标高、标题栏、轴线编号等。

4. 操作示例

给高程符号赋予属性，并定义成块，插入到图形中。

图 6.12　高程属性定义

（1）绘制高程符号（步骤略）。

（2）给高程符号赋予属性。

1）执行 ATTDER 命令，弹出"属性定义"对话框。在该对话框中"标记"栏后输入"标高"；在"提示"栏后输入"请输入高度"；在"默认"栏后输入%%p0.000（±0.000）。

2）在"对正"栏后输入"正中"，"文字样式"选择"数字样式"，在"文字高度"栏后输入"2.5"，其他默认，如图 6.12 所示。

3）单击"确定"按钮，在屏幕上放置文字的位置。结果如图 6.13 所示。

（3）将图 6.13 生成图块。

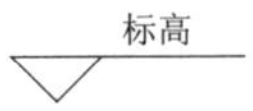

图 6.13　带属性标高图块

1）执行“BLOCK”命令，系统弹出“块定义”对话框。

2）在该对话框中，“名称”栏输入“标高符号”，如图 6.14 所示；单击“拾取点”按钮，在屏幕上选择高程符号的下角点。

3）单击“选择对象”按钮，全部选择图 6.13 中的图。单击“确定”后，系统弹出如图 6.15 所示的“编辑属性”对话框，在“请输入高度”栏后输入一个标准值，也可不输入任何值。

图 6.14　定义带属性标高图块

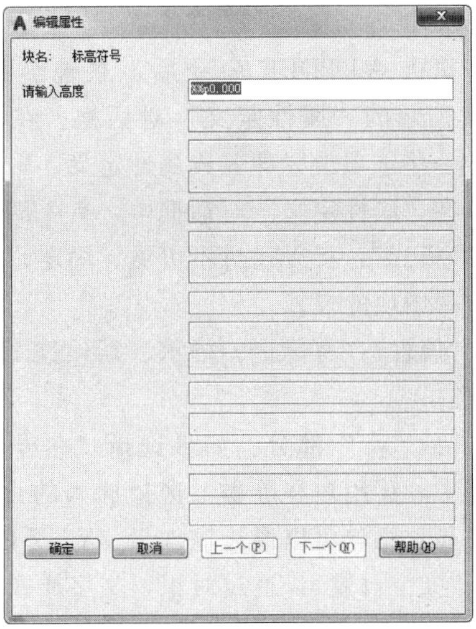

图 6.15　“编辑属性”对话框

4）单击“确定”按钮完成操作过程。

（4）在图形中插入高程符号。

1）执行 INSERT 命令，弹出“块选项板”对话框。

2）在该对话框中，“当前图形”栏中单击“标高符号”；“插入选项中”勾选“插入点”；其他选项默认。如图 6.16 所示。然后在绘图中捕捉对应的插入点，系统在命令行提示“请输入高程”。直接按 Enter 键，默认为±0.000；如果输入“30.000”，则高程值为 30.000。结果如图 6.17 所示。

2.2　编辑属性

对图形中的图块属性信息进行修改编辑。

2.2.1　利用“增强属性编辑器”编辑属性

1. 命令的调用

（1）在命令行中用键盘输入：EATTEDIT，或输入快捷键：EA。

（2）在下拉菜单中单击：“修改”→“对象”→“属性”→“单个”。

（3）在“修改Ⅱ”工具条上单击“编辑属性”按钮。

（4）双击已插入的属性块。

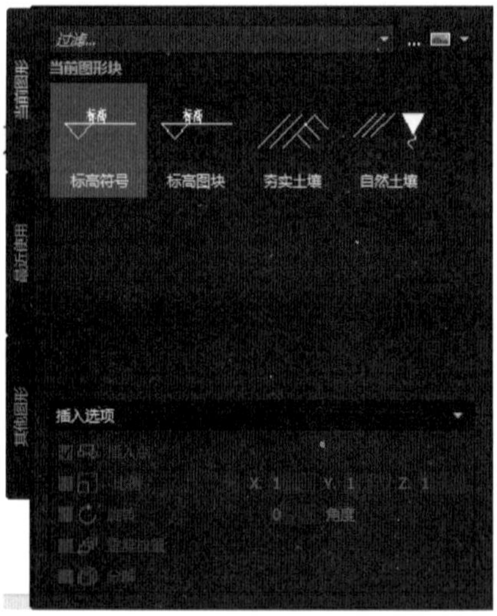

图 6.16 插入标高符号选项板

图 6.17 插入后的标高符号

2. 操作指导

命令：EATTEDIT

选择块：

在“选择块”后，系统弹出“增强属性编辑器”对话框，在该对话框中可以对属性、文字样式、文字高度等各项信息进行修改，如图 6.18 所示。该对话框中各项的含义如下：

“属性”：对图块的变量属性进行修改。分别列出了标记、提示和值这几个属性，能修改的是图块的属性值，而标记和提示则不能修改。

“文字选项”：对图块的文字属性进行修改，如图 6.19 所示。在“文字选项”卡中，分别列出了文字样式、对正、反向、倒置、高度、宽度因子、旋转和倾斜角度这几个图块中文字属性，用户可以根据需要对这几个文字显示方式属性值进行修改。

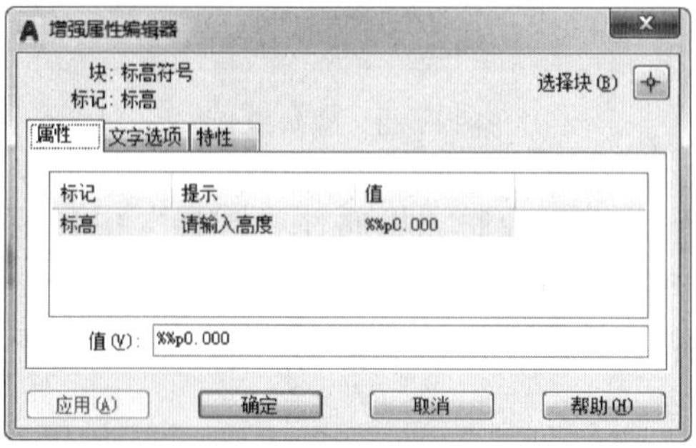

图 6.18 “增强属性编辑器”对话框

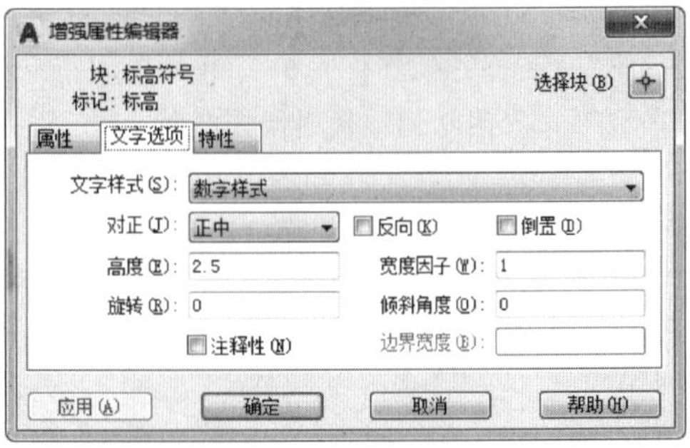

图 6.19 文字选项

“特性”：对图块属性中的特征属性进行修改，如图 6.20 所示。在“特性”选项卡中，分别列出了图层、线型、颜色、线宽和打印样式这几个属性，用户可以根据需要对属性所在图层、线型、颜色、线宽等进行修改。

“值”：修改属性值。

2.2.2　利用“块属性管理器”编辑属性

1. 命令的调用

(1) 在命令行中用键盘输入：BATTMAN。或者选中一个块点鼠标右键，选择“编辑属性”。

(2) 在下拉菜单中单击：“修改”→“对象”→“属性”→“块属性管理器”。

(3) 在“修改Ⅱ”工具条上单击“块属性管理器”按钮。

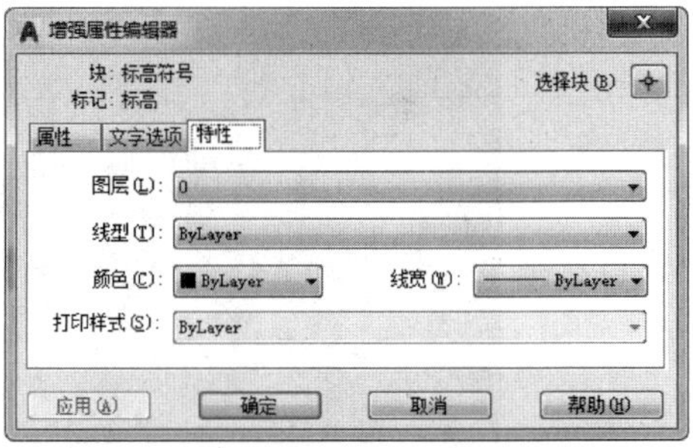

图 6.20　特性

2. 操作指导

执行 BATTMAN 命令后，系统会弹出如图 6.21 所示的“块属性管理器”对话框。在该对话框中可以对属性各项信息进行修改。该对话框中各项的含义如下：

“选择块”：单击该按钮后，系统又回到屏幕上，要求用户选择一个图块。

“块”：通过下拉列表选择要编辑块的名称。

“标记、提示、默认、模式”：所选择块的属性列表。

“同步”：更新图形中同一种类型的全部图块，但此操作不会改变每个块中的属性值。

“上移”：将选定的属性值在列表中向上移动一行。

“下移”：将选定的属性值在列表中向下移动一行。

“编辑”：将选定的属性值进行编辑修改。

“删除”：将选定的属性值在列表中删除，如图 6.22 所示。

图 6.21　块属性管理器

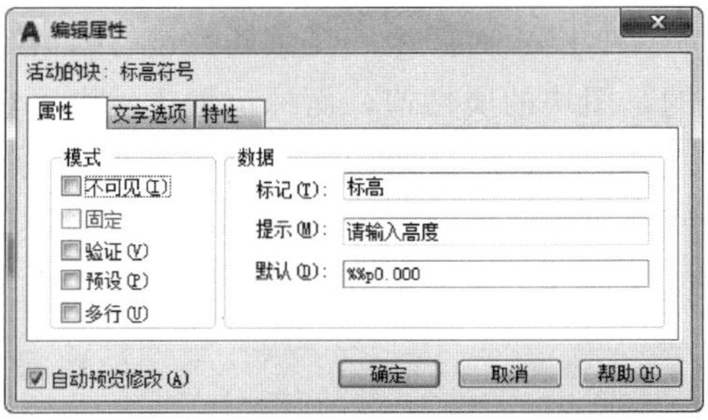

图 6.22　编辑属性

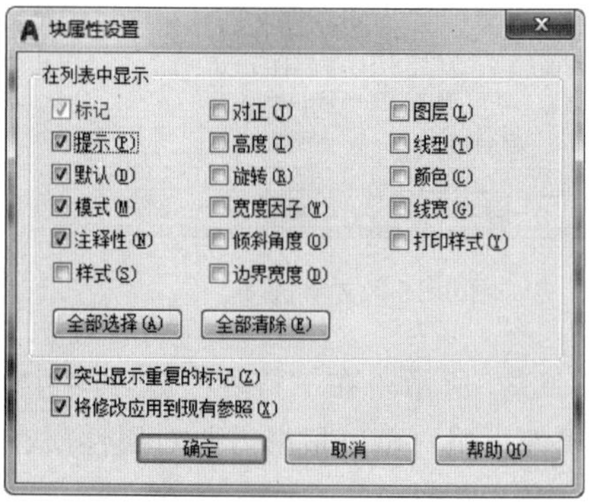

图 6.23　块属性设置

“设置”：可以控制“块属性管理器”中属性值的列出方式和数目，如图 6.23 所示。

“应用”：将所作的修改应用到图形中，但不退出该对话框。

3. 操作示例

将图 6.24 中的一组高程图块，文字高度改为 3.5，文字的宽度因子改为 0.7，图层改为“尺寸标注”(绿色)。

步骤如下：

(1) 在命令行输入 BATTMAN，然后按 Enter 键。

（2）在弹出图 6.21 后，单击“选择块”按钮，选择图 6.24 中任意的一个高程符号。

（3）单击“块属性管理器”对话框中的“编辑”按钮，在图 6.19 所示的“文字选项”中将文字高度改为 3.5，宽度因子改为 0.7，“特性”选项中将图层选为“尺寸标注”。然后单击“确定”按钮。

（4）在“块属性管理器”对话框中，单击“同步”按钮。

（5）单击“确定”按钮。结果如图 6.25 所示。

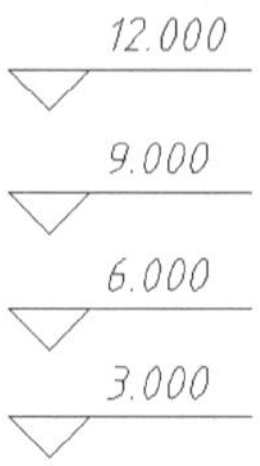

图 6.24 一组高程

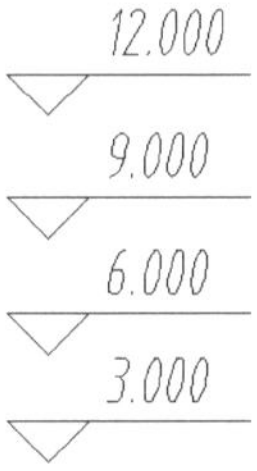

图 6.25 同步修改高程

2.3 动态块

动态块是指通过对图块进行一系列的自定设置，如参数、动作等，使其按照设计的需求进行可变的参数化调整。而自定义“动态块”的关键是合理设置参数和动作。

CAD 软件不仅提供了丰富的参数设置，如线性、极轴、旋转等；还提供了相对应的动作命令，如移动、缩放、拉伸等，如图 6.26、图 6.27 所示。

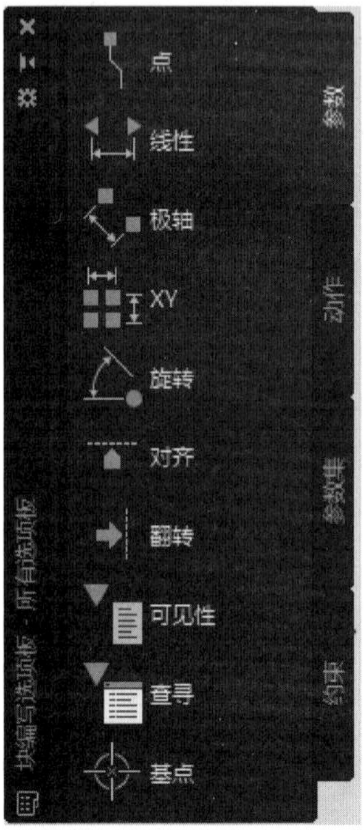

图 6.26 动态图块参数界面

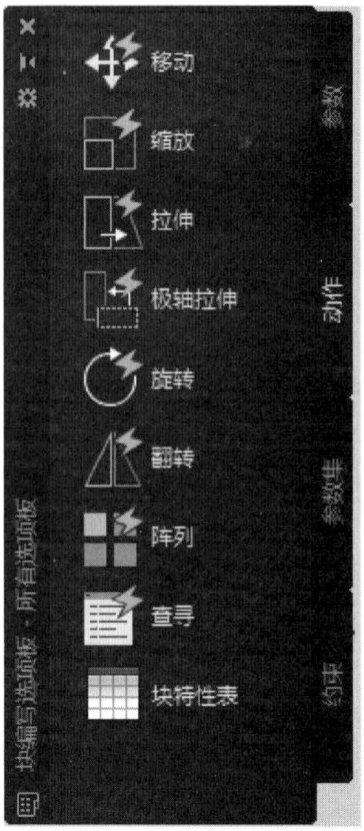

图 6.27 动态图块动作界面

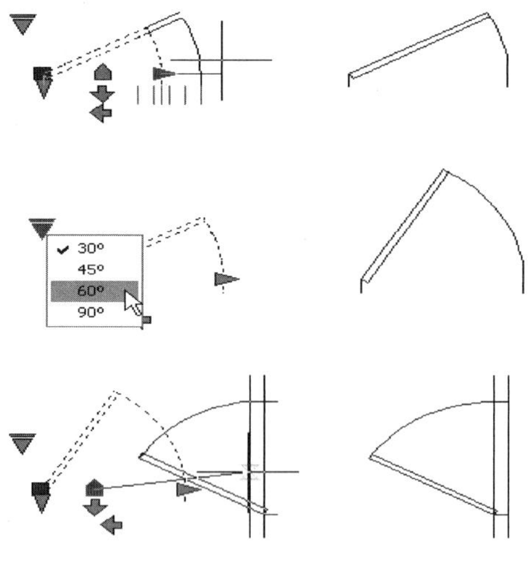

图 6.28　门参照块

如图 6.28 所示，如果在图形中插入一个门参照块，则在编辑图形时可能需要更改门的大小。如果该块是动态的，并且定义为可调整大小，那么只需拖动自定义夹点或在“特性”选项板中指定不同的尺寸就可以修改门的大小。还可以按需要修改门的开角。该门块还可能会包含对齐夹点，使用对齐夹点可以轻松地将门块参照与图形中的其他几何图形对齐。

1. 创建动态块

(1) 依次单击“工具（T）”→“块编辑器（B）”。或在命令提示下，输入 bedit。

(2) 在“编辑块定义”对话框中执行以下操作之一：

1）从列表中选择一个块定义。

2）如果希望将当前图形保存为动态块，请选择“〈当前图形〉”。

3）在“要创建或编辑的块”下输入新的块定义的名称。

(3) 单击“确定”。

(4) 在块编辑器中根据需要添加或编辑几何图形。

(5) 执行以下操作之一：

1）按照命令提示，从“块编写选项板”的“参数集”选项卡中添加一个或多个参数集。双击黄色警示图标，然后按照命令提示将动作与几何图形的选择集关联。

2）按照命令提示，从“块编写选项板”的“参数”选项卡中添加一个或多个参数。按照命令提示，从“动作”选项卡中添加一个或多个动作。

(6) 依次单击“块编辑器”选项卡→“打开/保存”面板→“保存块”。或在命令提示下，输入 bsave。

(7) 单击“关闭块编辑器”。

通过在块编辑器中向块添加参数和动作，可以向新的或现有的块定义添加动态行为。如图 6.29 所示，块编辑器内显示了一个书桌块。该块包含一个标有“距离”的线性参数，其显示方式与标注类似，还包含一个拉伸动作，该动作显示有一个闪电图形和一个“拉伸”标签。

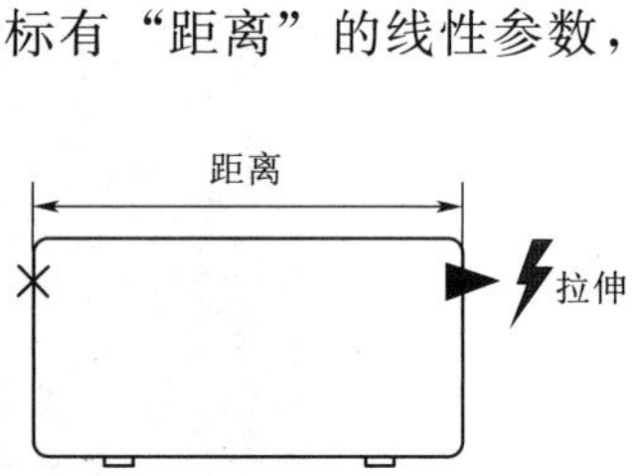

图 6.29　书桌块

要使块成为动态块，必须至少添加一个参数。然后添加一个动作并将该动作与参数相关联。添加到块定义中的参数和动作类型定义了块参照在图形中的作用方式。参数和动作仅显示在块编辑器中。将动态块参照插入到图形中时，将不会显示动态块定义中包含的参数和动作。

2. 操作示例

下面以定义“动态水利标高”动态块为例，实现该动态块能够在水工建筑物立面图中的水位标高、一般标高的切换。

操作步骤如下：

（1）依次单击“工具（T）”→“块编辑器（B）”。或在命令提示下输入 bedit，快捷键“BE”。

（2）在“编辑块定义”对话框中，“要创建或编辑的块”下输入“动态水利标高”，如图 6.30 所示。单击“确定”。

（3）在绘图区绘制高度为 2.5mm 的等腰直角三角形及适当长度的直线。

（4）给在三角形右侧附上高度属性，以便随机输入高度值，如图 6.31 所示。

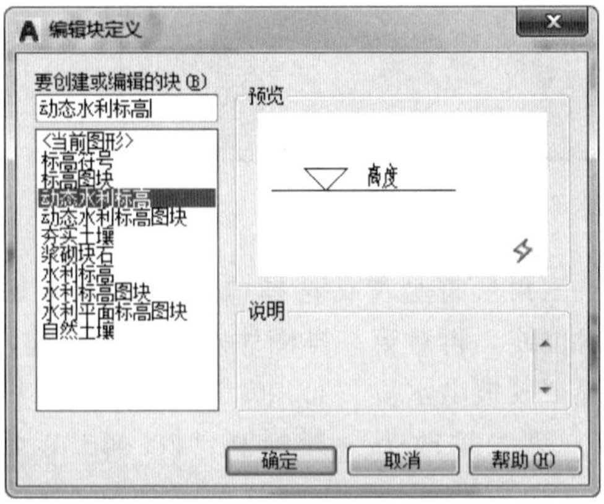

图 6.30　创建“动态水利标高”图块

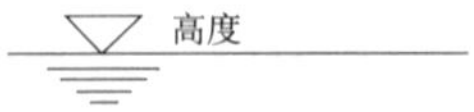

图 6.31　创建“动态水利标高”属性

（5）给等腰直角三角形赋予“旋转”参数，“旋转”动作。

（6）给高度赋予“翻转”参数，“翻转”动作。

（7）给水位线赋予“可见性”参数。在块编辑器中“参数”面板中单击“可见性按钮”，将其放在水位线下面，或任意一可便操作位置，再单击“管理可见性状态”按钮，设置可见性状态，设置“水位标高”和“一般标高”两种可见状态，如图 6.32 所示。在选项板“一般标高”状态下，选中水位线，单击鼠标“不可见”按钮，就可以将水位线隐藏，如图 6.33 所示。

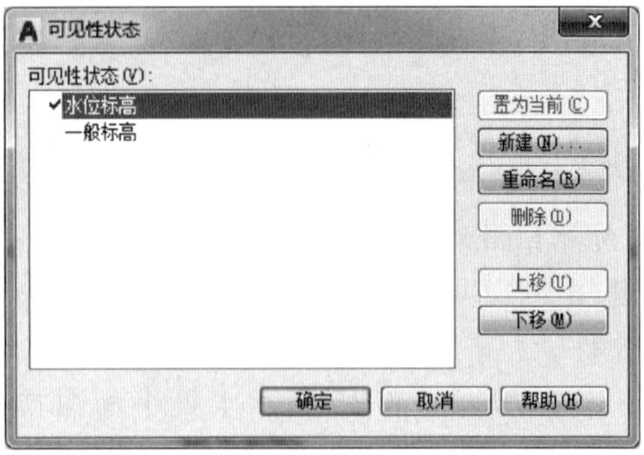

图 6.32　创建两种可见性状态

（8）依次单击“块编辑器”选项卡→“管理”面板→“保存”。也可以单击“块编辑器”选项卡→“管理”面板→“测试”进行测试图块。

（9）依次单击“块编辑器”选项卡→“关闭”面板→“关闭块编辑器”。

（10）执行 INSERT 命令，快捷键“I”，弹出“块选项板”对话框。在该对话框中，“当前图形”栏中单击“动态水利标高”；“插入选项中”勾选“插入点”；其他选项默认。在图中分别插入三个动态水利标高，如图 6.34（a）所示。

（11）第一排改为“校核洪水位 30.000”，单击第一排标高图块，如图 6.34（b）所

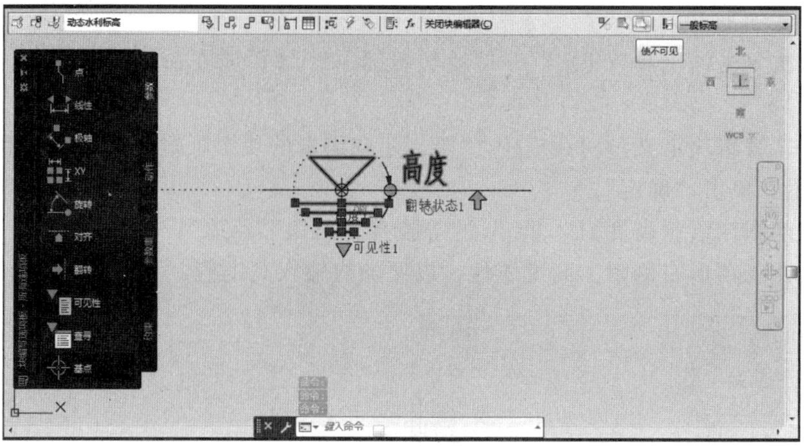

图 6.33　隐藏水位线

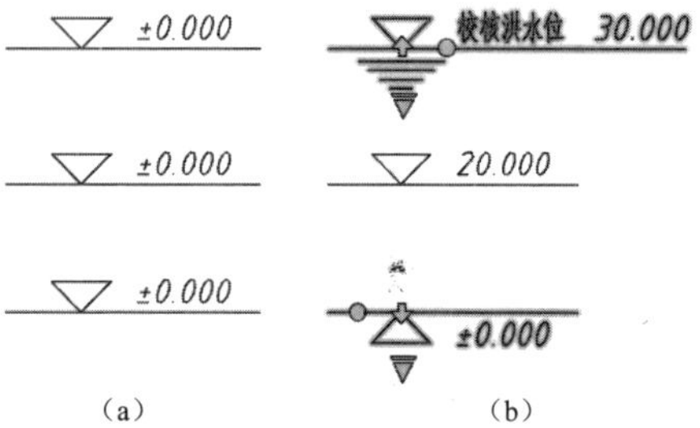

图 6.34　插入动态块

示，单击三角形符号▼，选择“水位标高”，就可以显示水位线，再对第一排图块双击鼠标左键，就可以设置“校核洪水位　30.000”。

(12) 第二排改为一般标高“20.000”，本操作略。

(13) 第三排改为地面标高，单击“蓝色箭头”，使数字翻转，再激活小圆，移动鼠标，旋转180°。

课　后　训　练

1. 绘制A2、A3、A4图框标题栏(标题栏格式参照模块7中的图7.93)，并用WBLOCK命令分别创建为图块文件。

2. 根据图6.35所示水渠平面图与断面图，创建带有属性的水利平面标高和水利动态立面标高符号；绘制水渠平面图与断面图，并按图示位置标注高程。(说明：绘图比例为1∶100)

3. 分析图6.36水闸设计图，然后用A3图幅按1∶100的比例绘制水闸设计图中的所有图形，并进行尺寸标注。建立标高属性图块及夯实土壤图块。

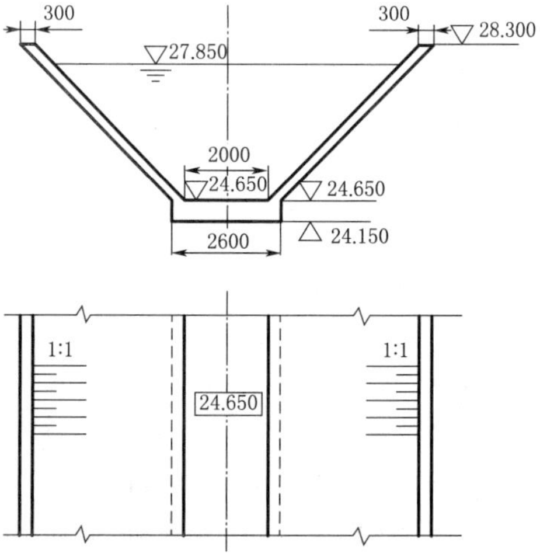

图 6.35　水渠平面图与断面图

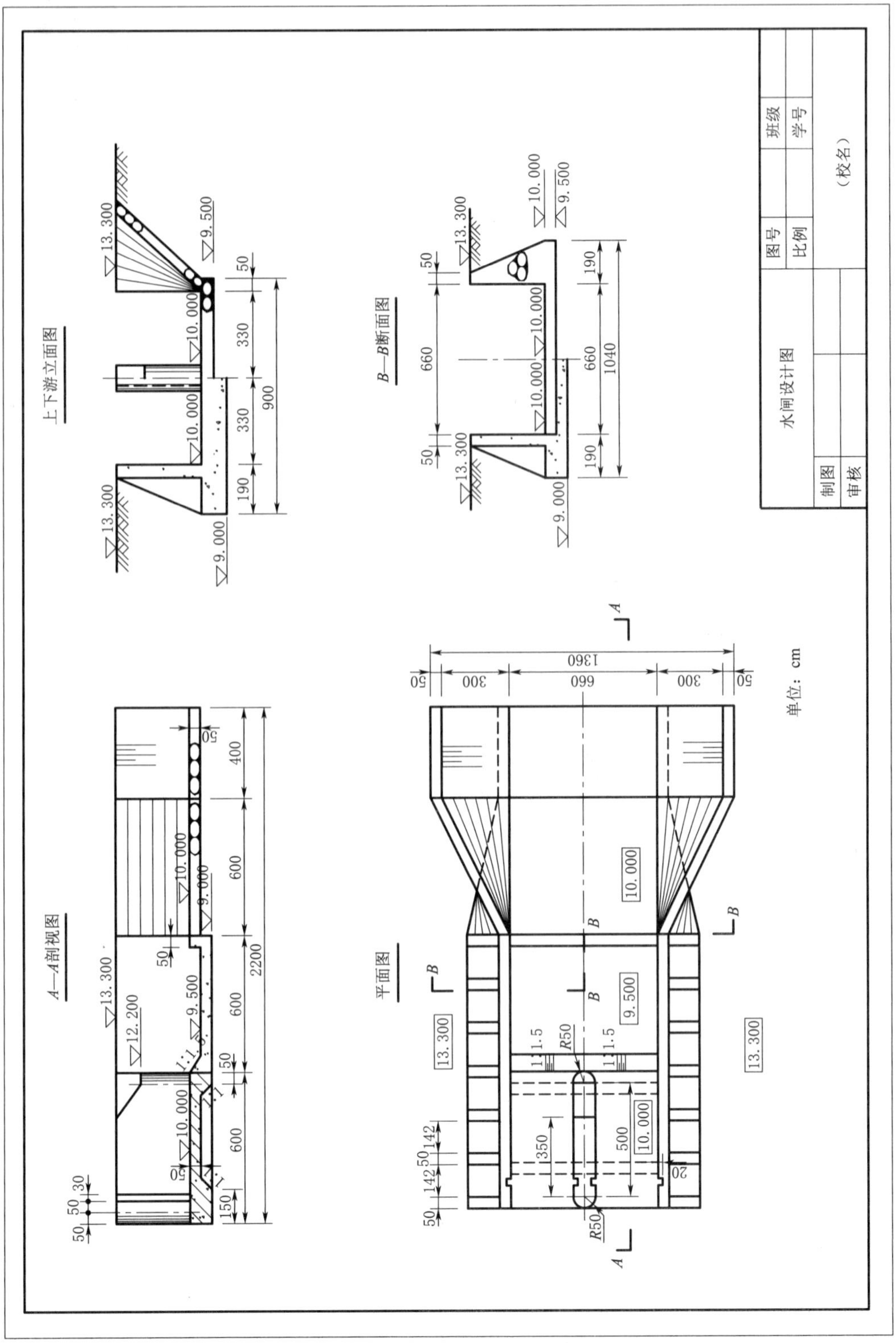

图 6.36 水闸设计图

模块 7

绘 制 工 程 图

学习目标：

（1）根据专业特点设置绘图环境，创建并使用样板文件。
（2）熟悉建筑图和水工图的常用符号。
（3）掌握建筑工程图的绘制过程和方法，并能正确进行标注。
（4）掌握水利工程图的绘制过程和方法，并能正确进行标注。
（5）掌握钢筋图的绘制方法，并能正确标注。

任务1 绘 图 环 境

1.1 建筑图绘图环境

1. 设置绘图单位

绘图时可以将单位视为绘制图形的实际单位，建筑图常以毫米为绘图单位。

命令：units。

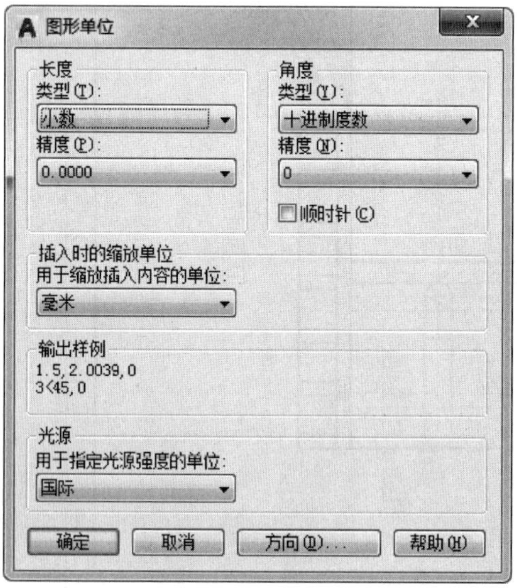

图 7.1 图形单位

参照图 7.1 所示进行设置。

2. 设置绘图界限

以公制样板“acadiso.dwt”新建图形，图形界限为 A3（420mm×297mm）。默认情况下绘图界限是关闭的，并不限制将图线绘制到图形界限之外，所以在 AutoCAD 中绘图不受图形大小的限制。

通常采用 1∶1 的比例绘图，根据图形所需的范围设置图形界限，出图时选择合适的打印比例打印成标准图幅；也可以先选定标准图幅作为图形界限，采用缩小的比例将图形绘制在图幅内，用 1∶1 比例打印出图。建议采用前一种方法，操作更方便。

3. 设置图层

建筑图通常按构件类型设置图层，参照

图7.2设置必要的图层，其他需要时再添加。

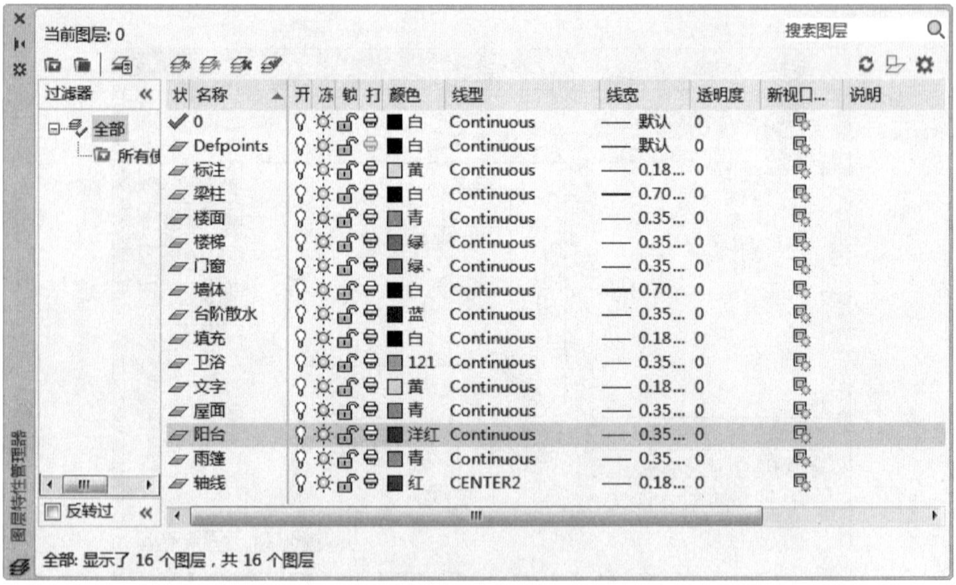

图7.2　建筑图常用图层

4. 设置文字样式

参照表7.1设置三种文字样式。

表7.1　建筑图文字样式设置

样式名	字体名	效果	说明
数字样式	gbenor. shx+gbcbig. shx	默认	用于尺寸标注与小号汉字标注
汉字样式	仿宋或宋体	宽度比例0.7，其余默认	图名、标题栏等
轴号	Complex. shx	宽度比例0.7，其余默认	轴号与门窗名称等

5. 设置标注样式

以“ISO-25”为基础样式，新建名为“建筑图样式”，设置如下。

(1) 公共参数：尺寸线“基线间距”取值7，尺寸界线“超出尺寸线”取值2，“起点偏移量”取值2；文字外观下“文字样式”选择“数字样式”，“文字高度”取值3.5，文字位置“从尺寸线偏移”取值1；主单位“小数分隔符”选择“句点”。

(2)“线性”子样式：选择“固定长度的尺寸界线”，“长度”取值15，箭头选择“建筑标记”，“箭头大小”取值1.5。

(3)“角度”子样式：“文字对齐”选择“水平”。

(4)“半径”子样式：“文字对齐”选择“ISO标准”；“调整选项”选择“文字和箭头”，“优化”选择“手动放置文字”。

(5)“直径”子样式：“文字对齐”选择“ISO标准”；“调整选项”选择“文字和箭头”，“优化”选择“手动放置文字”。

（6）其他未提及的均为默认设置。完成设置后，置“建筑图样式”为当前样式，如图7.3所示。

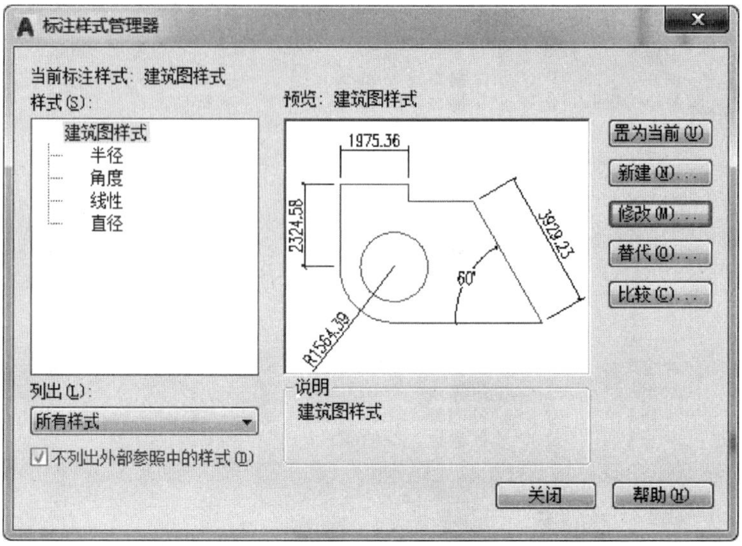

图7.3　建筑图标注样式

6. 设置多线样式

创建两个多线样式：24Q和37Q，分别用于绘制“24墙”和“37墙”。元素设置分别参照图7.4、图7.5。

图7.4　24墙多线样式

图7.5　37墙多线样式

7. 保存绘图环境

完成以上设置后就可以开始绘图了。也可以保存为样板文件“建筑样板.dwt”，以备用。

1.2　水工图绘图环境

1. 设置绘图单位

绘图时可以将单位视为绘制图形的实际单位，水工图采用的绘图单位有毫米、厘米、米等。单位设置参照图 7.1。

2. 设置绘图界限

以公制样板"acadiso.dwt"新建图形，图形界限为 A3（420mm×297mm）。默认情况下绘图界限是关闭的，并不限制将图线绘制到图形界限之外，所以在 AutoCAD 中绘图不受图形大小的限制。

通常采用 1∶1 的比例绘图，根据图形所需的范围设置图形界限，出图时选择合适的打印比例打印成标准图幅；也可以先选定标准图幅作为图形界限，采用缩小的比例将图形绘制在图幅内，用 1∶1 比例打印出图。建议采用前一种方法，操作更方便。

3. 设置图层

水工图通常考虑线型、填充（材料图例）、文字、标注等设置常用图层，如图 7.6 所示。

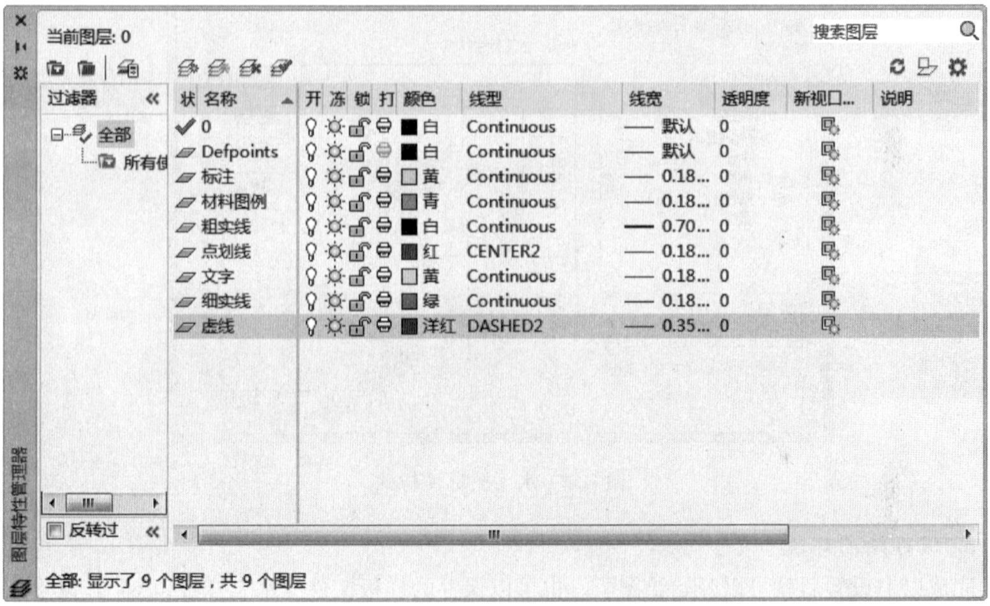

图 7.6 水工图常用图层

4. 设置文字样式

参照表 7.2 设置两种文字样式。

表 7.2 水工图文字样式设置

样式名	字 体 名	效 果	说 明
数字样式	gbeitc.shx+gbcbig.shx	默认	用于尺寸标注与小号汉字标注
汉字样式	仿宋或宋体	宽度比例 0.7，其余默认	图名、标题栏等

5. 设置标注样式

以"ISO-25"为基础样式，新建名为"水工图样式"，设置如下。

（1）公共参数：尺寸线“基线间距”取值7，尺寸界线“超出尺寸线”取值2，“起点偏移量”取值2；文字外观下“文字样式”选择“数字样式”，“文字高度”取值3.5，文字位置“从尺寸线偏移”取值1；主单位“小数分隔符”选择“句点”。

（2）“角度”子样式：“文字对齐”选择“水平”。

（3）“半径”子样式：“文字对齐”选择“ISO标准”；“调整选项”选择“文字和箭头”，“优化”选择“手动放置文字”。

（4）“直径”子样式：“文字对齐”选择“ISO标准”；“调整选项”选择“文字和箭头”，“优化”选择“手动放置文字”。

（5）其他未提及的均为默认设置。完成设置后，置“水工图样式”为当前样式，如图7.7所示。

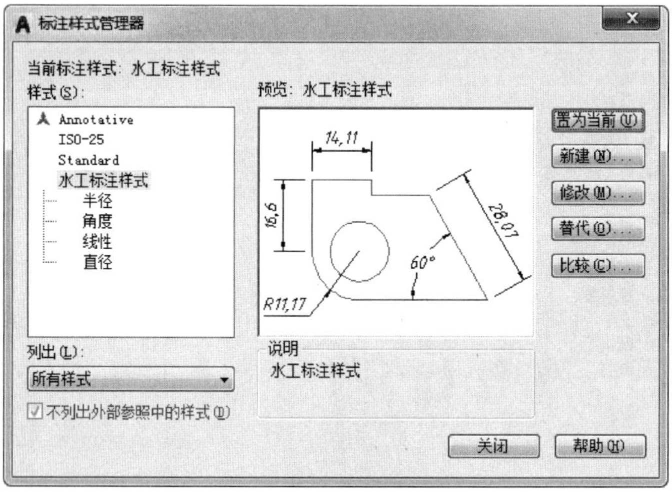

图7.7　水工图标注样式

6. 保存绘图环境

完成以上设置后就可以开始绘图了。也可以保存为样板文件“水工样板.dwt”，以备用。

任务2　建 筑 工 程 图

2.1　建筑图常用符号

在建筑工程图中，常用的符号有定位轴线编号、标高符号、索引符号、详图符号、指北针等。

（1）定位轴线编号。在施工图中通常将房屋的基础、墙、柱、墩和屋架等承重构件的轴线画出，并进行编号。定位轴线编号注写在轴线端部的圆内，圆用细实线绘制，直径8～10mm。平面图中，横向定位轴线编号应用阿拉伯数字从左至右顺序编写；竖向定位轴线编号应用大写拉丁字母从下至上顺序编写，如图7.8所示。

(2) 标高符号。标高是标注建筑物高度的一种尺寸形式。在施工图中，建筑某一部分的高度通常用标高符号来表示。标高符号是用高度约为 3mm 的等腰直角三角形表示，按如图 7.9 (a) 所示用细实线绘制，如果标注位置不够，也可按如图 7.9 (b) 所示绘制。

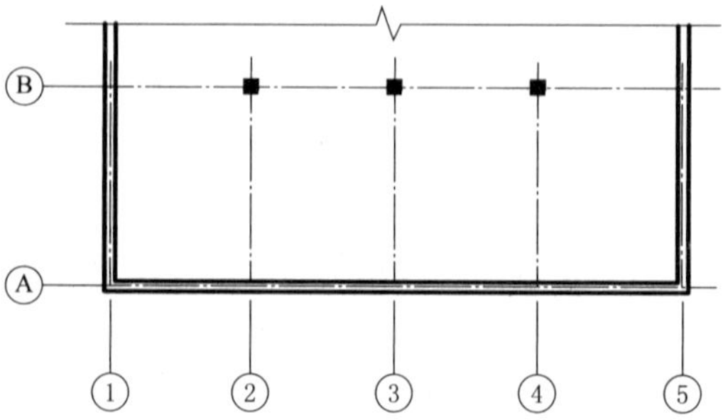

图 7.8　定位轴线编号

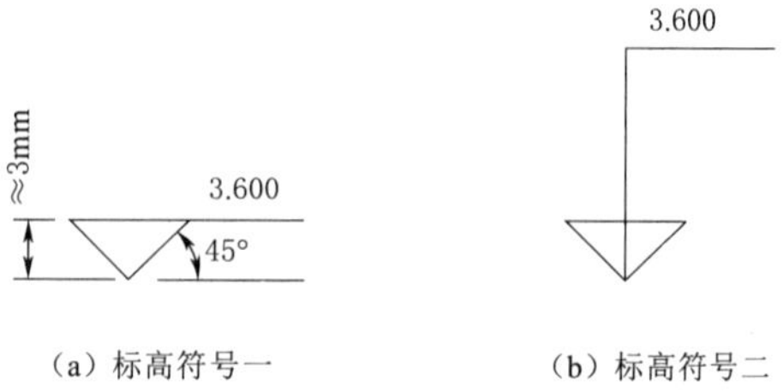

图 7.9　标高符号

(3) 索引符号。索引符号是需要将图样中的某一局部或构件画出详图而标注的一种符号，用于表明详图的编号以及详图所在图纸编号。索引符号是由直径为 10mm 的圆和通过直径的水平线组成，圆及水平线均用细实线绘制。索引符号需用一根引出线指向要画详图的地方，引出线用细实线绘制，并对准圆心，如图 7.10 (a) 所示。

当索引出的详图与被索引的图样在同一张图内时，应在索引符号的上半圆中用阿拉伯数字注明该详图的编号，并在下半圆中间画一段水平细实线，如图 7.10 (b) 所示。当索引出的详图与被索引的图样不在同一张图内时，应在索引符号的下半圆中用阿拉伯数字注明该详图所在图纸的编号，如图 7.10 (c) 所示。

当索引出的详图采用标准图时，应在索引符号水平直径的延长线上加注该标准图册的编号，如图 7.10 (d) 所示。

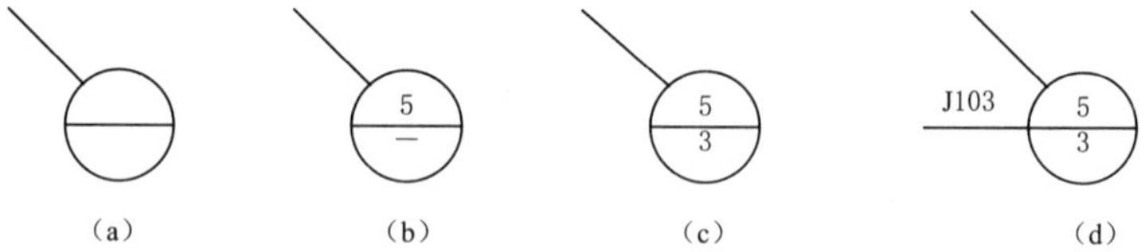

图 7.10　索引符号

(4) 详图符号。详图符号表示索引出的详图的位置和编号的一种符号。详图符号圆的直径为 14mm，用粗实线绘制。

当详图与被索引的图样同在一张图纸内时，应在详图符号内用阿拉伯数字注明详图的编号，如图 7.11 (a) 所示。当详图与被索引的图样不在同一张图纸内，应用细实线在详图符号内画一水平直径，在上半圆中注明详图编号，在下半圆中注明被索引图样的图纸编号；如图 7.11 (b) 所示。

(5) 指北针。指北针的形状如图 7.12 所示，其圆的直径应为 24mm，用细实线绘制，指针尾部的宽度应为 3mm，指针头部应注“北”或“N”。需用较大直径绘制指北针时，指针尾部宽度应为圆直径的 1/8。

（a） （b）

图 7.11 详图符号

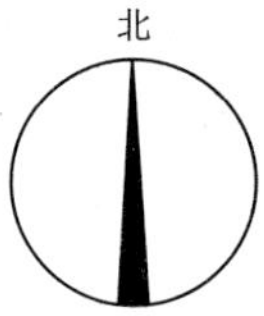

图 7.12 指北针

2.2 绘制建筑平面图

建筑平面图是将房屋从门窗洞口处水平剖切后的俯视图，是建筑施工图中最基本的图样之一，主要用于表示建筑物的平面形状以及沿水平方向的布置和组合关系等。

绘制建筑平面图的一般步骤是：画定位轴线、墙体、门窗；画楼梯、雨篷、卫浴等；标注尺寸、轴号、注写文字。

【例 7.1】 绘制建筑平面图，如图 7.13 所示，绘图比例为 1∶100，采用 A3 幅面的图框。

步骤 1：绘图环境。以“建筑样板 .dwt”开始绘制新图，此图用 1∶1 比例绘图，按 1∶100 比例打印到 A3 图幅，设定绘图界限 42000×29700，并全屏显示；设置线型比例因子（LTSCALE）为 100；修改标注样式“调整”中的“使用全局比例”为 100。

步骤 2：绘制轴线。以轴线层为当前层，用“直线”命令绘制一条水平轴线和一条铅垂轴线，再用“偏移”命令得到其他轴线，如图 7.14（a）所示。参考二层平面图的房间布置整理轴线，如图 7.14（b）所示。

步骤 3：绘制墙体。

（1）绘制 37 墙。以墙体层为当前层，把多线样式 37Q 置为当前样式，用“多线命令”参照二层平面图的墙体分布绘制 37 墙，先绘外墙再绘内墙，如图 7.15 所示。操作如下：

命令：MLINE （绘制 37 外墙）

当前设置：对正＝上，比例＝20.00，样式＝37Q

指定起点或［对正（J）/比例（S）/样式（ST）］： S

输入多线比例〈20.00〉： 1

当前设置：对正＝上，比例＝1.00，样式＝37Q

指定起点或［对正（J）/比例（S）/样式（ST）］： J

输入对正类型［上（T）/无（Z）/下（B）］〈上〉： Z

当前设置：对正＝无，比例＝1.00，样式＝37Q

指定起点或［对正（J）/比例（S）/样式（ST）］： 〈对象捕捉 开〉

指定下一点：

指定下一点或［放弃（U）］：

……

指定下一点或［闭合（C）/放弃（U）］： C

命令：MLINE （绘制 37 内墙）

当前设置：对正＝无，比例＝1.00，样式＝37Q

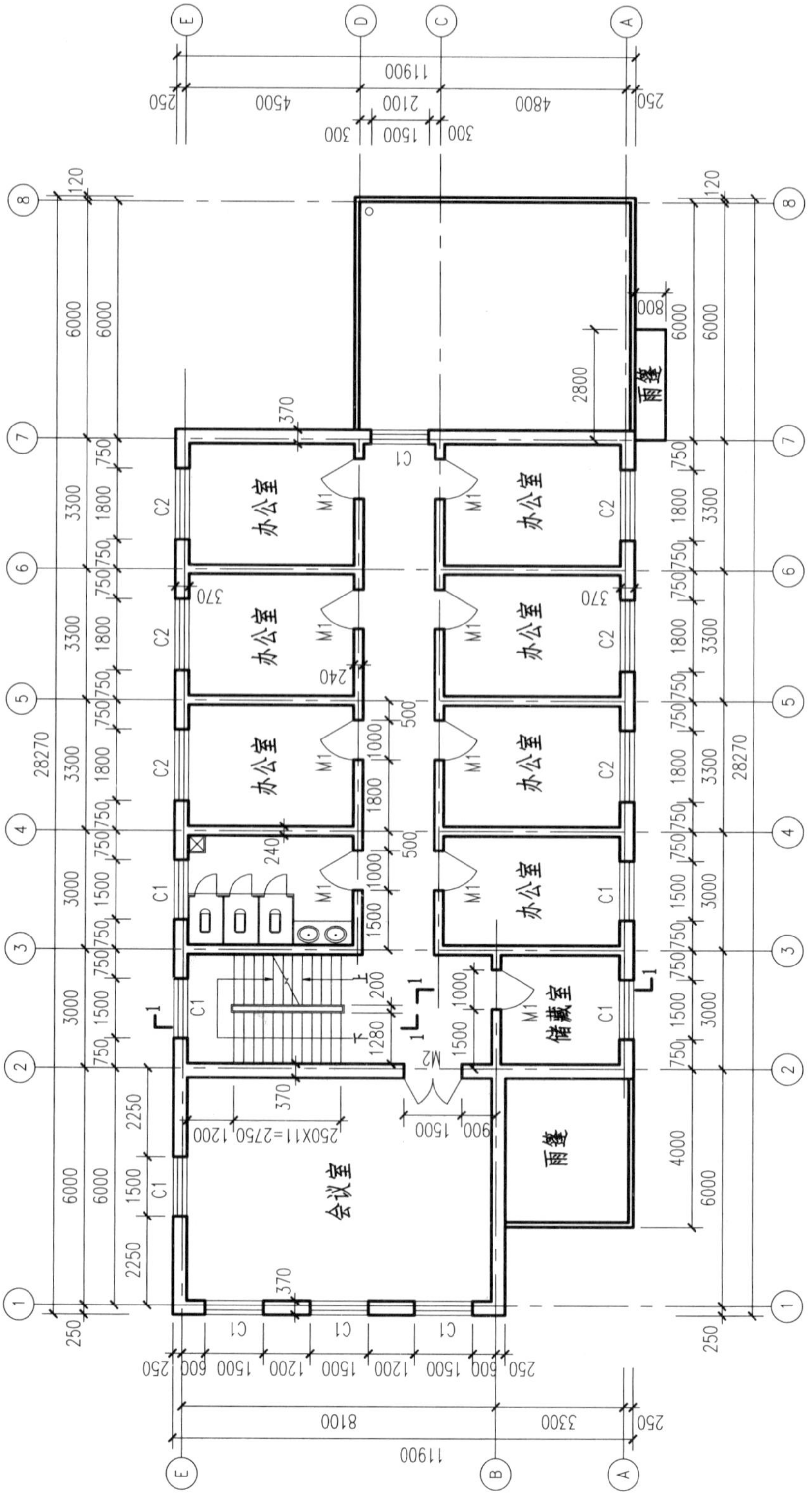

图 7.13 二层平面图

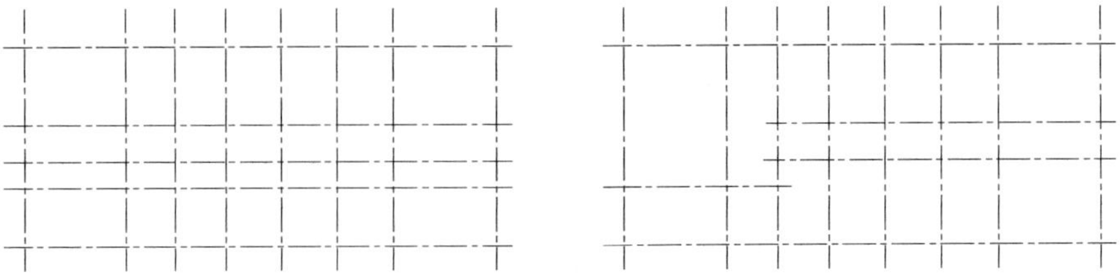

（a）绘制轴线　　（b）整理轴线

图 7.14　绘制轴线

指定起点或［对正（J）/比例（S）/样式（ST）］：

指定下一点：

指定下一点或［放弃（U）］：

(2) 绘制 24 墙。以墙体层为当前层，把多线样式 24Q 置为当前样式，用“多线命令”参照二层平面图的墙体分布绘制 24 墙，如图 7.16 所示。操作如下：

命令：MLINE　（绘制 24 内墙）

当前设置：对正＝无，比例＝1.00，样式＝24Q

指定起点或［对正（J）/比例（S）/样式（ST）］：

指定下一点：

指定下一点或［放弃（U）］：

……

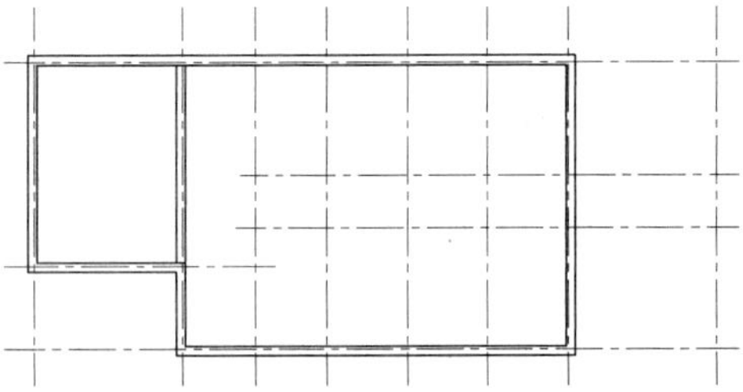

图 7.15　绘制 37 墙

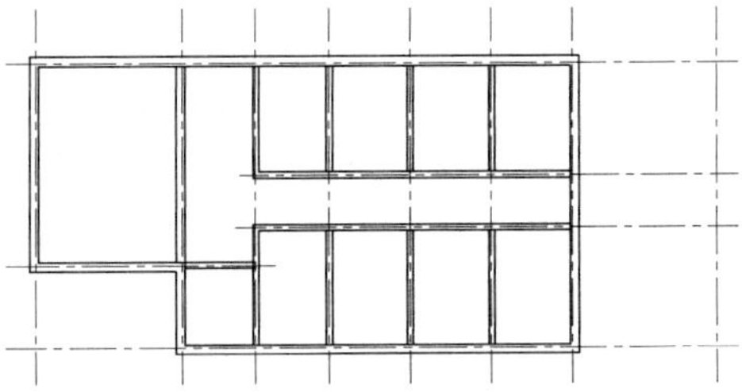

图 7.16　绘制 24 墙

步骤 4：编辑墙线。利用“多线编辑命令（MLEDIT）”编辑墙线，如图 7.17 所示。若某些墙线接头用多线编辑命令编辑不成功，则将该部分墙线先分解，再用“修剪”命令修剪接头，如图中圆圈部分的接头。

步骤 5：绘制门窗洞。用“分解”命令先将多线墙体分解，再利用“偏移”和“修剪”命令绘制门窗洞，如图 7.18 所示。

步骤 6：绘制门窗。以门窗图层为当前层，用“直线”“偏移”“复制”命令绘制窗；用“直线”“圆弧”“复制”“镜像”命令绘制门窗。也可以先分别定义门、窗图块再插入，如图 7.19 所示。

步骤 7：绘制楼梯、雨篷、卫浴。以楼梯图层为当前层，用“多段线”“偏移”“修剪”等命令绘制楼梯；分别以雨篷、屋面图层为当前层，用“多段线”“偏移”等命令绘制雨篷、露台等；在卫浴图层上插入卫浴图块，如图 7.20 所示。

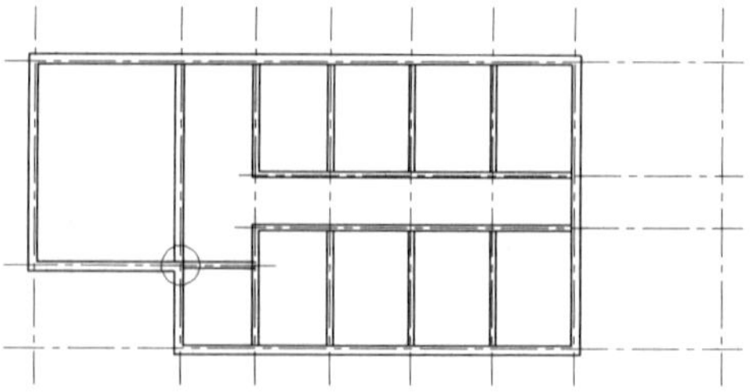

图 7.17 编辑墙线

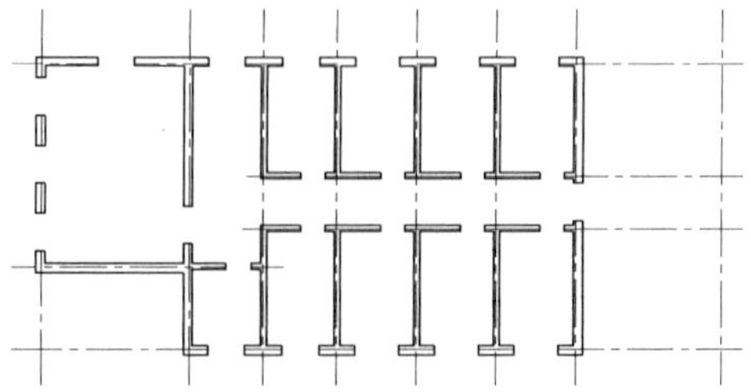

图 7.18 绘制门窗洞

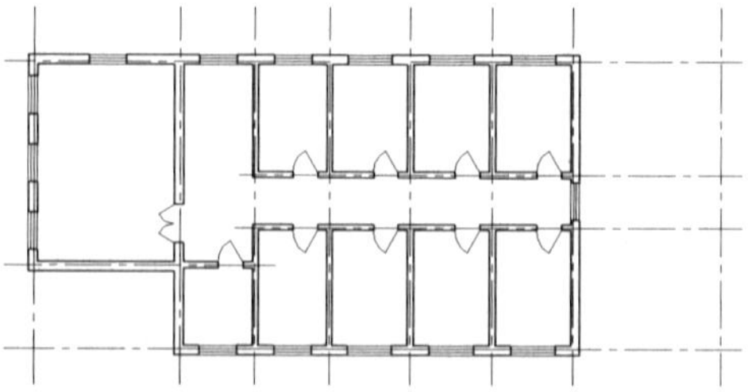

图 7.19 绘制门窗

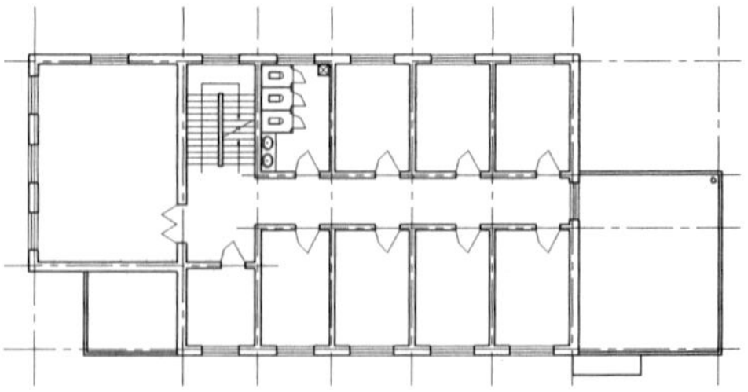

图 7.20 绘制楼梯、雨篷等

步骤 8：整理轴线，标注尺寸及轴号。以标注图层为当前层，用“多段线”命令绘制剖切符号、标注图中尺寸；在标注图层直接绘制轴线编号，也可先将轴线编号定义成图块再插入，如图 7.21 所示。

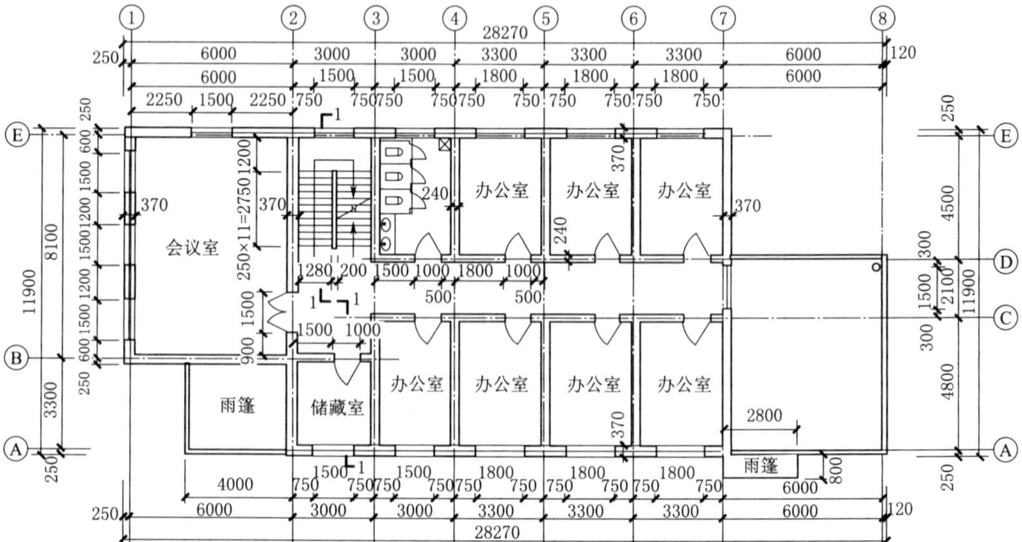

图 7.21 标注尺寸、轴号

步骤 9：插入图框、标题栏及注写文字。用 100 的缩放比例插入 A3 图框、标题栏；在文字图层上注写图中文字、图名、标题栏等内容，如图 7.22 所示。

步骤 10：完成图形保存文件。

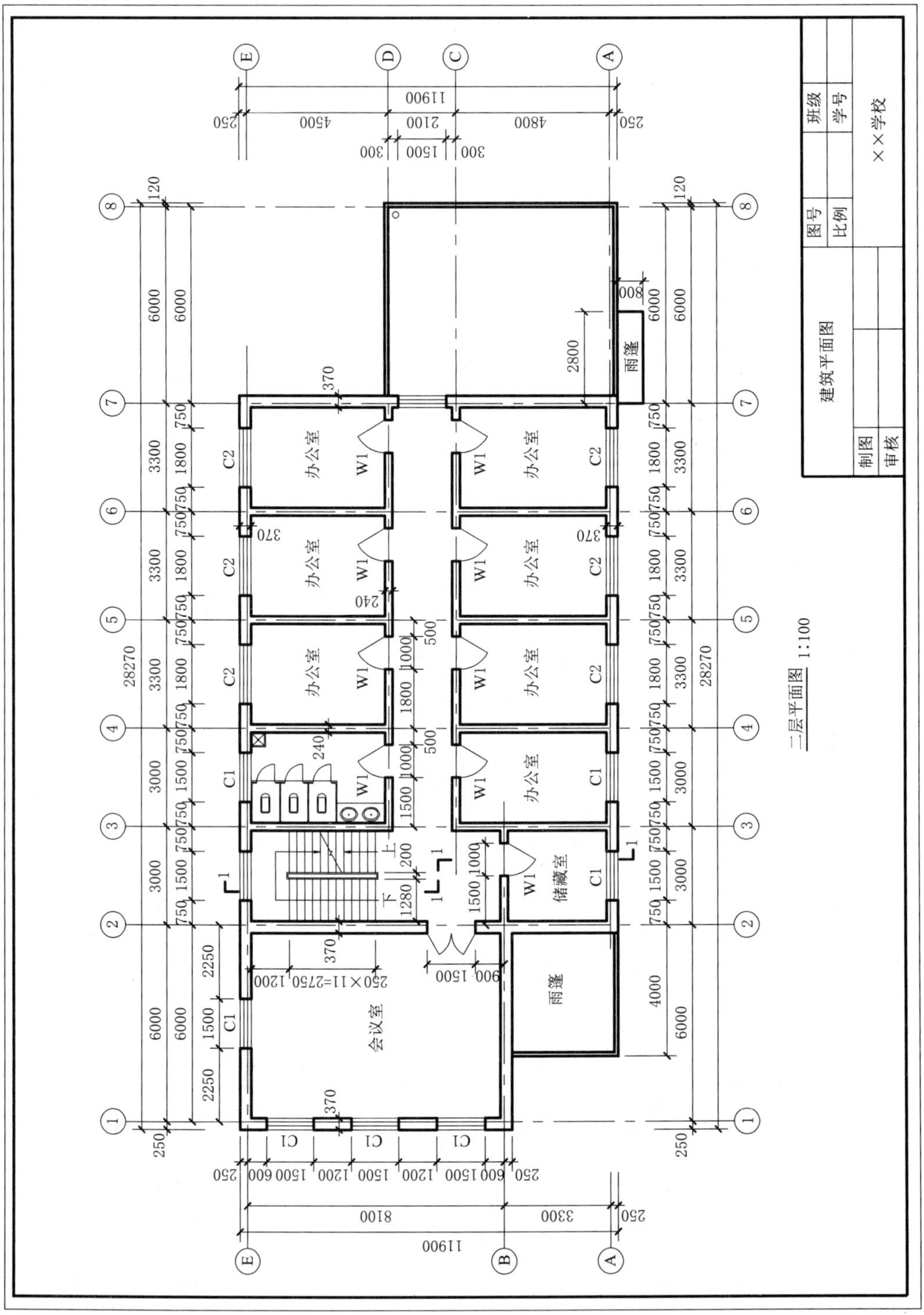

图7.22 插入图框、标题栏及注写文字

2.3 绘制建筑立面图

建筑立面图是指与房屋立面平行的投影面上所作的投影图，简称立面图，它主要用来表示房屋的外貌和立面装饰情况。立面图的外轮廓线之内的图形主要是门窗、阳台等构造的图例，绘图时需要结合平面图来确定某些构造的位置和尺寸。

绘制建筑立面图的步骤是：画室内外地平、屋顶、墙体；画门窗、阳台、台阶等；标注尺寸、注写文字。

【例 7.2】 绘制建筑立面图，如图 7.23 所示，绘图比例为 1∶100，采用 A3 幅面的图框。

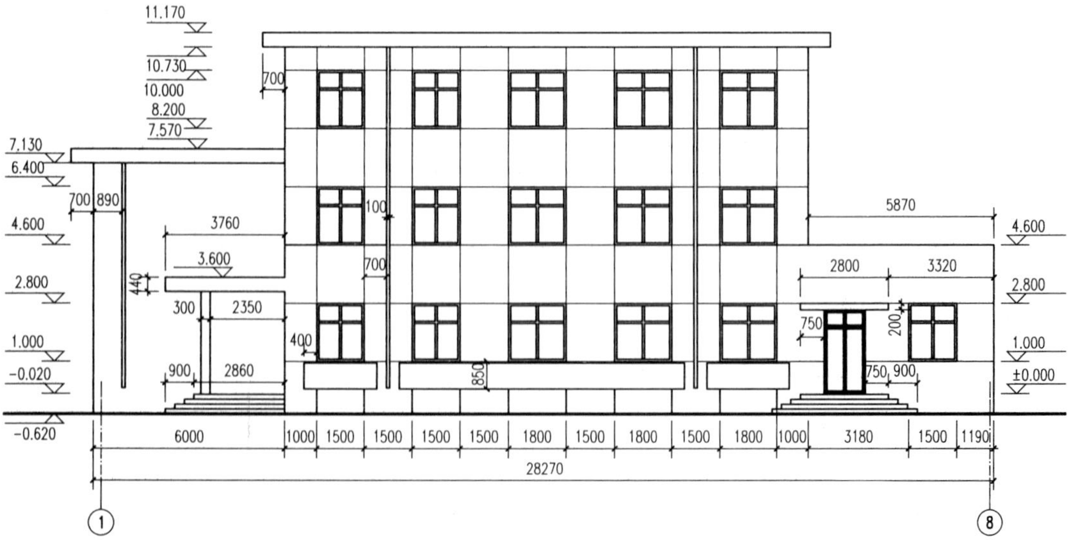

图 7.23 正立面图

步骤 1：绘图环境。以“建筑样板 .dwt”开始绘制新图，此图用 1∶1 比例绘图，按 1∶100 比例打印到 A3 图幅，设定绘图界限 42000×29700，并全屏显示；设置线型比例因子（LTSCALE）为 100；修改标注样式“调整”中的“使用全局比例”为 100；添加“细实线”图层。

步骤 2：绘制地平线、屋面轮廓线。以屋面图层为当前层，用“直线”命令绘制一条长度约为 35000 的室内地平线，用“偏移”命令向下偏移 620 得到室外地平线，再将室内地平线向上分别偏移 4600、7130、7570、10730、11170 得到屋面轮廓线，如图 7.24 所示。

步骤 3：绘制墙体、屋檐轮廓线。以墙体图层为当前层，用“直线”“偏移”命令绘制墙体、屋檐轮廓线，如图 7.25 所示。

步骤 4：绘制立面主要轮廓。用“修剪”命令得到立面主要轮廓，如图 7.26 所示。

步骤 5：绘制雨篷、外墙分格线。在细实线层上用“直线”“偏移”“修剪”命令绘制外墙分隔线；在雨篷图层上用“多段线”命令绘制雨篷，如图 7.27 所示。

图 7.24　绘制地平线、屋面轮廓线

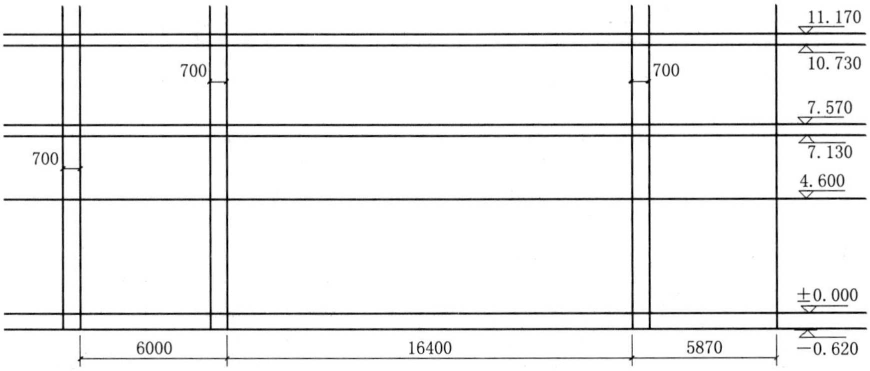

图 7.25　绘制墙体、屋檐轮廓线

图 7.26　绘制立面主要轮廓

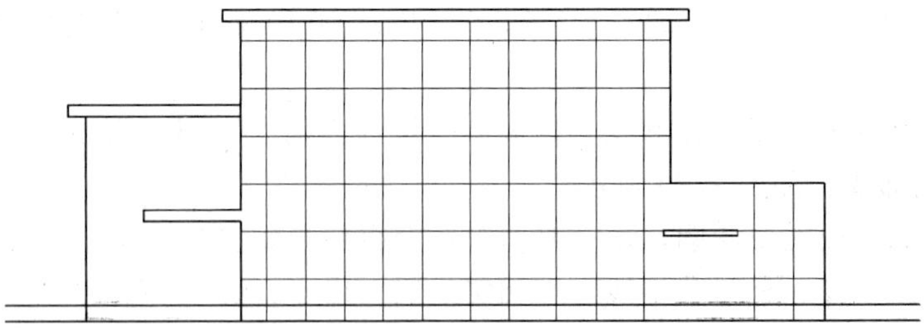

图 7.27　绘制雨篷、外墙分格线

步骤6：创建门窗立面图例块。门窗立面图例一般以块插入，按图7.28所示尺寸绘制门窗立面图例并创建块备用。

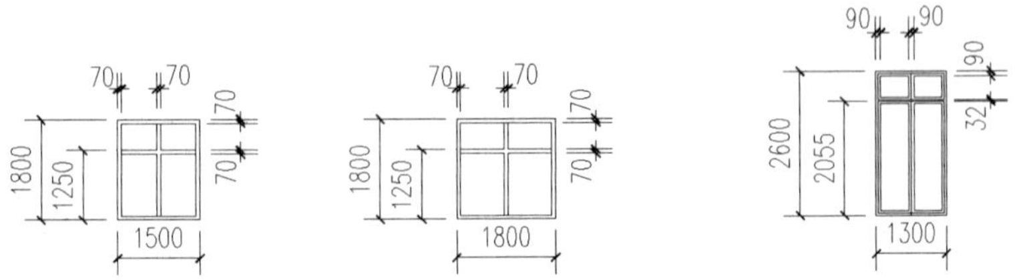

图7.28　门窗立面图例

步骤7：插入门窗立面图例。以门窗图层为当前层，用“插入（INSERT）”命令插入已创建的门窗图例，如图7.29所示。

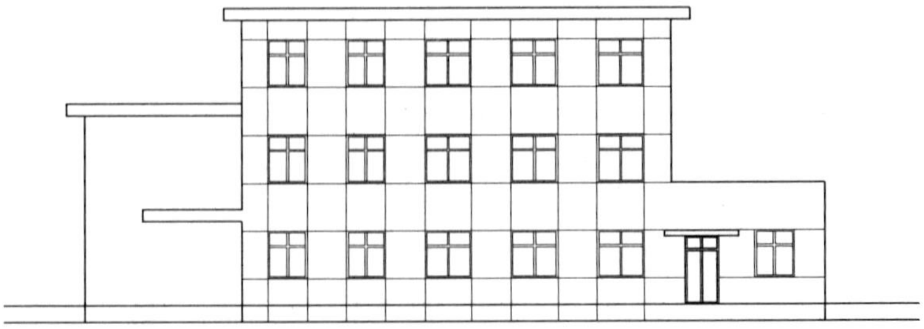

图7.29　插入门窗图例

步骤8：绘制台阶等其他构造。删除室内地平线，用“多段线编辑”命令编辑室外地平线线宽为70；以台阶散水为当前层绘制台阶、柱子；以细实线为当前层绘制落水管等其他构造，如图7.30所示。

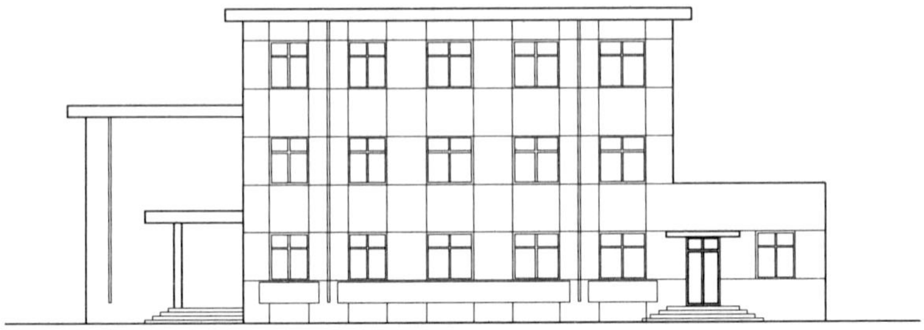

图7.30　绘制台阶、落水管等

步骤9：插入图框、标题栏及标注。用100的缩放比例插入A3图框、标题栏；以标注图层为当前层标注尺寸、标高、轴号；以文字图层为当前层注写图名、标题栏等文字内容。如图7.31所示。

步骤10：整理完成图形，保存图形文件。

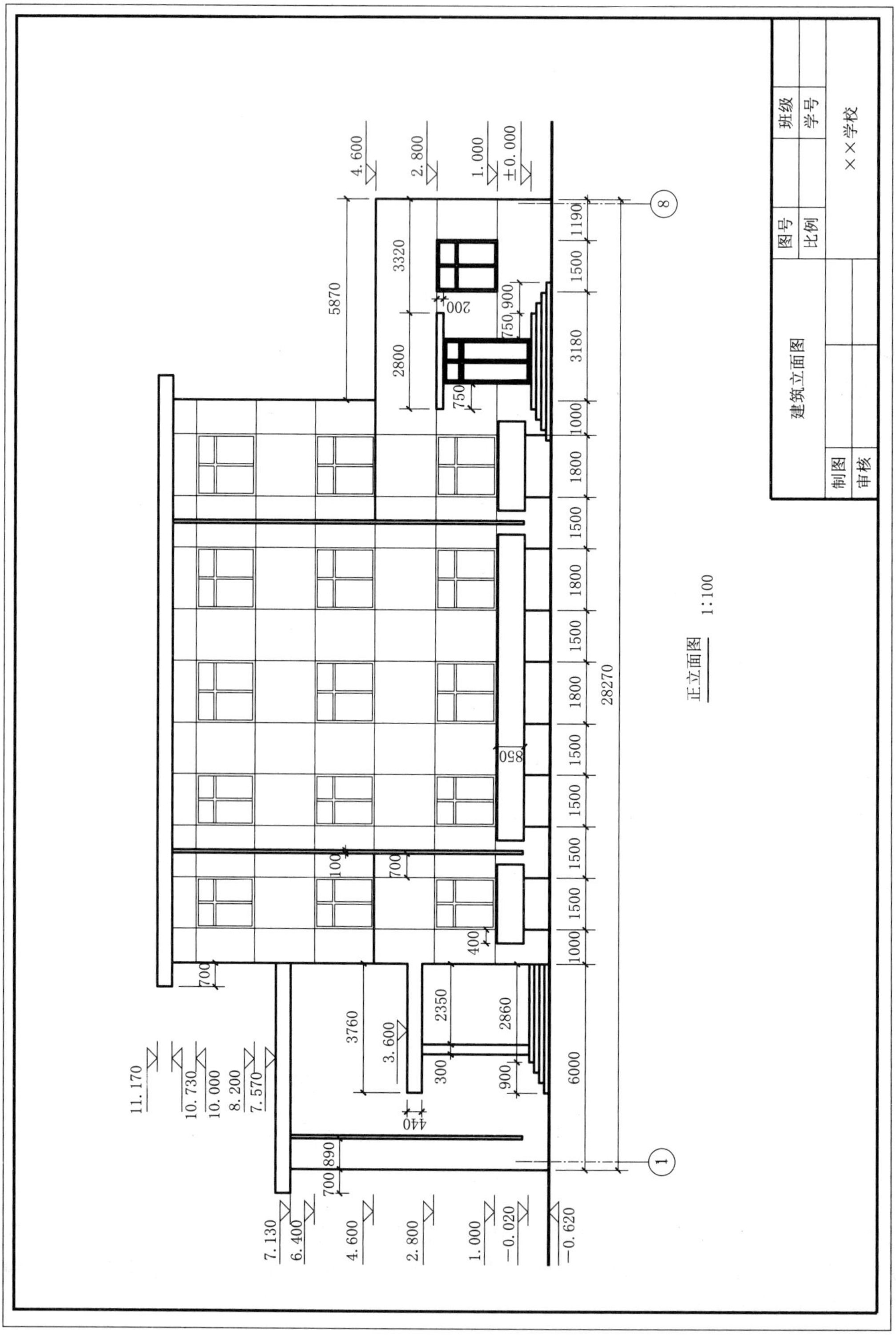

图 7.31　插入图框、标题栏及标注

2.4 绘制建筑剖面图

建筑剖面图是房屋的垂直剖视图，主要用来表示房屋内部沿高度方向的分层情况、层高、门窗洞口的高度、各部位的构造形式等，建筑剖面图与建筑平面图、建筑立面图相互配合，表示房屋的全局，所以绘图时需要结合平面图与立面图才能确定某些结构的形状和尺寸。

绘制建筑剖面图的步骤是：画定位线、墙体、楼面板、屋面板；画楼梯、门窗等；标注尺寸、注写文字。

【例 7.3】 绘制建筑剖面图，如图 7.32 所示，绘图比例为 1∶100，采用 A3 幅面的图框。

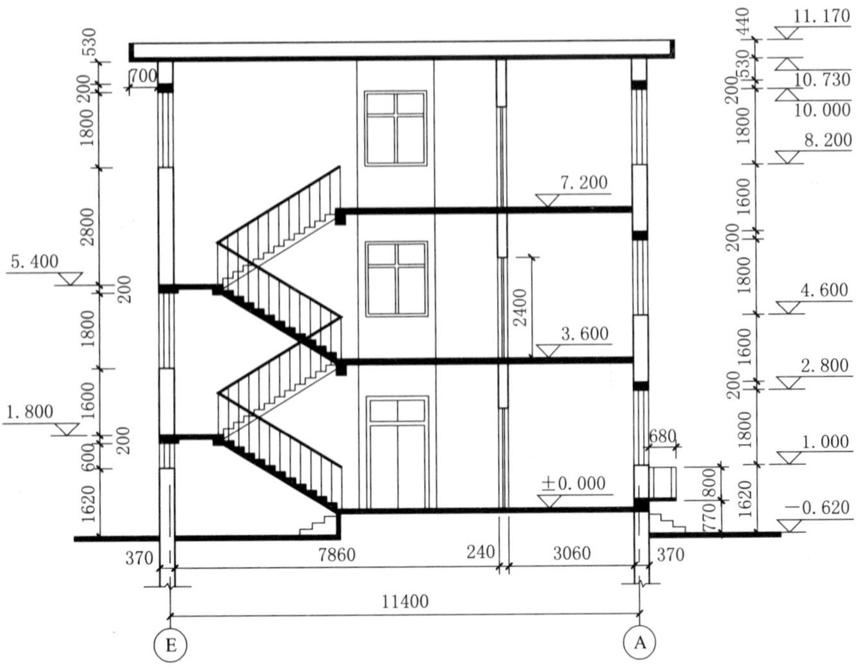

图 7.32 1—1 剖面图

步骤 1：绘图环境。以“建筑样板 .dwt”开始绘制新图，此图用 1∶1 比例绘图，按 1∶100 比例打印到 A3 图幅，设定绘图界限 42000×29700，并全屏显示；设置线型比例因子（LTSCALE）为 100；修改标注样式“调整”中的“使用全局比例”为 100。

步骤 2：画定位线。用“直线”“偏移”命令分别在轴线图层、楼面图层画出与该剖切位置对应的轴线、室内外地平线、各楼层的层面线、屋檐线、楼梯平台线，如图 7.33 所示。

步骤 3：绘制墙体、楼板等。分别以 37Q、24Q 为当前多线样式，用“多线命令”在墙体图层绘制剖切到的墙体；用“直线”或“多段线”“偏移”“修剪”等命令在楼面图层绘制楼板、屋面板、楼梯休息平台、地面，如图 7.34 所示。

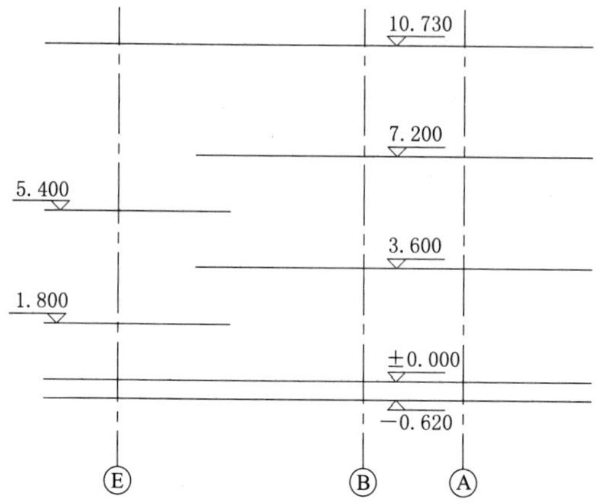

图 7.33　绘制剖面定位线

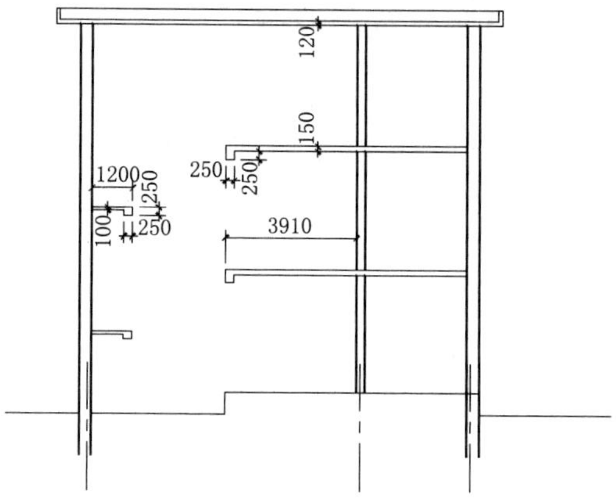

图 7.34　绘制墙体、楼板等

步骤 4：绘制楼梯。用“多段线”“复制”等命令在楼梯图层绘制楼梯，如图 7.35 所示，踏步尺寸参照详图 1。

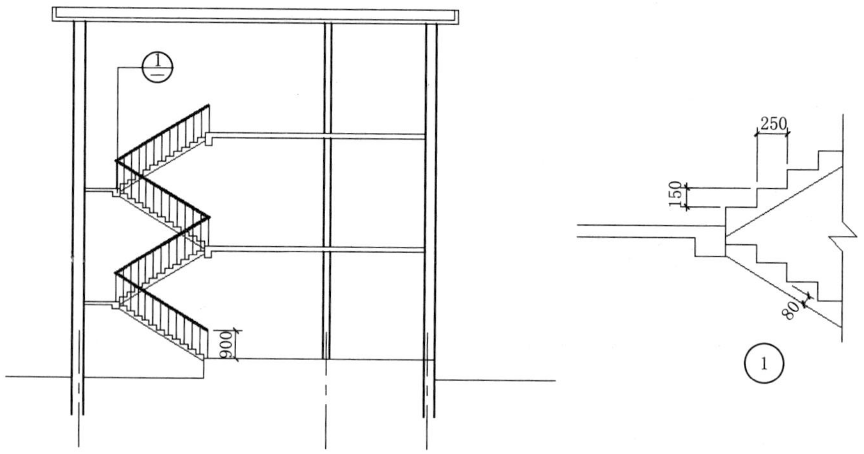

图 7.35　绘制楼梯

步骤 5：绘制门窗、台阶等。门窗立面图例参照图 7.36 所示，在门窗图层绘制门窗，可直接绘制也可先创建块再插入，包括剖切到的门窗图例及未剖到的立面图例；在墙体图层绘制过梁；在台阶图层绘制台阶等，如图 7.37 所示。

步骤 6：填充。在填充图层填充被剖切到的梯段、楼板、屋面板、过梁等，用“多段线编辑”命令修改地面线宽为 100，如图 7.38 所示。

步骤 7：插入图框、标题栏及标注。用 100 的缩放比例插入 A3 图框、标题栏；在标注图层标注线性尺寸、标高、轴号；在文字图层上注写图名、标题栏等内容，如图 7.39 所示。

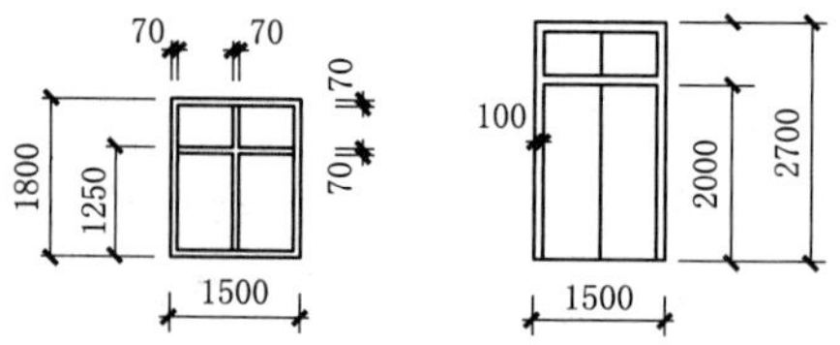

图 7.36　门窗立面图例

步骤 8：完成图形，保存文件。

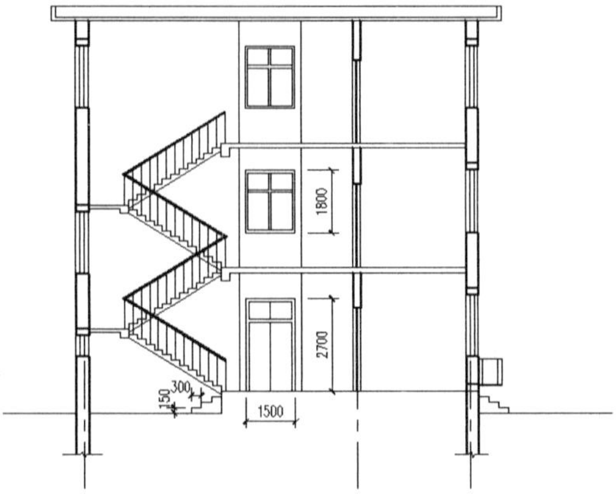

图 7.37　绘制门窗、台阶等

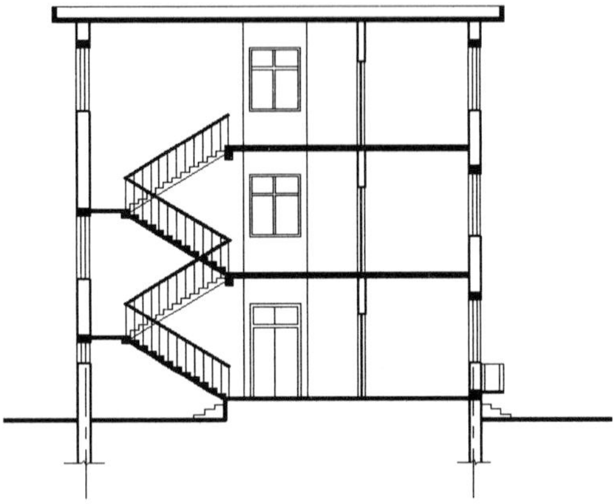

图 7.38　填充

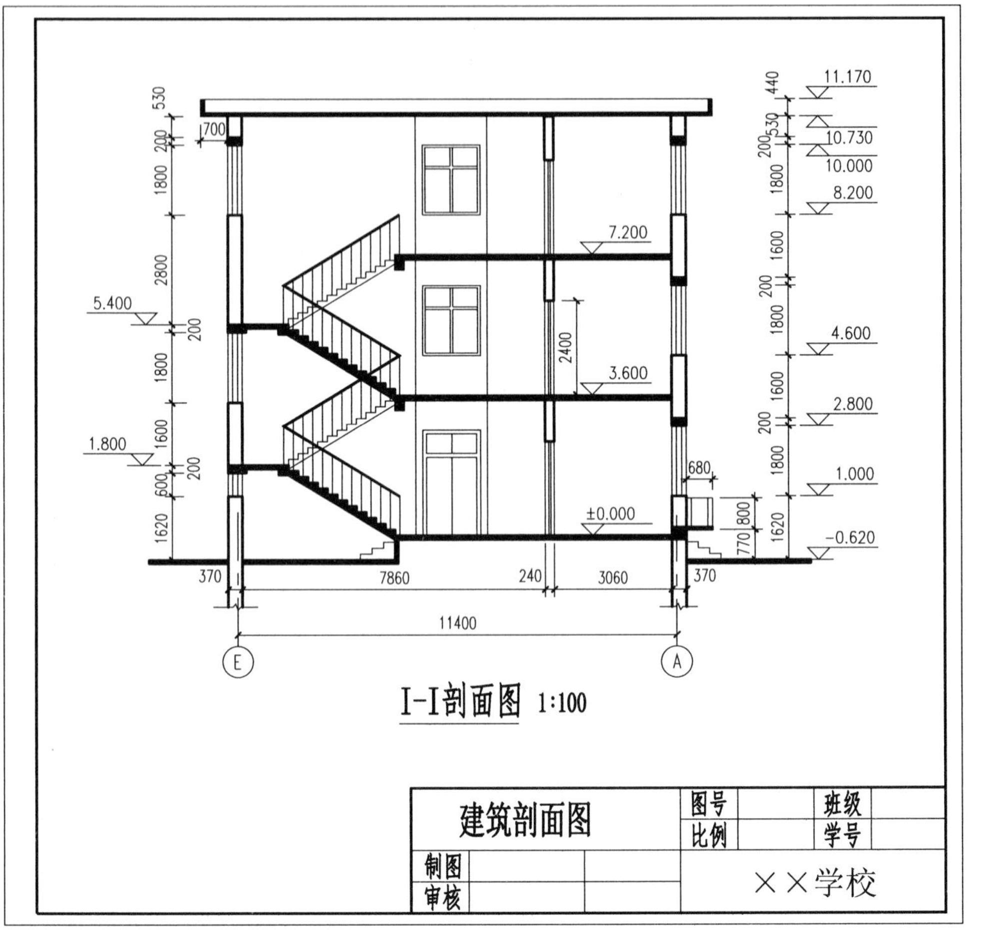

图 7.39　插入图框、标题栏及标注

任务3　水 利 工 程 图

3.1　水工图常用符号

在水工图中，常用的符号有建筑材料符号、标高符号，坡面的示坡线、圆柱和圆锥表面的素线、扭面和渐变面的素线等。

3.1.1　建筑材料符号

水工图中的建筑材料符号除一部分可以用“图案填充（BHATCH）”命令完成外，还有一部分需要自己绘制，下面介绍几种常用材料符号的画法。

（1）钢筋混凝土材料符号。如图 7.40（a）所示，可以由图案（ANSI31＋AR－CONC）填充而成。

（2）浆砌块石。如图 7.40（b）所示，用多段线或样条曲线绘制若干不规则的封闭线框，间隙用 SOLID 图案填充，简单的可以绘制椭圆代替石块。

（3）天然土。如图 7.40（c）所示，斜线用 45°的细实线绘制，每组 3 条。每两组斜线之间部分用样条曲线绘制大致形状，再用 SOLID 图案填充。

（4）夯实土。如图 7.40（d）所示，斜线用 45°的细实线绘制，每组左右各 3 条。

（5）岩石。如图 7.40（e）所示，斜线用 45°的细实线绘制，画成一个 y 字形。

（a）钢筋混凝土　（b）浆砌块石　（c）天然土　（d）夯实土　（e）岩石

图 7.40　常用的几种材料符号

3.1.2　标高符号

标高由标高符号和标高数字组成。在立面图和铅垂方向的剖视图、剖面图中，标高符号一般采用细实线绘制的 45°等腰直角三角形表示，高度约为数字高的 2/3。例如，字高为 3.5mm，三角形高为 2.5mm 左右。标高数字注写在标高符号的右边，标高数字一律以 m 为单位。平面图中的标高符号采用细实线绘制的矩形线框表示，标高数字写在其中。水面标高还需在三角形所在位置的水面下画三条渐短的细实线，如图 7.41 所示。

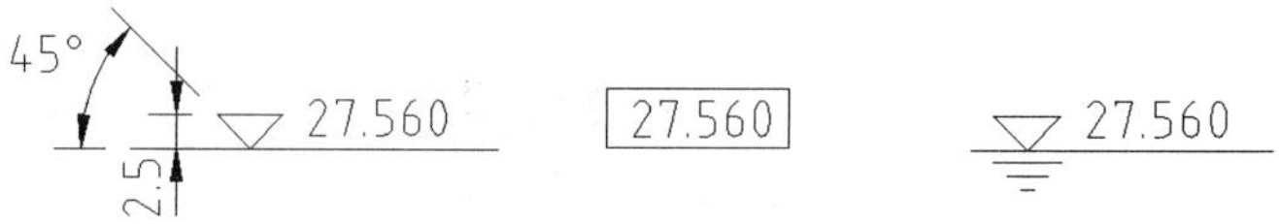

（a）立面标高　（b）平面标高　（c）水面标高

图 7.41　标高符号

3.1.3　示坡线

水工图中通常在斜坡面（如渠道、堤坝的边坡）上用示坡线及坡度值表示坡面的坡度大小和下坡方向。示坡线与坡面上的等高线垂直，用一长一短、间距均匀、长短整齐的一组细实线从坡面较高的一边画出，一般长线为短线长度的2～3倍。坡度值的书写方式与尺寸数字的书写方式相同。图7.42所示为渠道边坡示坡线画法。

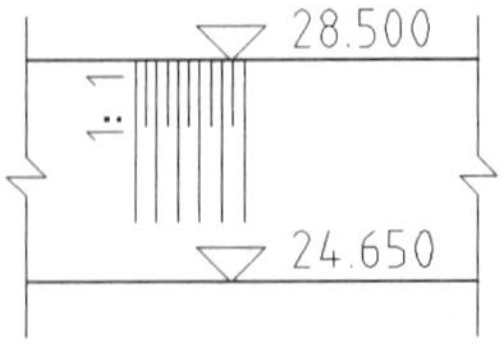

图7.42　渠道边坡示坡线

3.1.4　素线

（1）圆柱面素线。圆柱面的素线由若干条间隔不等、平行于轴线的细实线组成，靠近轮廓线处密，靠近轴线处稀，如图7.43所示。

（2）圆锥面素线。圆锥面的素线是由一组通过锥顶点的细实线或示坡线组成，如图7.44所示。

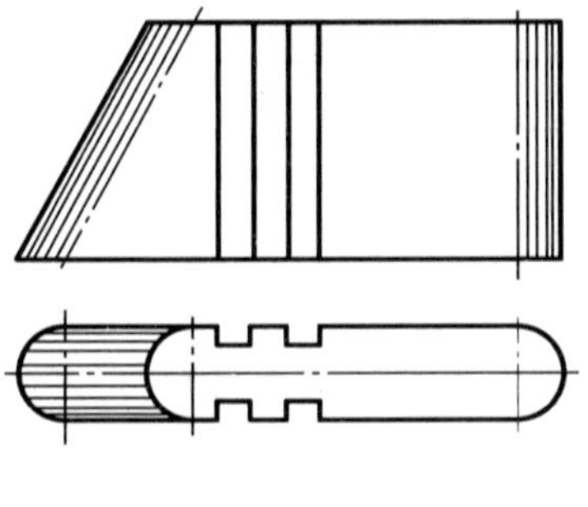

图7.43　圆柱面素线

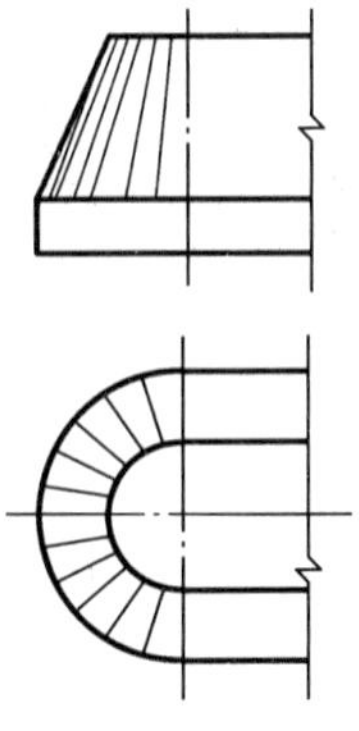

图7.44　圆锥面素线

（3）渐变面素线。在水利工程中，很多地方用到输水隧洞，隧洞的断面一般是圆形，而安装闸门的部分却需要做成矩形断面。为了使水流平顺，在矩形断面和圆形断面之间需以渐变段过渡，渐变段内表面即为渐变面，如图7.45（a）所示。渐变面的表面是由四个三角形平面和四个部分的斜椭圆锥组成，其素线画法如图7.45（b）所示。

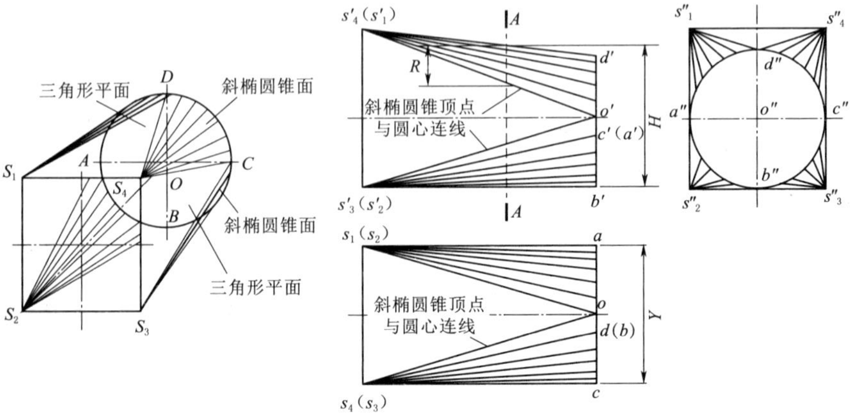

（a）　　（b）

图7.45　渐变面

（4）扭面素线。某些水工建筑物（如水闸、渡槽等）的过水部分的断面是矩形，而渠道的断面一般为梯形，为了使水流平顺，在矩形断面和梯形断面之间常以一光滑曲面过渡，这个曲面就是扭面，如图7.46（a）所示。扭面 $ABCD$ 可看作是由一条直母线 AB，沿着两条交叉直导线 AD（侧平线）和 BC（铅垂线）移动，并始终平行于一个导平面（水平面）而形成的，其素线画法正视图中一般用“扭面”两字代替，俯视图和左视图中用放射状的细实线表示，且均匀分布，如图7.46（b）所示。

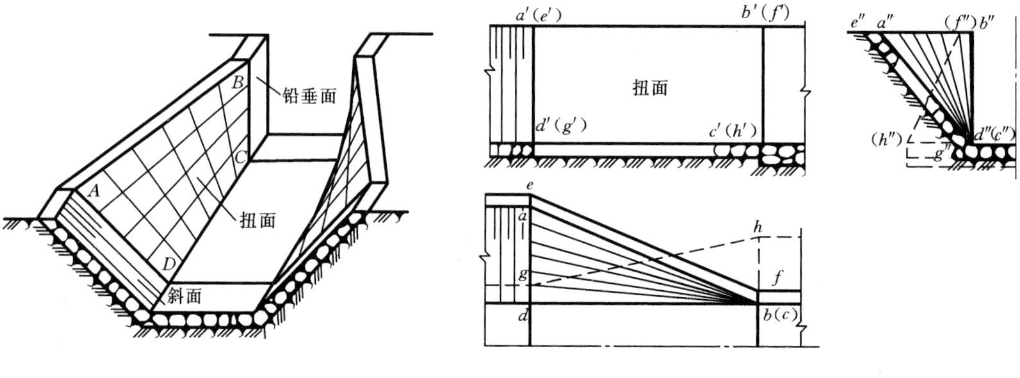

（a）　　　　　　　　　　（b）

图7.46　扭面

如图7.47所示，图中有混凝土、浆砌块石、天然土、夯实土材料符号的画法以及坡面的示坡线、渐变面和扭面的素线画法。

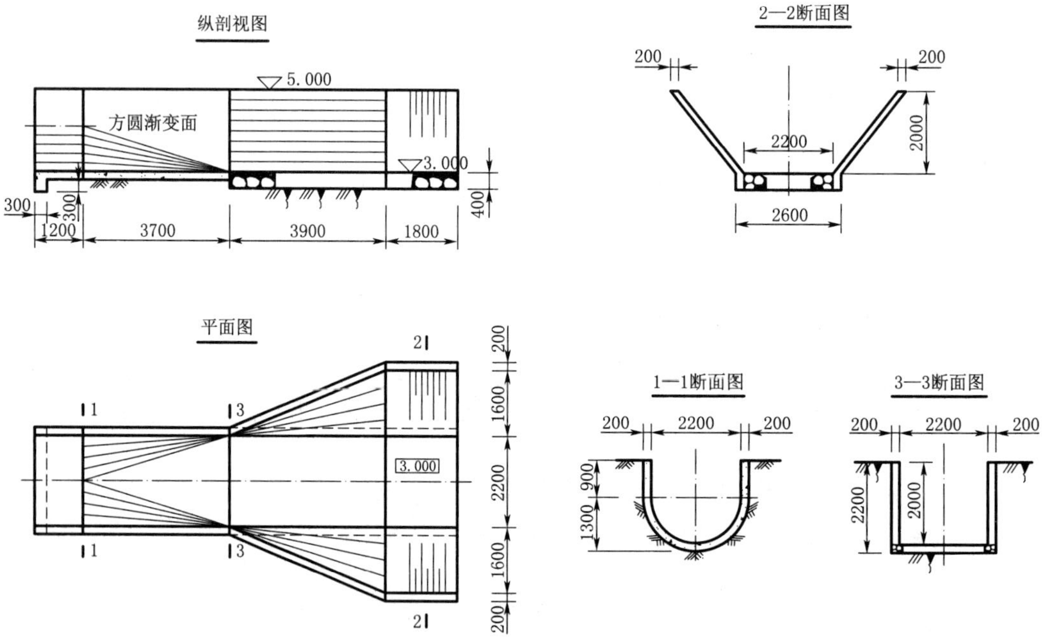

图7.47　示坡线、渐变面与扭面

3.2 绘制水闸设计图

如图 7.48 所示为涵洞式进水闸立体图，由立体图可知，该进水闸由四段组成：

（1）进水口段：由底板（铺盖）与上游翼墙组成。

（2）闸室段：由底板、洞身边墙、洞身盖板、上游胸墙及下游胸墙组成。

（3）下游扭面段：由底板（护坦）与扭面组成。

（4）下游海漫段：由底板（海漫）与护坡组成。

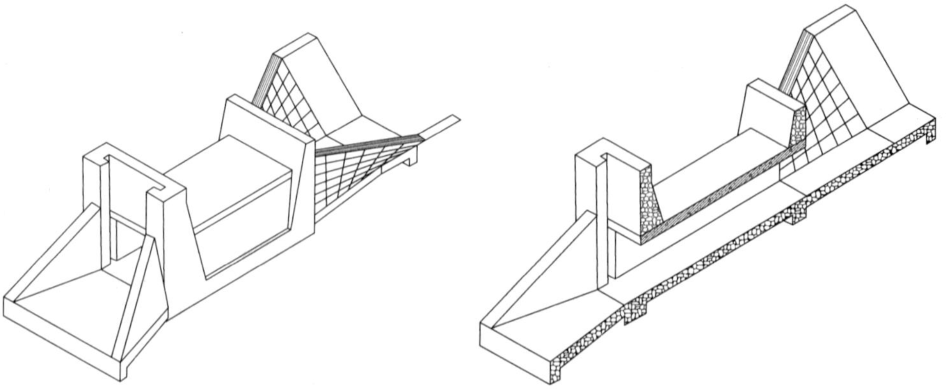

图 7.48　涵洞式进水闸立体图

绘图过程按组成部分先绘制主要结构、后绘制次要结构，再绘制细部结构，也就是先整体后局部再细部的过程。各视图应结合起来按投影关系绘制。

【例 7.4】 绘制图 7.48 所示涵洞式进水闸设计图。

步骤 1：绘图环境。以“水工样板 .dwt”开始绘制新图，本设计图中各视图的比例均为 1∶50，且尺寸单位为毫米，适合采用毫米单位按 1∶1 比例绘图。根据图形的尺寸，选择 A2 图幅 1∶50 打印。设置绘图界限 20000×20000，并全屏显示；设置线型比例因子（LTSCALE）为 50；修改标注样式“调整”中的“使用全局比例”为 50。

步骤 2：绘制水闸平面图。由图 7.48 可知，该平面图为基本对称图形，绘图时先绘制对称的后半部分，再用“镜像”命令绘出对称的前半部分。

（1）绘制对称线及分缝线。用“直线”命令在“中心线”图层绘制对称中心线，长 15000；在“粗实线”图层绘制上游进水口底板前沿边线，并用“偏移”命令，分别偏移 2100、5200、2500、1200 得出翼墙进水口段、闸室段、下游扭面段、下游海漫段之间的分缝线，如图 7.49 所示。

（2）绘制上游八字翼墙进水口段。用“偏移”命令偏移“对称中心线”，偏移距离分别为 750、1050、1500、1800、2100；在“粗实线层”，用“直线”命令连接上游翼墙轮廓线；用“偏移”命令将上游进水口底板前沿边线向右偏移距离 250，并将该直线的图层修改为

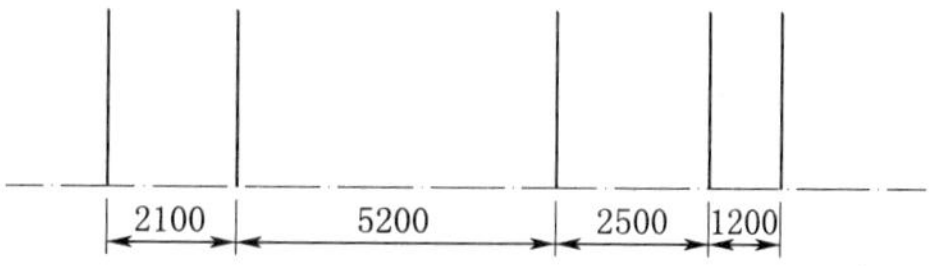

图 7.49　绘制对称线及分缝线

“虚线层”，如图7.50（a）所示；用“删除”“修剪”命令除去多余线，如图7.50（b）所示。

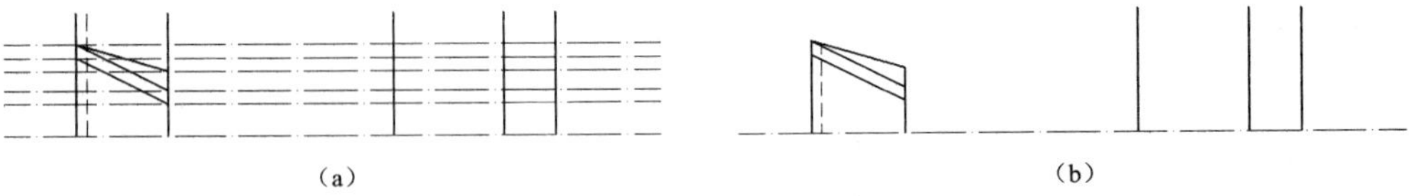

图7.50　绘制八字翼墙进水口

（3）绘制闸室段。根据已知条件，用“直线”“偏移”“修剪”命令在“粗实线层”绘制闸室底板、闸门槽、上游胸墙、下游胸墙轮廓线，如图7.51（a）所示；绘制洞身盖板、边墙轮廓线，在“虚线层”绘制洞身内壁及趾坎轮廓线，如图7.51（b）所示。

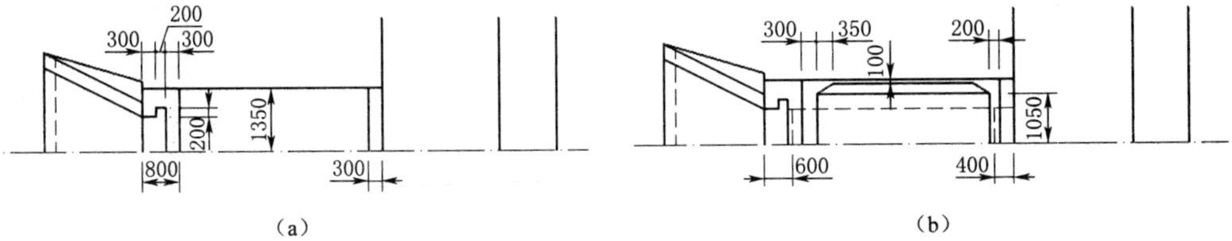

图7.51　绘制闸室段

（4）绘制下游扭面段。用“偏移”命令偏移对称中心线，偏移距离分别为750、1050、2250、2550；在“粗实线层”用“直线”命令连接扭面轮廓线，如图7.52（a）所示；用“删除”命令删除上述“偏移”线，用“修剪”命令修剪多余线，将外扭面被遮挡的线修改为虚线，在“细实线层”用“直线”命令绘制扭面素线，如图7.52（b）所示。

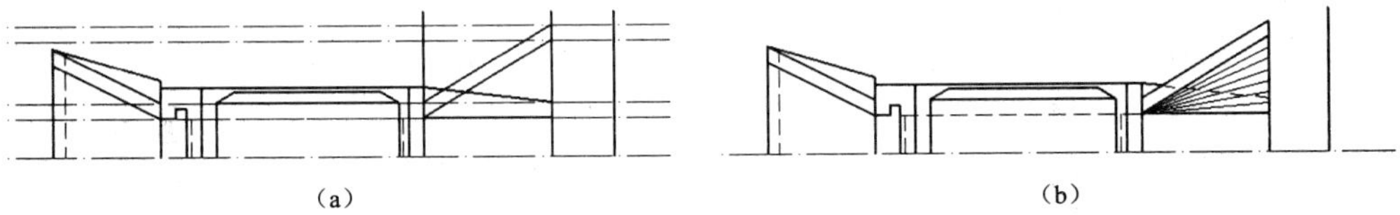

图7.52　绘制下游扭面段

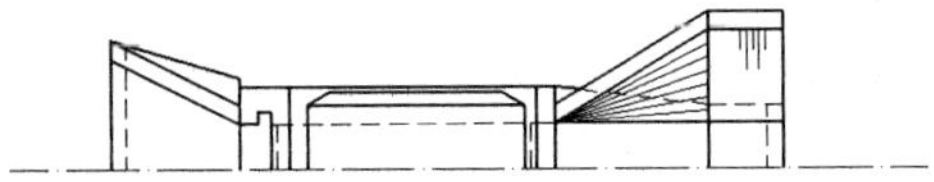

图7.53　绘制海漫段

（5）绘制海漫段。用“直线”命令在“粗实线层”绘制海漫内侧底边线及护坡顶边线，在“虚线层”绘制外侧底边线及趾坎线，在“细实线层”，用“直线”“偏移”“修剪”等命令绘制护坡示坡线，修剪多余图线，如图7.53所示。

（6）绘制上、下游土渠部分。在“粗实线层”，用“直线”命令绘制下游土渠轮廓线；在“细实线层”，用“直线”命令绘制上、下游土渠折断线；用“复制”命令，将海漫护坡示坡线复制到土渠，作为土渠示坡线，如图7.54所示。

（7）用“镜像”命令，把中心线上部的水闸平面图镜像，如图7.55所示。

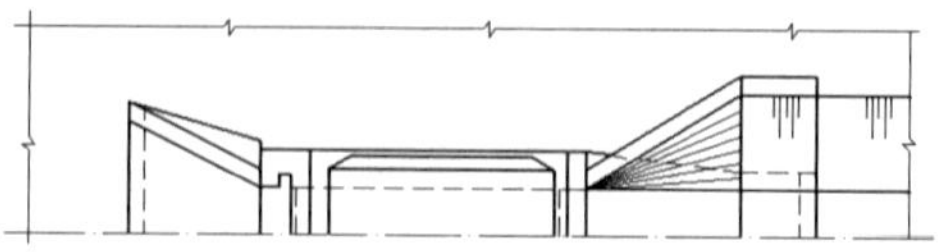

图 7.54 绘制上、下游土渠

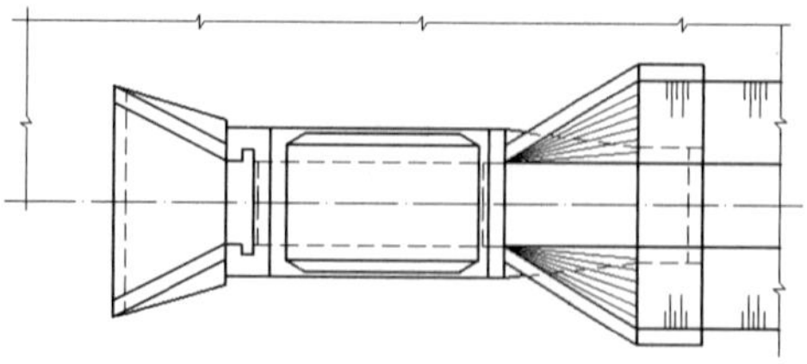

图 7.55 “镜像”水闸平面图

(8) 绘制洞顶路基。在“粗实线层”，用“直线”命令绘路基左边顶线、左坡脚线，用“偏移”命令，绘制路基右边顶线、下游坡面交线；在“细实线层”，绘制路基上、下游坡面示坡线，如图 7.56 所示。

(9) 修整全局。对称平面的后半部分，被遮挡线用虚线表示，前半部分采用“掀土画法”；删除、修剪图中多余图线，补画缺少图线，整理全局，如图 7.57 所示。

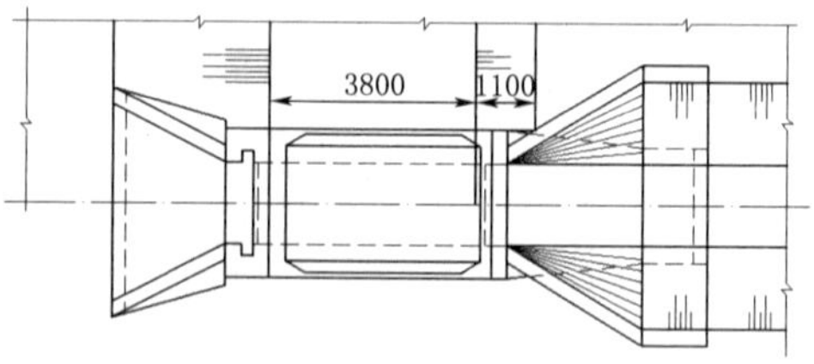

图 7.56 绘制路基

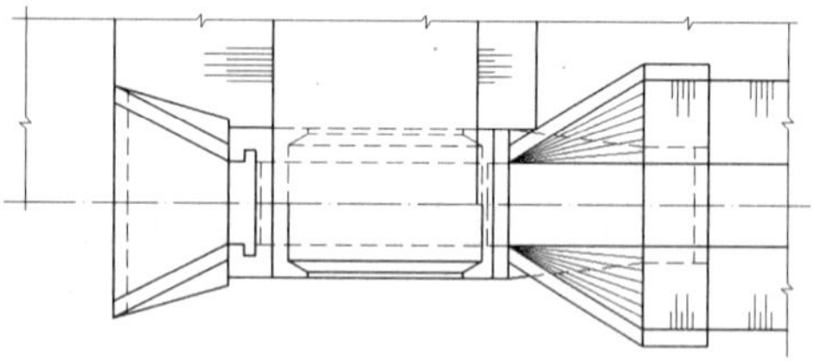

图 7.57 水闸平面图

步骤 3：绘制水闸纵向剖视图。水闸纵向剖视图绘制在水闸平面图上方适当高度，两视图保持“长对正”的投影关系。

(1) 绘制闸室底板线及分缝线。在“粗实线层”，用“直线”命令绘制闸底板线长 15000；绘制上游进水口底板前沿边线，并用“偏移”命令，分别向右偏移 2100、5200、2500、1200 绘制进水口段、闸室段、下游扭面段、下游海漫段之间的分缝线，如图 7.58 所示。

(2) 绘制八字翼墙进水口段。用“偏移”命令偏移闸底板线，向下分别偏移 250、300，向上偏移 1800；用“直线”命令绘制进水口底板轮廓线、翼墙轮廓线及趾坎轮廓线，如图 7.59 所示。

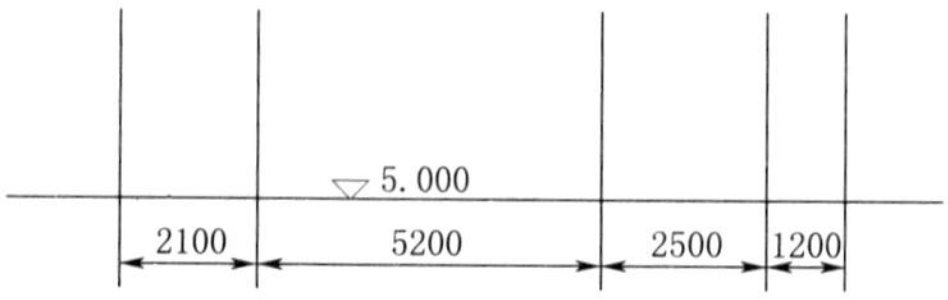

图 7.58 绘制闸室底板线及分缝线

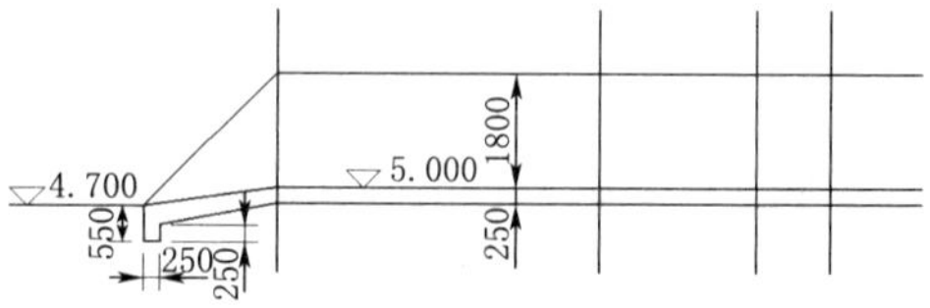

图 7.59 绘制八字翼墙进水口段

(3) 绘制闸室段。根据图中尺寸，在“粗实线层”用“直线”“偏移”“修剪”等命令绘制上游胸墙、下游胸墙、闸门槽、洞身盖板轮廓线，如图 7.60 所示；用“直线”“修剪”命令绘制底板趾坎轮廓线，如图 7.61 所示。

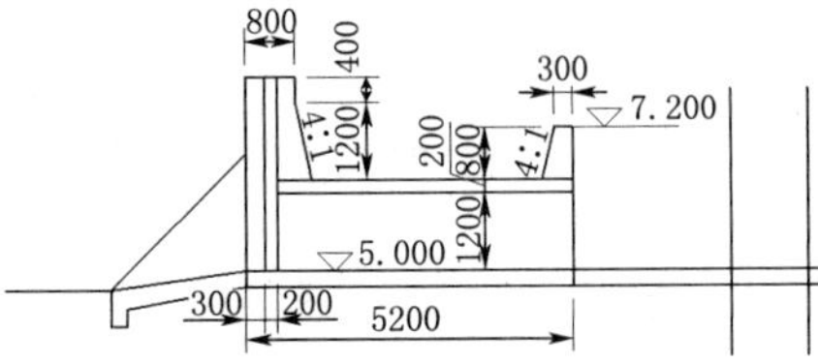

图 7.60　绘制胸墙、闸门槽、洞身盖板

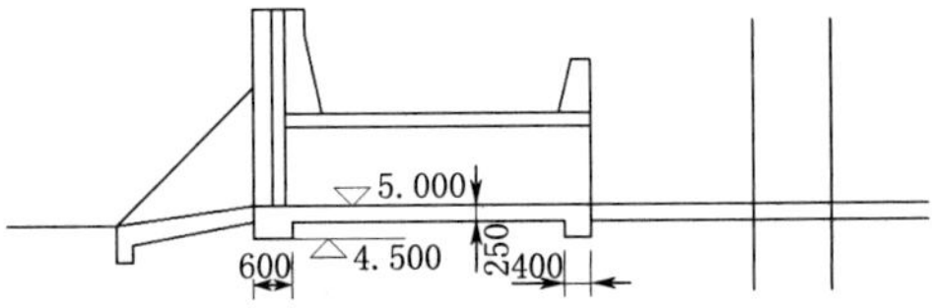

图 7.61　绘制闸室底板趾坎

(4) 绘制扭面、海漫段。用“偏移”命令向上偏移闸底板线，偏移 1500，用“修剪”命令修剪多余线即可得扭面、护坡轮廓线；用“直线”“修剪”命令绘制海漫底板趾坎轮廓线，如图 7.62 所示。

(5) 绘制路基及示坡线等。在“粗实线层”，用“直线”绘制路基顶线及 1∶1 下游坡面线；在“细实线层”，用“直线”等命令绘制折断线、扭面素线、示坡线，如图 7.63 所示。

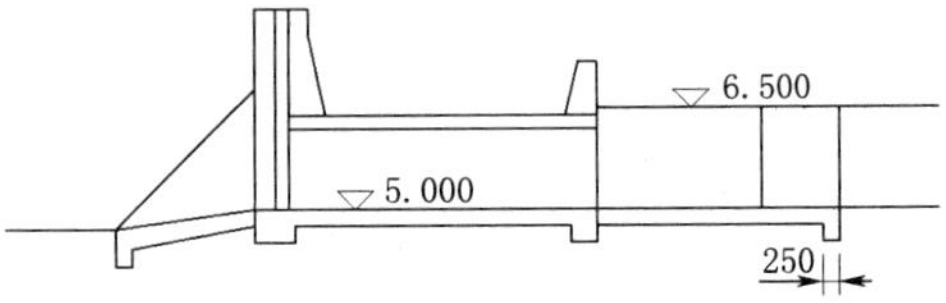

图 7.62　绘制扭面、海漫段

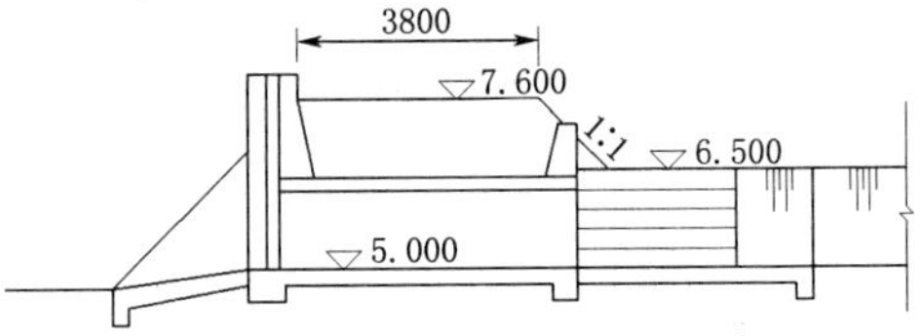

图 7.63　绘制路基及示坡线

(6) 绘制材料图例。在“材料图例层”，单击“图案填充”按钮，选择“干砌石”(GRAVEL) 图案，填充比例为 20，对上、下游胸墙，闸底板进行填充；选择“混凝土”(AR－CONC) 和“钢筋”(ANSI31) 图案，填充比例分别为 1 和 50，对盖板进行填充；自己绘制天然土、夯实土材料图例，修整全局，如图 7.64 所示。

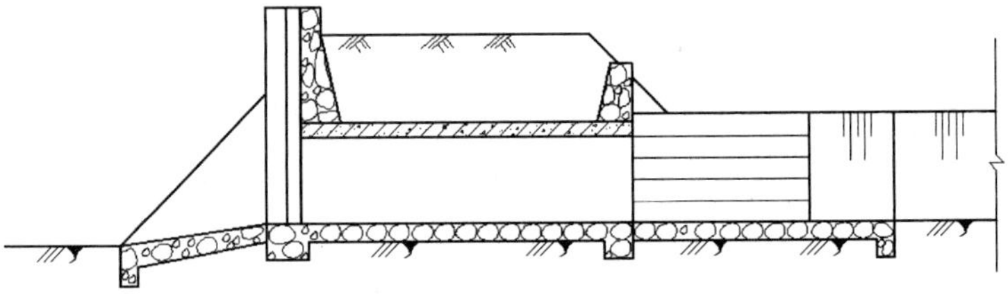

图 7.64　水闸纵向剖视图

步骤 4：绘制上、下游立面图。采用合成表达法绘制上、下游立面图，与纵向剖视图保持“高平齐”投影关系。

(1) 绘制上游翼墙。在“中心线”层，用“直线”命令绘制上、下游立面图的对称中心线，在“粗实线”层，用“直线”命令绘制闸底板线，如图 7.65 (a) 所示；用“偏移”命令，向左偏移中心线，分别偏移 750、1050、1800、2100，向上偏移底板线，偏移 1800，向下偏移底板线，偏移 300、550，如图 7.65 (b) 所示；用“直线”命令，连接上游翼墙轮廓线；用“修剪”“删除”命令除去多余线，如图 7.65 (c) 所示。

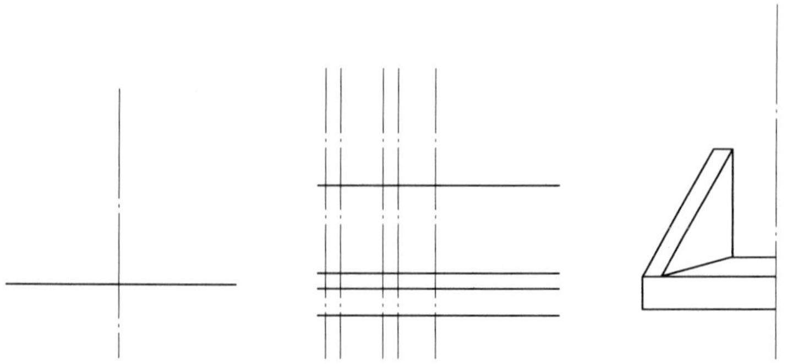

(a) 绘制对称中心线和底板线　(b) 偏移中心线和底板线　(c) 绘制上游翼墙线

图 7.65　绘制上游翼墙

(2) 绘制上游胸墙与盖板。用“偏移”命令，向上偏移底板线，偏移 1200、1400、3000 分别作为盖板底部和顶面线、上游胸墙顶面线，向左偏移中心线，偏移 750、950、1350，作为上游胸墙及闸门槽轮廓线，如图 7.66 (a) 所示；用“直线”命令在“粗实线层”绘制上游胸墙可见轮廓线，在“虚线层”绘制不可见轮廓线，用“修剪”“删除”命令除去多余线如图 7.66 (b) 所示。

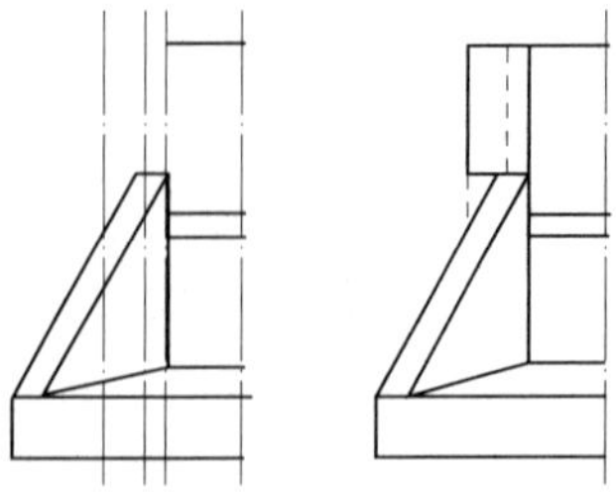

(a)　(b)

图 7.66　绘制上游胸墙与盖板

(3) 绘制路基上游坡面及进水口渠底线。在“粗实线”层，用“直线”命令，绘制上游坡顶及渠底线；在“细实线”层，用“直线”命令，绘制路基的折断线，坡面的示坡线；在“材料图例层”绘制渠底天然土材料图例，如图 7.67 所示。

(4) 绘制下游洞口。用“偏移”命令，向右偏移中心线，偏移 750 作为洞身内边线；用“延伸”命令，将底板上边线、盖板边线延伸到洞边线，如图 7.68 所示。

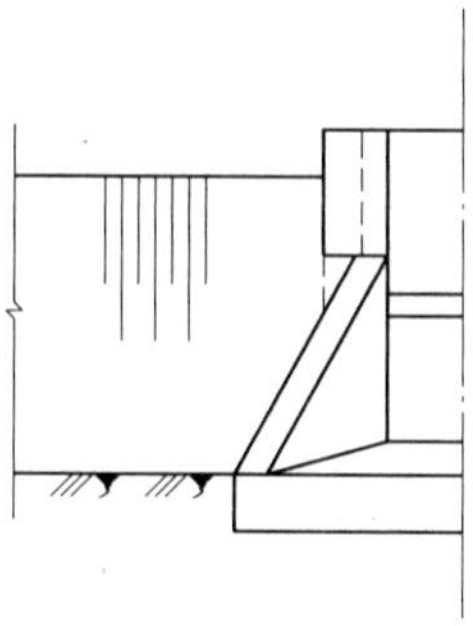

图 7.67　绘制路基上游坡面

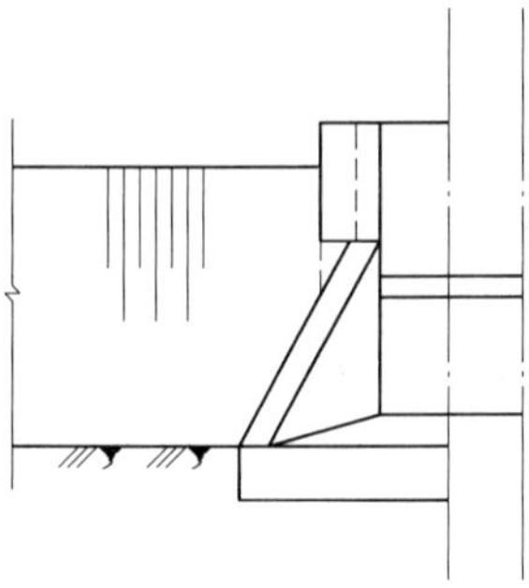

图 7.68　绘制下游洞口

(5) 绘制下游护坡与扭面。用“偏移”命令，向右偏移中心线，偏移 1050、2250、2550，向上偏移底板线，偏移 1500，向下偏移底板线，偏移 500，如图 7.69 (a) 所示；在“粗实线”层，用“直线”命令，连接扭面及护坡轮廓线，用“修剪”“删除”命令除去多余线，在“细实线”层，用“直线”命令绘制扭面素线，如图 7.69 (b) 所示。

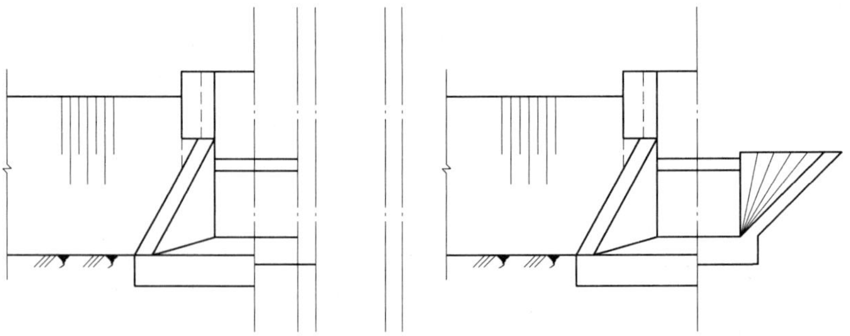

（a）　（b）

图 7.69　绘制下游护坡与扭面

（6）绘制下游胸墙轮廓。用“直线”命令，打开对象追踪，从底板与中心线交点向上追踪 2200 作为起点向右绘制水平线长 1350，向下绘制铅垂线，如图 7.70 所示。

（7）绘制上游胸墙、路基与下游坡面。用“镜像”命令，镜像上游胸墙、上游路基用“修剪”“删除”命令除去多余线；在“细实线”层，用“直线”命令，绘制下游路基折断线、下游坡面示坡线及天然土材料图例。修整全局，上、下游立面图如图 7.71 所示。

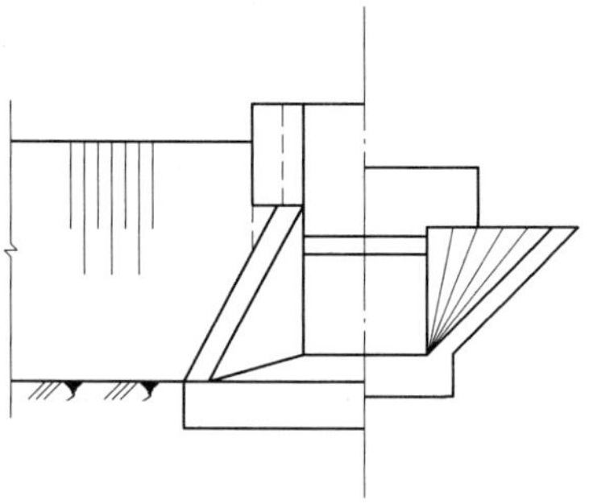

图 7.70　绘制下游胸墙

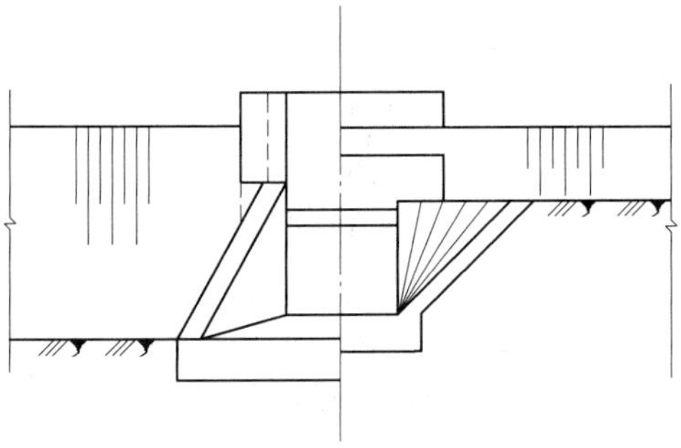

图 7.71　上、下游立面图

步骤 5：绘制 1—1、2—2、3—3、4—4 剖面图。

（1）绘制剖面轮廓线。根据已知条件，在“粗实线层”，用“直线”命令绘制 1—1 剖面轮廓线，如图 7.72（a）所示；用“直线”“偏移”“镜像”“修剪”等命令绘制 2—2 剖面轮廓线，如图 7.72（b）所示；在“粗实线层”，用“直线”“偏移”“修剪”等命令绘制 3—3、4—4 剖面轮廓线，在“细实线层”用直线命令绘制扭面素线，如图 7.72（c）所示。

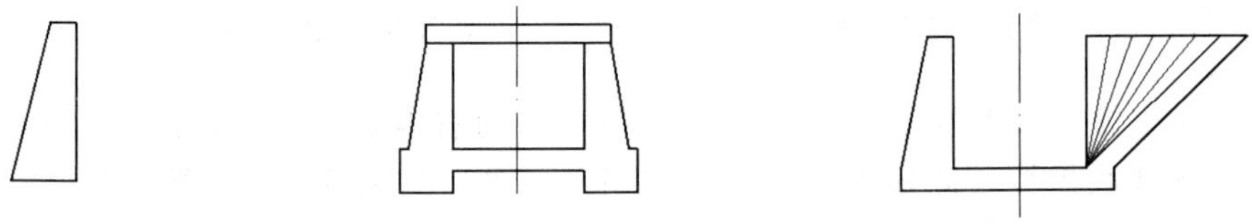

（a）　（b）　（c）

图 7.72　绘制剖面轮廓

(2) 绘制剖面图例。画 2—2 中的材料图例，在“材料图例层”，单击“图案填充”按钮，选择“干砌石”（GRAVEL）图案，填充比例为 20，对洞身、闸底板进行填充，选择“混凝土”（AR-CONC）和“钢筋”（ANSI31）图案，填充比例分别为 1 和 50，对盖板进行填充，如图 7.73（a）所示；画 3—3、4—4 中的材料图例，在“材料图例层”，单击“图案填充”按钮，选择“干砌石”（GRAVEL）图案，填充比例为 20，对扭面断面进行填充，如图 7.73（b）所示。

(a) (b)

图 7.73 绘制剖面图例

步骤 6：整理水闸设计图。用“移动”命令调整各视图的位置，间距均匀，并使水闸平面图、纵剖视图、上下游立面图按投影关系配置，遵照“长对正”“高平齐”“宽相等”的投影规律。整理全局，如图 7.74 所示。

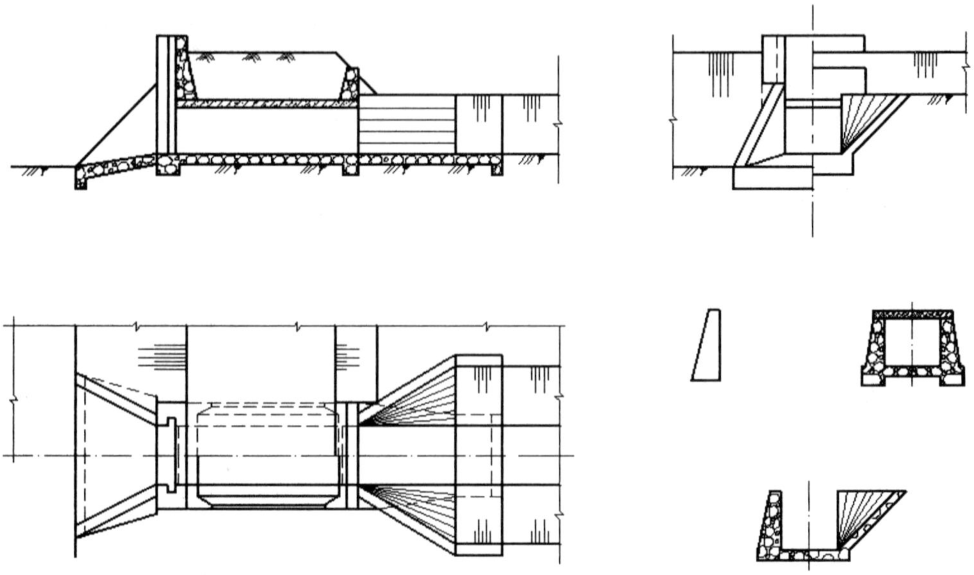

图 7.74 整理水闸设计图

步骤 7：标注。在“标注层”标注尺寸、标高、剖切符号；在“文字层”注写文字，完成全图，如图 7.75 所示。

步骤 8：将 A2 图框、标题栏放大 50 倍插入图形文件中，保存图形文件。

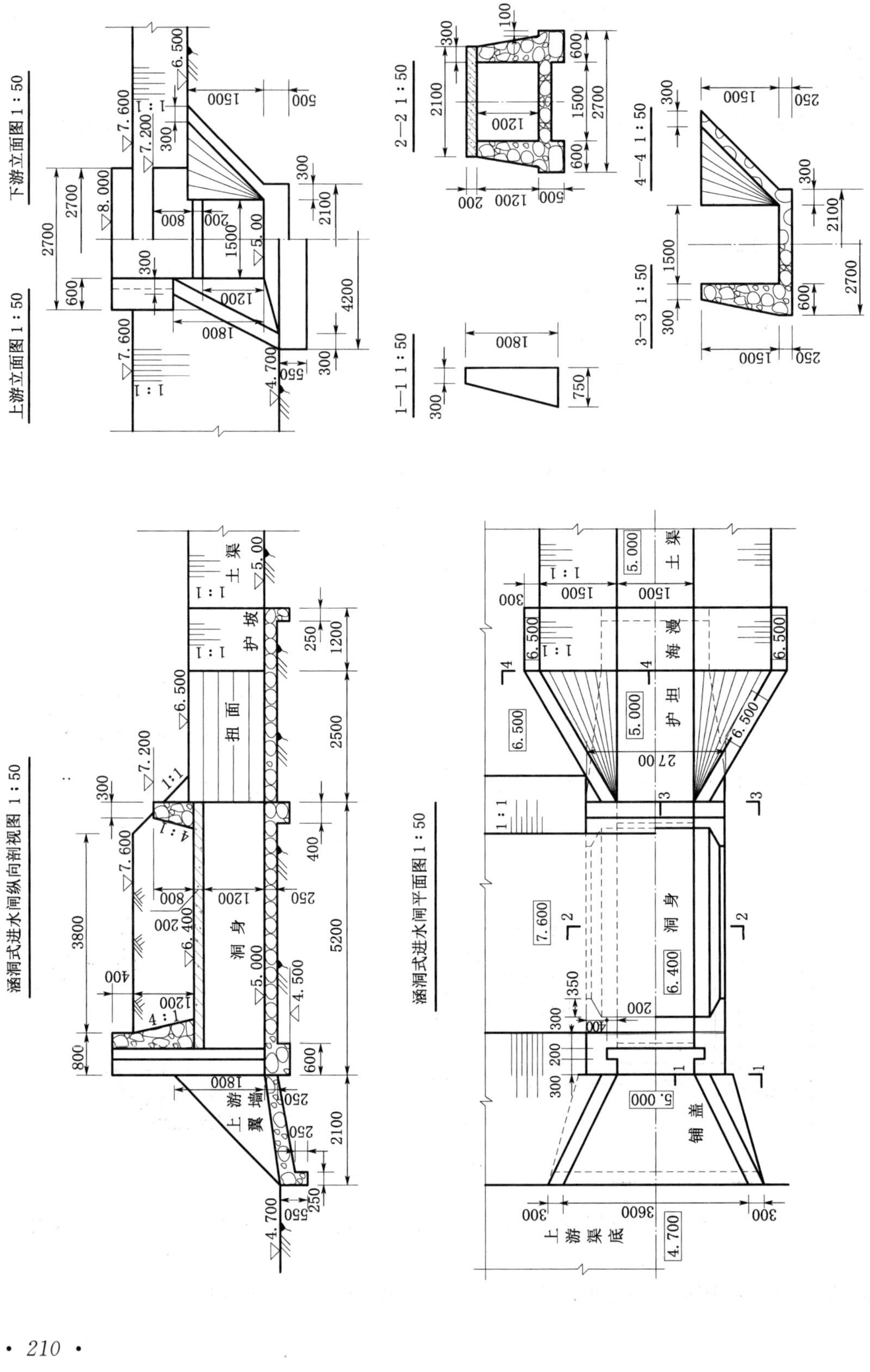

图 7.75 涵洞式进水闸设计图

3.3 绘制溢流坝横剖视图

【例 7.5】 绘制如图 7.76 所示的溢流坝横剖视图。

步骤 1：绘图环境。以“水工样板.dwt”开始绘制新图，图中尺寸单位为毫米，采用毫米为图形单位。由图可知，溢流坝横剖视图的比例为 1∶400，根据图形的尺寸，用 1∶1 比例绘图，1∶400 的比例打印到 A3 图幅。设置绘图界限 180000×180000，并全屏显示；设置线型比例因子（LTSCALE）为 400；修改标注样式“调整”中的“使用全局比例”为 400。

步骤 2：绘制溢流坝主体轮廓。

（1）绘制主要定位线。在“粗实线层”绘制高程为 454.100 的底板轮廓线长 51130；在“点划线层”绘制坝轴线距底板左端 10430；向上偏移底板轮廓 30900，得到坝顶高程为 485.000 的位置线；在“粗实线层”绘制半径为 8500 的坝顶圆弧曲线，如图 7.77 所示。

（2）绘制顶部细部轮廓。根据已知尺寸，将坝轴线左、右各偏移 1420、980，修剪多余弧线，删除偏移线；用“直线”命令绘制图中铅垂线与水平线，设置极轴 45°，打开极轴追踪，绘制 1∶1 斜线，如图 7.78 所示。

（3）绘制溢流面曲线。溢流面为非圆曲线，其尺寸标注如图 7.76 所示的“曲线坐标”列表，用“样条曲线”命令绘制。操作如下：

1）设置用户坐标系。

命令：UCS

当前 UCS 名称：*世界*

指定 UCS 的原点或[面（F）/命名（NA）/对象（OB）/上一个（P）/视图（V）/世界（W）/X/Y/Z/Z 轴（ZA）]〈世界〉：_3　　（用 3 点方式设置用户坐标系）

指定新原点〈0，0，0〉：　　（捕捉点 O）

在正 X 轴范围上指定点：　　（光标水平往右移单击一点）

在 UCS XY 平面的正 Y 轴范围上指定点：　　（光标铅垂往下移单击一点）

2）按曲线坐标表，用“POINT”命令绘制点（先用 DDPTYPE 设置点样式），用“直线”命令绘制 1∶0.95 斜线，如图 7.79（a）所示。

3）用 SPLINE 命令依次捕捉各点绘制样条曲线，在提示“指定起点切向：”时捕捉点 A，在提示“指定端点切向：”时捕捉点 B，如图 7.79（b）所示。

（4）绘制坝体外部轮廓线。将 UCS 换回世界坐标系，根据已知条件，用“直线”命令绘制坝体左、右轮廓；用“圆角”命令绘制半径为 7488 的连接圆弧，如图 7.80 所示。

（5）绘制坝体内部轮廓线、趾坎、廊道等。将坝体外部轮廓线往内部偏移 1000，修剪多余图线得到内部轮廓线；根据已知条件绘制底部趾坎和廊道，结果如图 7.81 所示。

步骤 3：绘制闸墩。

（1）绘制闸墩、闸门槽。根据已知条件，用“直线”“偏移”“修剪”等命令绘制闸墩、闸门槽轮廓线，如图 7.82（a）所示。

（2）绘制导水墙及柱面素线。用“直线”命令绘制柱面交线及 1∶0.85 导水墙轮廓线，用“复制”命令将闸墩下游轮廓线复制到柱面素线位置，由中心到轮廓间距渐密，并修改图层为“细实线层”。结果如图 7.82（b）所示。

溢流堰曲线坐标

X/M	2.673	3.888	5.655	7.041	8.226
Y/M	0.500	1.000	2.000	3.000	4.000
X/M	9.280	10.242	11.132	11.2975(切点)	
Y/M	5.000	6.000	7.000	7.173（切点）	

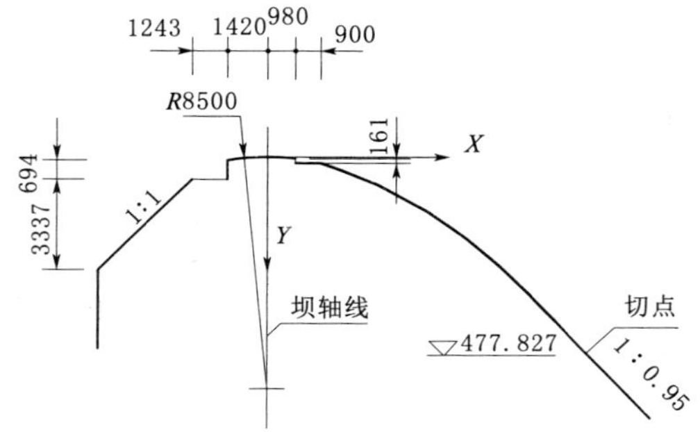

堰顶下游曲面　1:200

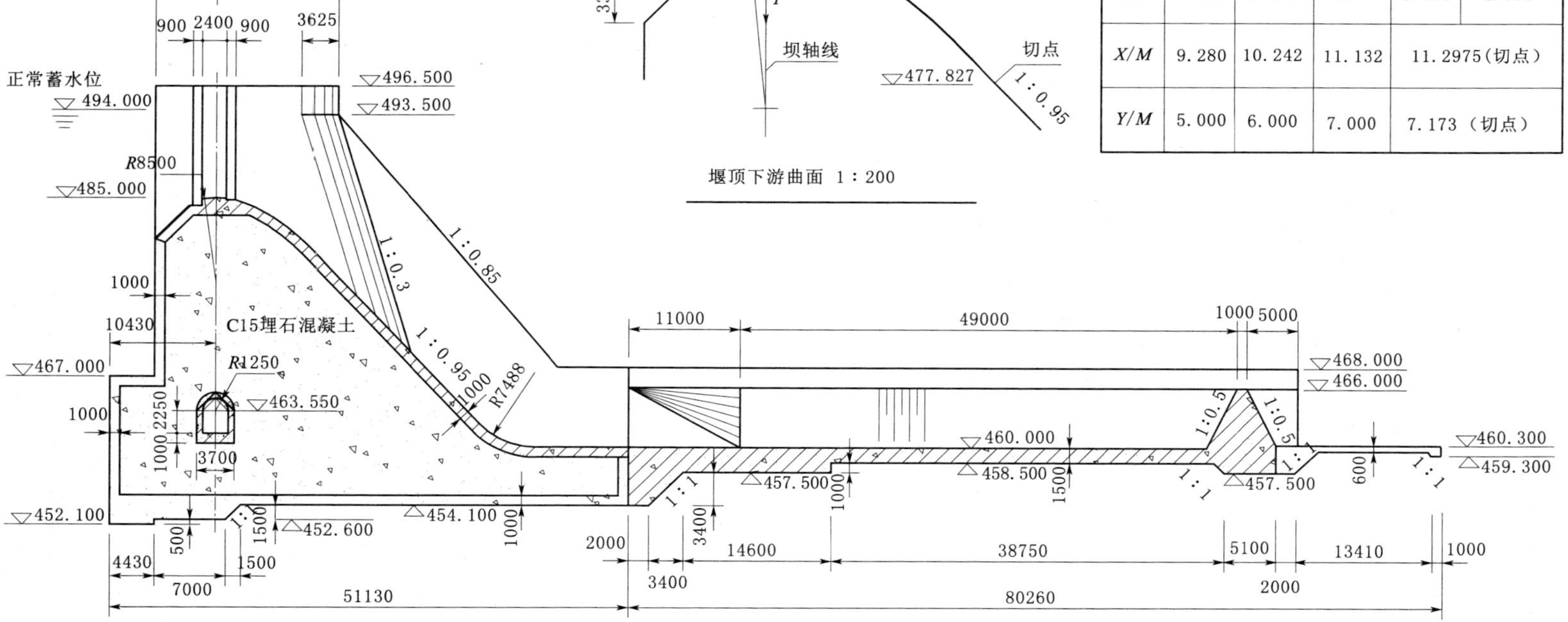

溢流坝剖视图　1:400

图7.76　溢流坝横剖视图

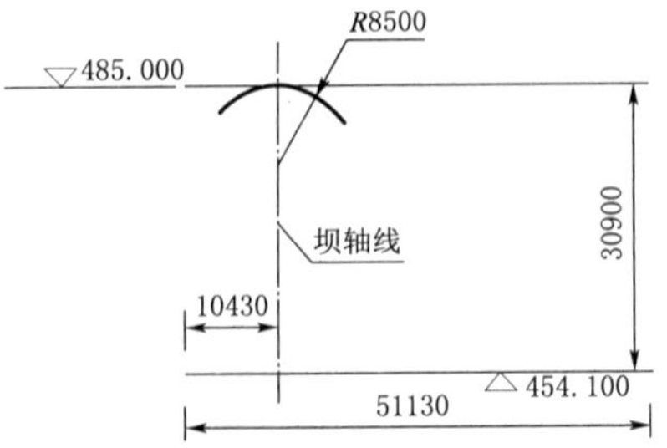

图 7.77　绘制定位线

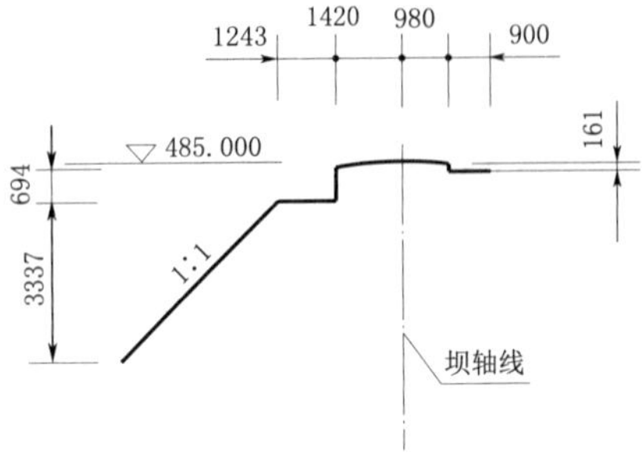

图 7.78　绘制顶部细部轮廓

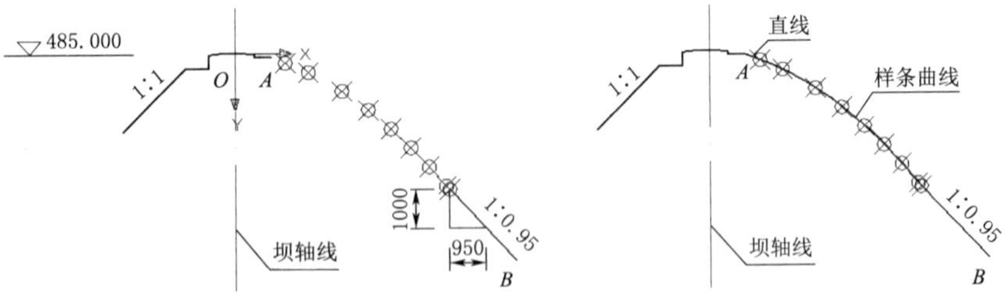

(a)　　(b)

图 7.79　绘制溢流面曲线

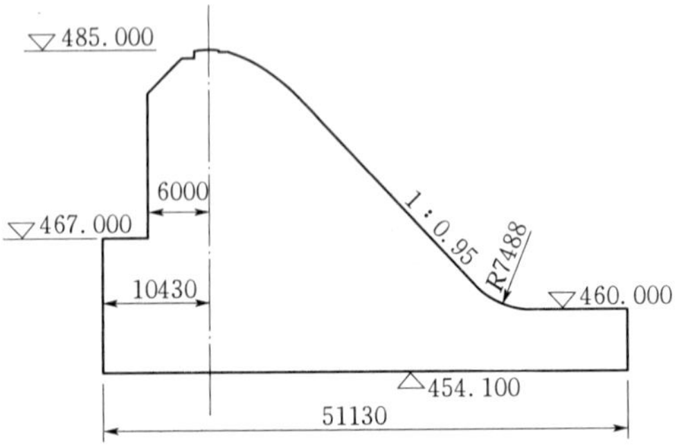

图 7.80　绘制坝体外部轮廓

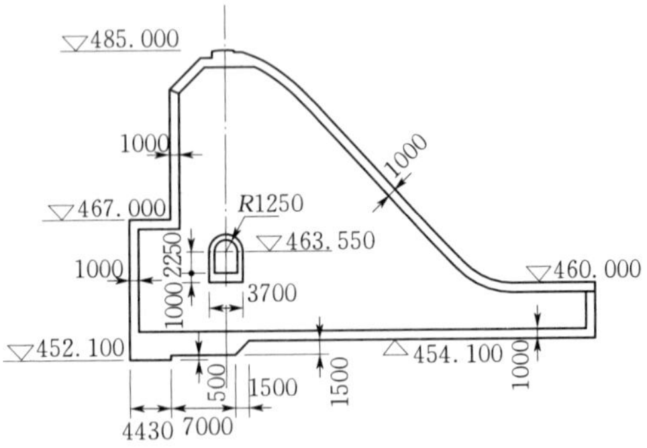

图 7.81　溢流坝主体轮廓

步骤 4：绘制下游消力池。

(1) 绘制消力池底板。绘制高程为 460.000 的消力池底板线长 80260，用“偏移”命令向下分别偏移 1500、1000、3400，向上偏移 300，绘制出高程分别为 458.500、457.500、454.100、460.300 的轮廓线，再将高程为 460.300 的线向下偏移 600；用“直线”“修剪”等命令完成消力池底板轮廓，如图 7.83 所示。

(2) 绘制消力池边墙。用“直线”“偏移”“修剪”“删除”等命令绘制消力池边墙、消力坎、过渡面及表面素线、示坡线等轮廓。下游消力池如图 7.84 所示。

步骤 5：整理全局，填充材料符号，如图 7.85 所示。

步骤 6：绘制堰顶下游曲线详图。先将图 7.79 (b) 所示的溢流坝曲线进行复制，然后用“缩放”命令放大 2 倍即可。新建“曲线详图标注样式”，将标注样式“调整”中的“使用全局比例”设置为 400，“主单位”中的“测量单位比例因子”设置为 0.5，其他设

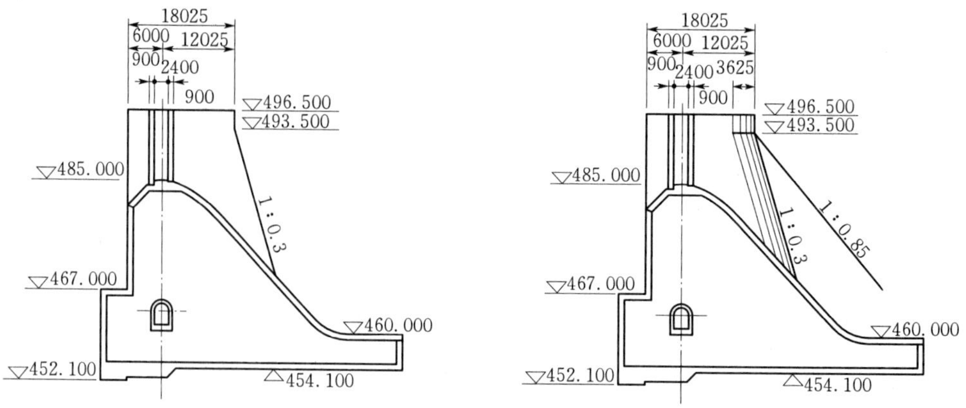

（a）绘制闸墩及闸门槽轮廓　　（b）绘制导水墙及柱面素线

图 7.82　绘制闸墩

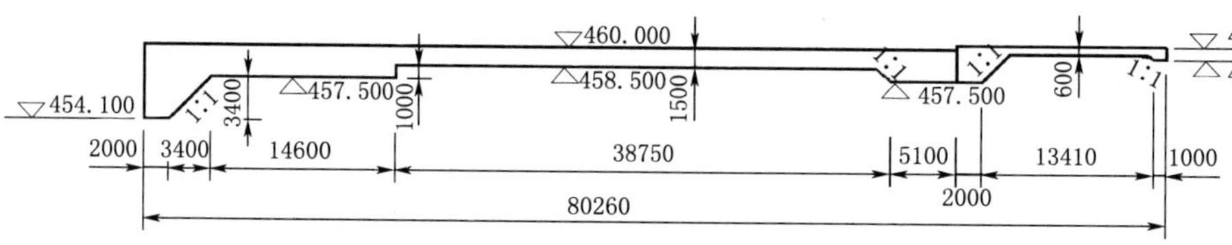

图 7.83　绘制消力池底板

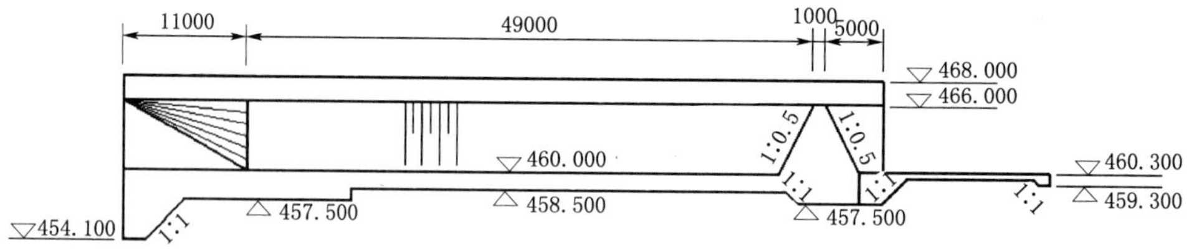

图 7.84　下游消力池

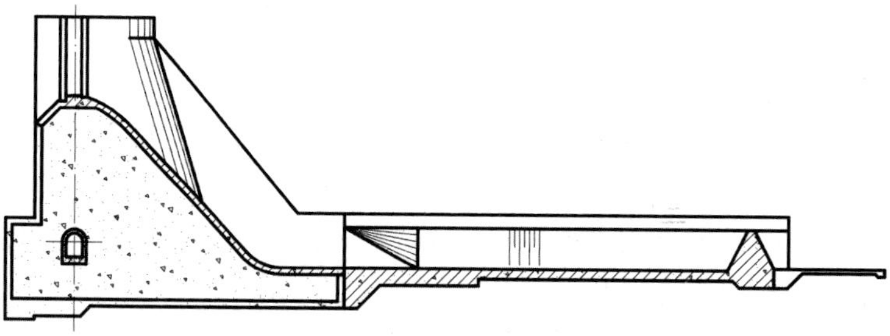

图 7.85　整理全局

置同水工图标注样式。

步骤 7：标注尺寸，注写文字，完成全图，如图 7.76 所示。

步骤 8：插入图框，保存图形文件。

3.4 绘制钢筋图

钢筋图主要表达构件中钢筋的位置、规格、形状和数量。钢筋图中构件的外形用细实线表示，钢筋用粗实线表示，钢筋的截面用小黑点表示。

1. 钢筋的画法

Ⅰ级钢筋外形为光圆，钢筋两端加工成弯钩，弯钩的形式与尺寸如图 7.86 所示。弯钩可用“多段线（PLINE）”命令或“圆角”命令绘制。如图 7.87（a）所示，在“粗实线层”，用“多段线”命令绘制直径为 16mm 的钢筋弯钩，操作如下。

命令：_ pline

指定起点： （指定点 1）

当前线宽为 0.0000

指定下一个点或［圆弧（A）/半宽（H）/长度（L）/放弃（U）/宽度（W）］：50（确定点 2）

指定下一点或［圆弧（A）/闭合（C）/半宽（H）/长度（L）/放弃（U）/宽度（W）］：A

指定圆弧的端点或

［角度（A）/圆心（CE）/闭合（CL）/方向（D）/半宽（H）/直线（L）/半径（R）/第二个点（S）/放弃（U）/宽度（W）］：40 （确定点 3）

指定圆弧的端点或

［角度（A）/圆心（CE）/闭合（CL）/方向（D）/半宽（H）/直线（L）/半径（R）/第二个点（S）/放弃（U）/宽度（W）］：L

指定下一点或［圆弧（A）/闭合（C）/半宽（H）/长度（L）/放弃（U）/宽度（W）］：（指定点 4）

……

剖面图中，钢筋截面用“圆环（DONUT）”命令绘制，内径为 0 即成黑点；也可用“圆”命令绘制，用“图案填充”命令“SOLID”图案填充即可，如图 7.87（b）所示。

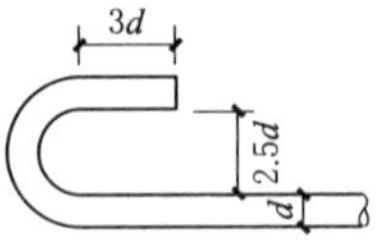

d为钢筋直径

图 7.86 钢筋弯钩形式

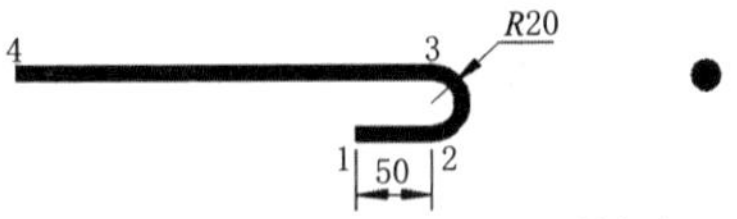

线宽为0.5~0.7mm 外径为1.5mm左右

（a）绘制弯钩 （b）绘制钢筋截面

图 7.87 钢筋画法

绘图时，无论实际钢筋直径尺寸多大，粗实线线宽和小黑点外径保持不变。

2. 钢筋直径符号的标注

工程上使用的钢筋分成不同的等级，分别用不同的钢筋符号表示。为了正确显示钢筋直径符号，要选择合适的字体文件。使用“tssdeng. shx＋tssdchn. shx”字体可以标注出Ⅰ级钢筋、Ⅱ级钢筋、Ⅲ级钢筋、Ⅳ级钢筋的直径符号，其标注方法如图 7.88 所示。

Ⅰ 级钢筋 Φ—输入“%%130”

Ⅱ 级钢筋 Φ—输入“%%131”

Ⅲ 级钢筋 Φ—输入“%%132”

Ⅳ 级钢筋 Φ—输入“%%133”

图 7.88 钢筋直径符号的标注

3. 钢筋编号与尺寸标注

钢筋编号外的小圆圈直径为 5～6mm，引出线和圆圈都用细实线绘制，钢筋标注的字体、字号可以与尺寸标注的字体和字号一致。

【例 7.6】 绘制如图 7.89 所示梁的钢筋图。

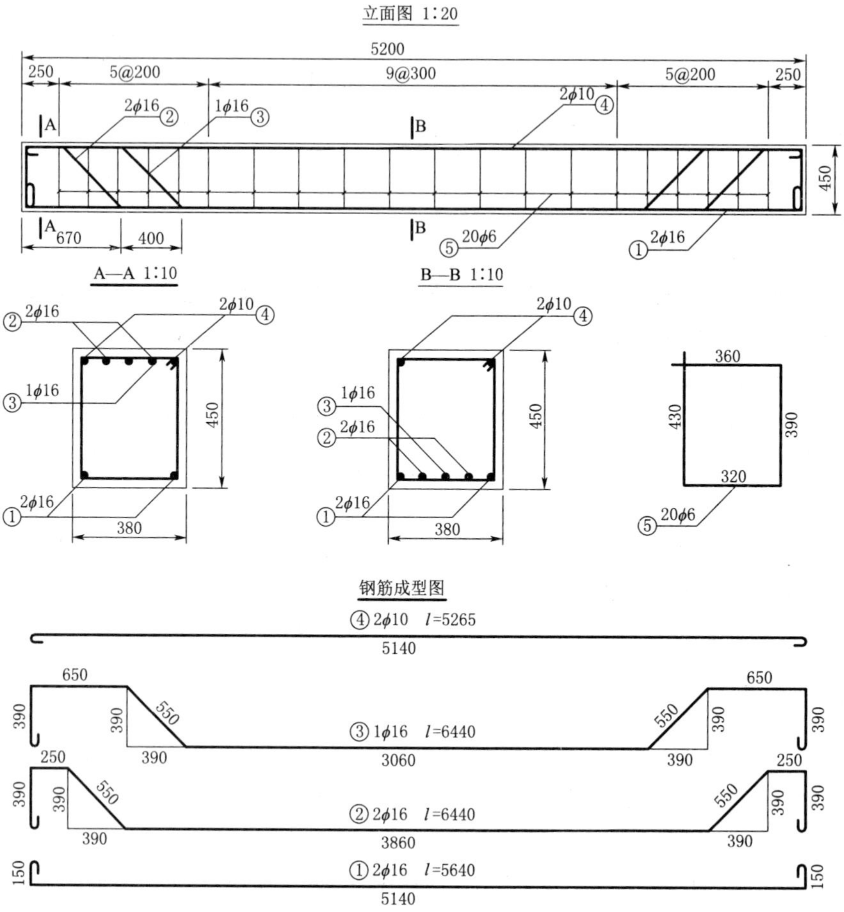

钢筋明细表

编号	型　式	规格/m	单根长/mm	根数	总长/m	备注
1		ϕ16	5640	2	11.28	
2		ϕ16	6440	2	12.88	
3		ϕ16	6440	1	6.44	
4		ϕ10	5265	2	10.53	
5		ϕ6	1500	20	30.00	

图 7.89　梁的钢筋图

步骤 1：绘图环境。

(1) 图形单位、图层、文字样式同“水工样板 . dwt”设置。

（2）设置绘图界限 8000×8000，并全屏显示。

（3）设置 dim20 和 dim10 两个标注样式，将标注样式“主单位”中的“测量单位比例因子”分别设置 1 和 0.5，将“调整”中的“使用全局比例”均设置为 20，其余设置同水工图标注样式。

步骤 2：绘制钢筋立面图。

（1）在“细实线层”，用“矩形”或“多段线”命令按 1∶1 比例绘制立面图外形轮廓，用“偏移”命令往内侧偏移保护层厚度 30，如图 7.90（a）所示。

（2）“粗实线层”为当前层，在立面图轮廓之外绘制钢筋，钢筋弯钩画法参照图 7.87（a），各型号钢筋弯钩尺寸可画成一致，钢筋成型图如图 7.90（b）所示。

（3）用“复制”命令选择钢筋中点为“基点”，将钢筋分别复制到立面保护层线框对应位置，删除保护层线框，如图 7.90（c）所示。

（4）在“粗实线层”绘制箍筋，如图 7.90（d）所示。

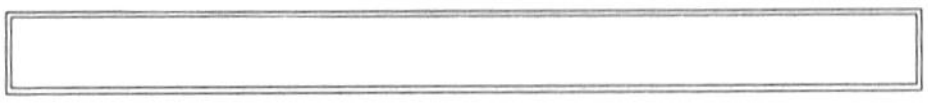

（a）绘制立面图轮廓

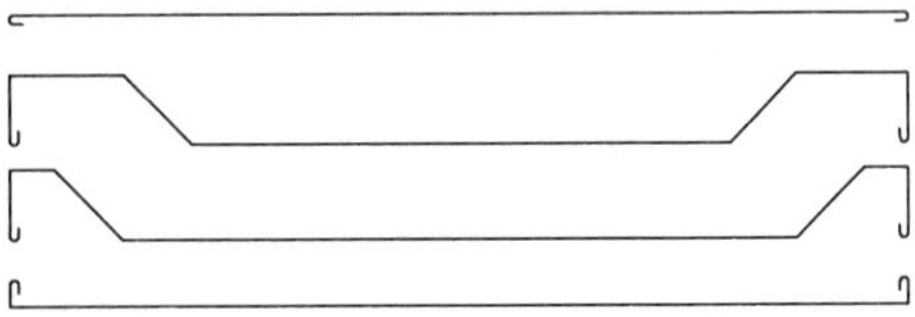

（b）绘制立面图钢筋

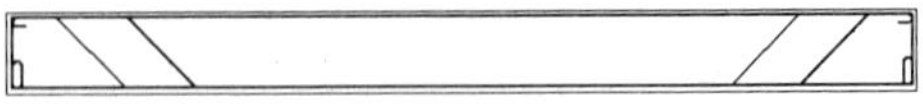

（c）复制钢筋倒立面图

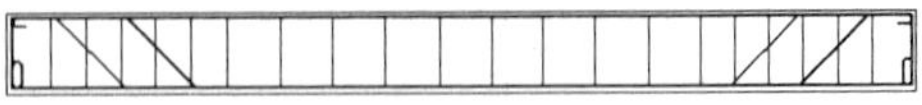

（d）绘制立面图箍筋

图 7.90　绘制钢筋立面图

步骤 3：绘制钢筋剖面图。

（1）在“细实线层”，用“矩形”或“多段线”命令按 1∶1 比例绘制剖面图外形轮廓，用“偏移”命令往内侧偏移保护层厚度 30，并修改图层到“粗实线层”；用“直线”命令绘制箍筋，如图 7.91（a）所示。

（2）在“粗实线层”用“圆”或“圆环”命令绘制外径 15 的小黑点，用“复制”“镜像”命令绘制剖面图钢筋，如图 7.91（b）所示。

（3）用“缩放”命令将剖面图放大 2 倍，以便按立面图的 1∶20 打印出 1∶10 的剖面图，如图 7.91（c）所示。

（a）绘制剖面图轮廓

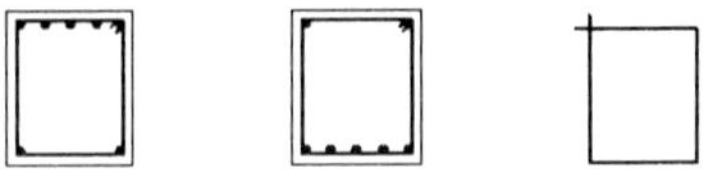

（b）绘制剖面图钢筋

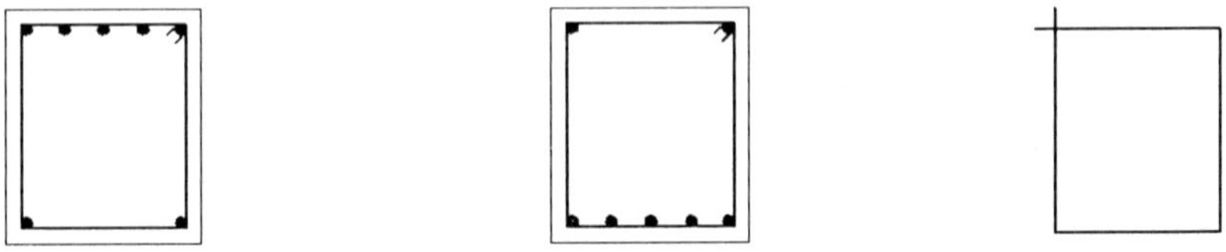

（c）缩放剖面图

图 7.91　绘制钢筋剖面图

步骤 4：标注钢筋编号和钢筋尺寸。用“移动”命令调整钢筋图位置，在“标注层”标注钢筋编号和钢筋尺寸，钢筋编号小圆圈直径画 120mm，文字高度为 70，如图 7.92 所示。

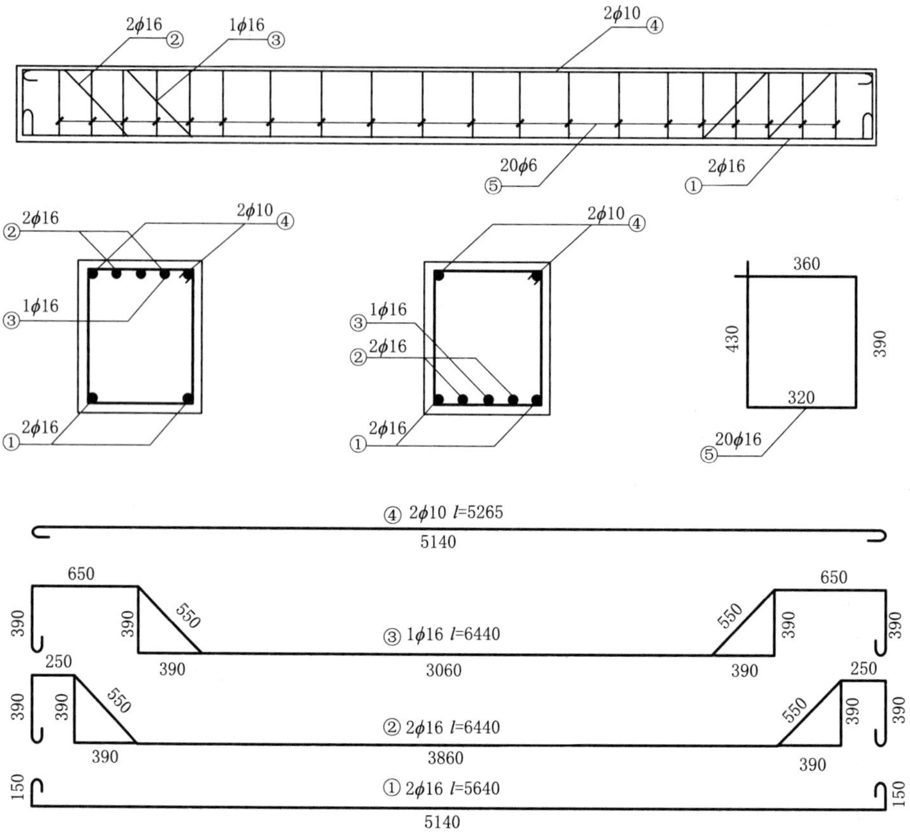

图 7.92　标注钢筋编号和钢筋尺寸

步骤 5：标注构件尺寸、注写剖切符号、图名。在“标注层”标注构件尺寸，注意用标注样式 dim20 标注 1∶20 的立面图，dim10 标注 1∶10 的剖面图，在“文字层”标注剖切符号、注写图名。标注完成如图 7.89 所示。

步骤 6：制作钢筋表，如图 7.89 所示。

步骤 7：插入图框保存图形。

课　后　训　练

1. 用 A2 图幅 1∶50 比例绘制图 7.75 所示涵洞进水闸设计图。标题栏格式如图 7.93 所示。
2. 绘制图 7.76 所示溢流坝横剖面图和图 7.89 所示梁的钢筋图。
3. 用 A3 图幅 1∶100 比例绘制图 7.94 所示建筑底层平面图、正立面图、剖面图。
4. 绘制图 7.95 所示涵洞设计图。
5. 绘制图 7.96 所示渡槽设计图。
6. 绘制图 7.97 所示土坝设计图。

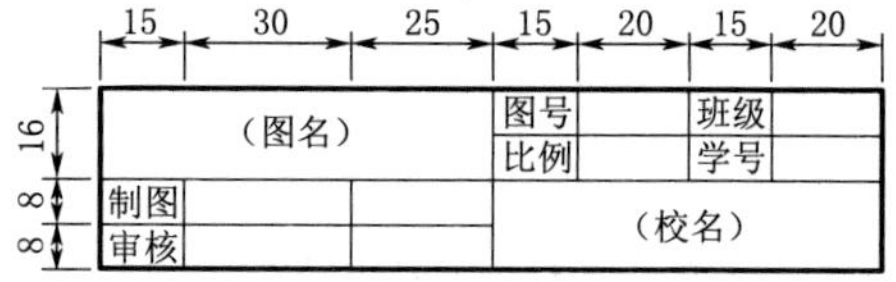

图 7.93　标题栏格式

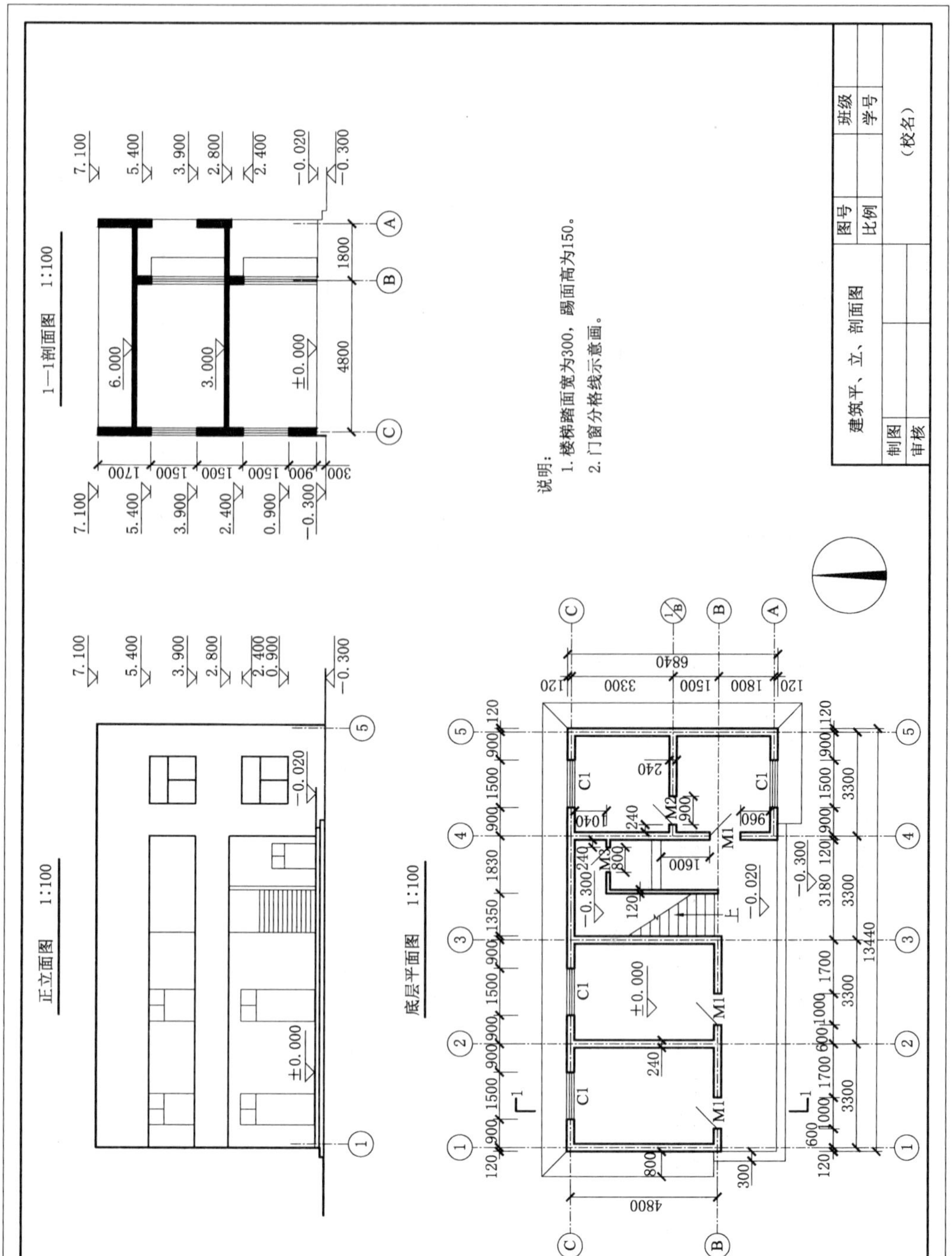

图 7.94 建筑底层平面图、正立面图、剖面图

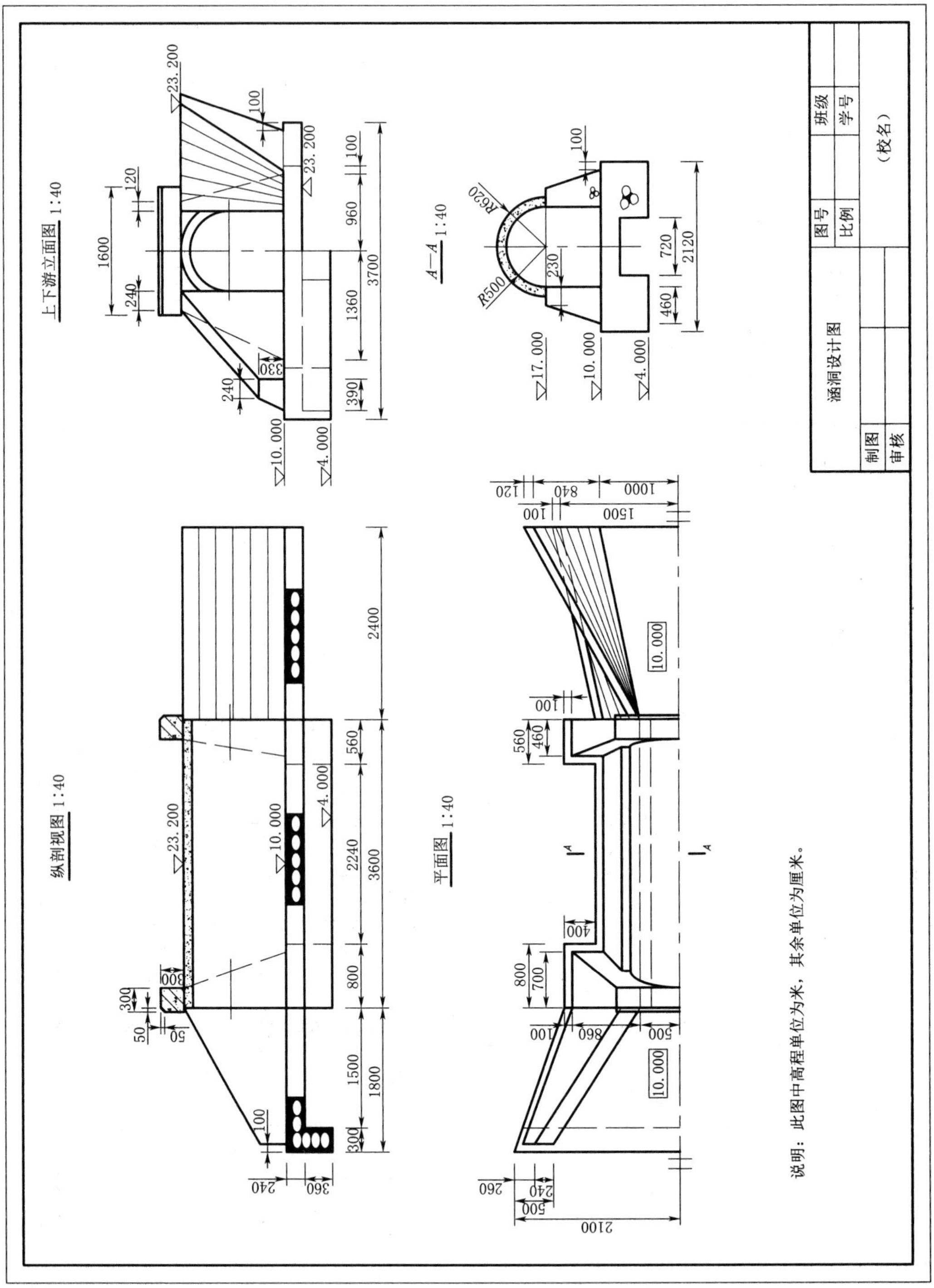
上下游立面图 1:40
纵剖视图 1:40
A—A 1:40
平面图 1:40
说明：此图中高程单位为米，其余单位为厘米。
涵洞设计图
图号
比例
班级
学号
（校名）
制图
审核

图 7.95　涵洞设计图

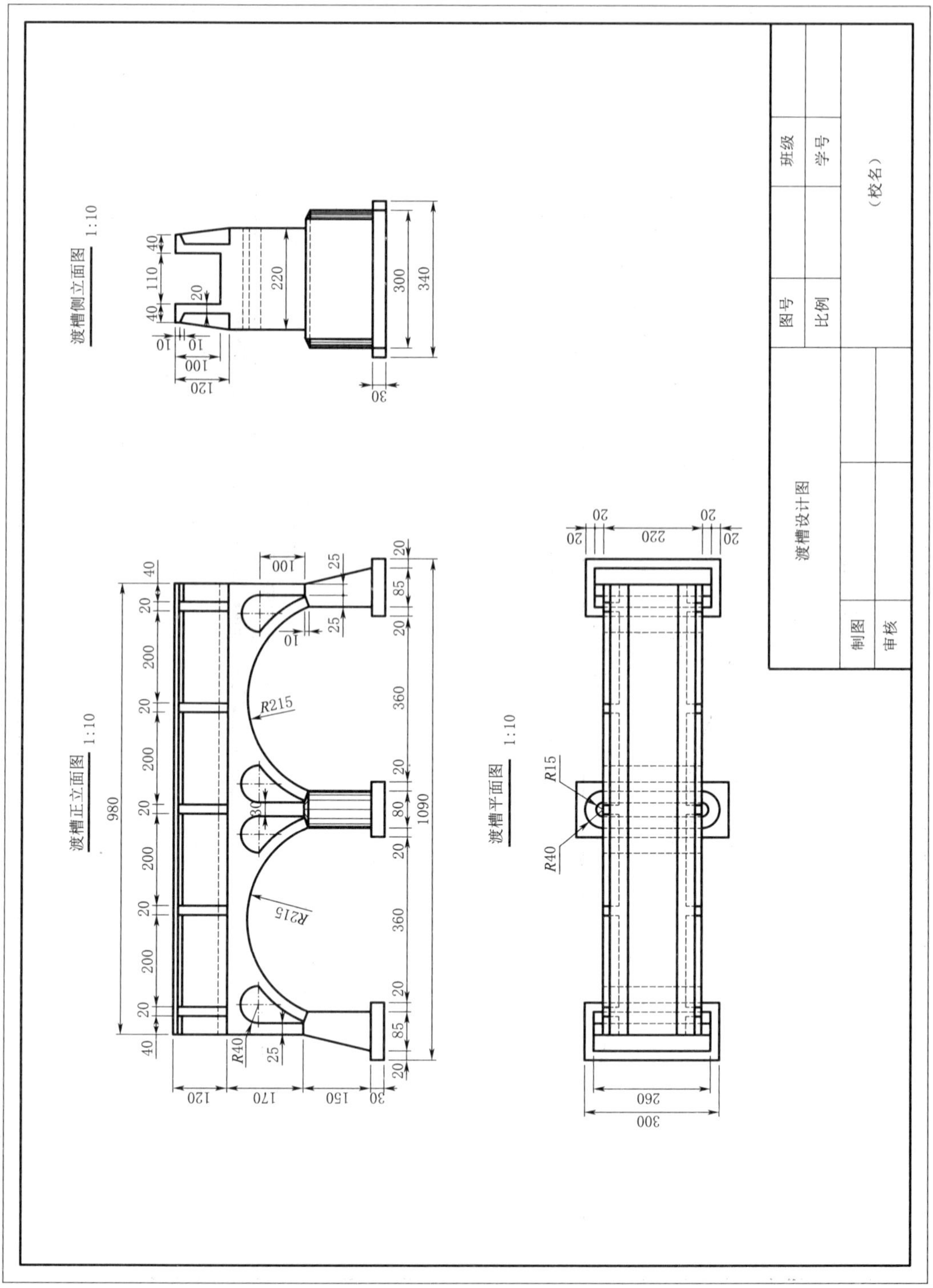
渡槽侧立面图 1:10
渡槽正立面图 1:10
渡槽平面图 1:10
R215
R40
R15
980
1090
班级
学号
（校名）
图号
比例
渡槽设计图
制图
审核

图 7.96 渡槽设计图

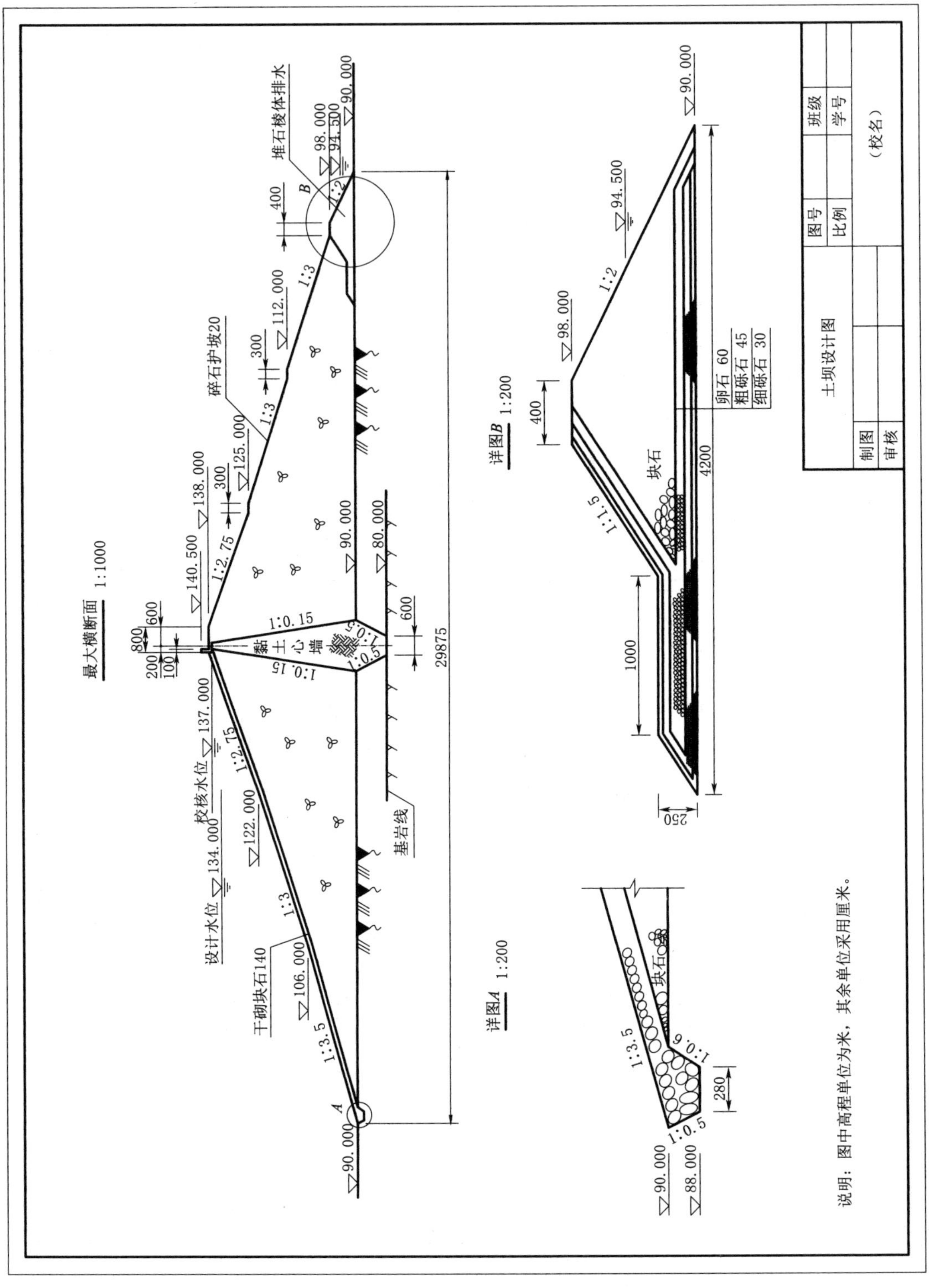
最大横断面 1:1000
堆石棱体排水
碎石护坡20
干砌块石140
设计水位
校核水位
基岩线
黏土心墙
140.500
138.000
137.000
134.000
125.000
122.000
112.000
106.000
98.000
94.500
90.000
80.000
1:2.75
1:3
1:3.5
1:2
1:0.15
1:0.5
800
600
200
100
300
400
29875
A
B
详图A 1:200
块石
1:3.5
1:0.6
1:0.5
280
88.000
详图B 1:200
卵石 60
粗砾石 45
细砾石 30
1:1.5
4200
1000
250
说明：图中高程单位为米，其余单位采用厘米。
土坝设计图
图号
比例
班级
学号
（校名）
制图
审核

图 7.97　土坝设计图

模块 8

三　维　建　模

学习目标：

（1）了解三维视图的基本知识。

（2）掌握用户坐标系 UCS 的建立方法。

（3）掌握三维实体的基本绘制方法。

任务 1　三　维　视　图

1.1　三维工作空间

1.1.1　工作空间的介绍

工作空间是由分组组织的菜单、工具栏、选项板和功能区控制面板组成的集合，使用户可以在专门的、面向任务的绘图环境中工作。

使用工作空间时，只会显示与任务相关的菜单、工具栏和选项板。此外，工作空间还可以自动显示功能区，每一个工作空间都有特定的工具栏。

用户可以轻松地切换工作空间。产品中已定义了以下两个基于任务的工作空间：

当以上工作空间更改图形显示（例如移动、隐藏或显示工具栏或工具选项板组）并希望保留显示设置以备将来使用时，用户可以将当前设置保存到工作空间中。利用这种方法也可以还原以前版本的“经典”。

1.1.2　工作空间的切换

如果需要着手另一任务，可随时从状态栏上的工作空间图标切换到另一工作空间。

操作步骤如下：

（1）在状态栏上单击“切换工作空间”，如图 8.1 所示。

（2）从工作空间列表中选择要切换到的工作空间，如图 8.1 所示。

带有复选标记的工作空间是用户的当前工作空间。

1.2　三维动态观察器

1.2.1　三维动态观察器的介绍

使用三维观察器和导航工具，可以在图形中导航、为指定视图设置相机以及创建动画以便与其他人共享设计。可以围绕三维模型进行动态观察、回旋、漫游和飞行，设置相

图 8.1　工作空间的切换

机，创建预览动画以及录制运动路径动画，用户可以将这些分发给其他人以从视觉上传达设计意图。

1.2.2　启动三维动态观察视图的步骤

选择要使用 3DORBIT 查看的一个或多个对象；或者如果要查看整个图形，则不选择对象。

注意 OLE 对象和光栅对象不在三维动态观察视图中出现。

依次单击视图（V）→ 动态观察（B）→ 受约束的动态观察（C）。

使用以下方式之一来绕对象进行动态观察：

方式一：要沿 XY 平面旋转，在图形中单击并向左或向右拖动光标。

方式二：要沿 Z 轴旋转，请单击图形，然后上下拖动光标。

方式三：要沿 XY 平面和 Z 轴进行不受约束的动态观察，请按住 Shift 键拖动光标。将显示导航球，用户可以使用三维自由动态观察（3DFORBIT）进行交互。

按 Enter 键。

1.2.3　启动连续动态观察的步骤

依次单击“视图（V）”→“动态观察（B）”→“连续动态观察（O）”。

在图形中单击并拖动光标，以启动连续运动。释放光标时，动态观察将沿用户刚才拖动的方向继续。

1.3　三维视图

三维视图包括 AUTOCAD 预设的 10 个特殊的三维视图、视点、快速创建平面视图、视觉样式等。

1.3.1　预设三维视图

根据名称或说明选择预定义的标准正交视图和等轴测视图。

快速设定视图的方法是选择预定义的三维视图。可以根据名称或说明选择预定义的标准正交视图和等轴测视图。这些视图代表常用选项：俯视、仰视、主视、左视、右视和后视。此外，可以从以下等轴测选项设定视图：SW（西南）等轴测、SE（东南）等轴测、NE（东北）等轴测和 NW（西北）等轴测，如图 8.2 所示。

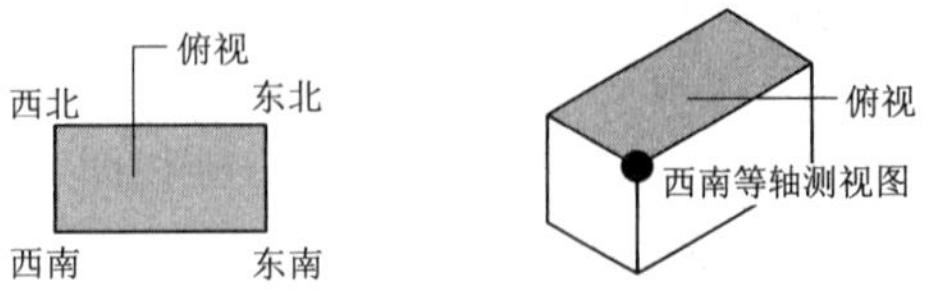

图 8.2　轴测视图选项

要理解等轴测视图的表现方式，可以想象正在俯视盒子的顶部，如果朝盒子的左下角移动，可以从西南等轴测视图观察盒子，如果朝盒子的右上角移动，可以从东北等轴测视图观察盒子。

1. 命令的调用

命令行：View。

菜单：依次单击视图（V）→ 命名视图（N）。

工具栏："视图"。

2. 操作指导

依次单击"视图（V）"→"命名视图（N）"，如图 8.3 所示。

选择预设视图（俯视、仰视、左视等）。

图 8.3　预设三维视图

1.3.2　视点

设置图形的三维可视化观察方向。

1. 命令的调用

命令行：Vpoint。

菜单：视图（V）→三维视图（D）→视点（V）。

工具栏："视图"。

控制观察三维图形时的方向以及视点位置。工具栏中的点选命令实际是视点命令的10个常用的视角：仰视、俯视、左视、右视、主视、后视、东南等轴测、西南等轴测、东北等轴测、西北等轴测。用户在变化视角的时候，尽量用这10个设置好的视角，这样可以节省不少时间。

2. 使用视点坐标设定视图的步骤

依次单击视图（V）→三维视图（D）→视点（V）。

在指南针内单击，指定视点。选定的视点用于在坐标点为（0，0，0）方向观察图形。

3. 使用两个旋转角度设定视图的步骤

依次单击视图（V）→三维视图（D）→视点（V）。

输入 r（旋转），使用两个角度指定新方向。

输入从正 X 轴测量的 XY 平面中的角度。

输入自 XY 平面的角度，该角度表示在（0，0，0）方向观察模型时观察者所在的位置。

4. 使用 VPOINT 设定标准视图（AEC 约定）的步骤

依次单击视图（V）→三维视图（D）→视点（V）。

根据所需视点输入坐标：

（1）在俯（平面）视图中输入 0，0，1。

（2）在前视图中输入 0，－1，0。

（3）在右视图中输入 1，0，0。

（4）在等轴测视图中输入 1，－1，1。

5. 使用 VPOINT 设定标准视图（机械设计约定）的步骤

依次单击视图（V）→三维视图（D）→视点（V）。

根据所需视点输入坐标：

（1）在俯视图中输入 0，1，0。

（2）输入 0，0，1 来表示前视图。

（3）在右视图中输入 1，0，0。

（4）在等轴测视图中输入 1，1，1。即将视图向右旋转 45°再向上旋转 35.267°。

1.3.3 快速创建建平面视图

为了生成 XY 平面内的视图，可以使用 PLAN 命令。

1. 命令的调用

命令行：Plan。

菜单：视图（V）→三维视图（D）→平面视图（P）。

工具栏：“视图”。

2. 操作指导

依次单击“视图”菜单→“三维视图”→“平面视图”。

选择下列选项之一：

（1）当前（当前 UCS）：这是缺省选项，创建当前 UCS 平面内的视图。

（2）世界（WCS）：选择世界坐标系。

（3）命名（保存的 UCS）：此选项允许用户选择一个命名的 UCS，AUTOCAD 将生成 UCS 平面内的视图。

注意：PLAN 会更改观察方向并关闭透视和剪裁，但不会更改当前的 UCS。在启动 PLAN 命令后输入或显示的任何坐标仍然是相对于当前 UCS 的。

1.3.4　视觉样式

视觉样式控制边的显示和视口的着色。可通过更改视觉样式的特性控制其效果。应用视觉样式或更改其设置时，关联的视口会自动更新以反映这些更改。

如图 8.4 所示，视觉样式管理器显示图形中可用的所有视觉样式。选定的视觉样式用黄色边框表示，其设置显示在样例图像下方的面板中。

图 8.4　视觉样式的设置

在功能区中可以更改某些常用设置，或打开视觉样式管理器。

1. 命令的调用

命令行：VSCURRENT。

菜单："视图"菜单→"视觉样式"。

2. 操作指导

针对当前视口，可进行如下操作来改变视觉样式。

命令：VSCURRENT

输入选项［二维线框（2）/线框（W）/消隐（H）/真实（R）/概念（C）/着色（S）/带边缘着色（E）/灰度（G）/勾画（SK）/X 射线（X）/（O）］〈二维线框〉：

注意：要显示从点光源、平行光、聚光灯或阳光发出的光线，将视觉样式设定为真实、概念或带有着色对象的自定义视觉样式。

二维线框：显示用直线和曲线表示边界的对象。光栅和 OLE 对象、线型和线宽都是可见的。即使将 COMPASS 系统变量的值设定为 1，它也不会出现在二维线框视图中。

线框：显示用直线和曲线表示边界的对象。显示着色三维 UCS 图标。可将 COMPASS 系统变量设定为 1 来查看坐标球。

消隐：显示用三维线框表示的对象并隐藏表示后向面的直线。

真实：着色多边形平面间的对象，并使对象的边平滑化。将显示已附着到对象的材质。

概念：着色多边形平面间的对象，并使对象的边平滑化。着色使用冷色和暖色之间的过渡。效果缺乏真实感，但是可以更方便地查看模型的细节。

着色：产生平滑的着色模型。

带边缘着色：产生平滑、带有可见边的着色模型。

灰度：使用单色面颜色模式可以产生灰色效果。

勾画：使用外伸和抖动产生手绘效果。

X 射线：更改面的不透明度使整个场景变成部分透明。

其他：输入“O”，命令行将有如下提示：

输入视觉样式名称 [?]：(输入当前图形中的视觉样式名称或输入“?”，以显示名称列表并重复上述提示)

二维线框模型操作步骤如下（如图 8.5 所示）：

命令：VSCURRENT

输入选项 [二维线框（2)/线框（W)/隐藏（H)/真实（R)/概念（C)/着色（S)/带边缘着色（E)/灰度（G)/勾画（SK)/X

射线（X)/其他（O）]〈隐藏〉：2

消隐模型操作步骤如下（如图 8.6 所示）：

命令：VSCURRENT

输入选项 [二维线框（2)/线框（W)/隐藏（H)/真实（R)/概念（C)/着色（S)/带边缘着色（E)/灰度（G)/勾画（SK)/X

射线（X)/其他（O）]〈隐藏〉：H

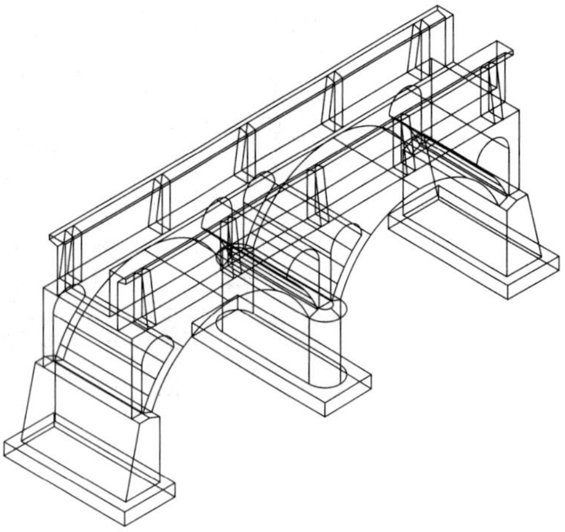

图 8.5　二维线框模型

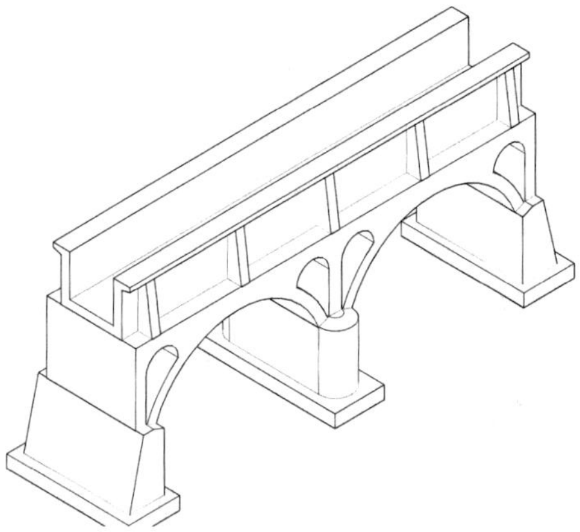

图 8.6　消隐模型

真实模型操作步骤如下（如图 8.7 所示）：

命令：VSCURRENT

输入选项 [二维线框（2)/线框（W)/隐藏（H)/真实（R)/概念（C)/着色（S)/带边缘着色（E)/灰度（G)/勾画（SK)/X

射线（X)/其他（O）]〈真实〉：R

概念模型操作步骤如下（如图 8.8 所示）：

命令：VSCURRENT

输入选项 [二维线框（2)/线框（W)/隐藏（H)/真实（R)/概念（C)/着色（S)/带边缘着色（E)/灰度（G)/勾画（SK)/X

射线（X)/其他（O）]〈真实〉：C

图 8.7　真实模型

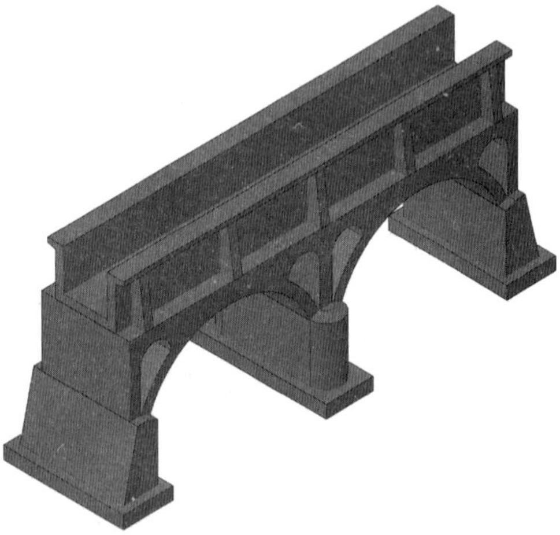

图 8.8　概念模型

X 射线模型操作步骤如下（如图 8.9 所示）：

命令：VSCURRENT

输入选项［二维线框（2）/线框（W）/隐藏（H）/真实（R）/概念（C）/着色（S）/带边缘着色（E）/灰度（G）/勾画（SK）/X

射线（X）/其他（O）］〈真实〉：X

其他模型操作步骤如下（如图 8.10 所示）：

命令：VSCURRENT

输入选项［二维线框（2）/线框（W）/隐藏（H）/真实（R）/概念（C）/着色（S）/带边缘着色（E）/灰度（G）/勾画（SK）/X

射线（X）/其他（O）］〈概念〉：O

输入视觉样式名称或［?］：大理石（如图 8.4 V 视觉样式的设置）

图 8.9　X 射线模型

图 8.10　V 视觉样式模型

任务2　用户坐标系 UCS

用户坐标系在二维绘图的时候也会用到，但没有三维那么重要。在三维制图的过程中，往往需要确定 XY 平面，很多情况下，单位实体的建立是在 XY 平面上产生的。所以用户坐标系在绘制三维图形的过程中，会根据绘制图形的要求，进行不断的设置和变更，这比绘制二维图形要频繁，正确地建立用户坐标系是建立三维模型的关键。

三维环境中创建或修改对象时，可以在三维空间中的任何位置移动和重新定向 UCS 以简化工作。UCS 用于输入坐标、在二维工作平面上创建三维对象以及在三维中旋转对象。

注意： UCS 图标在确定正轴方向和旋转方向时遵循传统的右手定则，如图 8.11 所示。

1. UCS 命令

命令行：UCS。

菜单："工具"→"新建 UCS（W）"。

工具栏："UCS"→"UCS"。

用于坐标输入、操作平面和观察的一种可移动的坐标系统。

2. 操作指导

命令：UCS

指定 UCS 的原点或者［面（F）/命名（NA）/对象（OB）/上一个（P）/视图（V）/世界（W）/X/Y/Z/Z 轴（ZA）］〈世界〉：　　（指定原点或输入后面选项）

指定 X 轴上的点或〈接受〉：

指定 XY 平面上的点或〈接受〉：

（1）通过指定 UCS 的原点可以有以下几种操作定义新的 UCS。

1）如果指定一点为原点，则当前 UCS 的原点将会移动到该点，而不会更改 X 轴、Y 轴和 Z 轴的方向。

2）如果指定第二点，则 UCS 旋转以将正 X 轴通过该点。

3）如果再指定第三点，则 UCS 绕新的 X 轴旋转来定义正 Y 轴。通过指定三点即原点、正 X 轴上的点以及正 XY 平面上的点建立 UCS，如图 8.12 所示。

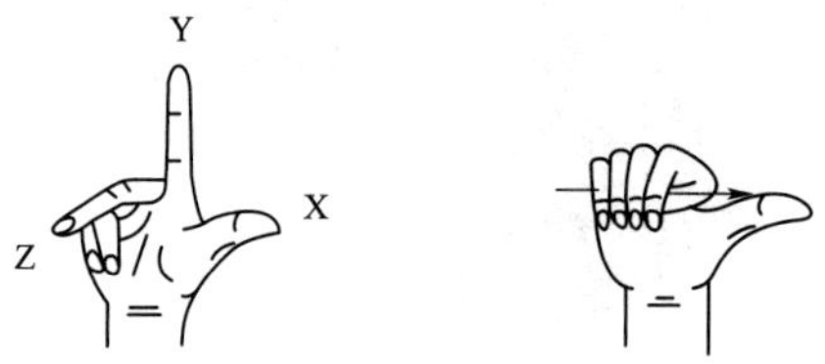

图 8.11　右手定则

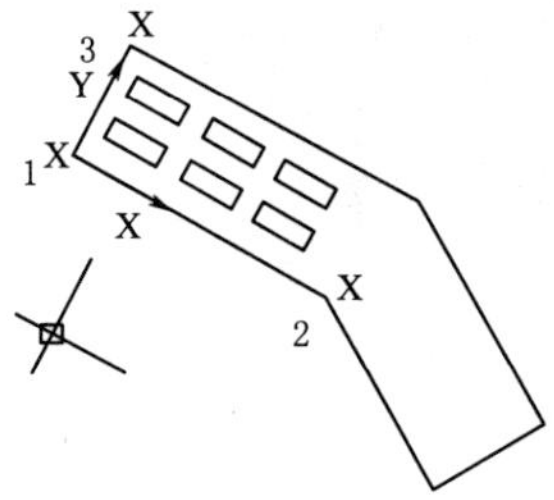

图 8.12　三点建立 UCS

操作步骤如下：

命令：UCS

当前 UCS 名称：*世界*

指定 UCS 的原点或［面（F）/命名（NA）/对象（OB）/上一个（P）/视图（V）/世界（W）/X/Y/Z/Z 轴（ZA）］〈世界〉：　　（选择原点 1）

指定 X 轴上的点或〈接受〉：　　（选择 X 轴上一点 2）

指定 XY 平面上的点或〈接受〉：　　（选择 Y 轴上的一点 3）

注意：如果在输入坐标时未指定 Z 坐标值时，则使用当前 Z 值。

（2）通过绕 X 轴、Y 轴或 Z 轴旋转，可以定义任意的 UCS，如图 8.13 所示（参照系为世界坐标系）。

如绕 X 轴、Y 轴旋转的操作步骤：

命令：UCS

当前 UCS 名称：*没有名称*

指定 UCS 的原点或［面（F）/命名（NA）/对象（OB）/上一个（P）/视图（V）/世界（W）/X/Y/Z/Z 轴（ZA）］〈世界〉：X

指定绕 X 轴的旋转角度〈90〉：

命令：UCS

当前 UCS 名称：*没有名称*

指定 UCS 的原点或［面（F）/命名（NA）/对象（OB）/上一个（P）/视图（V）/世界（W）/X/Y/Z/Z 轴（ZA）］〈世界〉：Y

指定绕 Y 轴的旋转角度〈90〉：

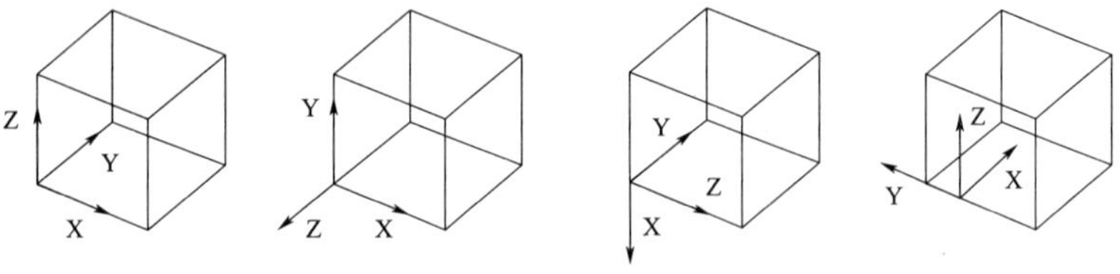

（a）世界坐标系　（b）绕X轴旋转90°　（c）绕Y轴旋转90°　（d）绕Z轴旋转90°

图 8.13　绕轴旋转定义 UCS

任务3　绘制三维实体

3.1　绘制基本体

3.1.1　长方体的绘制

1. 命令的调用

命令行：BOX。

菜单："绘图"→"建模"→"长方体"。

工具栏：建模。

2. 操作指导

绘制如图 8.14 所示的长方体。

命令：BOX

指定第一个角点或［中心点（C）］：　　（指定点或输入 C）

指定其他角点或［立方体（C）/长度（L）］：　　（指定长方体的另一角点或输入选项）

指定高度或［两点（2P）］〈默认值〉：　　（指定高度或为“两点”选项输入 2P）

如果长方体的另一角点指定的 Z 值与第一个角点的 Z 值不同，将不显示高度提示。

注意：始终将长方体的底面绘制为与当前 UCS 的 XY 平面（工作平面）平行。在 Z 轴方向上指定长方体的高度。可以为高度输入正值和负值。

3.1.2　楔体的绘制

创建面为矩形或正方形的实体楔体。

将楔体的底面绘制为与水平面平行，斜面正对第一个角点，如图 8.15 所示。

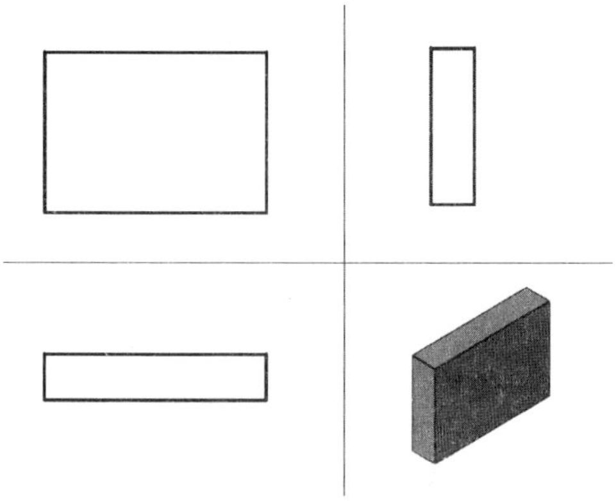

图 8.14　长方体的绘制

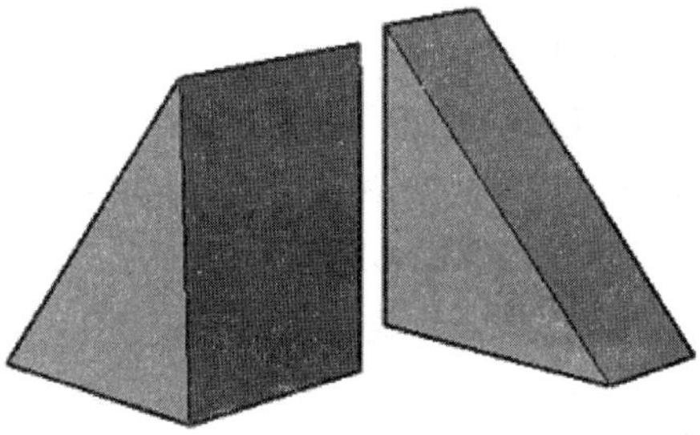

图 8.15　底面为矩形或正方形的楔体

1. 命令调用

命令：Wedge。

菜单：“绘图”→“建模”→“楔体”。

工具栏：建模。

2. 操作指导

绘制底面为 50mm×50mm 的正方形，高度为 30mm 楔体。

注：底面为 XY 平面。

将视图设口设置为四个视口形式，并按主视、左视、俯视、西南轴视位置排列。选中左视图，再按如下操作步骤进行，如图 8.16 所示。

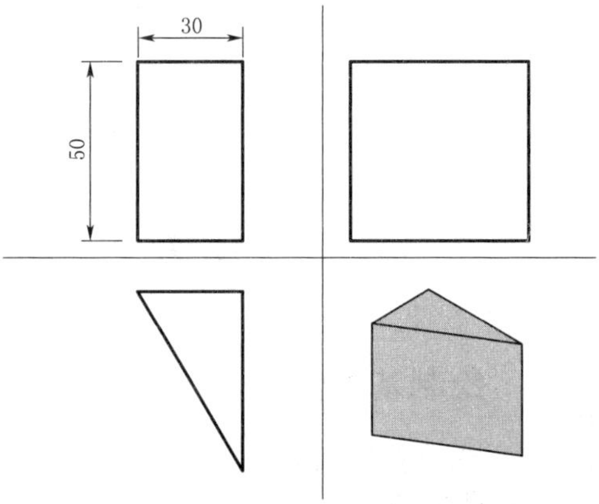

图 8.16　楔体的绘制

命令：WEDGE

指定第一个角点或［中心（C）］：

指定其他角点或［立方体（C）/长度（L）］：@50，50

3.1.3　多段体的绘制

可以使用创建多段线所使用的相同技巧来创建多段体对象。

可以使用 POLYSOLID 命令快速绘制三维墙体。多段体与拉伸的宽多段线类似。事实上，使用直线段和曲线段能够以绘制多段线的相同方式绘制多段体。多段体与拉伸多段线的不同之处在于，拉伸多段线在拉伸时会丢失所有宽度特性，而多段体会保留其直线段的宽度。

也可以将诸如直线、二维多段线、圆弧或圆等对象转换为多段体。

1. 命令调用

命令：POLYSOLID。

菜单："绘图"→"建模"→"多段体"。

工具栏：建模。

2. 操作步骤

命令：POLYSOLID

指定起点或［对象（O）/高度（H）/宽度（W）/对正（J）］〈对象〉：指定实体轮廓的起点，按 Enter 键指定要转换为实体的对象，或输入选项

指定下一点或［圆弧（A）/放弃（U）］：指定实体轮廓的下一点，或输入选项

3. 操作示例

根据如图 8.17 所示墙体的平面图绘制如图 8.18 所示的立体图（墙体高 3000mm，墙体厚 240mm）。

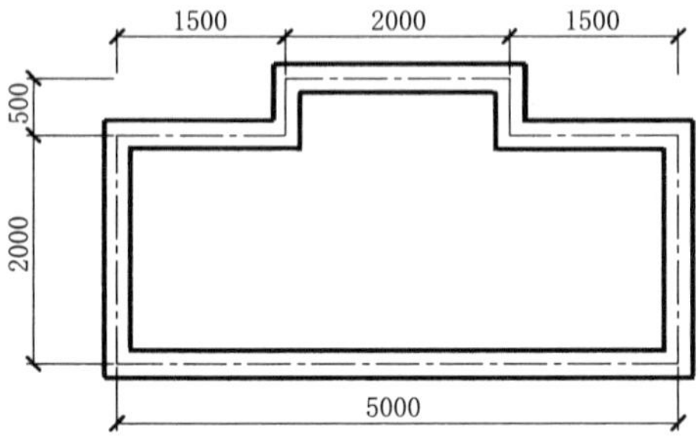

图 8.17　墙体平面图

图 8.18　多段体绘制墙体实体图

操作过程如下：

(1) 首先把视图设置为俯视图。

(2) 用多段体命令绘制实体。

命令：POLYSOLID 高度＝80.0000，宽度＝20.0000，对正＝居中

指定起点或［对象（O）/高度（H）/宽度（W）/对正（J）］〈对象〉：h

指定高度〈80.0000〉：3000

高度＝3000.0000，宽度＝20.0000，对正＝居中

指定起点或［对象（O）/高度（H）/宽度（W）/对正（J）］〈对象〉：w

指定宽度〈20.0000〉：240

高度＝3000.0000，宽度＝240.0000，对正＝居中

指定起点或［对象（O）/高度（H）/宽度（W）/对正（J）］〈对象〉：j

输入对正方式［左对正（L）/居中（C）/右对正（R）］〈居中〉：c

高度＝3000.0000，宽度＝240.0000，对正＝居中

指定起点或［对象（O）/高度（H）/宽度（W）/对正（J）］〈对象〉：

指定下一个点或［圆弧（A）/放弃（U）］：〈极轴 开〉2000

指定下一个点或［圆弧（A）/放弃（U）］：1500

指定下一个点或［圆弧（A）/闭合（C）/放弃（U）］：500

指定下一个点或［圆弧（A）/闭合（C）/放弃（U）］：2000

指定下一个点或［圆弧（A）/闭合（C）/放弃（U）］：500

指定下一个点或［圆弧（A）/闭合（C）/放弃（U）］：1500

指定下一个点或［圆弧（A）/闭合（C）/放弃（U）］：2000

指定下一个点或［圆弧（A）/闭合（C）/放弃（U）］：C

（3）把视图设为西南轴测视图，绘制的图形如图8.18所示。

3.1.4　圆柱体的绘制

1. 命令调用

命令：CYLINDER。

菜单："绘图"→"建模"→"圆柱体"。

工具栏：建模。

2. 操作指导

绘制一个底面半径为50mm，高度为100mm的圆柱体。

将视图设为西南轴测视图。

命令：CYLINDER

指定底面的中心点或［三点（3P）/两点（2P）/切点、切点、半径（T）/椭圆（E）］：

指定底面半径或［直径（D）］：50

指定高度或［两点（2P）/轴端点（A）］〈50.0000〉：100

命令：VSCURRENT

输入选项［二维线框（2）/线框（W）/隐藏（H）/真实（R）/概念（C）/着色（S）/带边缘着色（E）/灰度（G）/勾画（SK）/X

射线（X）/其他（O）］〈二维线框〉：_C

绘制的图形如图8.19所示。

3.1.5　圆锥体的绘制

1. 命令调用

命令：Cone。

菜单："绘图"→"建模"→"圆锥体"。

工具栏：建模。

2. 操作指导

绘制底面为半径为50mm，高度为100mm的圆锥体。

将视图设为西南轴测视图。

命令：CONE

指定底面的中心点或［三点（3P）/两点（2P）/切点、切点、半径（T）/椭圆（E）］：

指定底面半径或［直径（D）］〈50.0000〉：

指定高度或［两点（2P）/轴端点（A）/顶面半径（T）］〈200.0000〉：100

命令：VSCURRENT

输入选项［二维线框（2）/线框（W）/隐藏（H）/真实（R）/概念（C）/着色（S）/带边缘着色（E）/灰度（G）/勾画（SK）/X

射线（X）/其他（O）］〈二维线框〉：_C

绘制的图形如图 8.20 所示。

图 8.19 圆柱体的绘制

图 8.20 圆锥体的绘制

3.1.6 棱锥体的绘制

1. 命令调用

命令：PYRAMID。

菜单："绘图"→"建模"→"棱锥体"。

工具栏：建模。

2. 操作指导

绘制底面边长为 50mm，高度为 50mm 的正四棱锥。

将视图设为西南轴测视图。

命令：PYRAMID

4 个侧面 外切

指定底面的中心点或［边（E）/侧面（S）］：E

指定边的第一个端点：

指定边的第二个端点：50

指定高度或［两点（2P）/轴端点（A）/顶面半径（T）］〈100.0000〉：50

如果觉得高度方向有错，可以通过夹点来编辑。

命令： （把四棱锥选中，然后点击顶点的夹点）

指定点位置或［基点（B）/放弃（U）/退出（X）］：50

如要绘制底面边长为 50mm，高度为 50mm 的正三棱锥，操作步骤如下：

命令：PYRAMID

4 个侧面 外切

指定底面的中心点或［边（E）/侧面（S）］：S

输入侧面数〈4〉：3

指定底面的中心点或［边（E)/侧面（S）］：e

指定边的第一个端点：

指定边的第二个端点：50

指定高度或［两点（2P)/轴端点（A)/顶面半径（T）］〈100.0000〉：50

命令：VSCURRENT

输入选项［二维线框（2)/线框（W)/隐藏（H)/真实（R)/概念（C)/着色（S)/带边缘着色（E)/灰度（G)/勾画（SK)/X

射线（X)/其他（O）］〈真实〉：_C

最后生成的图形如图 8.21 所示。

3.1.7　球体的绘制

1. 命令调用

命令：PYRAMID。

菜单："绘图"→"建模"→"棱锥体"。

工具栏：建模

2. 操作指导

绘制半径为 50mm 的球体。

将视图设为西南轴测视图。

命令：SPHERE

指定中心点或［三点（3P)/两点（2P)/切点、切点、半径（T）］：

指定半径或［直径（D）］〈28.8675〉：50

命令：VSCURRENT

输入选项［二维线框（2)/线框（W)/隐藏（H)/真实（R)/概念（C)/着色（S)/带边缘着色（E)/灰度（G)/勾画（SK)/X

射线（X)/其他（O）］〈概念〉：_C

最后生成的图形如图 8.22 所示。

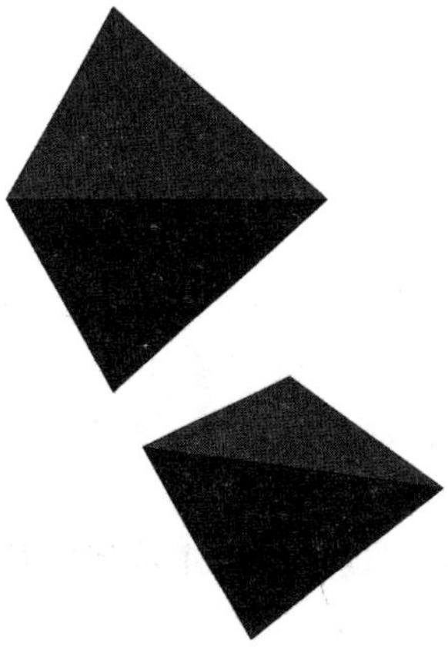

图 8.21　棱锥体的绘制

图 8.22　球体的绘制

3.2 二维图形创建实体

3.2.1　拉伸实体

拉伸命令是通过延伸对象的尺寸创建三维实体或曲面。用户可以通过拉伸已选定的对象来创建实体和曲面。如果拉伸闭合对象，则生成的对象为实体。如果拉伸开放对象，则生成的对象为曲面。如果拉伸具有一定宽度的多段线，则将忽略宽度并从多段线路径的中心拉伸多段线。如果拉伸具有一定厚度的对象，则将忽略厚度。

1. 命令调用

命令：PYRAMID。

菜单：“绘图”→“建模”→“拉伸”。

工具栏：建模。

2. 操作指导

（1）将视图设为左视图，按图 8.23 绘制拉伸截面图形。

（2）将视图设为西南轴测视图，将所绘制的截面形成面域后，再拉伸 120mm。

命令：REGION

选择对象：指定对角点：找到 8 个

选择对象：

已提取 1 个环。

已创建 1 个面域。

命令：EXTRUDE

当前线框密度：　ISOLINES=4，闭合轮廓创建模式=实体

选择要拉伸的对象或［模式（MO）］：_MO 闭合轮廓创建模式［实体（SO）/曲面（SU）］〈实体〉：_SO

选择要拉伸的对象或［模式（MO）］：找到 1 个

选择要拉伸的对象或［模式（MO）］：

指定拉伸的高度或［方向（D）/路径（P）/倾斜角（T）/表达式（E）］〈50.0000〉：120

命令：VSCURRENT

输入选项［二维线框（2）/线框（W）/隐藏（H）/真实（R）/概念（C）/着色（S）/带边缘着色（E）/灰度（G）/勾画（SK）/X

射线（X）/其他（O）］〈概念〉：_C

最后生成的图形如图 8.24 所示。

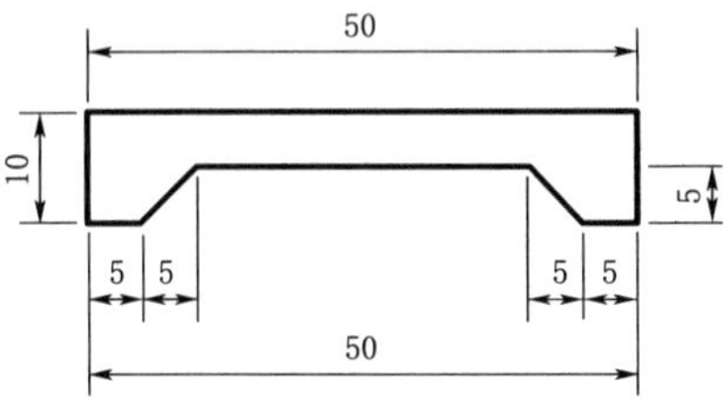

图 8.23　拉伸截面图形

图 8.24　拉伸的实体

3.2.2　旋转实体

1. 命令调用

命令：REVOLVE。

菜单："绘图"→"建模"→"旋转"。

工具栏：建模。

2. 操作指导

(1) 将视图设为主视图，按图8.25绘制拉伸截面图形。

(2) 将视图设为西南轴测图，再绕着长边50mm旋转360°。

命令：REVOLVE

当前线框密度：　ISOLINES=4，闭合轮廓创建模式=实体

选择要旋转的对象或［模式（MO）］：_MO 闭合轮廓创建模式［实体（SO）/曲面（SU）］〈实体〉：_SO

选择要旋转的对象或［模式（MO）］：指定对角点：找到1个

选择要旋转的对象或［模式（MO）］：

指定轴起点或根据以下选项之一定义轴［对象（O）/X/Y/Z］〈对象〉：

指定轴端点：

指定旋转角度或［起点角度（ST）/反转（R）/表达式（EX）］〈360〉：

最后生成的图形如图8.26所示。

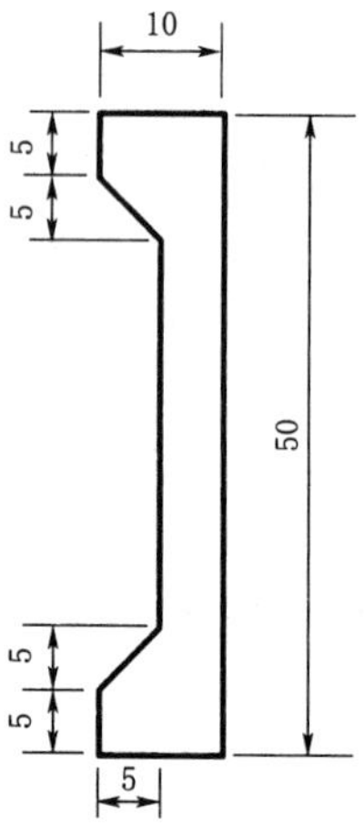

图8.25　旋转体截面图

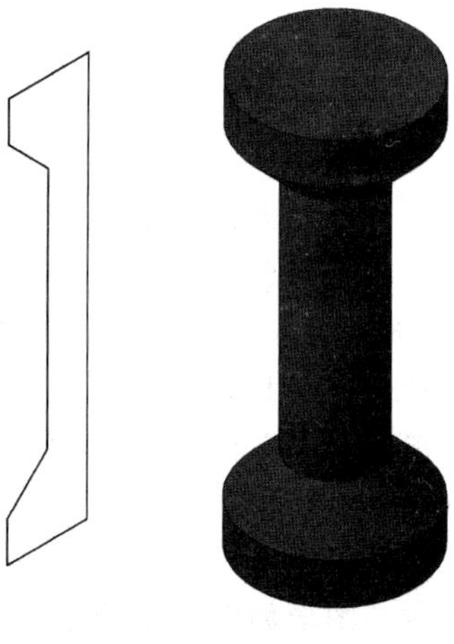

图8.26　旋转体

3.2.3　扫掠实体

通过沿路径扫掠二维或三维曲线来创建三维实体模型。

1. 命令调用

命令：SWEEP。

菜单："绘图"→"建模"→"扫掠"。

工具栏：建模。

2. 操作指导

绘制如图 8.27 所示的立体图形。

(1) 将视图设置为主视图，绘制扫掠的截面图形，如图 8.28 所示。

(2) 将视图设置为俯视图，用多段线命令按图 8.29 绘制扫掠路径。

(3) 将视图设置为西南轴测视图，用移动命令将扫掠路径移至如图 8.30 所示的位置。

(4) 用扫掠命令扫掠实体。

命令：SWEEP

当前线框密度： ISOLINES=4，闭合轮廓创建模式=实体

选择要扫掠的对象或［模式（MO）］：_ MO 闭合轮廓创建模式［实体（SO)/曲面（SU）］〈实体〉：_ SO

选择要扫掠的对象或［模式（MO）］：指定对角点：找到 6 个

选择要扫掠的对象或［模式（MO）］：

选择扫掠路径或［对齐（A)/基点（B)/比例（S)/扭曲（T）］：

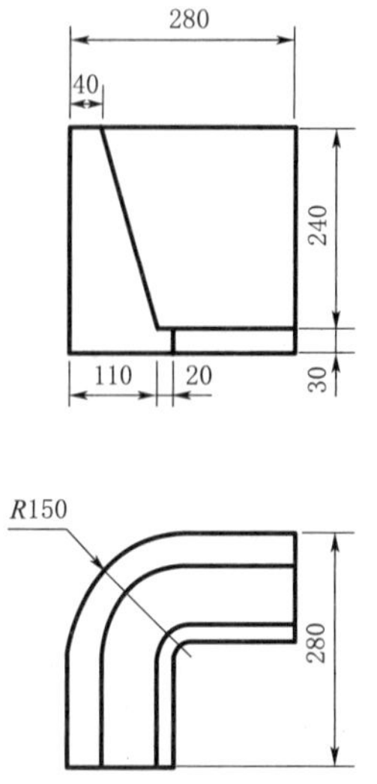

图 8.27 扫掠实体平面图

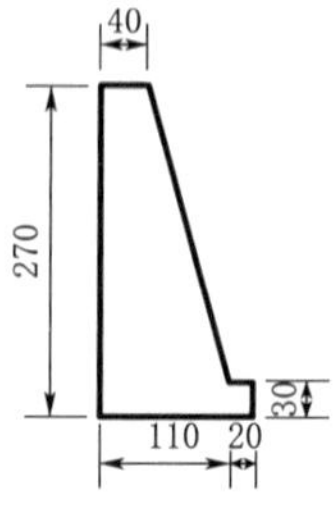

图 8.28 扫掠截面

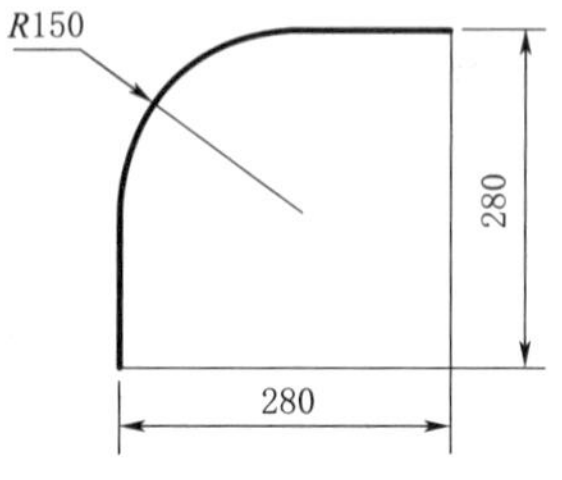

图 8.29 扫掠路径

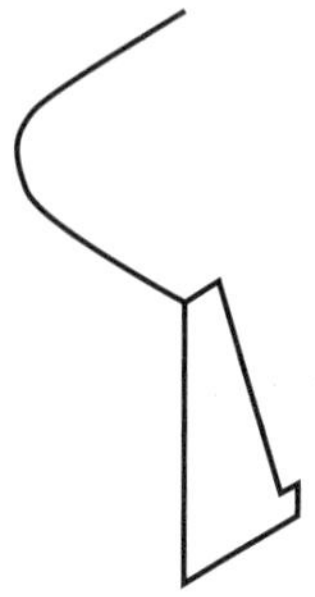

图 8.30 扫掠截面与路径

如果截面是二维图形（没形成面域），则扫掠为曲面，如图 8.31 所示。

如果截面是面（形成了面域），则扫掠为实体，如图 8.32 所示。

图 8.31 扫掠曲面

图 8.32 扫掠实体

命令：REGION

选择对象：指定对角点：找到 6 个

选择对象：

已提取 1 个环。

已创建 1 个面域。

命令：SWEEP

当前线框密度：　ISOLINES=4，闭合轮廓创建模式＝实体

选择要扫掠的对象或［模式（MO）］：_ MO 闭合轮廓创建模式［实体（SO)/曲面（SU）］〈实体〉：_ SO

选择要扫掠的对象或［模式（MO）］：找到 1 个

选择要扫掠的对象或［模式（MO）］：

选择扫掠路径或［对齐（A)/基点（B)/比例（S)/扭曲（T）］：

3.2.4　放样实体

在数个横截面之间的空间中创建三维实体模型。

1. 命令调用

命令：LOFT。

菜单："绘图"→"建模"→"放样"。

工具栏：建模。

2. 操作指导

绘制如图 8.33 所示图形的立体图。

（1）将视图设置为俯视图，绘制两个矩形，如图 8.34 所示。

（2）将视图设置西南轴测视图，将上底面移到下底面正上方 32mm 处，如图 8.35 所示。

（3）通过放样命令绘制立体图形，如图 8.36 所示。

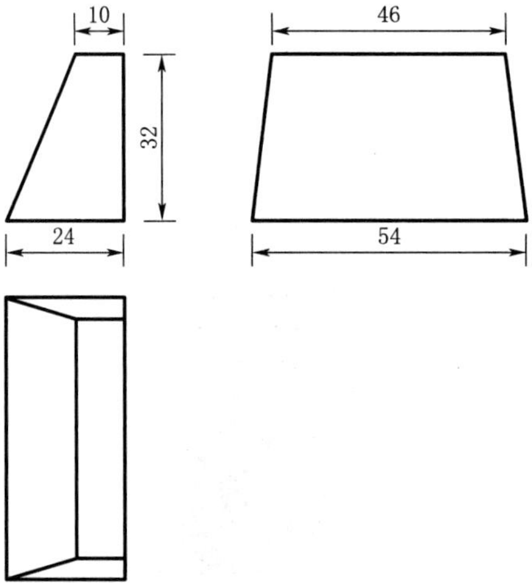

图 8.33　放样二维图形

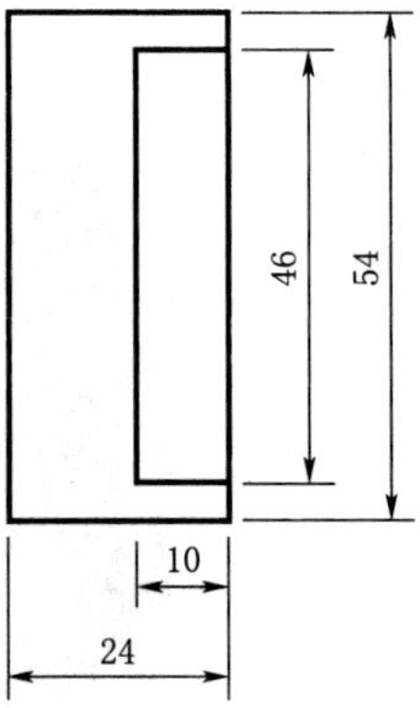

图 8.34　放样截面

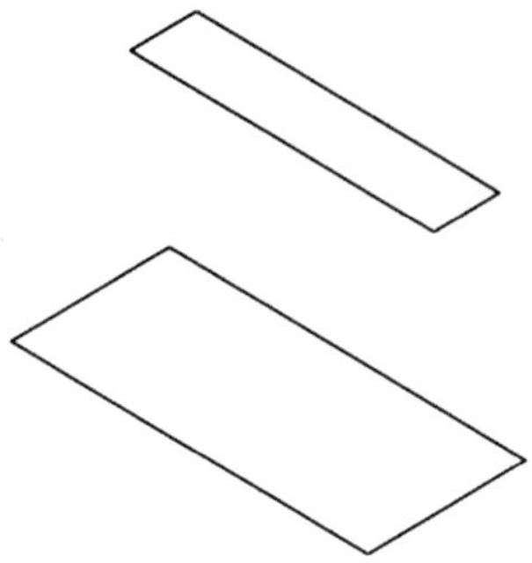

图 8.35 放样截面相对位置

图 8.36 放样实体

命令：LOFT

按放样次序选择横截面或［点（PO）/合并多条边（J）/模式（MO）］：_MO 闭合轮廓创建模式［实体（SO）/曲面（SU）］〈实体〉：

选项说明如下：

按放样次序选择横截面：按曲面或实体将通过曲线的次序指定开放或闭合曲线。

点：如果选择“点”选项，还必须选择闭合曲线。

合并多条边：将多个端点相交曲线合并为一个横截面。

模式：控制放样对象是实体还是曲面。

输入选项［导向（G）/路径（P）/仅横截面（C）/设置（S）］〈仅横截面〉：

选项说明如下：

导向：指定控制放样实体或曲面形状的导向曲线。可以使用导向曲线来控制点如何匹配相应的横截面以防止出现不希望看到的效果（例如结果实体或曲面中的皱褶）。

为放样曲面或实体选择任意数目的导向曲线，然后按 Enter 键。

路径：指定放样实体或曲面的单一路径。

注意：路径曲线必须与横截面的所有平面相交。

仅横截面：在不使用导向或路径的情况下，创建放样对象。

命令：LOFT

按放样次序选择横截面或［点（PO）/合并多条边（J）/模式（MO）］：_MO 闭合轮廓创建模式［实体（SO）/曲面（SU）］〈实体〉：_SO （选择实体模式）

按放样次序选择横截面或［点（PO）/合并多条边（J）/模式（MO）］：找到 1 个 （选择下底面矩形）

按放样次序选择横截面或［点（PO）/合并多条边（J）/模式（MO）］：找到 1 个 （选择上底面矩形）

总计 2 个

按放样次序选择横截面或［点（PO）/合并多条边（J）/模式（MO）］：（按 Enter 键）

输入选项［导向（G）/路径（P）/仅横截面（C）/设置（S）］〈仅横截面〉：C（弹出放样设置对话框，单击“确定”按钮，完成实体图形）

3.3 绘制组合体

1. 绘制进水涵洞的立体图

根据平面图形绘制如图 8.37 所示的进水涵洞的平面图。

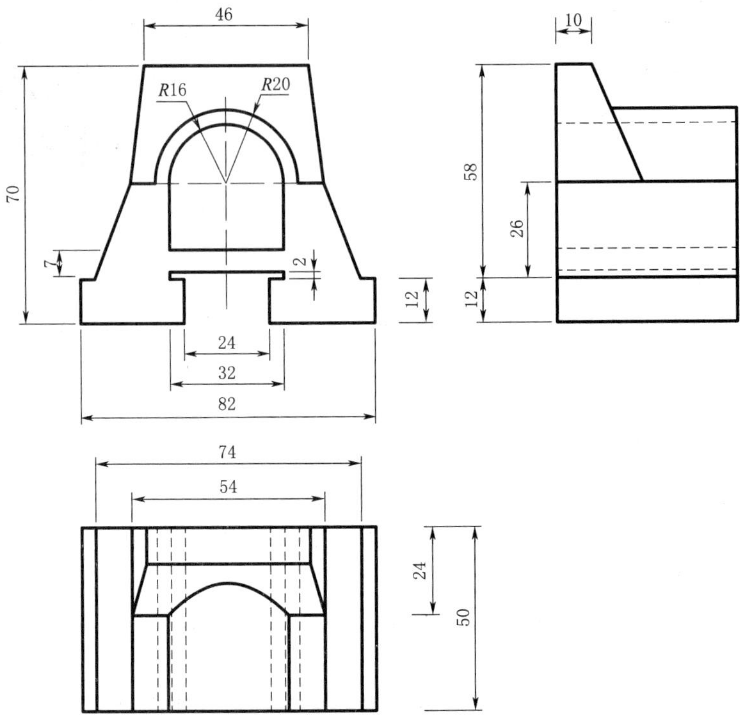

图 8.37　进水涵洞平面图

操作步骤如下：

(1) 用拉伸命令绘制底板、边墙及拱圈。

1) 将视图设置为主视图，然后绘制底板、边墙、拱圈的二维平面图形，如图 8.38 所示。

2) 形成两个面域后，将视图设置为西南轴测视图。用拉伸将该面域拉伸 50mm，如图 8.39 所示。

命令：EXTRUDE

当前线框密度：　ISOLINES=4，闭合轮廓创建模式=实体

选择要拉伸的对象或 [模式 (MO)]：_MO 闭合轮廓创建模式 [实体 (SO)/曲面 (SU)]〈实体〉：_SO

选择要拉伸的对象或 [模式 (MO)]：指定对角点：找到 2 个

选择要拉伸的对象或 [模式 (MO)]：

指定拉伸的高度或 [方向 (D)/路径 (P)/倾斜角 (T)/表达式 (E)]〈－120.0000〉：50

命令：VSCURRENT

输入选项［二维线框（2）/线框（W）/隐藏（H）/真实（R）/概念（C）/着色（S）/带边缘着色（E）/灰度（G）/勾画（SK）/X

射线（X）/其他（O）］〈二维线框〉：_C

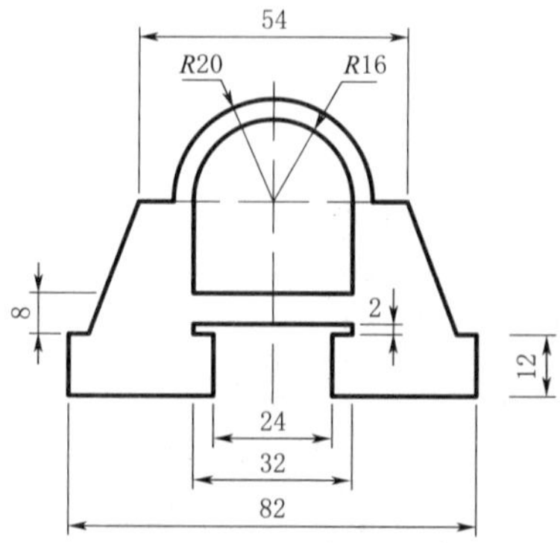

图 8.38 底板、边墙等平面图

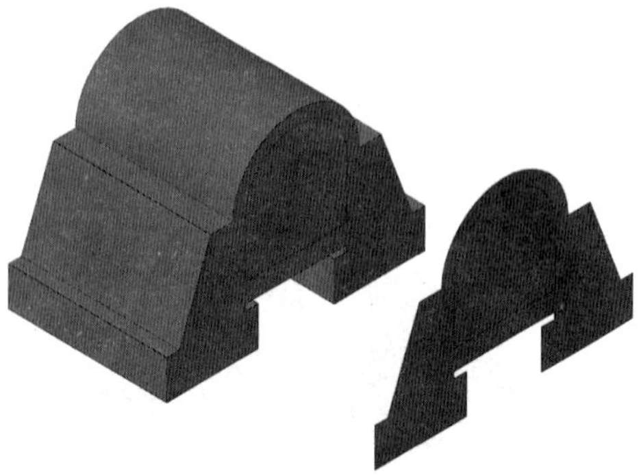

图 8.39 底板、边墙等立体图

（2）利用放样命令绘制挡土墙。

1）将视图设置为俯视图，分别绘制挡土墙的上下两底面，如图 8.40 所示。

2）将视图设置西南轴测视图，将上底面向 Z 轴方向移动 32mm，如图 8.41 所示。

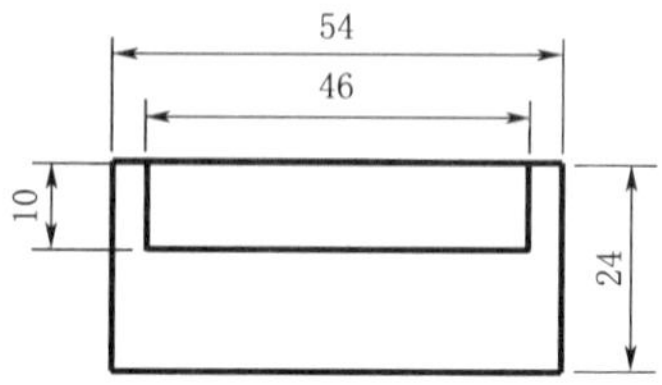

图 8.40 进水涵挡土墙两底面

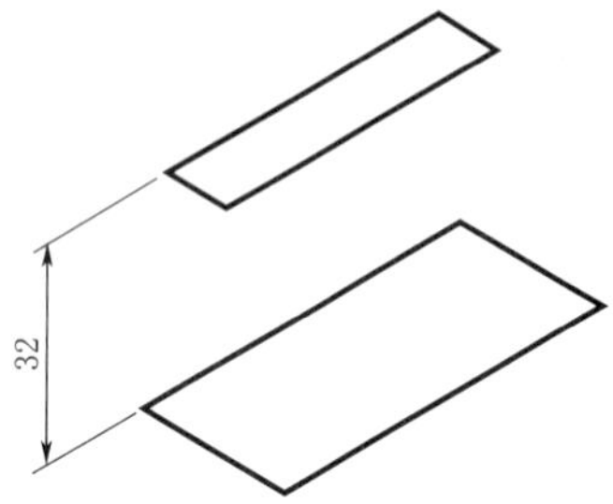

图 8.41 进水涵挡土墙两底面轴视图

命令：M

MOVE 找到 1 个

指定基点或［位移（D）］〈位移〉：（捕捉下底面中点作为基点）

指定第二个点或〈使用第一个点作为位移〉：@0，0，32

3）利用放样命令生成挡土墙立体图形，如图 8.42 所示。

命令：LOFT

当前线框密度： ISOLINES=4，闭合轮廓创建模式=实体

按放样次序选择横截面或［点（PO）/合并多条边（J）/模式（MO）］：_MO 闭合轮廓创建模式［实体（SO）/曲面（SU）］〈实体〉：_SO

按放样次序选择横截面或［点（PO）/合并多条边（J）/模式（MO）］：找到 1 个

按放样次序选择横截面或［点（PO）/合并多条边（J）/模式（MO）］：找到 1 个，总计 2 个

按放样次序选择横截面或［点（PO）/合并多条边（J）/模式（MO）］：
选中了 2 个横截面
输入选项［导向（G）/路径（P）/仅横截面（C）/设置（S）］〈仅横截面〉：C
（3）利用布尔运算构造组合体。
利用布尔运算将底板、边墙、上拱圈、挡土墙构造组合体，如图 8.43 所示。

图 8.42　进水涵挡土墙立体图

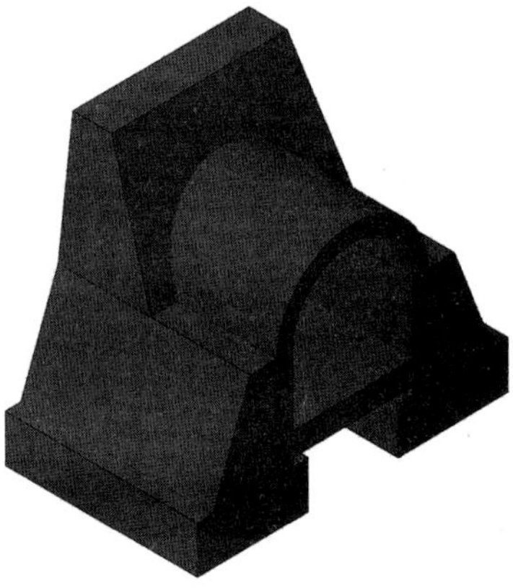

图 8.43　进水涵洞立体图

操作步骤如下：
1）利用并集将底板、边墙、挡土墙合并成一个整体。
命令：M
MOVE 找到 1 个
指定基点或［位移（D）］〈位移〉：
指定第二个点或〈使用第一个点作为位移〉：
命令：_ union
选择对象：找到 1 个
选择对象：找到 1 个，总计 2 个　　　　（按 Enter 键后两个物体成为一个物体）
2）利用差集将底板、边墙、挡土墙构成的整体减去进水部分的柱体。
命令：SUBTRACT 选择要从中减去的实体、曲面和面域...
选择对象：找到 1 个
选择对象：　选择要减去的实体、曲面和面域...
选择对象：找到 1 个

3.4 绘制工程形体

工作任务，绘制如图 8.44 所示的涵洞设计立体图。

识图：由涵洞设计图可知，它由三部分构成。第一部分为进水连接段，由底板、齿墙、八字翼墙构成。第二部分为洞身段，两端是胸墙，胸墙上面是防浪墙，下面是倒凹字形底板，洞身由两边墙及拱涵构成。第三部分为出水连接段，由底板及扭面翼墙构成。

绘图前，根据图纸要求，设置绘图环境，绘图单位设置为 cm。

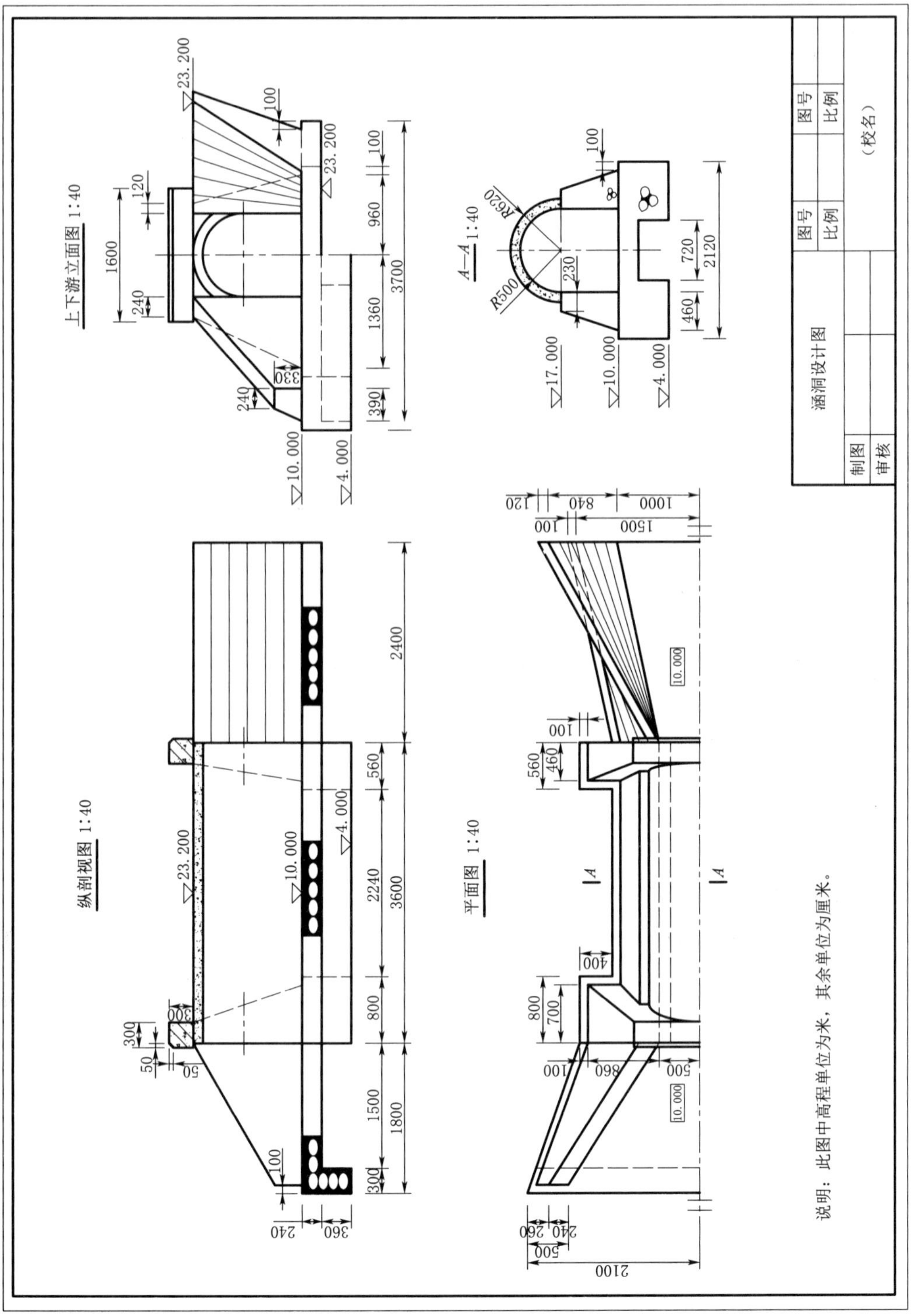

图 8.44 涵洞设计立体图

3.4.1　绘制涵洞进水连接段

1. 底板及齿墙的绘制

底板及齿墙可以看作在L形棱柱的基础上前后切割一个三棱柱而构成的形体。将视图设置为主视图，在主视图中用多段线命令绘制如图8.45所示的L形断面，通过拉伸命令将断面拉伸2100cm，形成底板及齿墙立体图，如图8.46所示。

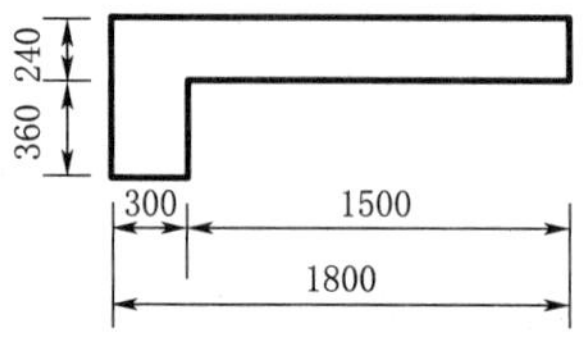

图8.45　进水连接段底板断面图

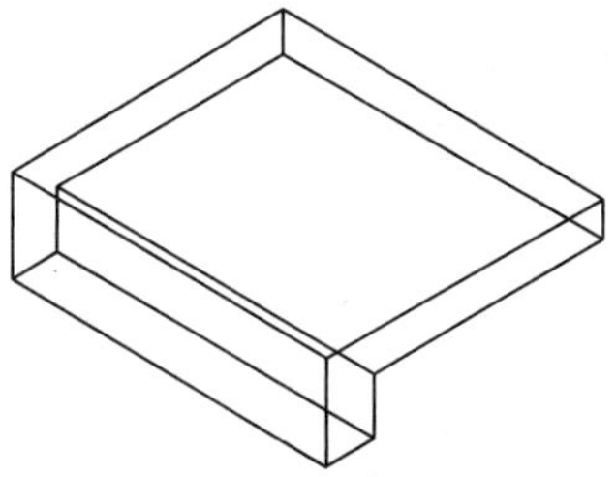

图8.46　进水连接段底板立体图

再用多段线命令绘制如图8.47所示的直角三角形，再拉伸三角形，拉伸高度大于600cm就可以，移到对应位置做差集，差集后效果如图8.48所示。

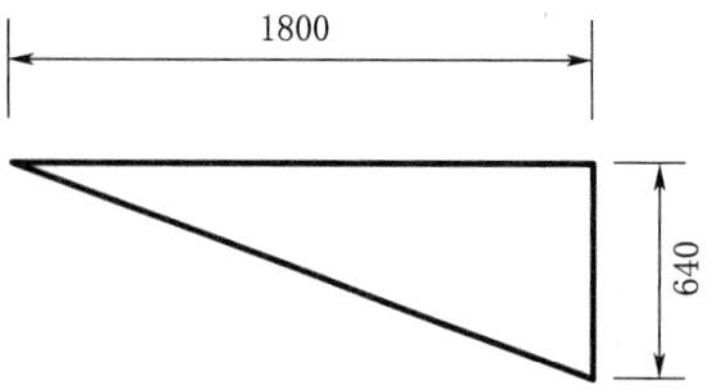

图8.47　进水连接段差集断面图

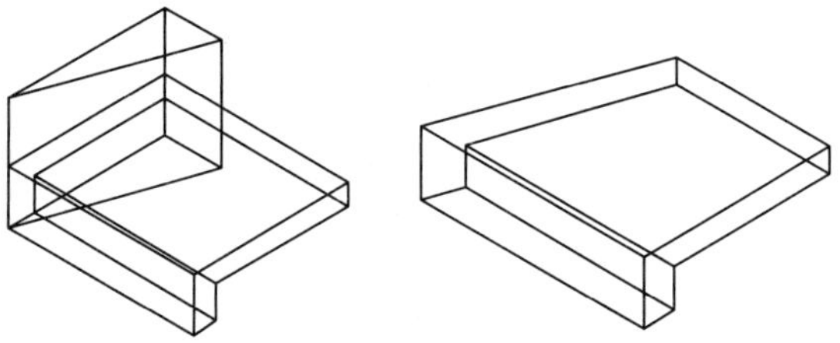

图8.48　进水连接段差集后效果图

2. 八字翼墙的绘制

将视图设置为左视图，绘制八字翼墙两梯形断面的二维图形，如图8.49所示。将视图设置为西北轴测视图，通过移动命令，使两断面轴向方向距离为1700cm，如图8.50所示。通过放样命令将其拉伸生成立体图（图8.51、图8.52），用移动命令将其移到正确位置。

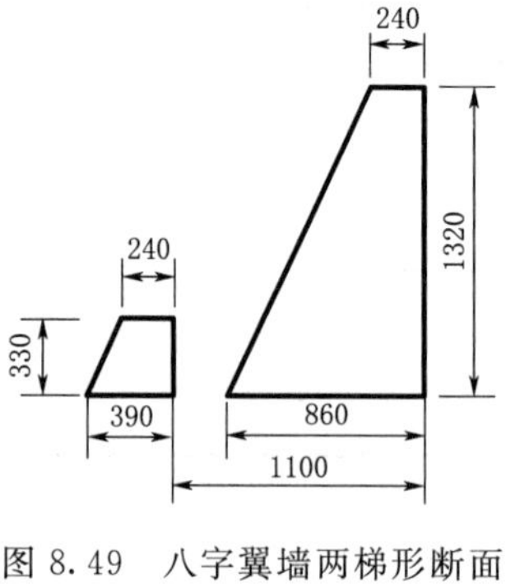

图8.49　八字翼墙两梯形断面

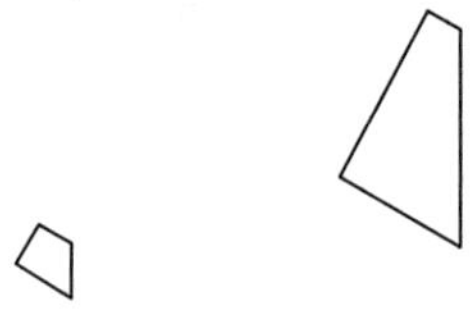

图8.50　八字翼墙两梯形断面位置图

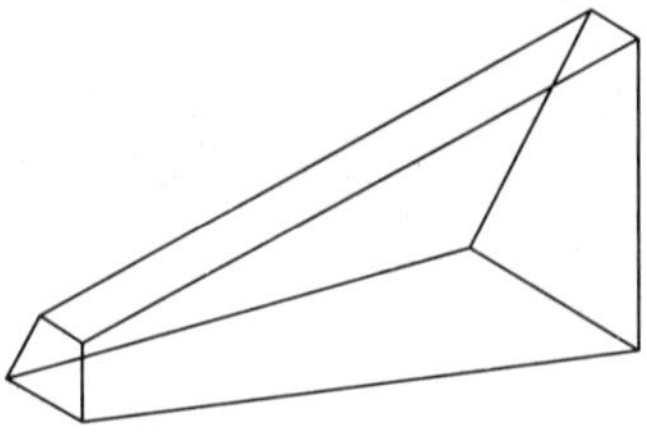

图 8.51 八字翼墙放样后二维线框图

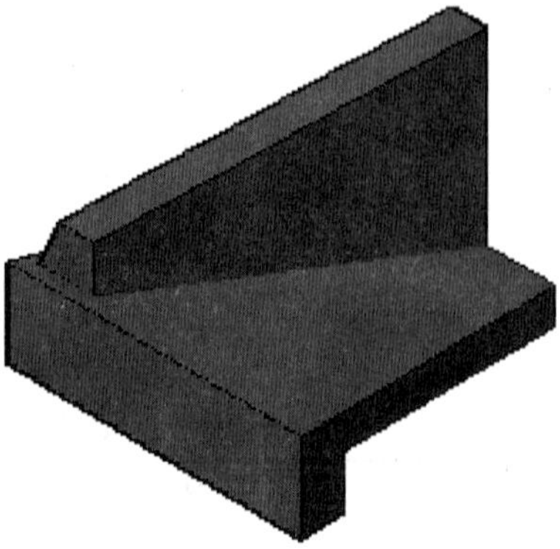

图 8.52 八字翼墙放在底板上的概念视觉样式图

命令：LOFT

当前线框密度： ISOLINES=4，闭合轮廓创建模式=实体

按放样次序选择横截面或［点（PO）/合并多条边（J）/模式（MO）］：_MO 闭合轮廓创建模式［实体（SO）/曲面（SU）］〈实体〉：_SO

按放样次序选择横截面或［点（PO）/合并多条边（J）/模式（MO）］：找到 1 个

按放样次序选择横截面或［点（PO）/合并多条边（J）/模式（MO）］：找到 1 个，总计 2 个

按放样次序选择横截面或［点（PO）/合并多条边（J）/模式（MO）］：

选中了 2 个横截面

输入选项［导向（G）/路径（P）/仅横截面（C）/设置（S）］〈仅横截面〉：

命令：M （用 M 命令将其移到槽身正确位置）

MOVE 找到 1 个

指定基点或［位移（D）］〈位移〉：

指定第二个点或〈使用第一个点作为位移〉：from（选择一个端点作为基点）

基点：〈偏移〉：@0，－110，0

说明：因为是对称的，所以只绘制了一半，后一步镜像操作就完成整个水闸设计图中进水连接段的绘制。

3.4.2 绘制洞身段

1. 底板的绘制

在俯视图中用多段线命令绘制底板平面图，如图 8.53 所示。再采用拉伸命令成底板立体图，如图 8.54 所示。在左视图中，绘制齿槽的矩形断面，如图 8.55 所示，拉伸成一个长方体，拉伸长度大于 3600cm。放到相应位置再做差集运算，底板就绘制完成，如图 8.56 所示。

2. 两端胸墙的绘制

在俯视图中绘制胸墙两矩形端面，如图 8.57 所示。在西南轴视图移到对应位置，如

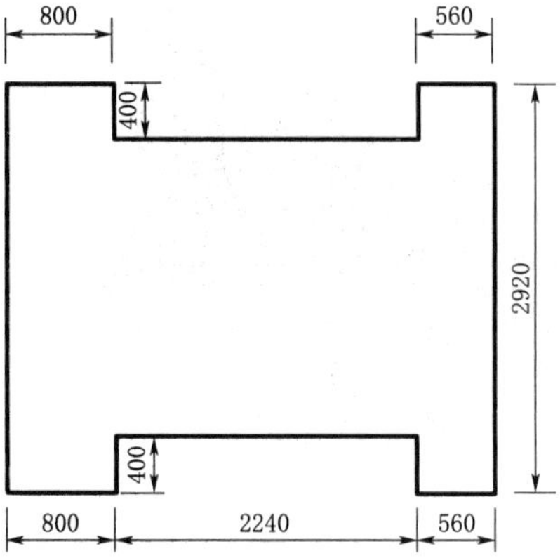

图 8.53　洞身底板平面图

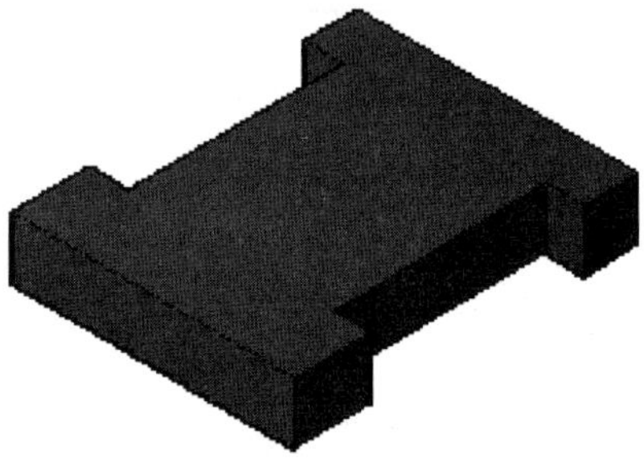

图 8.54　洞身底板拉伸后的概念视觉样式

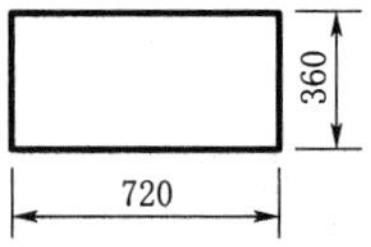

图 8.55　洞身底板齿槽侧断面图

图 8.56　洞身底板与齿槽差集后的
概念视觉样式

图 8.58 所示。再采用放样命令绘制胸墙模型，如图 8.59 所示。胸墙与底板组合后的概念视觉样式如图 8.60 所示。

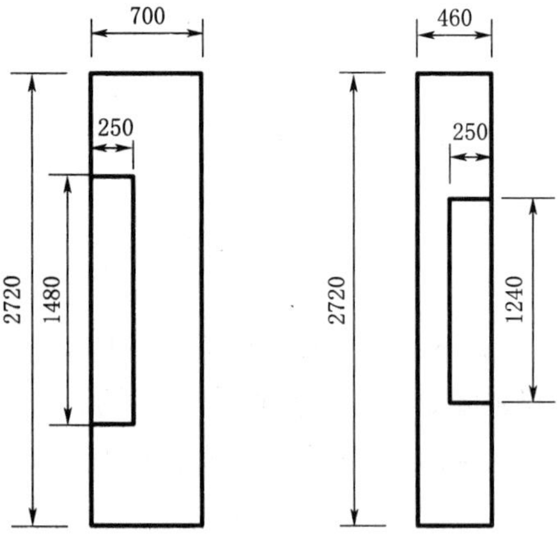

图 8.57　胸墙两端面的俯视图

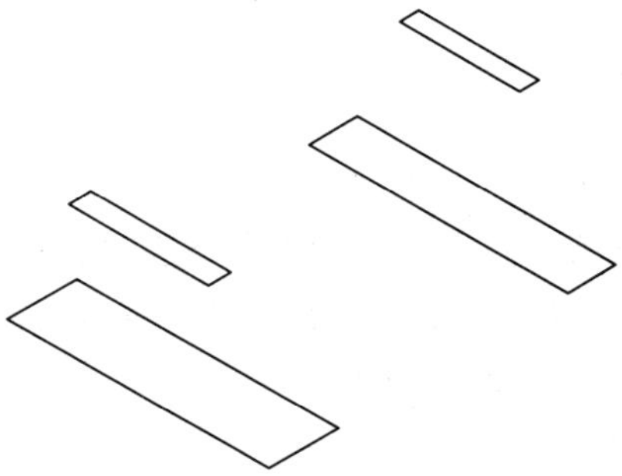

图 8.58　胸墙两端面的西南轴视图

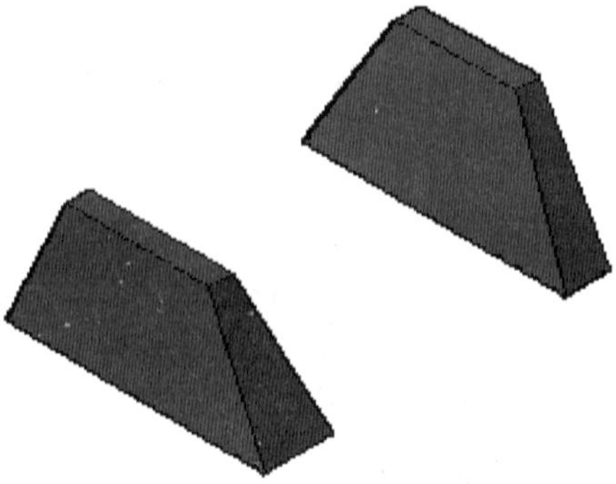

图 8.59 胸墙放样后概念视觉样式

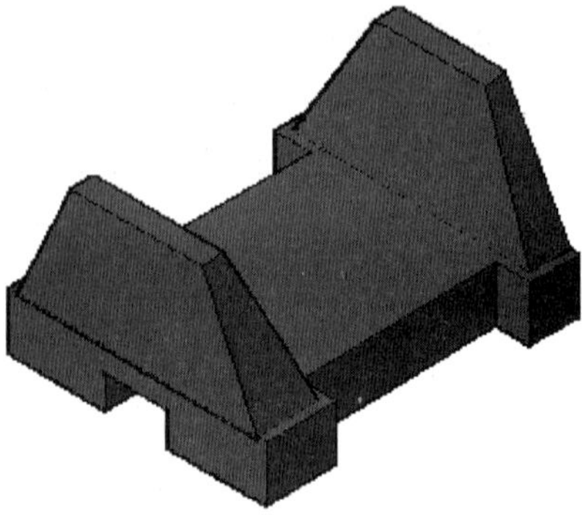

图 8.60 底板与胸墙组合后概念视觉样式

3. 洞身边墙与拱圈的绘制

边墙与拱圈可作为一体来绘制，看作是一个柱体，所以在左视图利用多段线命令绘制其断面图，如图 8.61 所示，然后再拉伸 3600cm 就建好其模型，如图 8.62 所示。与两端胸墙组合后，再与内部结构做差集，如图 8.63 所示。与进水连接段组合后的效果图如图 8.64 所示。

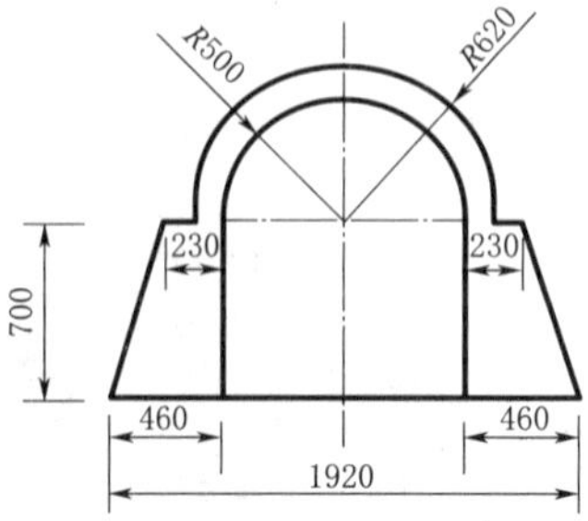

图 8.61 洞身边墙及拱圈断面图

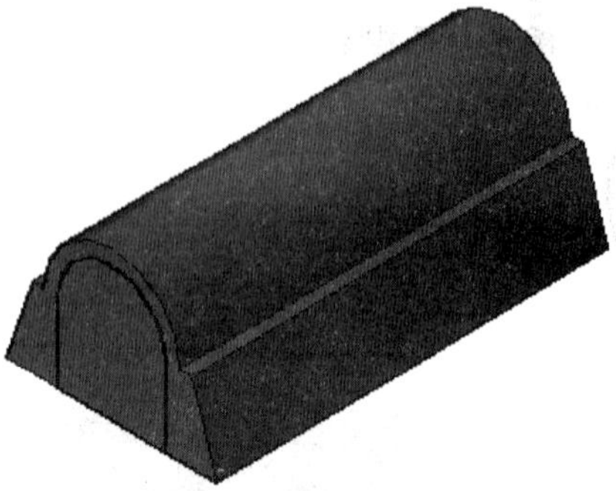

图 8.62 洞身边墙及拱圈拉伸后的概念视觉样式

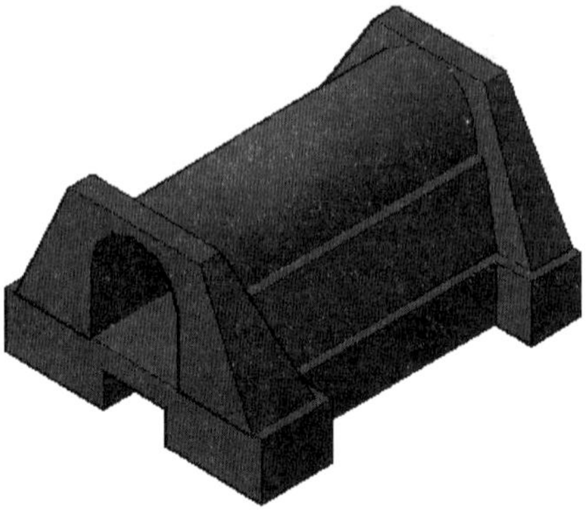

图 8.63 洞身组合后与内部结构差集的概念视觉样式

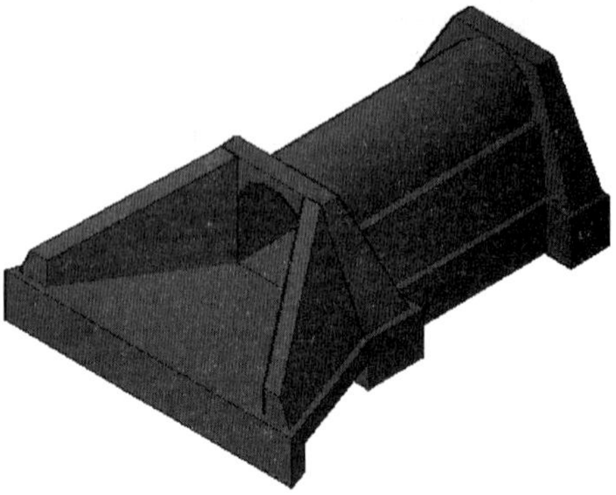

图 8.64 进水连接段与洞身段组合后的概念视觉样式

3.4.3　绘制出水连接段

出水连接段由底板和扭面构成，在建模时可以作为一体来绘制，在左视图中绘制两端面图（图 8.65）后，再进行放样就可以完成，如图 8.66 所示。

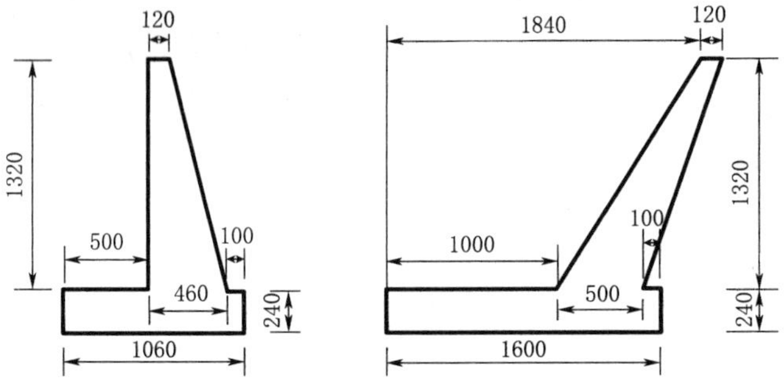

图 8.65　出水连接段两端面左视图

说明： 因为此结构对称，所以只绘制出水连接断一半，然后采用镜像命令就可以完成出水连接段的绘制。

3.4.4　水闸设计图组合

前面三段全部绘制好后，再用并集命令将它们组合成一体，如图 8.67 所示。

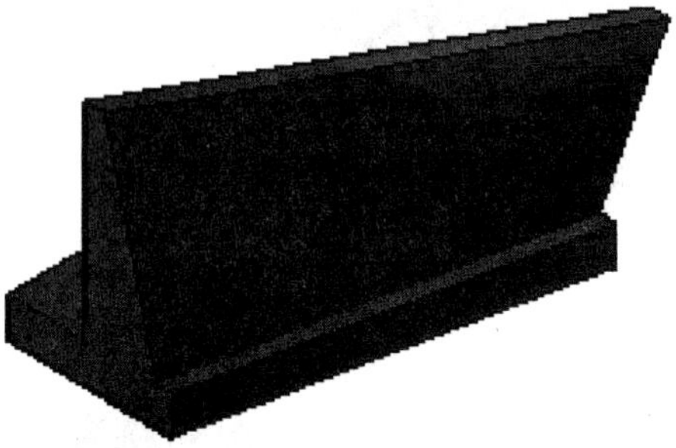

图 8.66　出水连接段放样后的概念视觉样式

图 8.67　水闸设计图组合后的模型概念视觉样式

课　后　训　练

根据图 8.68 所示的二维图样以 1∶1 比例创建三维水工实体模型，完成结果将属性与项目浏览器关闭后，以平面、南立面、西立面二维线框显示，西南等轴测图真实显示模型。

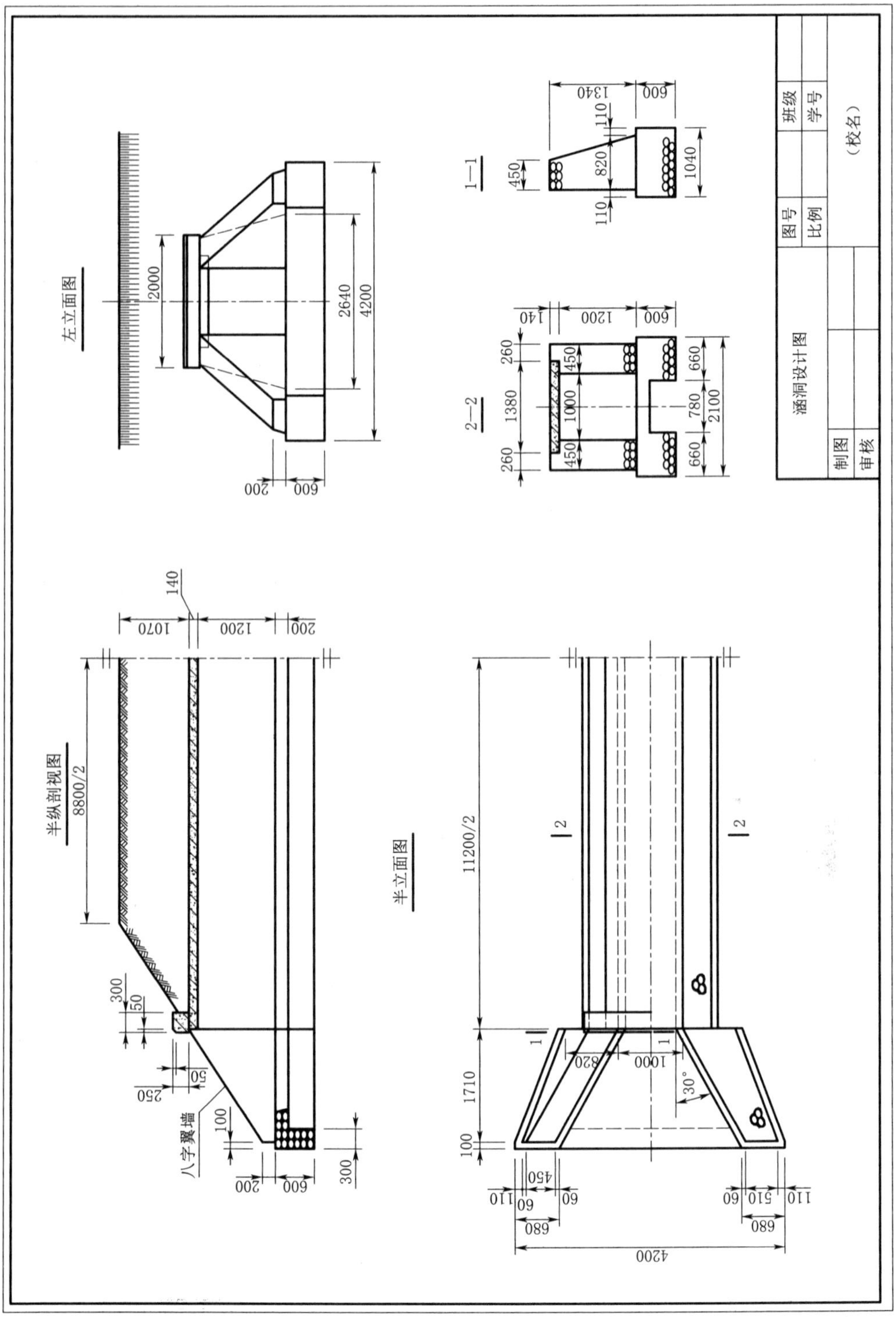

图 8.68 涵洞设计图

模块 9

图　形　输　出

学习目标：

（1）了解模型空间与图纸空间。

（2）创建多视口布局。

（3）了解打印参数的设置方法。

任务 1　输出图形的方式

图形输出主要分为打印输出和发布图形。打印输出一般使用打印机或绘图仪等设备，将所绘图形打印到图纸上；发布图形是创建三维 DWF 发布，以便通过 Internet 进行访问。工程实际中，只有打印到图纸上的图形才能更有指导意义。本模块主要介绍打印输出。

1.1　模型空间与图纸空间

1.1.1　模型空间

在模型空间中创建和打印图形文件的过程与手动绘制草图时采用的过程大不相同。

AutoCAD 中有两种不同的工作环境，分别为模型空间和布局空间。

如果要创建具有一个视图的二维图形，则可以在模型空间中完整创建图形及其注释，而不使用布局空间。这是 AutoCAD 创建图形的传统方法。此方法虽然简单，但是却有很多局限，其中包括：①它仅适用于二维图形；②它不支持多视图和依赖视图的图层设置；③缩放注释和标题栏需要计算，除非用户使用注释性对象；④使用此方法，通常以实际比例（1∶1）绘制图形几何对象，并用适当的比例创建文字、标注和其他注释，以在输出图形时正确显示大小。

1.1.2　图纸空间

命名布局提供了一个称为图纸空间的区域。在图纸空间中，可以放置标题栏、创建用于显示视图的布局视口、标注图形以及添加注释。

在图纸空间中，一个单位表示一页图纸的实际距离。该单位可以是毫米或英寸，具体取决于如何配置页面设置。

在命名布局上，可以查看和编辑图纸空间对象，例如，布局视口和标题栏。也可以将对象（如引线或标题栏）从模型空间移到图纸空间（反之亦然）。十字光标在整个布局区域都处于活动状态。

1.2 创建布局

1.2.1　布局的概念

在模型空间中完成图形之后，可以通过单击“布局”标签，切换到图纸空间来创建要打印的布局。

首次单击“布局”标签时，页面上将显示单一视口。视口中的虚线表示图纸中当前配置的图纸尺寸和绘图仪的可打印区域。用户可以根据需要任意创建多个布局。每个布局都保存在各自的布局选项卡中，可以与不同的页面设置相关联。

1.2.2　建立一个多视口的布局

按四个视口的布局来进行设置。因为三模型空间不能多视口打印，但在布局空间中可以解决这个不足之处。

使用创建布局向导创建布局，具体操作步骤如下。

1. 创建布局

在经典绘图空间中，单击菜单“插入”→“布局”→“新建布局”。新建布局命名为“多视口布局”，如图 9.1 所示。建立后，他自动会生成视口的布局，如图 9.2 所示。

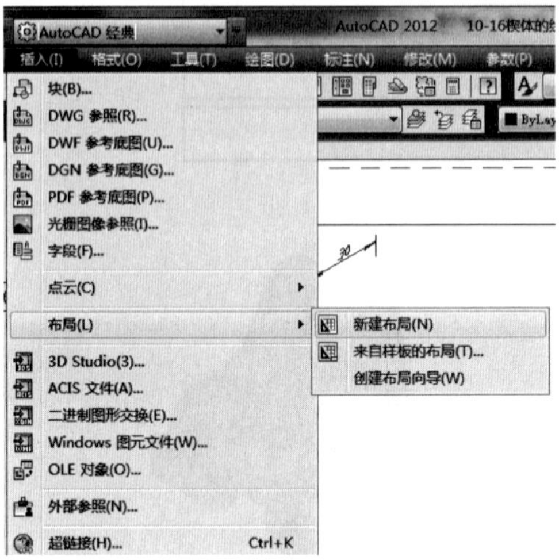

图 9.1　创建布局

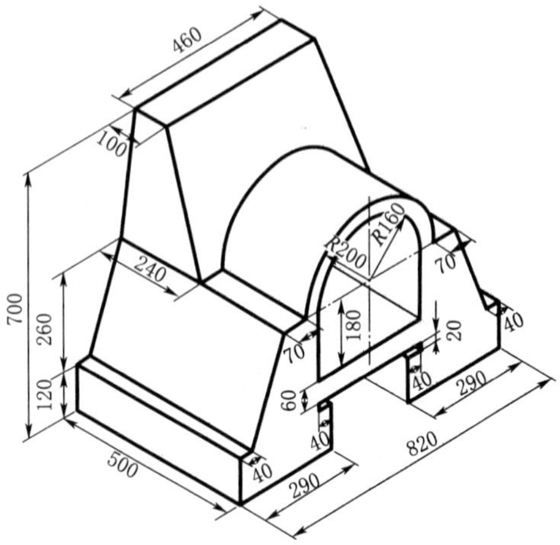

图 9.2　涵洞轴视图

2. 创建多个视口

默认的是一个对话框，用鼠标单击布局框后，单击删除命令，将其删除。然后再单击菜单中“视图”→“视口”→“新建视口”，会弹出“新建视口”对话框，如图 9.3 所示。

选用模型配置器，则可将模型空间的多视口应用到布局空间，如图 9.4 所示。

命令：VPORTS

指定第一个角点或［布满（F）］〈布满〉：f

正在重生成布局。

正在重生成模型。

3. 将主视图、左视图、俯视图进行对齐

（1）在命令提示下，输入 MVSETUP。

输入 A（对齐）。

选择以下对齐方式之一：

1）水平。使一个视口中的点与另一个视口中的基点水平对齐。

2）垂直。使一个视口中的点与另一个视口中的基点垂直对齐。

3）角度。使一个视口中的点按指定的距离和角度与另一个视口中的基点对齐。

（2）确保视图中固定的视口为当前视口，然后指定基点。

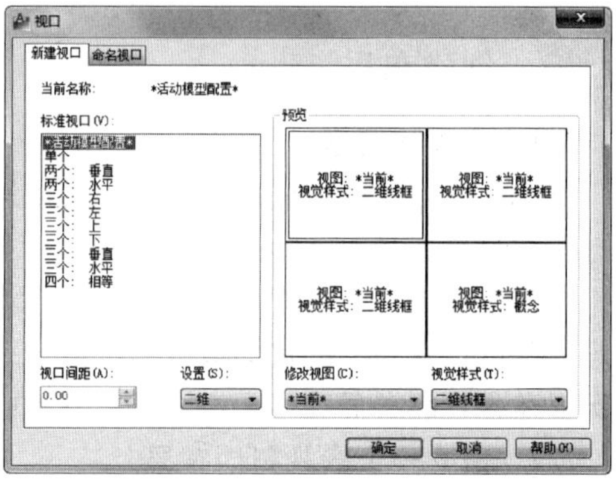

图 9.3 “新建视口”对话框

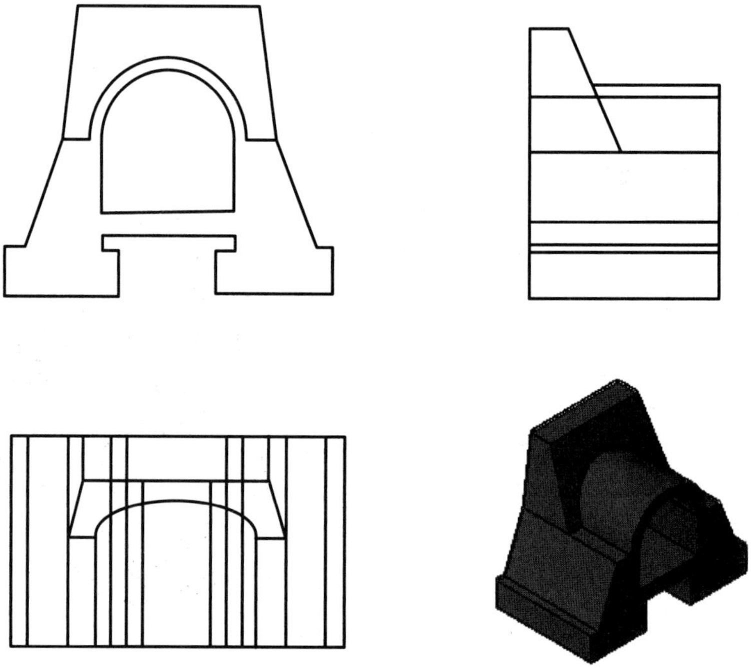

图 9.4 创建与模型空间相同的视口

（3）选择要重新对齐视图的视口，然后在该视图中指定对齐点。

（4）对于按角度对齐方式，指定从基点到第二个视口中对齐点的距离和位移角。

先将每个视图的缩放比例设置一样，然后用 MVSETUP 命令将视图进行对齐。

命令：MVSETUP _.PSPACE

输入选项［对齐（A）/创建（C）/缩放视口（S）/选项（O）/标题栏（T）/放弃（U）］：A

输入选项［角度（A）/水平（H）/垂直对齐（V）/旋转视图（R）/放弃（U）］：H

指定基点：（选中主视中的一个点）

命令：_.PAN 指定基点或位移：指定第二点：（选择左视图中一个与基点要对齐的点）
输入选项［角度（A）/水平（H）/垂直对齐（V）/旋转视图（R）/放弃（U）］：V
指定基点：（选中主视中的一个点）
命令：_.PAN 指定基点或位移：指定第二点：（选择俯视图中一个与基点要对齐的点）
输入选项［角度（A）/水平（H）/垂直对齐（V）/旋转视图（R）/放弃（U）］：V
已在模型空间。
结果如图 9.5 所示。

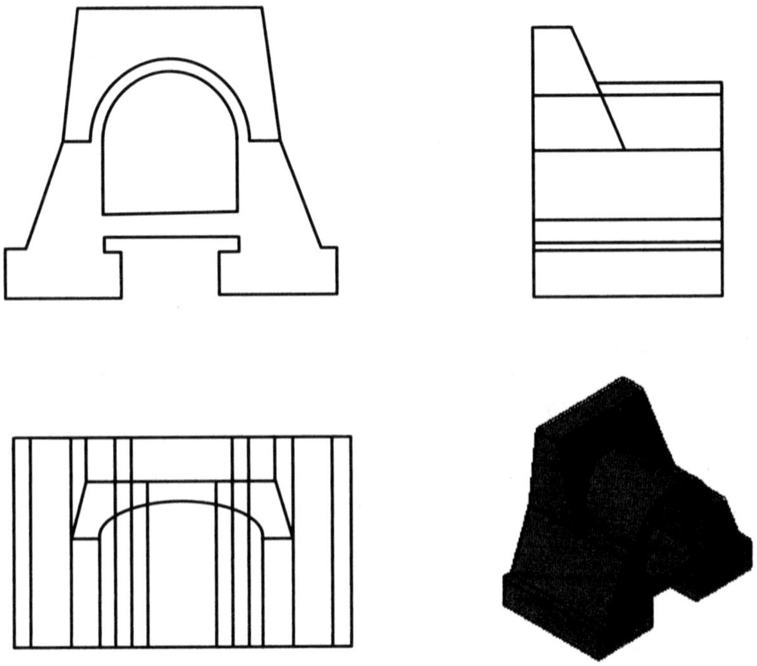

图 9.5 用 MVSETUP 对齐

任务2 设 置 打 印 参 数

本任务主要是将上面的布局空间通过模拟打印机输出为 PDF 文件格式。

2.1 页面设置

使用创建布局向导创建布局后，有时需要对布局的相关参数或属性进行重新设置，以满足图形打印或图形发布的需要。

设置布局的相关参数或属性，可以在工作空间中单击菜单“文件”→“页面设置管理器”，会弹出“页面设置管理器”对话框，如图 9.6 所示。在此对话框中选择要修改的页面设置，再单击“修改”按钮，即可打开“页面设置”对话框，如图 9.7 所示。

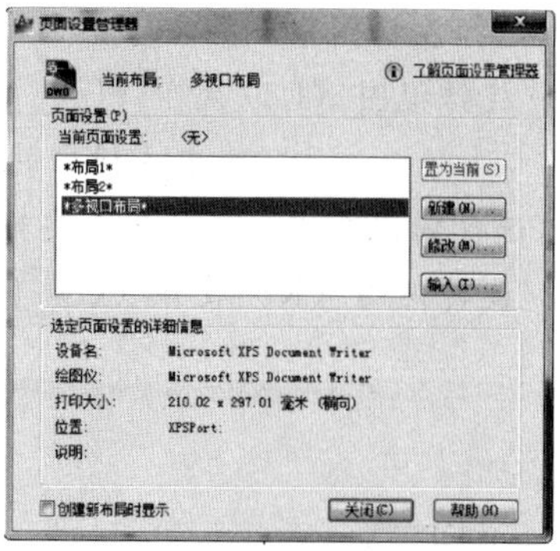

图 9.6　“页面设置管理器”对话框

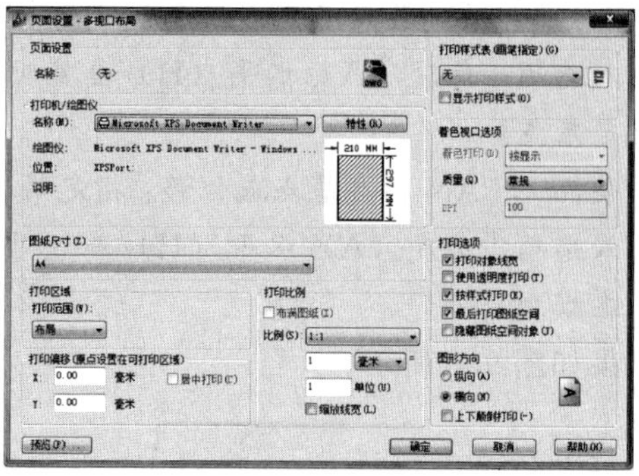

图 9.7　“页面设置”对话框

在“页面设置”对话框中，可以对布局的相关参数进行重新设置，同时可以在“打印选项”选项组中选择图形打印时的打印样式。

2.2　设置图纸尺寸

在“页面设置”对话框的“图纸尺寸”区域选择所需的图纸尺寸即可。如选用 A4 图纸进行打印，则设置如图 9.8 所示。

2.3　设置打印机（绘图仪）

在“页面设置”对话框的“打印机（绘图仪）”区域选择打印设备即可。因为通过模拟打印机将 AutoCAD 默认文件 .dwg 格式转成 pdf 格式，所以选择“DWG TO PDF. pc3”，如图 9.9 所示。

图 9.8　图纸尺寸选取

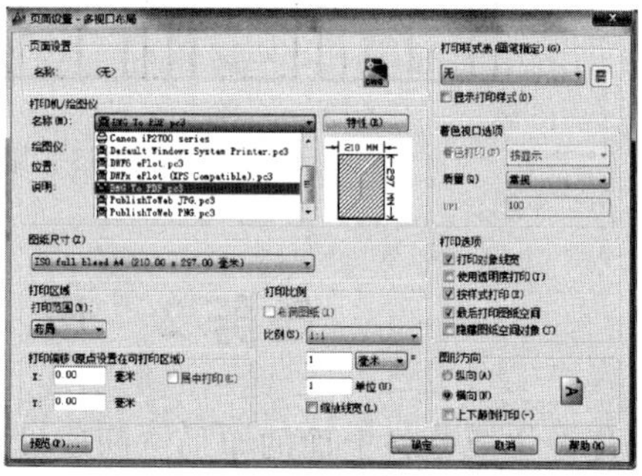

图 9.9　打印机（绘图仪）选取

2.4　选取着色视口选项

特别是打印立体图时，AutoCAD 有“二维线框（2）/线框（W）/消隐（H）/真实（R）/概念（C）/着色（S）/带边缘着色（E）/灰度（G）/勾画（SK）/X 射线（X）/其他（O）”。所以在打印时，也要对应进行设置，这样才能达到合理的效果。当然也有按布局显示的选项，意思是按布局显示进行打印。如多视口布局，着色打印就不能修改，只能按布局显示进行打印，如图 9.7 所示。

任务3 打 印 图 形

3.1 打印设置

设置打印的相关参数或属性，可以在工作空间中单击菜单“文件”→“打印”，会弹出“打印”对话框，如图9.10所示。

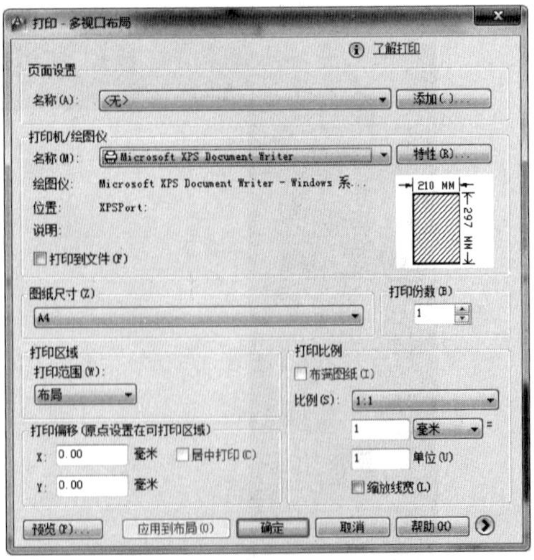

图9.10 “打印”对话框

3.2 打印区域设置

在页面设置时，一些相关的打印参数已设置好，这些参数也直接对打印设置有效，如打印机（绘图仪）就是页面设置中设置好的。只需根据不同打印内容，进行打印区域的设置就可以。

打印图形时，必须指定图形的打印区域。

“打印”对话框在“打印区域”中提供了以下选项：

（1）布局或界限。打印布局时，将打印指定图纸尺寸的可打印区域内的所有内容，其原点从布局中的（0，0）点计算得出。打印“模型”选项卡时，将打印栅格界限所定义的整个绘图区域。如果当前视口不显示平面视图，该选项与“范围”选项效果相同。

（2）范围。打印包含对象图形的部分当前空间。当前空间内的所有几何图形都将被打印。打印之前，可能会重新生成图形以重新计算范围。

（3）显示。打印“模型”选项卡中当前视口中的视图或布局选项卡中的当前图纸空间视图。

（4）视图。打印以前使用VIEW命令保存的视图。可以从提供的列表中选择命名视图。如果图形中没有已保存的视图，此选项不可用。

（5）窗口。打印指定图形的任何部分。单击“窗口”按钮，使用定点设备指定打印区域的对角或输入坐标值。

因设置了布局，所示打印区域默认为布局，如图9.10所示。

3.3 打印预览

将图形发送到打印机或绘图仪之前，最好先生成打印图形的预览。生成预览可以节约时间和材料。

用户可以从“打印”对话框预览图形。预览显示图形在打印时的确切外观，包括线宽、填充图案和其他打印样式选项，如图9.10所示。

预览图形时，将隐藏活动工具栏和工具选项板，并显示临时的“预览”工具栏，其中提供打印、平移和缩放图形的按钮。

在“打印”和“页面设置”对话框中，缩略预览还在页面上显示可打印区域和图形的位置。

通过打印预览，可以看到前面多视口布局的效果，如图 9.11 所示。按 Esc 键，打印预览退出。

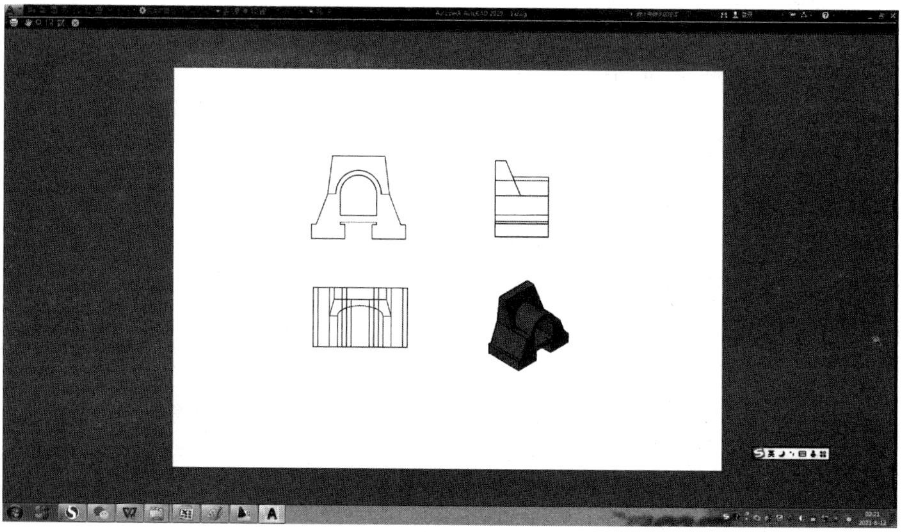

图 9.11　打印预览

3.4　打印 PDF 文件

单击“确定”后，会弹出“浏览打印文件”对话框，如图 9.12 所示。选择所需的路径，单击“确定”后就可以完成打印。打印效果如图 9.13 所示。

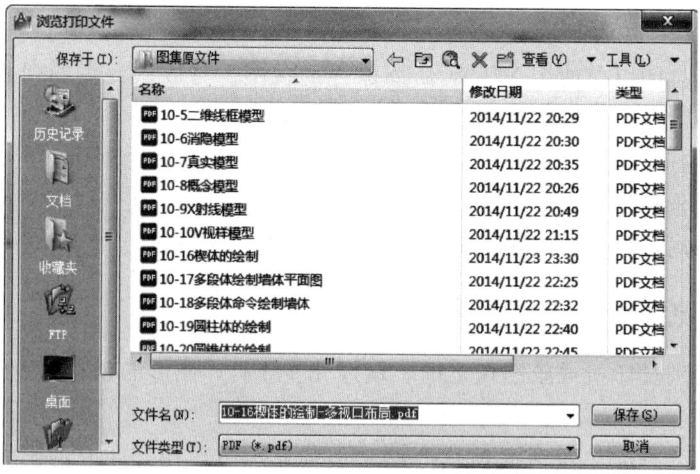

图 9.12　“浏览打印文件”对话框

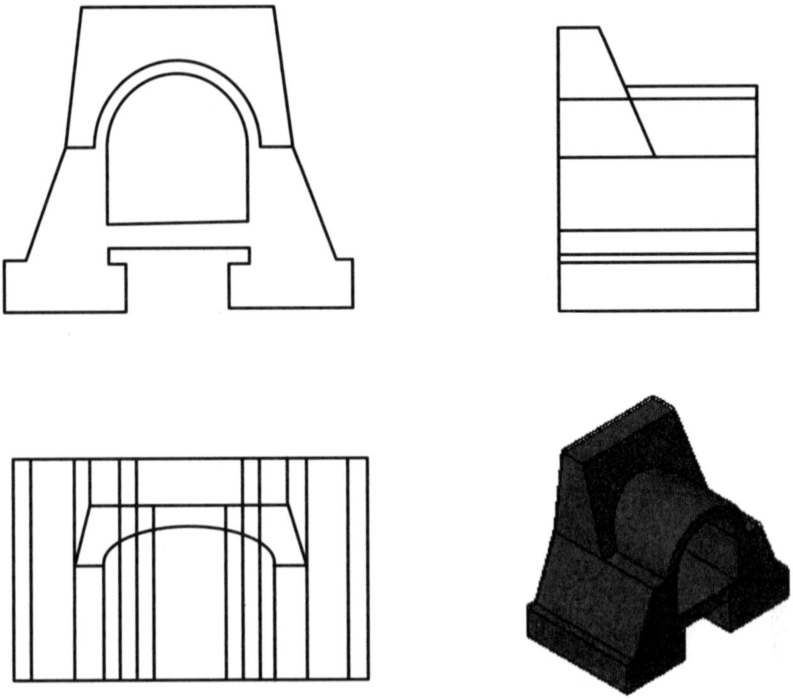

图 9.13　打印效果